土建工程师必备技能系列丛书

建筑施工全过程技术与质量管理图解（第二版）

赵志刚　马其彬　主编

U0299679

中国建筑工业出版社

图书在版编目（CIP）数据

建筑施工全过程技术与质量管理图解/赵志刚，马其彬主编. —2版. —北京：中国建筑工业出版社，2019.7（2025.4重印）
（土建工程师必备技能系列丛书）
ISBN 978-7-112-23756-2

Ⅰ.①建… Ⅱ.①赵…②马 Ⅲ.①建筑工程-工程施工-图解②建筑工程-工程质量-质量管理-图解 Ⅳ.①TU74-64 ②TU712-64

中国版本图书馆CIP数据核字（2019）第095044号

本书根据筑龙教育频道畅销课程整理，内容共分七章，包括施工流程及开工策划；基础与主体施工过程技术与质量管理；二次结构与装修施工过程技术与质量管理；钢筋工程施工技术与质量管理；模板工程施工技术与管理；混凝土工程施工技术与管理；防水工程施工技术与管理。

本书系统介绍了建筑施工全过程技术与质量管理所需掌握的基本技术知识及技能。重点突出、针对性好、实战性强，可供建筑行业技术管理人员学习使用。

登录 www.cabplink.com，可观看本书主编赵志刚老师的更多授课视频。

责任编辑：王华月　张　磊
责任校对：赵　颖

土建工程师必备技能系列丛书
建筑施工全过程技术与质量管理图解（第二版）
赵志刚　马其彬　主编
*
中国建筑工业出版社出版、发行（北京海淀三里河路9号）
各地新华书店、建筑书店经销
霸州市顺浩图文科技发展有限公司制版
建工社（河北）印刷有限公司印刷
*
开本：787×1092毫米　1/16　印张：21½　字数：534千字
2019年7月第二版　2025年4月第十六次印刷
定价：**68.00**元
ISBN 978-7-112-23756-2
（34020）

本书编委会

主　　编： 赵志刚　马其彬

副 主 编： 吴剑锋　陆总兵　高　军　郭志亚　郭　瑞

参编人员： 吴建军　王　弋　叶进标　熊　玮　王浩淼　匡　毅
杨云涛　吕　继　赵　辉　曹　勇　蒋贤龙　刘春佳
张志江　张亚狄　朱晓岚　严冬水　王　彬　薛　俞
赵冰杰　付金祥　吴上海　范庆华　陈艳山　宋　扬
洪　旺　朱　建　赵永涛　王　健

第二版前言

土建工程师必备技能系列丛书自出版以来深受广大建筑业从业人员喜爱。本次修订在原版基础上删除了一部分理论知识及落后的规范条文解析，增加了一部分最新出版的规范内容，书籍更加贴近施工现场，更加符合施工实战。能更好的为高职高专、大中专土木工程类及相关专业学生和土木工程技术与管理人员服务。

此书具有如下特点：

1. 图文并茂，通俗易懂。书籍在编写过程中，以文字介绍为辅，以大量的施工实例图片为主，系统地对施工全过程技术与质量管理的应用进行详细地介绍和说明，文字内容和施工实例图片直观明了、通俗易懂；

2. 紧密结合现行建筑行业规范、标准及图集进行编写，编写重点突出，内容贴近实际施工需要，是施工从业人员不可多得的施工专业技术管理手册；

3. 通过对本书的学习和掌握，即可独立进行房建工程全过程质量控制与验收作业，做到真正的现学现用，体现本书所倡导的培养建筑应用型人才的理念。

4. 本次修订编辑团队更加强大，主编及副主编人员全部为知名企业高层领导，施工实战经验非常丰富，理论知识特别扎实。

本书由华润置地建设事业部赵志刚担任主编，由杭州通达集团有限公司马其彬担任第二主编；由海天建设集团有限公司吴剑锋、南通新华建筑集团有限公司陆总兵、杭州六通建筑工程有限公司高军、广东建星建造集团有限公司郭志亚、华润建筑有限公司郭瑞担任副主编。本书编写过程中难免有不妥之处，欢迎广大读者批评指正，意见及建议可发送至邮箱 bwhzj1990@163.com

编者　2019 年 5 月

前　言

随着我国经济迅猛发展和城市化进程加速，建筑行业的飞速发展，使得全国各大建筑类高校扩大招生范围，非建筑类高校也群起增设建筑专业，导致每年建筑类专业毕业生供过于求，建筑新人步入企业竞争压力大，成长缓慢，为此编写出本书，以尽绵薄之力。

本书是编者多年从事建筑施工技术管理和应用的一些经验和体会，根据建筑工程项目现场管理的实际需要，以刚步入建筑行业的施工新人及工作经验3～5年的中层技术管理人员为对象进行编写，目的是为了在建筑技术日新月异，建筑行业竞争日趋激烈的社会大环境中，能够为其提供一套内容简明、图文并茂、通俗易懂，结合施工现场的新技术、新工艺与技术管理工作为一体的实战型参考用书，为其能够迅速适应工作环境、掌握施工技术并应用于实际工作中、提高自身技术水平添能加油。

本书依据最新的规程、规范，结合实际施工现场，以图例展示为主，文字注释为辅，按照施工现场常见工艺流程、技术标准为结构进行编写，突出实际操作性，注重技术管理的理论与实践相结合，确保建筑工程施工管理人员的实际工作需要。

本书系统介绍了建筑施工全过程技术与质量管理所需掌握的基本技术知识及技能。重点突出、针对性好、实战性强，可供建筑行业技术管理人员学习使用。

限于编者自身能力及视野，书中不足和疏漏之处在所难免，敬请广大读者予以指正！意见及建议可发送至邮箱 bwhzj1990@163.com。我们会及时研讨并予以反馈。

登录 www.cabplink.com，可观看本书主编赵志刚老师的更多授课视频。

目　录

第一章　施工流程及开工策划

一、施工流程

房建工程总体施工流程如图 1-1 所示。

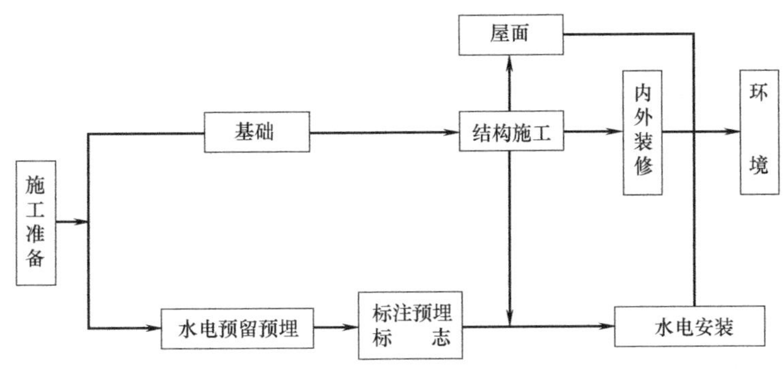
屋面
基础
结构施工
内外装修
环境
施工准备
水电预留预埋
标注预埋标志
水电安装

图 1-1　房建工程总体施工流程

(一) 施工准备

1. 施工准备工作的意义

施工准备工作是指施工前为了保证整个工程能够按计划顺利施工，事先必须做好的各项准备工作。它是施工程序中的重要环节。

做好施工准备工作具有以下重要意义：

(1) 做好施工准备工作，是取得施工主动权、降低施工风险的有力保障。

(2) 做好施工准备工作，是降低工程成本、提高企业综合经济效益的重要保证。

(3) 施工准备工作是建筑施工企业生产经营管理的重要组成部分。

(4) 施工准备工作是建筑施工程序的重要阶段。

2. 施工准备工作的管理

(1) 施工准备工作应分阶段，有组织、有计划、有步骤地进行。

施工准备工作不仅要在开工前集中进行，而且贯穿于整个施工过程中。随着工程施工的不断发展，施工准备工作分期、分阶段地做好各项施工准备工作，可为顺利进行下一阶段的施工创造条件。

为了加强监督检查，落实各项施工准备工作，施工现场应建立施工准备工作的组织机构，明确相关管理人员的职责，并根据各项施工准备工作的内容、时间和人员要求编制出施工准备工作计划，见表 1-1 所列。

施工准备工作计划表 **表 1-1**

序号	项目	内　　容	完成时间(天)	承办及审定单位
1	施工组织设计编制	确定施工方案和质量技术安全等措施，并报审	图纸会审后7天内	建筑单位、监理、公司、工程处
2	建立施工组织机构	成立项目经理部，确定各班组及组成人员	1	公司、工程处
3	现场定位放线	现场定位点、线、标高复核，建立建筑物的轴线控制点和高程控制点	2	项目部
4	现场平面布置	按总平面图布置水、电及临时设施	4	项目部

（2）施工准备工作应建立严格的保证措施。

1）建立严格的施工准备工作责任制。

2）建立施工准备工作检查制度。

3）坚持按基本建设程序办事，严格执行开工报告和审批制度。

施工准备工作满足下列条件时方可开工：

1）征地拆迁工作能满足工程进度的需要。

2）施工许可证已获政府主管部门批准。

3）施工组织设计已获总监理工程师批准。

4）施工单位现场管理人员已到位，机具、施工人员进场，主要工程材料已落实。

5）进场道路及水、电、通信等已满足开工要求。

（3）施工准备工作应处理好各方面的关系。

1）前期准备与后期准备相结合。由于施工准备工作周期长，有一些是开工前做的，有一些是在开工后交叉进行的，因此，既要立足于前期准备工作，又要着眼于后期的准备工作。要统筹安排好前、后期的施工准备工作，把握时机，及时做好前期的施工准备工作，同时规划好后期的施工准备工作。

2）土建工程与安装工程相结合。土建施工单位在拟订出施工准备工作规划后，要及时与其他专业工程以及物资供应部门相结合，研究总包与分包之间综合施工、协作配合的关系，然后各自进行施工准备工作，相互提供施工条件，有问题及早提出，以便采取有效措施，促进各方面准备工作的进行。

3）室内准备与室外准备相结合。室内准备主要指内业的技术资料准备工作（如熟悉图纸、编制施工组织设计等），室外准备主要指调查研究、收集资料和施工现场准备、物资准备等外业工作。室内准备对室外准备起着指导作用，而室外准备则是室内准备的具体落实，室内准备工作与室外准备工作要协调一致。

4）建设单位准备与施工单位准备相结合。为保证施工准备工作顺利全面地完成，避免不必要的责任纠纷发生，应明确划分建设单位和施工单位准备工作的范围及职责，并在实施过程中相互沟通、相互配合，保证施工准备工作的顺利完成。

（4）一般工程必需的准备工作内容，如图 1-2 所示。

A-1. 调查研究与收集资料

a. 施工区域技术经济条件调查

1）当地水、电、蒸汽的供应条件，对于企业到一个新的建筑市场开展工作尤为重要。

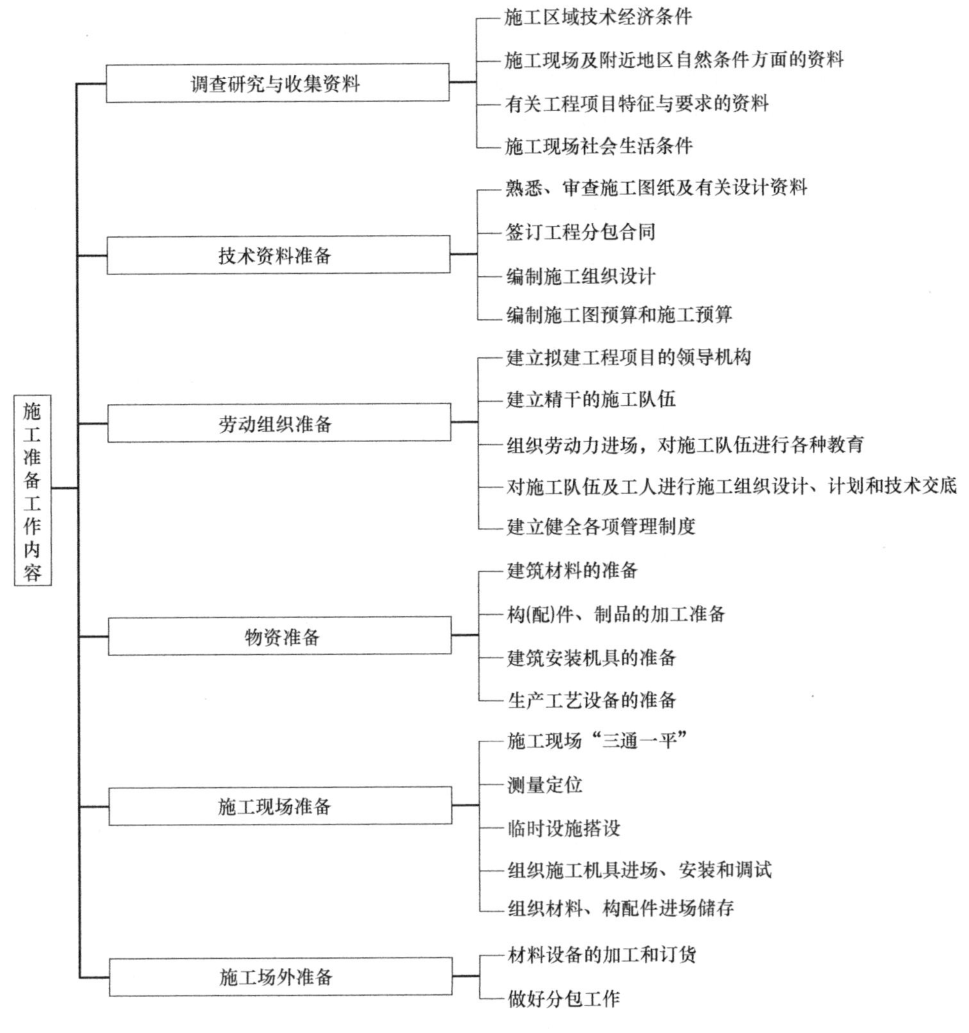
施工准备工作内容
调查研究与收集资料
施工区域技术经济条件
施工现场及附近地区自然条件方面的资料
有关工程项目特征与要求的资料
施工现场社会生活条件
技术资料准备
熟悉、审查施工图纸及有关设计资料
签订工程分包合同
编制施工组织设计
编制施工图预算和施工预算
劳动组织准备
建立拟建工程项目的领导机构
建立精干的施工队伍
组织劳动力进场，对施工队伍进行各种教育
对施工队伍及工人进行施工组织设计、计划和技术交底
建立健全各项管理制度
物资准备
建筑材料的准备
构(配)件、制品的加工准备
建筑安装机具的准备
生产工艺设备的准备
施工现场准备
施工现场“三通一平”
测量定位
临时设施搭设
组织施工机具进场、安装和调试
组织材料、构配件进场储存
施工场外准备
材料设备的加工和订货
做好分包工作

图 1-2　施工准备内容

调查内容如下：

① 城市自来水干管的供水能力，接管距离、地点和接管条件等；

② 可供施工使用的电源位置，引入工地的路径和条件，可以满足的容量和电压。电话、电报利用的可能，需要增添的线路与设施等；

③ 冬期施工时，附近蒸汽的供应量、价格、接管条件等。

2）交通运输条件

调查主要材料及构件运输通道情况，包括道路、街巷以及途经桥涵的宽度、高度，允许载重量和转弯半径限制等。有超长、超重、超高或超宽的大型构件、大型起重机械和生产工艺设备需整体运输时，还要调查沿途架空电线（特别是横在道路上空的无轨电车线）、天桥的高度，并与有关部门商谈避免大件运输对正常交通干扰的路线、时间及措施等。

b. 材料供应情况和当地协作条件

调查内容包括：建筑施工常用材料的供应能力、质量、价格、运费等；附近构件制作、木材加工、金属结构、钢木门窗、商品混凝土、建筑机械供应与维修、运输服务，脚手架、定型模板等大型工具租赁等所能提供的服务项目及其数量、价格、供应条件等。

A-2. 施工现场及附近地区自然条件方面的资料调查

主要调查地形和环境条件、地质条件、地震烈度、工程水文地质情况以及气候条件等，见表 1-2 所列。

建设地区及施工场地自然条件调查表 表 1-2

项目	调查内容	调查目标
气温	(1)年平均、最高、最低温度，最冷、最热月份的逐日平均温度； (2)冬、夏季室外计算温度； (3)≤−3℃、0℃、5℃的天数，起止时间	(1)确定防暑降温的措施； (2)确定冬期施工的措施； (3)估计混凝土、砂浆的强度
雨(雪)	(1)雨期起止时间； (2)月平均降雨（雪）量、最大降雨（雪）量、一昼夜最大降雨（雪）量； (3)全年雷雨、暴雨天数	(1)确定雨期的施工措施； (2)确定工地排水、防洪方案； (3)确定工地防雷措施
风	(1)主导风向及频率(风玫瑰图)； (2)≥8 级风的全年天数，时间	(1)确定临时设施的布置方案； (2)确定高空作业及吊装的技术安全措施
地形	(1)区域地形图：1/10000～1/25000； (2)工程位置地形图：1/1000～1/2000； (3)该地区城市规划图； (4)经纬坐标桩、水准基桩位置	(1)选择施工用地； (2)布置施工总平面图； (3)场地平整及土方量计算； (4)了解障碍物及其数量
地质	(1)钻孔布置图； (2)地质剖面图：土层类别、厚度； (3)物理力学指标：天然含水量、孔隙比、塑性指数、渗透系数、压缩试验及地基强度； (4)地层的稳定性：断层滑块、流砂； (5)最大冻结深度； (6)地基土的破坏情况：钻井、古墓、防空洞及地下构筑物	(1)土方施工方法的选择； (2)地基土的处理方法； (3)基础施工方法； (4)复核地基基础设计； (5)确定地下管道埋设深度； (6)拟订障碍物拆除方案
地震	地震烈度	确定对基础的影响、注意事项
地下水	(1)最高、最低水位及时间； (2)水的流速、流向、流量； (3)水质分析，水的化学成分； (4)抽水试验	(1)基础施工方案选择； (2)确定降低地下水位的方法； (3)拟订防止介质侵蚀的措施
地面水	(1)临近江河湖泊距工地的距离； (2)洪水、平水、枯水期的水位、流量及航道深度； (3)水质分析； (4)最大、最小冻结深度及时间	(1)确定临时给水方案； (2)确定施工运输方式； (3)确定水工工程施工方案； (4)确定工地防洪方案

A-3. 有关工程项目特征与要求的资料调查

(1) 熟悉设计规模、工程特点。

(2) 了解生产工艺流程与工艺设备特点及来源。

(3) 熟悉对工程分期、分批施工、配套交付使用的顺序要求，图纸交付的时间，以及工程施工的质量要求和技术难点等。

A-4. 施工现场社会生活条件的调查

施工现场社会生活条件的调查内容如下：

（1）周围地区能为施工利用的房屋类型、面积、结构、位置、使用条件和满足施工需要的程度。附近主副食供应、医疗卫生、商业服务条件、公共交通、邮电条件、消防治安机构的支援能力，这些调查对于在新开发地区施工特别重要。

（2）附近地区机关、居民、企业分布状况及作息时间、生活习惯和交通情况；施工时吊装、运输、打桩、用火等作业所产生的安全问题、防火问题，以及振动、噪声、粉尘、有害气体、垃圾、泥浆、运输散落物等对周围人们的影响及防护要求，工地内外绿化、文物古迹的保护要求等。社会生活条件调查项目见表 1-3 所列。

建设地区社会劳动力和生活设施调查表 **表 1-3**

序号	项目	调查内容
1	社会劳动力	(1)增加当地工人农忙时间； (2)少数民族地区的风俗、民情、习惯； (3)上述劳动力的生活安排、居住远近
2	房屋设施	(1)能作为施工用的现有房屋数量、面积、结构特征、位置、距工地远近；水、暖、电、卫设备情况； (2)上述建筑物的适用情况，能否作为宿舍、食堂、办公场所、生产场所等； (3)需在工地居住的人数和户数
3	生活设施	(1)当地主、副食品商店，日常生活用品供应，文化、教育设施，消防、治安等机构供应或满足需要的能力； (2)邻近医疗单位至工地的距离，可能提供服务的情况； (3)周围有无有害气体污染企业和地方疾病

B-1. 参考资料的收集

在编制施工组织设计时，除施工图纸及调查所得的原始资料外，还可收集相关的参考资料作为编制的依据，如施工定额、施工手册、施工组织设计实例及平时收集的实际施工资料等。此外，还应向建设单位和设计单位收集本建设项目的建设安排及设计等方面的资料，这有助于准确、迅速地掌握本建设项目的许多有关信息。

B-2. 技术资料准备

技术资料准备工作是施工准备工作的核心，对于指导现场施工准备工作，保证建筑产品质量，加快工程进度，实现安全生产，提高企业效益具有十分重要的意义。任何技术差错和隐患都可能引起人身安全和质量事故，造成生命财产和经济的巨大损失，因此必须认真做好技术准备工作，不得有半点马虎。技术资料准备工作主要包括熟悉、审查施工图纸和有关设计资料，签订工程分包合同，编制施工组织设计，编制施工图预算和施工预算等。

C. 劳动组织准备

（1）确立拟建工程项目的领导机构

组织领导机构的设置程序如图 1-3 所示。

（2）建立精干的施工队伍

施工队伍的建立要认真考虑专业、工种的合理配合，技工、普工的比例要满足合理的劳动组织，要符合流水施工组织方式的要求，建立施工队组（是专业施工队组，或是混合施工队组）要坚持合理、精干高效的原则；人员配置要从严控制二、三线管理人员，力求一专多能、一人多职，同时制定出该工程的劳动力需要量计划。

（3）组织劳动力进场，对施工队伍进行各种教育

项目管理团队确定之后，按照开工日期和劳动力需要量计划，组织劳动力进场。同时

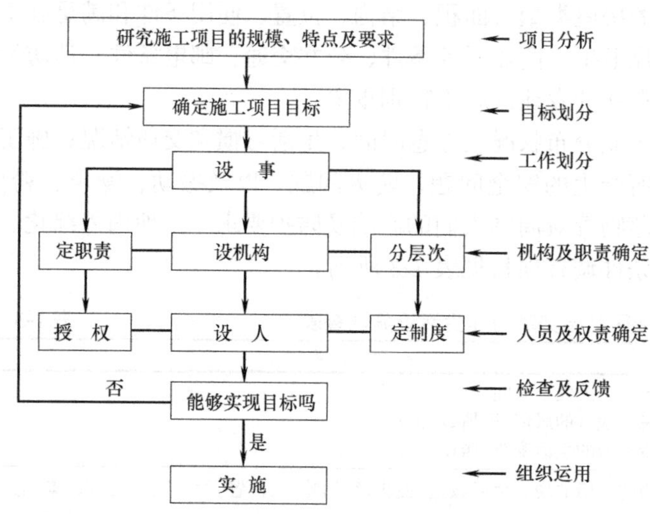
研究施工项目的规模、特点及要求
项目分析
确定施工项目目标
目标划分
工作划分
设　事
定职责
设机构
分层次
机构及职责确定
授　权
设　人
定制度
人员及权责确定
否
能够实现目标吗
检查及反馈
是
实　施
组织运用

图 1-3　组织领导机构设置程序图

要进行安全、防火和文明施工等方面的教育，并安排好职工的生活。

（4）对施工队伍及工人进行施工组织设计、计划和技术交底

施工组织设计、计划和技术交底的内容有工程的施工进度计划、月（旬）作业计划；施工组织设计，尤其是施工工艺、质量标准、安全技术措施、降低成本措施和施工验收规范的要求；新结构、新材料、新技术和新工艺的实施方案和保证措施；图纸会审中所确定的有关部门的设计变更和技术核定等事项。交底工作应该按照管理系统逐级进行，由上而下直到工人班组。交底的方式有书面形式、口头形式和现场示范形式等。交底时应注意留存影像资料。

（5）建立健全各项管理制度

工地的各项管理制度是否建立、健全，直接影响其各项施工活动的顺利进行。为此必须建立、健全工地的各项管理制度。一般内容有：工程质量检查与验收制度；工程技术档案管理制度；建筑材料（构件、配件、制品）的检查验收制度；技术责任制度；施工图纸学习与会审制度；技术交底制度；职工考勤、考核制度；工地及班组经济核算制度；材料出入库制度；安全操作制度；机具使用保养制度。

D. 物资准备

（1）建筑材料的准备

建筑材料的准备主要是根据施工预算进行分析，按照施工进度计划要求，按材料名称、规格、使用时间、材料储备定额和消耗定额进行汇总，编制出材料需要量计划，为组织备料，确定仓库、场地堆放所需的面积和组织运输等提供依据。

（2）构（配）件、制品的加工准备

根据施工预算提供的构（配）件、制品的名称、规格、质量和消耗量，确定加工方案和供应渠道以及进场后的储存地点和方式，编制出其需要量计划，为组织运输、确定堆场面积等提供依据。

（3）建筑安装机具的准备

根据采用的施工方案，安排施工进度，确定施工机械的类型、数量和进场时间，确定施工机具的供应办法和进场后的存放地点和方式，编制施工机具的需要量计划，为组织运输、确定堆场面积提供依据。

（4）生产工艺设备的准备

按照拟建工程生产工艺流程及工艺设备的布置图，提出工艺设备的名称、型号、生产能力和需要量，确定分期分批进场时间和保管方式，编制工艺设备需要量计划，为组织

运输、确定堆场面积提供依据。

E. 施工现场准备

（1）施工现场“三通一平”

在建筑工程的用地范围内，平整施工场地，接通施工用水、用电和道路，这项工作简称为“三通一平”。如果工程的规模较大，这一工作可分阶段进行，保证在第一期开工的工程用地范围内先完成，再依次进行其他的。除了以上“三通”外，有些小区在开发建设中，还要求有“热通”（供蒸汽）、“气通”（供煤气）、“话通”（通电话）等。平整场地如图 1-4 所示。

(1)满足工艺和运输需求；(2)综合考虑地形，减少挖填方量；
(3)争取场区内挖填平衡，减少运输费用；泄水坡度满足要求。

图 1-4　平整场地

（2）测量定位

按照设计单位提供的建筑总平面图及接收施工现场时建设方提交的施工场地范围、规划红线桩、工程控制坐标桩和水准基准桩进行施工现场的测量与定位，如图 1-5 所示。

（3）临时设施搭设

施工总平图应与业主方提前沟通，避免造成后期分包、外协单位无法施工，造成临时设施搬迁，特别是商业区尤为重要。按照施工总平面图和临时设施用量计划，及时定位出塔吊位置，并在搭设临时设施时，提前对塔吊基础进行施工。为正式开工准备好生产和生活用房。见图 1-6 所示。

建筑物定位基准点由城市规划部门提供，
根据建筑规划定位图进行定位，最后在
施工现场形成(至少)4个定位桩。

图 1-5　测量定位

活动板房安拆必须有专项搭拆方案，加强宿舍临时用电、安全管理，加强隐患排查力度。
活动板房必须具有在技术监督部门备案的产品技术标准，活动板房的生产企业应提供完整的建筑结构安装图纸、产品出厂合格证、阻燃检测报告、使用说明书、相关验收标准等。

图 1-6　临时活动板房

（4）组织施工机具进场、安装和调试

按照施工机具需要量计划，分期分批组织施工机具进场，根据施工总平面布置图将施工机具安置在规定的地点或存贮的仓库内。对于固定的机具要进行就位、搭防护棚、接电源、保养和调试等工作。对所有施工机械都必须在开工之前进行检查和试运转。如图1-7、图 1-8 所示。

施工机械进场要由专人负责，确保合理配备、安全使用、服务生产，为保证工程质量、加快施工进度、提高生产效益、经济效益创造条件。

越赶超

图 1-7　施工机械进场

施工机械安拆、运输及调试、使用由专业人员持证上岗，严格按照操作说明操作。同时制定应急预案，避免安全事故发生。

图 1-8　施工机械进场作业

（5）组织材料、构配件制品进场储存

按照材料、构配件、半成品的需要量计划组织物资、周转材料进场，并依据施工总平面图规定的地点和指定的方式进行储存和定位堆放。同时按进场材料的批量，依据材料试验、检验要求，及时采样并提供建筑材料的试验申请计划，严禁不合格的材料存贮现场，如图 1-9 所示。

图 1-9　材料进场储备

F. 施工场外准备

（1）材料设备的加工和订货

建筑材料、构（配）件和建筑制品大部分都必须外购，工艺设备尤其需要全部外购。这样，准备工作中必须与有关加工厂、生产单位、供销部门签订供货合同，保证及时供应，这对于施工单位的正常生产是非常重要的。此外，还应做好施工机具的采购和租赁工作，与有关单位或部门签订供销合同或租赁合同。建筑工程合同关系如图 1-10 所示。

（2）做好分包工作

由于施工单位本身的力量和施工经验有限，有些专业工程的施工，如大型土石方工程、结构安装工程以及特殊构筑物工程的施工，必须实行分包，或分包给有关单位施工，效益更佳。这就要求在施工准备工作中，按原始资料调查中了解的有关情况，选定理想的协作单位。根据分包工程的工程量、完成日期、工程质量要求和工程造价等内容，与分包单位签订分包合同，保证按时完成作业。

为了落实各项施工准备工作，加强检查和监督，必须根据各项施工准备工作的内容、时间和人员，编制施工准备工作计划。施工准备工作计划可参照表 1-4 的格式进行编制。

为了加快施工准备工作的进度，必须加强建设单位、设计单位和施工单位之间的协调工作，密切配合，建立健全施工准备工作的责任制度和检查制度，使施工准备工作有领导、有组织、有计划和分期分批地进行。

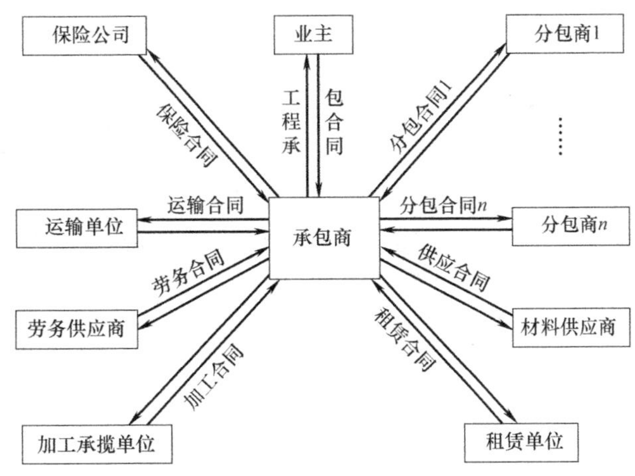
保险公司
业主
分包商1
保险合同
工程承
包合同
分包合同1
运输合同
运输单位
承包商
分包合同n
分包商n
劳务合同
供应合同
劳务供应商
材料供应商
加工合同
租赁合同
加工承揽单位
租赁单位

图 1-10　建筑工程合同关系

常用屋面保温材料有聚苯板、硬质聚氨酯泡沫塑料等有机材料，保温层厚度在 25～80mm；水泥膨胀珍珠岩板、水泥膨胀蛭石板、加气混凝土等无机材料，保温层厚度在80～260mm。如图 1-11、图 1-12 所示。

施工准备工作计划表　　　　**表 1-4**

编制要点：(1)结合当地市场材料、人力供应情况。(2)结合施工现场实际情况，掌握实际生产效率。

序号	施工准备项目	简要内容	负责单位	负责人	起止时间				备注
					月	日	月	日	

(3)结合现场实际工作量。(4)熟悉工作内容。(5)结合实际采用的施工工艺。(6)了解可能发生的影响工程进度的不利因素。

图 1-11　保温（一）

图 1-12　保温（二）

（二）基础施工

1. 施工准备

（1）作业条件

由建设、监理、施工、勘察、设计单位进行地基验槽，完成验槽记录及地基验槽隐检手续，如遇地基处理，办理设计洽商，完成后由监理、设计、施工三方复验签认，完成基槽验线手续，如图 1-13 所示，见表 1-5 所列。

要点：核对其平面位置、平面尺寸、槽底标高是否满足设计要求；核对土质和地下水情况是否满足岩土工程勘察报告及设计要求；检查是否存在软弱下卧层及空穴、古墓、古井、防空掩体、地下埋设物等及相应的位置、深度、性状。

图 1-13　基坑验槽

地基验槽记录表　　**表 1-5**

工程名称：××县工商局大楼　　工程编号：

工程部位	①～⑨轴	开挖时间	2003 年 1 月 20 日
验槽日期	2010 年 1 月 26 日	完成时间	2010 年 1 月 25 日

项次	项　目	验收情况
1	地基形式(人工或天然)	天然地基
2	持力层土质和地耐力	砂砾土，$210kPa/m^2$
3	地基土的均匀、密致程度	符合要求
4	基底标高	−3.500m
5	基槽轴线位移	符合施工规范规定
6	基槽尺寸	满堂开挖(总长 45.2m，总宽 18.6m)
7	地下水位标高及处理	−3.300m，采用集水坑抽排

附图或说明：

基坑剖面图

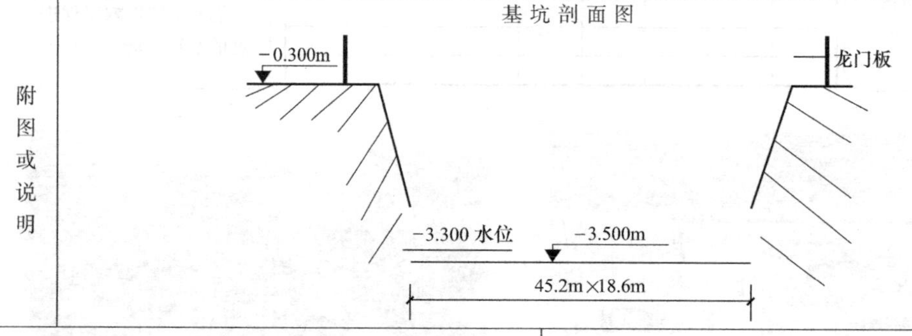
-0.300m
龙门板
-3.300 水位
-3.500m
45.2m×18.6m

施工单位意见：

符合设计要求。

项目经理：×××
项目技术负责人：×××
施工单位(公章)：

2010 年 1 月 26 日

监理单位意见：

符合设计要求。

总监理工程师：×××
监理单位(公章)：

2010 年 1 月 26 日

勘察单位意见：

该地基土质符合要求，同意封底。

项目负责人：×××
勘察单位(公章)：

2010 年 1 月 26 日

设计单位意见：

该地基土质符合要求，同意封底。

结构专业负责人：×××
设计单位(公章)：

2010 年 1 月 26 日

建设单位意见：

同意进入下道工序的施工。

项目负责人：×××
建设单位(公章)：

2010 年 1 月 26 日

（2）材料要求

1）水泥：根据设计要求选水泥品种、强度等级；若遇有侵蚀性介质，要按设计要求选择特种水泥；有产品合格证、出厂检验报告及复测试验报告。

2）砂、石子：有进场复验报告，质量符合现行标准要求。

3）水：采用饮用水。

4）外加剂、掺合料：根据设计要求通过试验确定。

5）预拌混凝土所用原材料须符合上述要求，必须具有出厂质量证明文件、检测报告、原材试验报告。

6）钢筋要有产品合格证、出厂检验报告和进场复验报告。

（3）施工机具

商混泵、磅秤、手推车或翻斗车、铁锹、振捣棒、刮杠、木抹子、胶皮手套、串桶或溜槽等。

2. 工艺流程

清理→混凝土垫层→清理→钢筋绑扎→支模板→相关专业施工→清理→混凝土浇筑→混凝土振捣→混凝土找平→混凝土养护。

3. 操作工艺

（1）清理及垫层浇筑

地基验槽完成后，清除表层浮土及扰动土，不得积水，立即进行垫层混凝土施工，混凝土垫层必须振捣密实，表面平整，严禁晾晒基土，如有防水要求，垫层平整度宜采用灰饼作为垫层标高控制，保证表面光滑平整，如图 1-14 所示。

（2）钢筋绑扎

垫层浇筑完成达到一定强度后，在其上弹线、支模、安装绑扎钢筋。上下部垂直钢筋绑扎牢，将钢筋弯钩朝上，插筋固定在基础外模板上；底部钢筋应用与混凝土保护层同厚度的水泥砂浆或塑料垫块垫塞，以保证位置正确，表面弹线进行钢筋绑扎，钢筋绑扎不允

组织要点：(1)人员安排合理充足。(2)机具设备正常工作并有备用机具，如振动棒等。(3)搅拌站混凝土供应连续及时。(4)夏季垫层浇筑提前接通养护用水，准备养护用品塑料薄膜等。

图 1-14 垫层浇筑

组织要点：(1)熟悉图纸，根据工程量合理安排施工人员。(2)施工前将对作业班组进行详细的技术交底,明确绑扎顺序,并加强现场质量控制,严格规范化管理。(3)工具(扎钩、扳手等）及其他材料（扎丝、垫块、马镫筋）准备齐全。(4)配备专门技术人员对钢筋绑扎进行过程监督。(5)冬季垫层浇筑完成后，应注意保温。

图 1-15 筏板基础钢筋绑扎

许漏扣，柱插筋除满足冲切要求外，应满足锚固长度的要求。绑扎连接点处必须满绑，柱筋距底板 5cm 处绑扎第一个箍筋，距基础顶 5cm 处绑扎最后一道箍筋，作为标高控制筋及定位筋，柱插筋最上部再绑扎一道定位筋，上下箍筋及定位箍筋绑扎完成后将柱插筋调整到位并用井字木架临时固定，然后绑扎剩余箍筋，保证柱插筋不位移，两道定位筋在浇筑混凝土前必须进行更换，如图 1-15 所示。

（3）模板安装

钢筋绑扎及相关专业施工完成后立即进行模板安装，剪力墙模板应采用止水拉杆加固。模板应位置准确、加固可靠、横平竖直、接缝严密不漏浆，如图 1-16 所示。

(3)严格做好“三检”工作，并尽量避免交叉作业对成品、半成品的破坏，做好成品保护工作。(4)做好文明施工及劳动保护。
组织要点：(1)熟悉图纸，根据工程量组织流水施工并安排与之相适应的施工人员。(2)根据工程量配备相适应的模板等材料及机具，现场建立严格的周转材料进场管理制度，并制定节约措施，降低材料损耗。

图 1-16　模板安装

（4）清理

清除模板内的木屑、泥土等杂物，木模浇水湿润，堵严板缝及孔洞，清除积水，如图 1-17所示。

模板清理配备必要的清理工具，清理要彻底，清理的垃圾要放到指定的垃圾堆放处。

图 1-17　模板清理

（5）混凝土浇筑

基础混凝土浇筑前，确保柱子插筋位置的正确，防止造成位移和倾斜。在浇筑开始时，先满铺一层 5～10cm 厚的混凝土并捣实，间隔一段时间一般不超过 30min，然后对称浇筑。基础浇筑应保证混凝土供应及时，浇筑连续，不留施工缝，分层分段浇筑时各段各层间应相互衔接，分层下料，每层厚度为振动棒的有效振动长度。防止由于下料过厚，振捣不实或漏振、吊帮的根部砂浆涌出等原因造成蜂窝、麻面或孔洞，如图 1-18 所示。

（6）混凝土振捣

采用插入式振捣器，插入的间距不大于振捣器作用部分长度的 1.25 倍。上层振捣棒插入下层 3～5cm。尽量避免碰撞预埋件、预埋螺栓，防止预埋件移位，如图 1-19 所示。

（7）混凝土找平

混凝土浇筑后，表面比较大的混凝土，使用平板振捣器振一遍，然后用刮杠刮平，再用木抹子搓平。收面前必须校核混凝土表面标高，不符合要求立即整改，如图 1-20 所示。

组织要点：(1)根据混凝土量编制混凝土浇筑方案，重点部位浇筑时专业技术人员要旁站。(2)专人负责搅拌站混凝土供应事宜，确保混凝土供应及时连续。(3)了解天气情况，采取必要的混凝土成品与半成品保护措施及对突发事故制定相关应急预案。

图 1-18　混凝土浇筑

组织要点：(1)振捣手数量与工程量相匹配且技术熟练经验丰富，振捣过程专业技术员旁站监督指导。(2)振捣机具工作状态良好且有备用机具。(3)按照施工工艺特点及浇筑方案掌控好振捣顺序、时间及振捣点。

图 1-19　混凝土振捣

组织要点：(1)混凝土收面人员数量与工程量相匹配且技术熟练经验丰富，对收面标准要清晰。(2)按照施工工艺特点及浇筑方案掌控好收面时间、遍数及要求。对墙柱根部进行拉毛处理。(3)采取相应的应急措施，如振捣过程中突然下雨时对新浇混凝土的保护措施。

图 1-20　混凝土找平

（8）浇筑混凝土时，安排专人看护模板、支架、螺栓、预留孔洞和管有无走动情况，一旦发现有变形、走动或位移时，立即停止浇筑，并及时修整和加固模板，然后再继续浇筑。

（9）混凝土养护

已浇筑完的混凝土，常温下，应在 12h 左右覆盖和浇水。一般常温养护不得少于 7d，特种混凝土养护不得少于 14d。养护设专人检查落实，防止由于养护不及时而造成混凝土表面裂缝，如图 1-21 所示。

（10）模板拆除

侧面模板在混凝土强度能保证其棱角不因拆模板而受损坏时即可拆模。一般墙体大模板在常温条件下，混凝土强度达到 $1N/mm^2$，即可拆除。模板的拆除顺序：一般按后支先拆、先支后拆，先拆除非承重部分后拆除承重部分的拆模顺序进行。拆除时采用撬棍从一侧顺序拆除，不得采用大锤砸或撬棍乱撬，以免造成混凝土棱角破坏，如图 1-22 所示。

组织要点：(1)养护要落实到专人负责。(2)覆盖材料要干净无油渍；(3)覆盖养护材料要有防风刮措施。

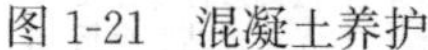

图 1-21　混凝土养护

组织要点：(1)人员配备满足工程量需要，人员质量满足工程质量要求。(2)拆模所需工具配备齐全，劳动保护做到位。(3)遵循拆模专项方案，严格按拆模顺序操作，并有专人监督。(4)拆模区拉警戒带并有专人监护。(5)制定针对突发事件的专项应急预案。

图 1-22　模板拆除

（三）结构施工

基础完工，混凝土表面可以上人后便可安排人开始主体结构的施工。

工艺流程为：新旧混凝土接茬处凿毛处理→钢筋绑扎→水电等管洞口预留、埋件预埋→支模板→相关专业施工→清理→钢筋隐蔽验收→混凝土浇筑→混凝土养护。

1. 钢筋绑扎

（1）材料准备 成型钢筋、20～22 号镀锌钢丝、钢筋马凳（钢筋支架）、固定墙双排筋的间距支筋（梯子筋）、保护层垫块（水泥砂浆垫层或成品塑料垫块）。

（2）机具准备 钢筋钩子、撬棍、钢筋扳子、钢筋剪子、绑扎架、钢丝刷子、粉笔、墨斗、钢卷尺等。

（3）作业条件

1）熟悉图纸，确定钢筋的穿插就位顺序，并与有关工种做好配合工作，如支模、管线、防水施工与绑扎钢筋的关系，确定施工方法，做好技术交底工作。

2）核对实物钢筋的级别、型号、形状、尺寸及数量是否与设计图纸和加工料单、料牌吻合。

3）钢筋绑扎地点已清理干净，施工缝处理已符合设计、规范要求。

4）抄平、放线工作（即标明墙、柱、梁板、楼梯等部位的水平标高和详细尺寸线）已完成。

5）已将成品、半成品钢筋按施工图运至绑扎部位。

（4）施工工艺顺序

1）柱钢筋

弹柱子线→修整底层伸出的柱预留钢筋（含偏位钢筋）→套柱箍筋→竖柱子立筋并接头连接→在柱顶绑定距框→在柱子竖筋上标识箍筋间距→绑扎箍筋→固定保护层垫块，如图 1-23 所示。

组织要点：(1)配备与工程量相适应的技术工人。(2)作业机具工作性能良好。(3)合理安排流水施工，避免待工窝工，施工过程有专人检查施工质量。(4)雨雪天施工采取必要的安全保证措施。(5)制定针对突发事件的应急预案。

图 1-23　柱筋绑扎

2）剪力墙钢筋

弹剪力墙线→修整预留的连接筋→绑暗柱钢筋→绑立筋→绑扎水平筋→绑拉筋或支撑筋→固定保护层垫块，如图 1-24 所示。

3）梁钢筋

模内绑扎：画主次梁箍筋间距→放主梁次梁钢筋→穿主梁底层纵筋及弯起筋→穿次梁底层纵筋并与箍筋固定→穿主梁上层纵向架立筋→按箍筋间距绑扎→穿次梁上层纵筋→按箍筋间距绑扎，如图 1-25 所示。

组织要点同柱筋绑扎。

图 1-24　剪力墙钢筋绑扎

组织要点：(1)检查梁的钢筋规格是否与图纸相符，位置是否正确。(2)严格按照钢筋施工方案中绑扎顺序，专人检查绑扎质量，尤其是柱梁节点区。(3)对于边梁绑扎采取必要的安全保护措施。

图 1-25　梁模内钢筋绑扎

模外绑扎（先在梁模板上口绑扎成型后再入模内）：画箍筋间距→在主次梁模板上口铺横杆数根→在横杆上面放箍筋→穿主梁下层纵筋→穿次梁下层钢筋→穿主梁上层钢筋→按箍筋间距绑扎→穿次梁上层纵筋→按箍筋间距绑扎→抽出横杆落骨架于模板内，如图 1-26 所示。

组织要点同模内钢筋绑扎。

图 1-26　梁模外钢筋绑扎

4）板钢筋

清理模板→模板上画线→绑扎下层钢筋→（水电预埋）→设置马凳→绑负弯矩钢筋或上层钢筋→垫保护层垫块→钢筋验收，如图 1-27 所示。

组织要点：(1)配备与工程量相适应的施工人员。(2)材料供应及时，规格、数量正确，充足且无剩余。(3)严格按照施工工艺施工，并安排专业技术人员检查指导。(4)编制针对突发事件的应急预案。

图 1-27　板筋绑扎

5）楼梯钢筋

划位置线→绑扎钢筋→垫保护层垫块，如图 1-28 所示。

组织要点：(1)楼梯筋绑扎要严格遵循既定方案中绑扎顺序及与其他专业的先后工艺顺序。(2)钢筋规格、数量准确无误。(3)斜板保护厚度控制。(4)梯梁内垃圾清理。

图 1-28　楼梯筋绑扎

2. 模板施工

（1）材料准备

多层板、木方、木方垫板、钢管、扣件、对拉螺杆、模板加固用工具、丝杠、PVC管、隔离剂、双面胶、槽钢、铁钉、地锚钢筋（废钢筋头）U 形卡等。

（2）材料要求同基础部分材料要求。

（3）机具准备

塔吊、平刨、圆盘锯、电焊机、砂轮切割机、电锯、水准仪、水平尺、钢卷尺、直尺、塞规、锤子、单头扳手、活动扳手、钢丝钳、墨斗、线坠、刷隔离机滚子、撬杠、手锯等。

（4）作业条件

1）熟悉图纸。熟悉图纸结构几何尺寸、标高、定位线及模板安装线，制定模板施工方案，并对施工班组进行书面技术交底。

2）各主体结构构件钢筋绑扎完毕，地锚钢筋、预埋件埋设完毕，焊接好模板定位筋，后浇带位置正确，主筋位置及保护层厚度满足要求，办完隐蔽工程验收手续。后浇带，如图 1-29 所示。

3）材料、机具及人员已准备就绪。

4）安装模板前应把模板板面上的泥土、松散碎石、浮浆等杂物清洗干净刷好隔离剂

组织要点：(1)后浇带位置正确，钢筋按既定方案预留。(2)掌握好后浇带浇筑时间，一般伸缩后浇带在混凝土浇筑后2个月以后浇筑。沉降后浇带在主体结构封顶以后2个月浇筑。(3)混凝土等级大于原等级一级并加入微膨胀剂。

图 1-29　后浇带

（不允许在模板就位后刷隔离剂，防止污染钢筋及混凝土接触面，涂刷均匀，不能漏刷）。

5）为防止模板下口跑浆，安装模板前板下口用砂浆封堵，砂浆不能进入模板内。

（5）施工工艺顺序

钢筋绑扎完成并经检验合格→将模板等材料运送至安装位置→沿模板边、缝线贴密封条→安装模板、木方背楞、钢管柱箍、对拉螺栓、支撑→复核模板尺寸、位置、平整度（或垂直度）→自检合格后报监理检验合格→混凝土浇筑→混凝土养护→模板拆除、清理现场，如图 1-30、图 1-31 所示。

组织要点：(1)根据工程量配备相应的施工人员，安排专业技术人员对模板施工进行过程监督指导。(2)模板施工所必需机具等工作良好。(3)模板施工所需材料要合格，进场有验收。(4)制定针对突发事件的应急预案。

图 1-30　模板垂直度验收

3. 混凝土施工

主体结构混凝土浇筑工艺顺序基本上与前面的基础混凝土浇筑工艺顺序相同。

（1）材料准备

商品混凝土、混凝土界面剂、塑料薄膜、草垫（覆盖养护用）。

（2）材料要求同基础部分材料要求。

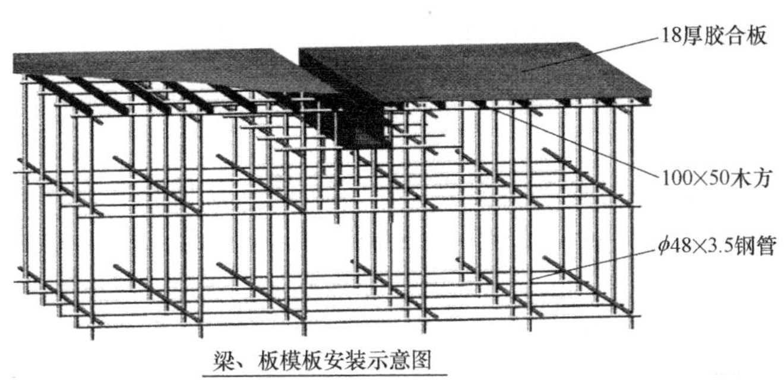
18厚胶合板
100×50木方
ϕ48×3.5钢管
梁、板模板安装示意图

图 1-31　模板示意图

组织要点：(1)养护由专人负责。(2)养护方案方法要得当，掌控好养护时间。(3)养护用覆盖材料无油渍且有防风刮措施。(4)红外加热仪由专业技术人员操作使用，并定期维护。

图 1-32　红外线加热仪养护

（3）机具工具准备

商混泵及泵管、铁锹、木板和铁架（铺设混凝土浇筑走道用）、振捣棒、刮杠、木抹子、胶皮手套、串桶或溜槽等；布料机、红外线加热仪（冬季养护用），如图 1-32 所示。

（4）作业条件

1）浇筑混凝土前模板、钢筋、预埋件及管线等均应已全部安装完毕，经检查合格符合设计要求，并已办好隐蔽、预埋措施。

2）浇筑前，混凝土浇面标高控制点已合理设置。

3）浇筑混凝土所用的架子、走道及混凝土输送管道已搭设完毕，并检查合格。

4）必备的通信手段完善，运输通道畅通。

5）对班组进行了全面技术、安全、质量、人员交接等事项的书面及口头交底。

（5）施工工艺顺序

模板内垃圾清理→洒水或浇筑水泥砂浆（强度等级同混凝土）→混凝土浇筑→混凝土振捣→混凝土找平→混凝土养护。

4. 二次结构施工

（1）材料准备

水泥、砂子、砌体材料、外加剂、压墙筋等。

（2）材料要求

水泥强度等级符合设计要求；水泥进场使用前，应分批对其强度、安定性、凝结时间进行复验，检验批应以同一生产厂家、同一编号为一批。不同品种的水泥，不得混合使用；砂子选用中砂，含泥量不超过 5%，且不得含有草根等杂物，用前过筛；砂浆配合比使用重量比；拌制砂浆用水采用饮用水或不含有害物质的洁净水；防冻剂等外加剂等应经试验后方可使用。

（3）机具工具准备

砂浆搅拌机、切割机、手推车、运砖车、皮数杆、铁锹、灰斗、托线板、靠尺、卷尺、小桶、水管、水壶、白线、红铅笔、瓦工工具。

（4）作业条件

1）熟悉审查设计图纸，编制砖墙砌体专项工程施工方案；编制材料、机具、劳动力需用量计划；对进场材料进行见证取样复试工作；委托砂浆配合比设计；编写技术、质量、安全书面交底，并组织有关人员进行交底；抄平放线，并办理技术复核。

2）主体结构施工至五层后，五层以下主体质量经项目部检验无质量问题后，可开始穿插砌体施工。

3）楼层 50 线已弹好，楼面上弹好墙体位置线，包括门洞口位置、构造柱位置等。

4）构造柱的钢筋已经连接绑扎好；后植拉结筋已按灰缝位置施工完毕并试验、隐蔽资料完备。

5）固定门窗框的木砖或混凝土预制块已备好，架子或高凳已准备完善。

（5）施工工艺顺序

砖墙砌筑的一般顺序是：植筋、抄平→放线→摆砖→立皮杆数→盘角→挂线→砌筑、压墙筋→勾缝→清理成品保护，如图 1-33～图 1-36 所示。

组织要点：(1)植筋要有方案，依方案施工。(2)植筋用钢筋、植筋胶材料要合格，植筋胶优先采用与所处环境相适应的产品。(3)植筋由专业工人进行施工，植筋孔直径、深度、清理程度、打胶饱满度由专业技术人员检查。(4)对已完成植筋部分进行植筋抗抗实验。

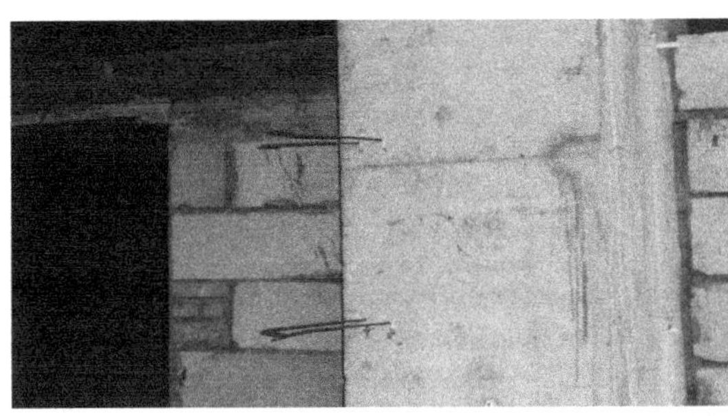

图 1-33 砌体植筋

组织要点：(1)放线由专业技术人员施工。(2)放线所用工具使用前校验无误。(3)放线前地面清扫干净，所弹墨线清晰可见。

图 1-34 砌体放线

组织要点：(1)优先选择高技术施工人员施工。(2)砌体砖进场按砖强度等级、外观、几何尺寸进行验收并应检查出厂合格证；砂浆按施工配合比进行配比。

图 1-35 砌体摆砖

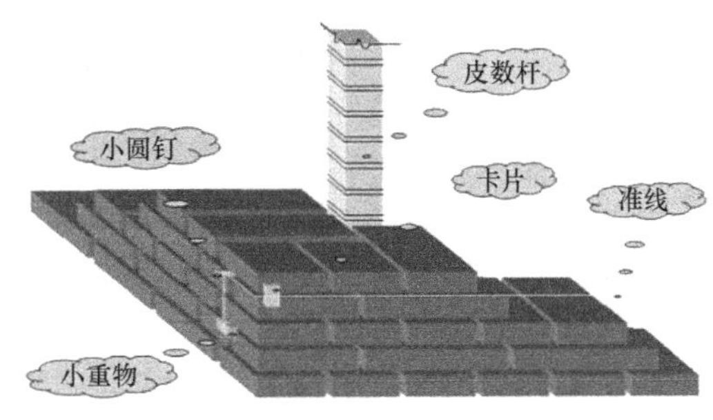
皮数杆
小圆钉
卡片
准线
小重物

图 1-36 皮数杆、盘角、挂线

（四）屋面施工

屋面施工在屋面混凝土浇筑完毕，养护期结束后开始。屋面工程可分类为：卷材防水屋面、涂膜防水屋面、复合防水屋面、瓦屋面、金属板材屋面、聚氨酯硬泡体防水屋面、平改坡屋面、其他功能性屋面、种植屋面、金属压型板屋面、倒置式屋面。

1. 材料准备

水泥、砂、钢筋网片、防水材料（卷材、涂膜、聚氨酯等）、保温材料（聚苯板、珍珠岩等）、瓦、排气管、种植植物、金属压型板等。

2. 机具工具准备

施工电梯、砂浆搅拌机、平板振动器、铁锹、水桶、刮杠、水平尺、钢卷尺、线绳、手推车、铁（木）抹子、喷灯、切割锯、铆钉等。

3. 材料要求

以上所需材料进场时必须有产品出厂合格证及检验报告单，进场见证取样送检，复验合格后方可使用。

4. 作业条件

（1）熟悉审查设计图纸，了解屋面做法，编制屋面专项工程施工方案；编写技术、质量、安全书面交底，并组织有关人员进行交底；抄平放线，并办理技术复核。

（2）屋面基层清理完毕，基层干燥，给水排水专业、电气专业预埋完成并办理交接手续。

（3）阴阳角、出屋面管洞口、管道周围、屋檐、天沟等节点处理完毕。

（4）材料运输所需机具、通道等准备完毕。

5. 施工工艺顺序

屋面工程工艺顺序一般为：基层清理→管道、天沟、挑檐、女儿墙、排气孔等细部防水处理→ 大面积防水施工→防水保护层施工→保温层施工→隔汽层施工→面层施工 →清理→养护→成品保护，当设计有隔汽层时，先施工隔汽层，然后再施工保温层。隔汽层四周应向上沿墙面连续铺设，并高出保温层表面不得小于150mm。如图1-37～图1-40所示。

组织要点：(1)安排专人清理彻底、干净。(2)所用工具要合适。(3)清理完毕，安排专人检查。

图1-37　基层清理

组织要点：(1)严格按照既定方案施工。(2)施工人员熟练掌握施工工艺。(3)防水材料进场验收并复验。(4)尽量避免阴雨天施工。(5)制定针对突发事件的应急预案。

图1-38　细节处理及大面积施工

组织要点：(1)严格按照既定方案施工。(2)施工人员熟练掌握施工工艺。(3)保护层所用材料严格按设计要求配比。(4)施工机具安排得当。(5)制定针对突发事件的应急预案。

图 1-39　防水保护层施工

组织要点：(1)施工人员数量与工程量相适应且技术熟练、经验丰富。(2)面层所用材料符合设计要求。(3)供材机具工作良好，确保材料供应及时连续。

图 1-40　面层贴砖

（五）内外装修

1. 材料准备

水泥、砂、保温材料（保温板等）、网格布、钢筋网片、块材（墙、地瓷砖、石材、玻璃等）、腻子、涂料、界面剂、吊顶材料（吊顶板、吊杆、龙骨材料）、灯具、开关插座等。

2. 材料要求

以上所需材料进场时必须有产品出厂合格证及检验报告单，进场见证取样送检，复验合格后方可使用。

3. 机具工具准备

施工电梯、砂浆搅拌机、手枪钻、墨斗、滚筒、刷子、砂纸、铁锹、水桶、刮杠、水平尺、钢卷尺、线绳、手推车、铁（木）抹子、切割锯等。

4. 作业条件

（1）熟悉审查设计图纸，了解建筑做法，装修专项工程施工方案；编写技术、质量、安全书面交底。

（2）复核结构施工尺寸，确定装饰基准线。

（3）清理影响装饰施工的障碍物；装修用脚手架、吊篮等辅助设施准备完毕。

（4）落实装饰施工队伍，选择专业人员，如现场仓管、保安、采购人员等。

（5）根据工程需要准备施工工具及设备，特别注意做好临时电路和消防器材的准备工作。

（6）落实装饰材料供应。通知材料及人员进场（包括材料到达现场时间）。

（7）熟悉及完善装修现场环境，工人开始施工前，工地要实现通水、通电、通信、通运输通道。

5. 施工工艺顺序

装修施工工艺顺序一般为：外墙门窗框安装→外墙装修（幕墙、涂料、贴砖）→内墙门窗框安装→内墙水电预埋安装→墙面装修（贴砖、涂料、壁纸）→顶棚装修（涂料、吊顶）→地面装修（贴砖、水泥砂浆地面、水磨石、木地板、PVC 地板、静电地板、架空地板、环氧地坪）→门窗安装→五金洁具安装→成品保护，如图 1-41～图1-49所示。

组织要点：(1)选择高技术、高素质人员安装门窗框。(2)门窗材料、规格符合设计要求。(3)安装所用机具与材料性能相适应。(4)做好成品与半成品保护。

图 1-41　外墙门窗框

组织要点：(1)人员配备与工程量相适应。(2)材料进场验收及复验符合设计要求。(3)施工所用机具如吊篮等使用性能、安全性能良好。(4)做好成品与半成品保护。

图 1-42　外墙涂料施工

内墙门窗框安装组织要点同外墙门窗框安装组织要点。

图 1-43　内墙门窗框安装

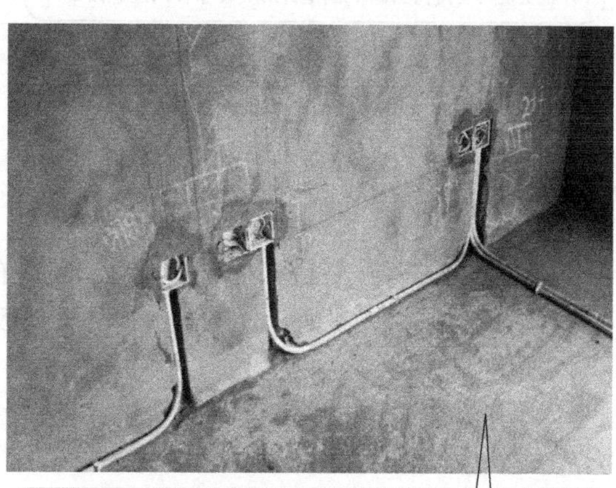

组织要点：(1)水电施工人员要技术熟练且熟悉施工方法及工艺流程。(2)所用机具与材料性能相适应。(3)预埋材料符合设计要求且有专人负责保管、分配，避免浪费。

图 1-44　水电预埋

组织要点：(1)贴瓷施工人员要技术熟练且熟悉施工方法及工艺流程。(2)所用机具与材料性能相适应且工作性能良好。(3)瓷砖材料符合设计要求且有专人负责保管、分配，避免浪费。(4)安排专人养护成品及保护。

图 1-45　内墙贴瓷

组织要点：(1)吊顶人员数量与工程量相适应且技术好。(2)施工所用机具及辅助工具工作性能良好。(3)吊顶材料符合设计要求且有专人负责保管、分配，避免浪费。(4)注意成品与半成品的保护。

图 1-46　顶棚吊顶施工

组织要点：(1)施工人员数量与工程量相适应且技术好。(2)施工所用机具及辅助工具工作性能良好。(3)地面装修材料符合设计要求且有专人负责保管、分配，避免浪费。(4)注意成品与半成品的保护。

图 1-47　地面装修施工

组织要点：(1)门窗安装由专业技工人员严格按既定方案施工。(2)所用机具及辅助工具工作性能良好。(3)门窗材料符合设计要求且有专人保管、分发。(4)注意对成品及半成品的保护。

图 1-48　门窗安装

（六）水电专业预埋及安装

水电预留预埋贯穿于整个施工过程。

1. 材料准备

PVC 穿线管、PVC 排水管（常见的为 2 寸、4 寸、6 寸、8 寸）、PPR 给水管（常见的为 1 寸、2 寸、4 寸、6 寸）、铜管、PVC 三通、弯头，管箍、胶水、生料带等；PPR 三通、弯头、预埋盒（铁质盒、PVC 盒）、导线（常见的为 $1.5mm^2$、$2.5mm^2$、$4mm^2$、$6mm^2$、$10mm^2$、$16mm^2$）、照明开关、插座、空气开关（单级、双级、三级）、漏电保护开关、电话导线、网络线、绝缘胶带、自攻螺栓、膨胀螺栓等。

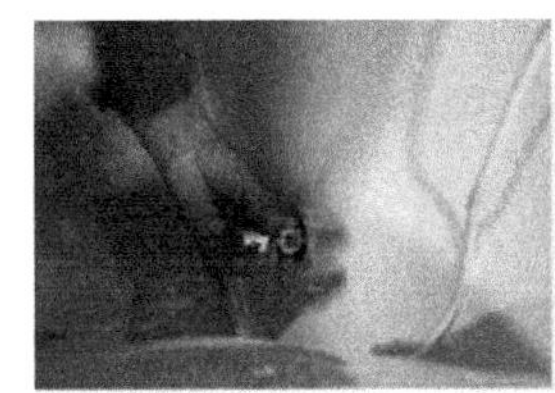
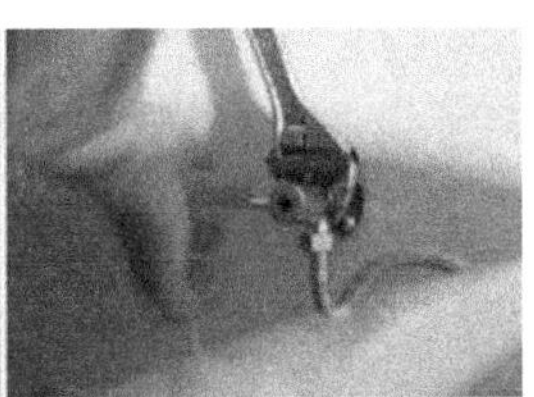
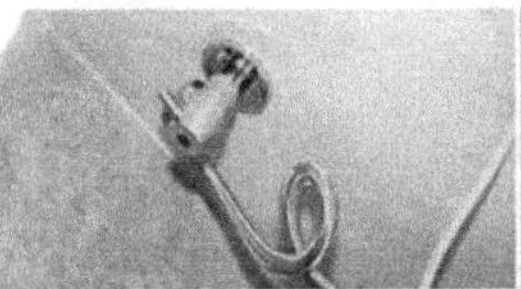
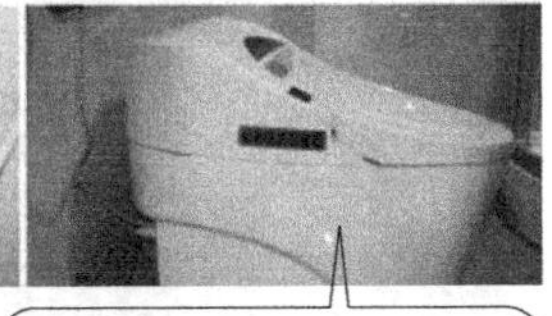
组织要点：(1)五金安装人员上岗前要有培训，施工时注意对其他专业已完成品的保护。(2)洁具材料符合设计要求且有专人保管、分发。(3)完工成品由专人验收。(4)注意对成品及半成品的保护。

图 1-49　五金洁具安装

2. 材料要求

以上所需材料进场时必须有产品出厂合格证及检验报告单，进场见证取样送检，复验合格后方可使用。

3. 机具工具准备

打压机器、切割锯、砌体墙开槽锯、榔头、錾子、钳子、扳手、螺丝刀、手枪钻、热熔机器等。

4. 作业条件

（1）应了解建筑物的结构，熟悉设计图纸、施工方案及与其他工种的配合措施，并对施工班组进行书面技术交底。

（2）材料悉数到场，施工班组人员配备齐全并已熟悉作业环境。

（3）施工所需临时供电、供水装置及消防器材安排妥当。

5. 施工工艺顺序

水电安装施工工艺顺序一般为：主体结构预埋→砌体开槽→安装线盒、线管、水管→补线槽→试压→安装立管→吊洞→室内穿钢丝→室内穿线→安装灯具→电测试→成品保护，如图 1-50～图 1-55 所示。

图 1-50 主体施工水电预埋

组织要点：施工过程中
注意对墙面涂料的保护。

图 1-51 装饰定位开槽管线安装

组织要点：(1)试压由专业技术人员操
作。(2)试压机符合设计标准，工作性
能良好，满足试压要求。(3)制定针对
突发状况如管道破裂的应急措施。

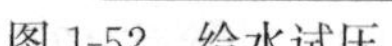
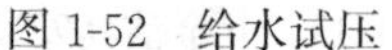

图 1-52 给水试压

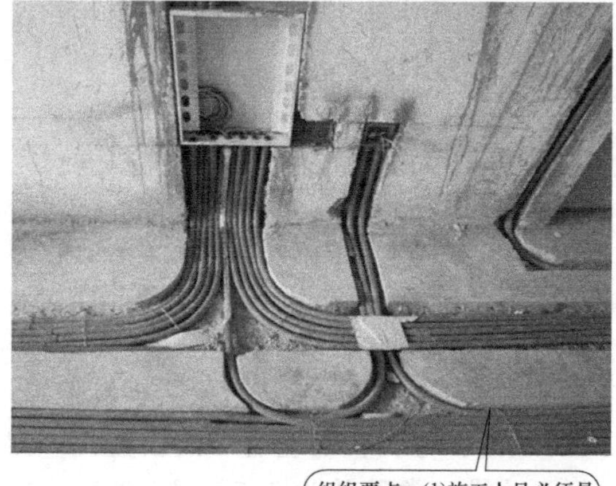
组织要点：(1)施工人员必须是
专业技术人员。(2)材料的选择
符合国家及设计标准，以免后
期存在安全隐患。(3)施工时由
专人监督指导，避免破坏墙体
结构及造成墙面裂缝。

图 1-53 线管安装

组织要点：(1)阀门安装之前，应
仔细核对所用阀门的型号、规格
是否与设计相符。(2)根据阀门的
型号和出厂说明书检查对照该阀
门是否在要求的条件下应用。

图 1-54 阀门安装

组织要点：室外排水与室内
施工不交叉，可平行进行。

图 1-55 室外排水管施工

二、开工策划

（一）开工策划内容

（1）工程概况；

（2）施工组织；

（3）主要施工管理目标；

（4）主要施工方案；

（5）质量管理；

（6）进度管理；

（7）新技术新工艺；

（8）安全文明施工。

北大法学院
北京大学
微纳电子大厦

图 1-56　拟建建筑平面位置图

拟建环境科学大楼位置，占地面积 6500m²，建筑面积 20500m²。

项目位于××省××市，东临××大街，西侧为××电子大厦，北侧为××管理学院，现场场地狭小，施工存在一定难度。见图 1-56，表 1-6，表 1-7。

工程概况表 1　　　**表 1-6**

序　号	项　目	内　容
1	工程名称	北京大学环境科学大楼
2	建设规模	20500m²
3	工程类别	多层民用建筑
4	工程地址	海淀区北京大学校内
5	建设单位	北京大学基建工程部
6	设计单位	中国建筑设计研究院
7	勘察单位	北京京岩工程有限公司
8	监理单位	北京华清技科工程管理有限公司
9	施工单位	北京城建北方建设有限责任公司

工程概况表 2　　　**表 1-7**

序　号	项　目	内　容	
1	结构形式	基础结构形式	钢筋混凝土筏板基础
		主体结构形式	框架剪力墙结构
		屋盖结构形式	平屋盖
2	地基	持力层土质类别	第四纪沉积黏质粉土、黏质粉土
		地基承载力特征值	180kPa
3	地下防水	混凝土自防水等级	P8
		材料防水	3+3 型高聚物改性沥青防水卷材
4	混凝土强度等级	基础垫层	C15
		基础底板、地下室外墙	C40　P8
		墙、柱、梁、板、楼梯	C40
		其他构件	C20

续表

序　号	项　目	内　容	
5	抗震等级	抗震设防烈度	8 度
6	钢筋类别	钢筋类别及等级	HPB300 级、HRB400 级（抗震构件纵向受力钢筋带　E）
7	钢筋接头形式	剥肋滚压直螺纹	直径≥16 的钢筋
		搭接绑扎	直径≤14 的钢筋

（二）施工组织

1. 施工总平面图设计原则

（1）平面布置科学合理，施工场地占用面积少；

（2）合理组织运输，减少二次搬运；

（3）施工区域的划分和场地的临时占用应符合总体施工部署和施工流程的要求，减少相互干扰；

（4）充分利用既有建筑物和既有设施为项目施工服务，降低临时设施的建造费用；

（5）临时设施应方便生产和生活，办公、生活区、生产区宜分区域设置；

（6）应符合节能、环保、安全和消防等要求；

（7）遵守当地主管部门和建设单位关于施工现场安全文明施工的相关规定。

2. 基础施工阶段现场平面布置

包括：模板加工堆放，架子管堆放区域。

TC7015 型塔吊，设置在基坑内，塔基在基础底板下。

地泵房，为现场浇筑泵送混凝土，根据施工需要可临时加设汽车泵。

钢筋加工及堆放区域。

大门为集团标准门，门内设洗车池、沉淀池。

现场办公区域见图 1-57。

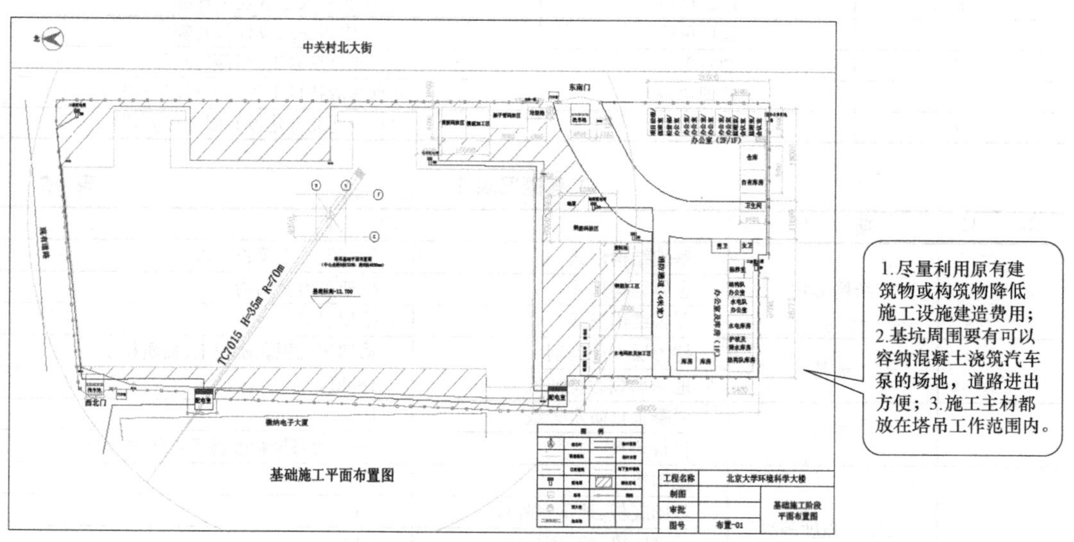
中关村北大街
东南门
西北门
微纳电子大厦
TC7015 H=35m R=70m
基础施工平面布置图
工程名称
北京大学环境科学大楼
制图
审批
图号
布置-01
基础施工阶段
平面布置图
1.尽量利用原有建筑物或构筑物降低施工设施建造费用；2.基坑周围要有可以容纳混凝土浇筑汽车泵的场地，道路进出方便；3.施工主材都放在塔吊工作范围内。

图 1-57　现场办公区域平面布置图

3. 主体阶段施工平面图

主体结构施工布置同基础施工现场平面布置，见图 1-58。

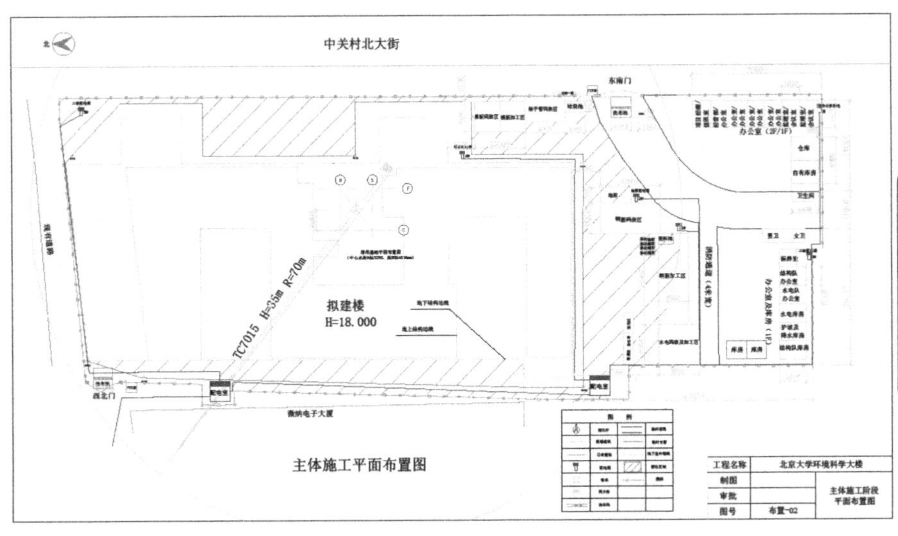
中关村北大街
东南门
办公室（2F/1F）
仓库
拟建楼
H=18.000
TC7015 H=55m R=70m
西北门
配电室
微纳电子大厦
主体施工平面布置图
工程名称
北京大学环境科学大楼
制图
审批
图号
布置-02
主体施工阶段
平面布置图

塔机与电线的安全距离不够要求的要塔设防护架，防护架不得使用金属材料可使用竹竿等材料。竹竿与电线的距离不得小于1 m还要有一定的稳定性防止大风吹倒。

图 1-58　主体结构施工平面布置图

4. 二次结构及装饰装修阶段施工平面图（见图 1-59）

包括：砌块、地砖、石材等材料码放地。

二次结构及装修施工时，现场设置两台物料提升机，保证材料运输。

预拌砂浆罐。

其他材料堆放区。

现场其余布置同主体施工阶段。

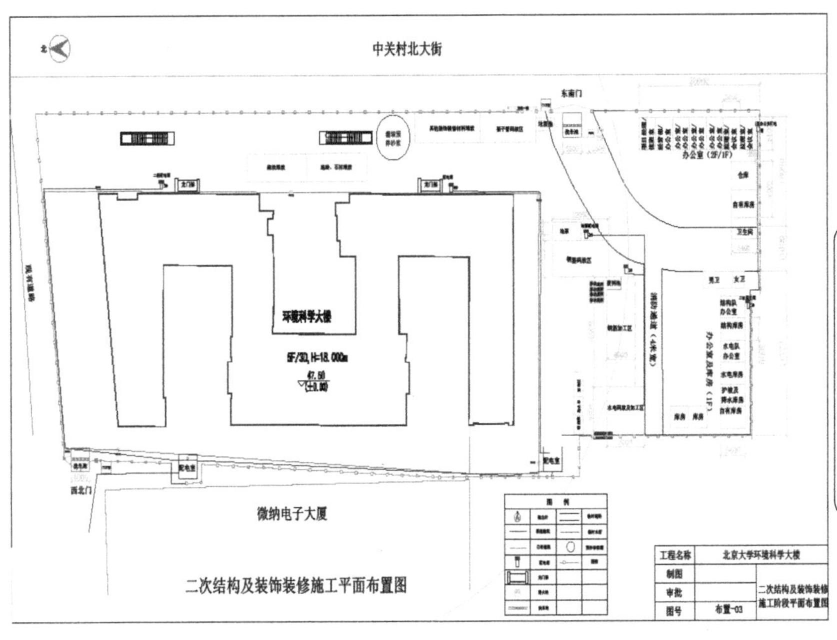
中关村北大街
东南门
办公室（2F/1F）
仓库
环境科学大楼
5F/3D, H=18.000m
西北门
配电室
微纳电子大厦
二次结构及装饰装修施工平面布置图
工程名称
北京大学环境科学大楼
制图
审批
图号
布置-03
二次结构及装饰装修
施工阶段平面布置图

1.砌块等主材尽量放到离施工电梯近的范围内，减少二次搬运；2.施工电梯尽可能布置在靠近建筑物中部有大开间阳台、窗口的地方以便于施工电梯上下料且减少墙体的留槎和拆除后的修补工作，当没有大开间的阳台、窗口时可以考虑预留墙体洞口以免上下料不便。

图 1-59　装修施工平面布置图

5. 施工现场临水临电布置（见图 1-60）

包括：基坑周边敷设消防水管，设置消火栓。

现场主配电室。

排水统一集中，经沉淀池过滤后排至市政管网系统。

三级配电，设置一二级固定配电箱，三级移动箱，现场用电实行一机一闸。

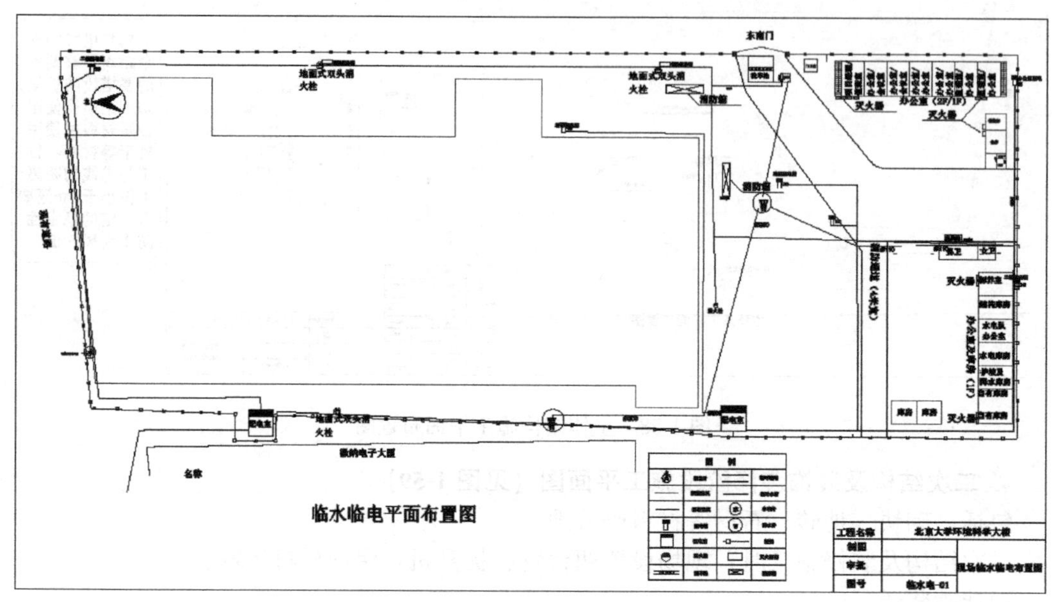
东南门
地面式双头消火栓
地面式双头消火栓
地面式双头消火栓
灭火器
办公室（2F/1F）
配电室
配电室
临水临电平面布置图
图例
工程名称
北京大学环境科学大楼
制图
审批
现场临水临电布置图
图号
临水电-01

图 1-60 现场临水临电平面布置图

6. 施工区划分（见图 1-61）

包括：主体施工区域、模板加工区域、钢筋加工区域、办公区域。

施工现场的办公室与施工区域距离过小时，应采取搭防护棚或悬挑防护架的形式加以保护。

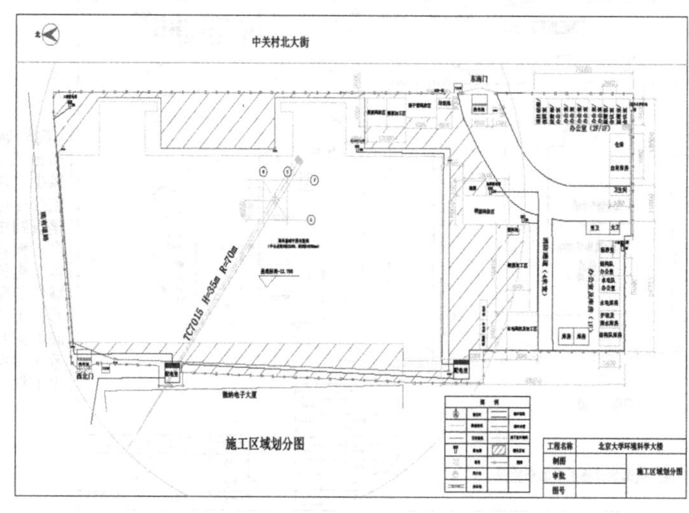
中关村北大街
东南门
办公室（2F/1F）
TC7015 H=35m R=70m
施工区域划分图
图例
工程名称
北京大学环境科学大楼
制图
审批
施工区域划分图
图号

1.施工各区域划分以互不交叉干扰且由道路相互连通为大前提。2.施工区域与材料加工及堆放区域尽量接近，且远离危险品仓库区域，防止放生安全事故；生活区域可与办公区域接近，但与施工区域与危险品仓库区域保持安全距离，防止发生安全事故。

图 1-61 施工区域划分平面布置图

7. 流水段划分（见图 1-62）

以结构后浇带为界，划分为两个流水段。

1 个结构劳务队。

1 个安装劳务队。

1 个装修劳务队。

1.流水段划分要点：专业工作队在各个施工段上的劳动量要大致相等，以便组织等节奏流水施工，且施工段的数目要满足合理流水施工组织的要求；2.充分满足工人、主导施工机械的合理劳动组织的要求；

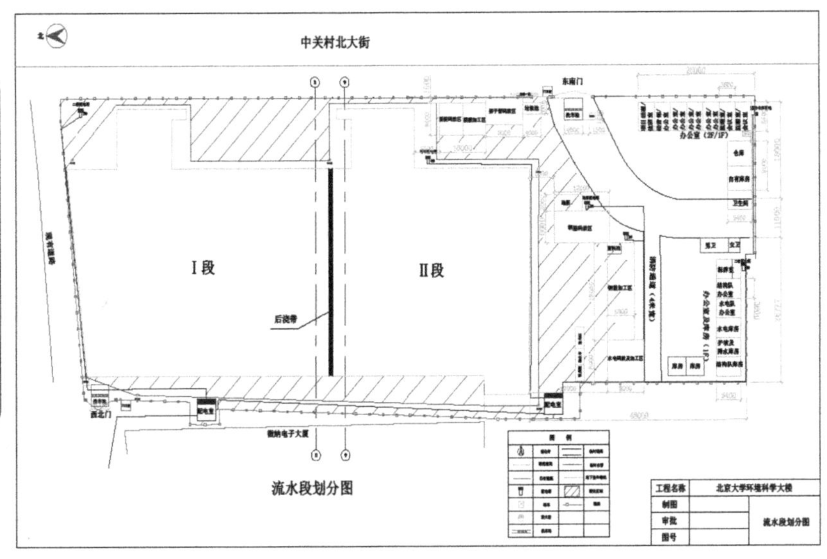
中关村北大街
东南门
办公室（2F/1F）
Ⅰ段
Ⅱ段
后浇带
西北门
配电室
微纳电子大厦
流水段划分图
工程名称
北京大学环境科学大楼
制图
审批
图号
流水段划分图

3.保证工程的结构整体性，施工段的分界线应尽可能与结构的自然界线相一致；以保证有节奏、连续、均衡地流水施工。

图 1-62　流水段划分平面布置图

8. 办公区详细布置（见图 1-63）

包括：项目部办公室。

厕所大小应根据施工现场作业人员的数量设置，且设专人负责，定时进行清结、消毒。

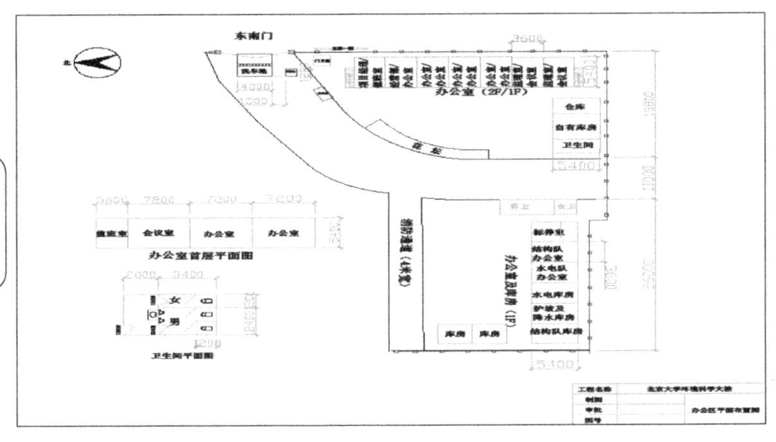
东南门
洗车池
办公室（2F/1F）
仓库
自有库房
卫生间
办公室首层平面图
会议室
办公室
办公室
卫生间平面图
女
男
标养室
结构队办公室
水电队
水电库房
护坡及降水库房
结构队库房
库房
库房
办公室及库房（1F）
工程名称
北京大学环境科学大楼
制图
审批
图号
办公区平面布置图

仓库的面积应通过计算确定，根据各个施工阶段的需要的先后进行布置；水泥仓库应当选择地势较高、排水方便、靠近搅拌机的地方。

图 1-63　办公区平面布置图

物资库房。

办公区房屋均采用活动板房，区域内地面全部硬化，项目部人员。与工人使用厕所分开设置。

劳务办公区及其库房。

9. 生活区布置（见图 1-64）

包括：管理人员生活区布置、工人生活区布置。

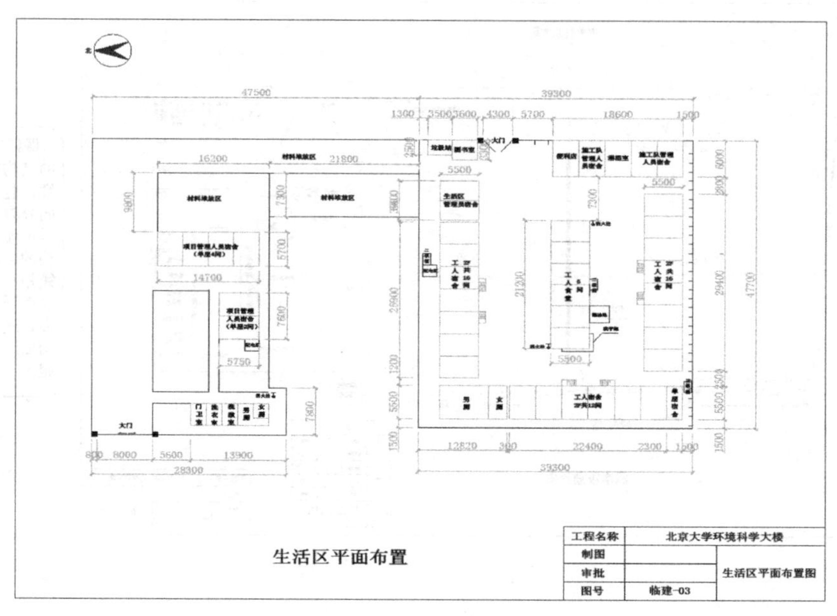
生活区平面布置
工程名称
北京大学环境科学大楼
制图
审批
生活区平面布置图
图号
临建-03

1.宿舍应当选择在通风、干燥的位置，防止雨水、污水流入；不得在尚未竣工建筑物内设置员工集体宿舍。2.宿舍应配备空调，卫生轮流负责且有专人管理。

图 1-64　生活区平面布置图

（三）主要施工管理目标

1. 工期目标

确保 560 个日历天完成合同内施工任务。

2. 质量目标

确保合同文件所要求的“合格”。

3. 安全文明施工目标

杜绝死亡、重伤事故，杜绝重大交通事故、重大火灾事故、重大治安事件，轻伤率控制在 3‰以下；达到北京市“文明安全工地”标准。全过程实现“绿色施工”，无扰民和无污染。

4. 环境保护管理目标

做好现场环境保护，做到严格落实扬尘治理 6 个百分之百，做到“绿色施工”。

5. 客户满意度目标

获得建设单位及各参建单位的较好评价。

（四）主要施工方案

1. 主要施工方案（见表 1-8）

主要施工方案表　　表 1-8

序号	名称	序号	名称
1	施工现场临建方案	20	深基坑施工应急预案
2	施工现场临时用水施工方案	21	塔吊施工应急预案
3	施工现场临时用电施工方案	22	质量目标
4	土方开挖及护坡施工方案	23	反恐防暴应急预案
5	施工测量施工方案	24	供暖及通风空调工程施工方案
6	施工现场安全文明施工方案	25	给排水工程施工方案
7	施工组织设计	26	电气施工方案
8	型钢悬挑扣件式钢管脚手架施工方案	27	雨期施工方案
9	地下室防水施工方案	28	屋面工程施工方案
10	钢筋工程施工方案	29	室内隔墙及维护结构施工方案
11	模板工程施工方案	30	装饰装修工程施工方案
12	混凝土施工方案	31	电梯工程施工方案
13	试验方案	32	消防工程施工方案
14	质量计划	33	幕墙工程施工方案
15	资料目标设计	34	冬期施工方案
16	文明施工方案	35	室外管线及室外工程施工方案
17	消防保卫方案	36	专业系统联动调试方案
18	扬尘治理专项施工方案	37	组织试运行测试方案
19	建筑生产安全事故应急预案	38	高支模施工方案

2. 主要方案优化对比分析（见表 1-9，表 1-10）

方案优化对比分析表 1　　表 1-9

序号	项目	对比分析情况
1	临建施工方案	办公用房利用上个工程办公用房，办公室设施利用上个工程设施，办公区选址在有已有基础及路面的区域 新办公房每平方米造价 275 元，利用原有办公房每平方米造价 70 元，节约资金为 136.08×(275－70)＝27896.4 元，原有硬化地面约 200m²，节约资金200×40＝8000 元，办公桌椅等 30 套，每套 1500 元，节约资金为 30×1500＝45000 元，共计结余 80896.4 元
2	护坡施工方案	基坑深 12.1m，考虑到安全与经济相结合的原则，由原 800 桩两桩一锚改为 600 桩及部分 800 桩三桩两锚结合土钉墙护坡方工，并经过专家论证。节约资金约 700000 元
3	土方开挖方案	基坑紧邻中关村北大街，考虑到车辆出土过程会落土，为减少对外影响，经与土方施工单位协调优化施工工序，原计划设置两个出土口，改为由校内出口出土并由专人负责配备马路清扫队伍，在早上 7 点前完成清扫任务。一个出土口由原来需倒运两次马道只需倒运一次，减少投入。倒运马道需要 2 个台班，节约资金 2×3500＝7000 元，人员投入减少 5×150×30＝22500 元，共节约资金 22500＋7000＝29500 元

方案优化对比分析表 2　　表 1-10

序号	项目	对比分析情况
1	脚手架施工方案	采用型钢悬挑脚手架体系，由二层搭设至五层顶，在二层以上施工时不影响回填土施工，节约工期约一个月。项目管理人员工资每月 120000，节约资金 120000 元

续表

序号	项目	对比分析情况
2	混凝土施工方案	因北京大学地处中关村核心区，一部分砼厂家在白天泵车进入不了北大校区，本工程优选砼供应厂家，选用 24 小时都能供货的搅拌站，节约工期。因场地狭小地下结构选用汽车泵为主，地泵为辅的混凝土浇筑方式，地上结构以地泵为主的混凝土浇筑方式，加快浇筑速度，节约工期一个半月。节约资金 1.5×120000＝180000 元
3	模板施工方案	本工程为框架剪力墙结构，墙体较少故墙、柱、梁、板全部采用木模施工，考虑面板尺寸及质量问题，将螺栓间距由原计划 600 设置为 400，缩小主龙骨间距，增大面板刚度，保证墙体平整度，减少装修期间抹灰量。减少抹灰面积约 10000 平方米，节约资金 10000×12＝120000 元
4	钢筋施工方案	底板马凳全部采用废旧钢筋焊接，其余板马凳采用成品马凳。焊接马凳成本为 5×15000＝75000 元，用成品马凳为 1.4×18000＝25200，节约资金 75000－25200＝49800 元

3. 主要方案概述之模板施工方案

见表 1-11。

模板施工方案概述表 **表 1-11**

结构部位	选用模板体系	配模
基础底板	240 厚砖导墙支撑	满配
墙体	地上墙体采用 15cm 厚多层板，100mm×100mm 方木主龙骨间距 250mm 一道，16 对拉螺栓间距 600，48 钢管支撑，1500mm 一道。外墙支撑钢管直接支在基坑壁上	地下室按地下单层的 1/2 配模
	地上墙体采用 15cm 厚多层板，100mm×100mm 方木主龙骨间距 600、50mm×100mm 方木次龙骨间距 200，顶托支撑体系	单层的 1/2 配模
框架柱	采用 15mm 厚多层板，100mm×100mm 方木主龙骨间距 600、50mm×100mm 方木次龙骨间距 200，顶托支撑体系	方柱按 10 套配备周转使用
顶板、梁	采用 12mm 厚多层板(板厚超过 160 用 15mm)，100mm×100mm 方木主龙骨间距 900、50mm×100mm 方木次龙骨间距 200，碗扣架顶托支撑体系间距 900、1200	按地下一层、首层、二层满配，周转次数为 2 次
大截面梁	采用 15mm 厚多层板，增设穿墙螺栓为 ϕ14 间距 600。下设两道支顶	按实际模数配置，周转次数为 3 次
楼梯	采用 12 厚多层板，100×100mm 方木主龙骨间距 1200、50mm×100mm 方木次龙骨间距 300，间距 1200 碗扣架顶托支撑体系	每号楼梯各配一套，周转次数为 3 次
门窗洞口模板	采用整体拼装木模板	按每层实际数量配置，周转次数为 4 次

4. 主要方案概述之型钢悬挑扣件式钢管脚手架施工方案

见表 1-12。

型钢悬挑扣件式钢管脚手架施工方案概述表 **表 1-12**

序号	项目	内容			
1	建筑平面	横轴编号	1～14	纵轴编号	A～H
		横轴距离(m)	100.202	纵轴距离(m)	50.350
2	预埋环处梁尺寸 混凝土强度	1/1-3/A 轴	250×700，C40		
		3/A-E 轴	500×2650，C40		
		3-6/D-E 轴	250×700，C40		
		5-6/A-E 轴	250×700，C40		
		6-11/A 轴	250×700，C40		
		11-12/A-C 轴	250×700，C40		
		11/C-E 轴、11-13/E 轴、13/A-C 轴、14/A-F 轴、10-14/F 轴、10/C-F 轴、7/C-F 轴、1-7/A-F 轴	400×700，C40		
		7-10/C 轴	400×700，C40		
3	预埋环处板钢筋、板厚、混凝土强度	C8@150 双排双向，h＝120mm，C40			

5. 主要方案概述之混凝土施工方案（见表1-13）。

混凝土施工方案概述表 表1-13

做法	部位	内容
施工缝留设部位	基础底板	地下一、二底板水平缝施工缝留在板上返300mm处
	墙	(竖向缝)梁跨中1/3范围位置;(水平缝)底板导墙上口300mm处、顶板梁上、下皮位置
	柱	(水平缝)底板上皮、顶板上、下皮位置
	梁板	(竖向缝)梁板跨中1/3范围位置
	楼梯	施工缝留在楼梯休息平台板1/3处(从梯梁外侧向内900mm处)
流水段划分	筏基底板流水划分	后浇带将筏板基础自然分为两个大的流水段,即南、北两部分
	地下部分墙体流水划分	地下外墙体按照筏板基础施工后浇带分成2个流水段,控制墙体竖向施工缝距离不超过40m。内墙单独进行浇筑
	顶板、梁、柱流水划分	按照筏板基础流水段进行划分2个流水段
	地上部分顶板、梁流水划分	地上部分顶板、梁流水按照筏板基础施工后浇带分成2个注水段

（五）质量管理

坚持施工过程质量控制，做到施工前有针对性交底，施工中加强跟班检查，施工中有检查且检查要及时，施工完有验收且验收要有标准，争取把质量问题出现苗头就消灭掉。

加强工序质量控制：总包方负责各工序，检查工序是否按照设计、施工方案、有关标准、规范进行控制。总包方对分包单位的各分项、工序首次检验批进行旁站，确定调整检验批施工方案（法）和质量标准。特别是关键施工工序的质量控制，必须先形成样板，样板合格后才能施工。

坚持技术质量分析会制度，发现有某一方面的施工质量出现问题且有扩大趋势时及时召开技术质量分析会，使工程质量处于受控状态。

（六）进度管理

关键节点计划，见表1-14。

关键节点计划表 表1-14

关键节点	开始时间	完成时间	总计(d)
降水、支护	2014.4.21	2014.6.21	60
挖土方	2014.4.21	2014.6.21	60
抗拔桩施工	2014.6.22	2014.7.21	30
基础垫层、防水	2014.6.23	2014.6.29	7
地下室结构	2014.6.30	2014.9.7	77
地下室外墙防水回填土	2014.9.26	2015.1.8	105
±0.00以上混凝土结构	2014.8.25	2014.10.28	653
屋面工程	2014.11.6	2014.12.5	30
二次结构墙、地面、抹灰	2014.9.26	2014.12.29	95
外装修	2014.12.30	2015.4.28	120
内装修工程	2014.9.26	2015.7.2	280
机电安装	2014.7.6	2015.6.22	352
设备综合调试	2014.6.23	2015.7.27	35
专业验收	2014.4.14	2015.10.2	50
保洁、竣工验收	2014.10.3	2015.11.1	30

（七）新技术新工艺应用

见表 1-15。

新技术新工艺应用表　　表 1-15

序　号	项目名称	部　位	总结完成时间	备注
1	复合土钉墙支护技术	基坑支护	2014 年 07 月	
2	预应力锚杆施工技术	基坑支护	2014 年 07 月	
3	粗直径钢筋直螺纹机械连接技术	结构	2014 年 12 月	
4	新型墙体材料应用技术及施工技术	内隔墙	2015 年 01 月	
5	节能型门窗应用技术	外窗	2015 年 05 月	
6	高聚物改性沥青防水卷材应用技术	外墙	2014 年 11 月	
7	建筑防水涂料	卫生间	2015 年 07 月	
8	施工控制网建立技术	结构	2014 年 06 月	
9	施工放样技术	结构	2014 年 06 月	
10	深基坑工程监测和控制	基坑	2014 年 09 月	

（八）安全文明施工

严格按照集团要求的 CIS 形象设计部署施工现场，施工工地大门外侧设施工标牌。大门内设施工平面布置图；安全计数牌，施工现场管理体系牌；安全生产管理制度板，消防保卫管理制度板，场容卫生环保制度板等。做到内容详细，针对性强，字迹规范、清晰。施工现场应有排水设施，运输道路要平整、坚实、畅通。施工区域明确划分，建立严格的管理责任制，并划分责任区，设标志牌，分片包干责任到人，使现场和生活区整洁、文明、有序。在现场布置中应保证不侵占施工区域内的道路及安全防护设施。

施工大门设置，见图 1-65。

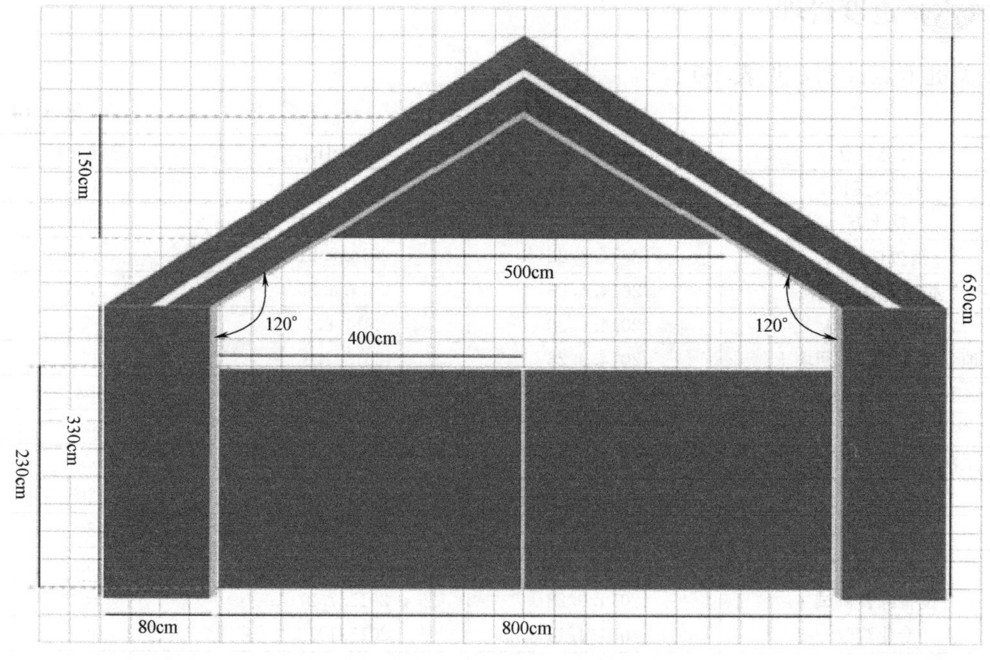
150cm
500cm
650cm
120°
120°
400cm
330cm
230cm
80cm
800cm

图 1-65　施工大门立面图

三、方案优化

××环境科学大楼方案优化，见图 1-66。

图 1-66 ××环境科学大楼效果图

(一) 方案优化原则

工程项目开工前，由项目经理负责，项目总工组织相关技术人员，对现场进行详细调查，充分理解施工现场的自然条件，及时组织有关人员对项目设计文件进行自审和会审，全面了解、掌握设计意图。

进场后依据现场实际情况、设计文件、施工合同、施工条件、施工队伍、各种材料、设备的市场价格和供货渠道等因素，积极采用新技术、新工艺、新材料和新设备，分专业制定多种工、料、机配置方案和施工组织措施、施工技术方案。

在满足工期、质量要求的前提下，从符合项目资源配置水平、技术可行、经济适当、利于操作等方面进行分析，对分项目主要工程的施工方案进行改进、评价，并最终确定技术相对先进、进度快、成本较低、现场操作性强的施工方案。

项目部在编制实施性施工方案时，应依据现场情况进行动态控制，不断优化、修改、补充和完善，保证施工方案始终处于最优状态，最大限度地降低工程施工成本。

(二) 方案优化计划

优化项目 1：基坑支护施工方案优化。

优化项目 2：脚手架施工方案优化。

优化项目 3：模板施工方案优化。

优化项目 4：钢筋施工方案优化。

(三) 主要成本优化分析

基坑支护施工方案优化：

基坑深 12.1m，考虑到安全与经济相结合的原则，经过与专业分包公司多次沟通商议，并咨询专家郭总最终基坑支护方案由原 800 桩两桩一锚改为 600 桩及部分 800 桩，一桩一锚、两桩一锚、三桩两锚结合土钉墙护坡方式，并经过专家论证。

节约资金 4452037－3864318＝587719 元

见附后对比计算书，见表 1-16，表 1-17。

评审前报价列表　　　　表 1-16

序号	项目内容	计量单位	工程量	单价	合计
1					
2	护坡桩	m^3	1148.89	1300	1500044
3	桩顶连梁	m^3	136.70	1300	177716
4	桩间土支护	m^2	1070.00	100	107000
5	护坡桩锚杆	m	5064.00	100	330000
6	钢腰梁	m	320.40	550	179520
7	土钉墙	m^2	424.10	1500	
8	土钉墙锚杆	m	600.00	1300	
9	挡土墙	m^2	1020.40	2200	220500
10	降水、排水	m^2	5300.00	59	302000
11	抗拔桩(290 根)	m	3190.00	220	
12	抗拔桩(3 根试桩)	m	33.00	350	11350
13	抗拔桩桩头剔凿	根	290.00	100	29300
14					
15	试验桩检测	根	3.00	3000	10.000
16					
17					
18					
19					
20					
21					
	合计				1405300

方案优化后节约了工程成本，减少了工程前期投入；但新方案需经专家论证通过后方可采用，此过程需要掌控好时间，不可拖延，以防对工期造成影响。

评审后报价列表　　　　表 1-17

北京大学环境科学大楼基坑支护、抗拔桩工程量清单（专家评审后）

单位：人民币（元）

序号	项目名称	计量单位	工程量	单价	合价
一	分部分项工程费				
1	护坡桩(600mm)	m^3	357.77	1250	447215
2	护坡桩(600mm)	m^3	637.45	1180	752185
3	桩顶连梁(600×400)	m^3	32.83	1650	54173
4	桩顶连梁(800×600)	m^3	67.58	1200	81101
5	桩间土支炉	m^2	1040.50	100	104050
6	护坡桩锚杆支护(第一排劈裂注浆、带浆钻进)	m	5216.00	140	732240
7	钢腰梁	m	319.20	400	127680
8	土钉墙(2—2、4—4)	m^2	1035.61	175	181757
9	土钉墙(6—6)	m^2	424.19	189	80172
10	土钉墙锚杆支护	m	400.00	120	48000
11	桩顶挡土墙	m^2	142.80	195	27846
12	基坑降、排水	m^2	5300.00	50	265000
13	抗拔桩(290 根)	m	3190.00	225	717750
14	抗拔桩(试桩 3 根)	m	33.00	350	11550
15	抗拔桩桩头副齿	根	293.00	100	29300
二	其他费用				
16	抗拔桩试桩检测	根	3.00	5000	0
17	基坑监测费(自测)				0
18	危险性较大的分部分项工程专家论证费				6300
19	地铁 4 号线工程专家论证费				40000

续表

序号	项 目 名 称	计量单位	工程量	单价	合价
20	文明施工费				100000
21	赶工费				5000
22	措施费				5000
23	技术难度费				50000
合计					3864318

(四) 脚手架施工方案优化

外脚手脚方案原计划采用落地式双排钢管脚手架，基槽回填完成后，造成二层以上结构实体必须等到回填完成后才能搭设脚手架施工。

> 新旧方案对比：新方案用型钢悬挑代替落地架，既节省工期又节约了成本。

首层结构周长为 260m，立杆间距为 1.5m，横杆间距为 1.5m，层高为 3.6m，扫地杆间距 1.2m，钢管单价为 0.012 元/米

立杆：260m÷1.5m＝173 根×2×3.6m＝1245.6m

横杆：260m×(3 道×2)＝1560m

扫地杆：260÷1.5m＝173 根×1.2m＝207.6m

扣件：260m÷1.5m＝173 个×4＝692 个

接头卡：260m×(3 道×2)＝1560m÷6m＝260 个

共：1245.6m＋1560m＋207.6m＝3013.2m×0.012 元×120＝4339 元

(692＋260)×0.012×120＝1370.8 元

1370.8＋4339＝5079.8 元

- 现在采用型钢悬挑脚手架体系，工字钢采用上工程遗留材料，由二层搭设至五层顶，在二层以上施工时不影响回填土施工。
- 由于是地下三层回填土施工工期至少一个月，若采用落地式双排扣件钢管脚手架体系则首层以上施工时回填土不能施工，回填土施工时则不能进行上部施工。
- 节约工期约一个月，其他费用不计，只计入管理人员工资及机械租赁费。
- 其中项目管理人员工资每月 120000 元
- 节约资金 120000 元
- 塔吊租赁费 33000 元
- 地泵租赁费 12000 元
- 共节约资金：5079.8 元＋120000 元＋330000 元＋12000 元＝170079.8 元

(五) 模板施工方案优化（见表 1-18～表 1-20）

- 本工程框架剪力墙结构，墙体较少，故墙、柱、梁、板全部采用木模施工，结合市场现状及方案合理经济最优的原则顶板主龙骨由原 80×80 尺寸改为 90×90 尺寸。
- 通过方案对比，计算得出新方案比原方案节约 291304.1 元
- 其中碗扣架支撑体系节约 100068.168 元
- 木方子节约 169600 元
- 详细计算见后计算书。

新旧方案对比分析表 1 **表 1-18**

地下二层至地下一层顶板模板支撑原计划为 900×900 碗扣架，现在使用 1200×1200 间距

序号	项目	单价(元/m·d)		单跨材料差价(元)			日节约成本(元)			节约成本(元)		
	材料名称	规格	差价(元)	根数	合价(元)	差价(元)	面积	计算高度(或长度)	差额(元)	层数	工期(天)	总额(元)
1	立杆	900×900	0.021	4500	94.5	40.95	3600	3.6	147.42	2	60	8845.2
2		1200×1200		2550	53.55							
3	横杆	900mm	0.021	17424	365.904	160.767	3600	0.9	329.3136	2	60	19758.6
4		1200mm		9768	205.128			1.2	246.1536			14769.216
5	顶托	900mm	0.022	4500	100.1	44	3600	\	44	2	60	2640
6		1200mm		2550	56.1			\				
7	节约成本(元)	16474.584×2=32949.168										

一层至五层原计划为 900×900 碗扣架体系支撑，现改为 1200×1200 碗扣架

序号	项目		单价(元/m·d)	单跨材料差价(元)			日节约成本(元)			节约成本(元)		
	材料名称	规格		根数	合价(元)	差价(元)	面积	计算高度(或长度)	差额(元)	层数	工期(天)	总额(元)
1	立杆	900×900	0.021	3700	77.7	33.6	2970	3.6	120.96	5	60	7257.6
2		1200×1200		2100	44.1							
3	横杆	900mm	0.021	14800	310.8	144.4	2970	0.9	279.25	5	60	16755
4		1200mm		8400	176.4			1.2	211.68			12700.8
5	顶托	900mm	0.022	3700	84.4	35.2	2970	\	35.2	5	60	
6		1200mm		2100	46.2			\				2112
7	节约成本(元)		13423.8×5=67119									

新旧方案对比分析表 2 **表 1-19**

地下二层及地下一层顶板模板主龙骨原计划采用 80×80 木方，间距 900，现优化为 90×90 木方，间距 1200

序号	项目	价格(元)	单开间差价(元)			平米数	总价(元)				残值	节约成本(元)
		单价(元)	根数(根)	合价(元)	差价(元)		层数	总根数	差量(根)	合计		
1	80×80 木方	56	4550	254800	61000	3600	2	9100	3990	509600		122000
2	90×90 木方	76	2550	193800				5110		388360		
3	说明		采用 80×80 木方 1. 主龙骨设置间距 900mm； 2. 主龙骨长度 4m。				采用 90×90 木方 1. 主龙骨设置间距 1200mm； 2. 主龙骨长度 4m。					
4	节约成本(元)		122000									

新旧方案对比分析表 3 **表 1-20**

首层顶板模板主龙骨原计划采用 80×80 木方，间距 900，现优化为 90×90 木方，间距 1200

序号	项目	价格(元)	单开间差价(元)			平米数	总价(元)				残值	节约成本(元)
		单价(元)	根数(根)	合价(元)	差价(元)		层数	总根数	差量(根)	合计		
1	80×80 木方	56	3700	207200	47600	2900	1	3700	1600	207200		47600
2	90×90 木方	76	2100	159600				2100		159600		
3	说明		采用 80×80 木方 1. 主龙骨设置间距 900mm； 2. 主龙骨长度 4m。				采用 90×90 木方 1. 主龙骨设置间距 1200mm； 2. 主龙骨长度 4m。					
4	节约成本(元)		47600									

（六）钢筋施工方案优化（见表 1-21）

底板马镫全部采用废旧钢筋焊接，其余板马镫采用成平马镫。

新旧方案对比：新方案用成品马镫节约了马镫成本，节约了工期，废旧钢筋还可以变卖，又是一部分资金回收

• 焊接马凳成本在材料加人工共计：焊接马凳材料费用：

• （1.2m＋0.25m＋0.25m＋0.08m×2）×0.888kg/m×3.03元/kg＝5元

• 人工费：每人每日平均焊接 250 个左右，人工费为 300 元/日，则焊接马登人工费用为：300/250＝1.2 元/个

• 则焊接马登成本为：5 元/个＋1.2 元/个＝6.2 元/个。

• 成本马登造价为 1.4 元/个（含进场费用）。

• 本工程使用成品马凳代替焊接马凳共 18000 个。焊接马镫成本为 6.2×15000＝93000 元。

钢筋施工方案优化对比表　　**表 1-21**

序号	项目	单价(元/个)	个数	金额(元)
1	焊接马凳成本	6.2	15000	93000 元
2	成品马凳	1.4	18000	25200 元
差别合计(节省)			67800 元	

（七）方案优化经济效益汇总（见表 1-22）

方案优化经济效益汇总表　　**表 1-22**

序　号	项　目	合计造价节省金额
1	基坑支护方案优化	587719 元
2	脚手架方案施工优化	170079.8 元
3	模板工程方案优化	291304.1 元
4	钢筋施工方案优化	67800 元
合计	1116902.9 元	
优化率	8.35％	
节约成本率	总造价 87183686.68 元，节约成本率约为 1.28％	

第二章　基础与主体施工过程技术与质量管理

一、土方开挖与基坑支护施工

土方开挖与基坑支护施工包括一切土的挖掘、填筑、运输等过程以及排水降水、土壁支撑等准备工作和辅助工程。场地平整：包括障碍物拆除、场地清理、确定场地设计标高、计算挖填土方量、合理进行土方平衡调配等。开挖沟槽、基坑（竖井、隧道、修筑路基、堤坝）：包括测量放线、施工排水降水、土方边坡和支护结构等。土方回填与压实：包括土料选择、运输、填土压实的方法及密实度检验等，如图 2-1～图 2-3 所示。

组织要点：建筑工程开工后的第一次放线，建筑物定位参加的人员是：城市规划部门（下属的测量队）及施工单位的测量人员（专业的），根据建筑规划定位图进行定位，最后在施工现场形成（至少）4个定位桩。

图 2-1　定位测量

基础施工流程，见图 2-2。

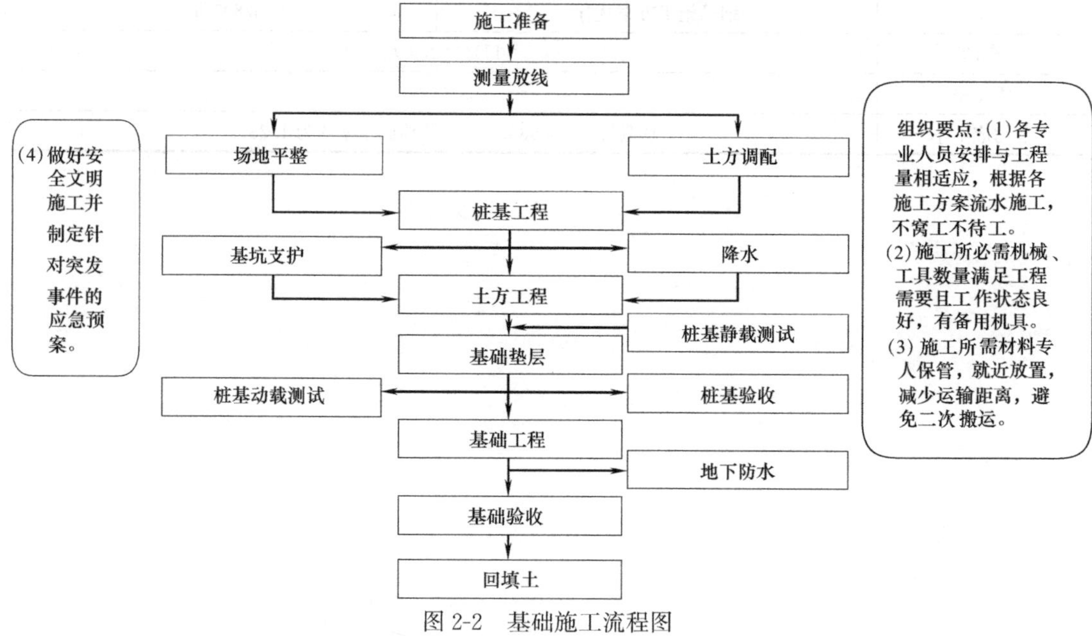
施工准备
测量放线
场地平整
土方调配
桩基工程
基坑支护
降水
土方工程
桩基静载测试
基础垫层
桩基动载测试
桩基验收
基础工程
地下防水
基础验收
回填土
(4)做好安全文明施工并制定针对突发事件的应急预案。
组织要点：(1)各专业人员安排与工程量相适应，根据各施工方案流水施工，不窝工不待工。
(2)施工所必需机械、工具数量满足工程需要且工作状态良好，有备用机具。
(3)施工所需材料专人保管，就近放置，减少运输距离，避免二次搬运。

图 2-2　基础施工流程图

组织要点：房建的回填土密实度检测和本图相同。

图 2-3　密实度检测

二、样板引路制度

（一）样板引路制度的目的和作用

（1）目的：加强质量预控。

（2）作用：

1）实物交底，统一工艺做法、流程、质量标准，指导施工。

施工现场存在工人操作技能良莠不齐、操作不规范、不按规定程序和要求施工，技术交底、岗前培训达不到应有效果，质量检查验收标准难以实行的情况。用实物样板来交底就一目了然，对大规模的重复性施工是一个质量预控管理利器。

2）寻找合理的施工程序，研究施工方法

对于工序交叉复杂，使用新材料、新工艺、新技术的项目，或者具有较大难度的施工工艺，可以通过制作样板来进行试验性的样板制作，以寻找到解决问题的途径。

3）与用户及相关单位沟通、展示

为了展示作品的效果、质量，甚至管理能力、设计能力、施工能力而进行样板制作，通常具有横向对比性。

样板展示区
样板包括：基础钢筋绑扎、基础梁、后浇带、箍筋、拉筋、剪力墙、柱子、梁、楼梯、柱核心加密区、梁加密区、梁吊筋、马镫、钢筋接头、砌体拉结筋等。

图 2-4　钢筋加工样板区

（二）实施样板制的要求

（1）明确负责人；

（2）编制样板计划；

（3）提前进行样板交底；

（4）样板制作，解决过程中的问题；

（5）样板必须验收、备案；

（6）按样板展开施工；

（7）总结经验。

见图 2-4、图 2-5、表 2-1 所列。

样板工程质量验收记录　　表 2-1

工程名称	铭城国际	分项工程名称	模板工程
施工单位	中国建筑第八工程局有限公司	分包单位	湖北诚诚劳务有限公司
验收部位	地下二层Ⓐ～Ⓠ/①～⑦轴(－8.50～－5.00m),顶板、梁、墙、柱	施工执行标准	《混凝土结构工程施工技术标准》(ZJQ08—SGJB 204—2005)

检查记录

一、主控项目：

1. 有模板设计文件,模板及其支架具有足够的承载能力、刚度和稳定性。
2. 基础底板具有承受上层荷载的承载能力。

二、一般项目

1. 模板接缝不漏浆,木模浇水湿润,表面干净。模内无杂物。
2. 跨度≥4m 的梁、板模板按设计或规范要求起拱 2‰。
3. 预留孔无遗漏。

允许偏差：

1. 经检测,插筋的中心线位置和外露长度均符合要求。
2. 经检测,预留洞的中心线位置和尺寸偏差不大于 10mm。
3. 轴线位置偏差小于 5mm。
4. 经检测,底模上表面标高偏差不大于±5mm。
5. 经检测,截面内部尺寸偏差均处于－5～＋4mm 之间。
6. 经检测,层高(h=3.5m)垂直度不大于 5mm。
7. 经检测,相邻两板表面高低差均不大于 2mm,符合要求。
8. 表面平整度偏差不大于 5mm(跨度＞4m,按 2‰起拱)。

验收结论：

该样板经检查,各项指标符合要求,达到预期要求,验收合格,可以推广施工。

分包单位	××	签字	××××
施工单位	××	签字	××××
监理单位	××	签字	××××
建设单位	××	签字	××××

样板选材要合格，制作工人技术要好，样板要有针对性、代表性、指导性，可推广性强，能够体现设计意图，满足设计要求。

做样板前技术会议，熟悉技术要点，争取一次创优。

技术要点：剪力墙上口采用平直压挡，确保上口平直，上下层接头500mm处增加对拉螺栓，防止爆模。

图 2-5　剪力墙支撑体系样板

三、基础施工

（一）混凝土工程

混凝土工程内容通常包括混凝土浇筑方案的确定、现场技术交底、成品质量要求、冬雨期施工、成品养护等，如图 2-6～图 2-11 所示。

图 2-6　混凝土表面找平

混凝土浇筑前凿毛成凹凸状，凿毛深度2cm左右、清理、洒水湿润，保证新旧混凝土更好。

图 2-7　柱根凿毛

混凝土浇筑前凿毛、清理、洒水湿润，保证新旧混凝土按槎良好。

图 2-8　柱顶凿毛

新浇混凝土表面抹压后薄膜覆盖，待硬化后蓄水养护，养护期内应塑料薄膜内时刻保持有凝结水。

图 2-9　混凝土养护

板面拉毛，可用大扫把人工拉毛。

图 2-10　混凝土板面

冬季新浇混凝土草帘、塑料薄膜覆盖，楼层洞口全部封盖，楼层里用红外线加热器加热。

图 2-11　混凝土养护

（二）工程开工前

工程开工前不仅要有必要的人员、机械、材料、施工方案准备，还要对工程形象及人员素质形象的维护进行必要的准备，如图 2-12～图 2-15 所示。

（三）基坑定位

基坑定位内容通常包括基准点的交接、复验、放开挖线等，如图 2-16～图 2-19 所示。

开工前策划现场布置图，工地围栏及大门建设的优劣反映出施工单位形象的好坏。
升龙广场C地块
铸造精品 超越自我
门柱高度6.5m，大门正腰1m为蓝色，上下0.5m为白色；围墙外颜为蓝色，并配有企业宣传标语，字体统一为宋体。
围墙高度不低于1.8m，市区内不低于2.5m,厚度为200mm或240mm；大门宽度8m，高2m，门头截面尺寸1m×1m，高度1.5m，门头写项目名称；门柱0.80×0.8m或1m×1m，门柱正面写有企业的质量方针或企业宗旨宣传语。

图 2-12　工地门口

安全警示牌
不戴安全帽
不准进工地
工程概况牌
管理人员名单及监督电话
消防保卫牌
安全生产牌
文明施工牌
施工现场平面布置图
警钟
安全生产
警钟长鸣
安全警示牌
点击查看源网页

图 2-13　五牌一图

为提高项目部参建员工的综合业务素质与管理水平，有必要在项目在式开工前对员工进行培训。

培训内容：法律法规、应急预案、安全知识、施工管理、成本控制、进度控制、质量标准及控制、文明施工等。

图 2-14　员工培训

通过图纸会审可以使各参建单位特别是施工单位熟悉设计图纸、领会设计意图、掌握工程特点及难点，找出需要解决的技术难题并拟定解决方案，从而将因设计缺陷而存在的问题消灭在施工之前。

注意事项：(1)建筑、结构说明有无冲突或意图不明之处，是否有与相关规范冲突之处；(2)建筑、结构轴线位置尺寸是否清晰一致，各标高是否一致；(3)门窗等构件做法、尺寸是否明确，规格、数量是否相符，有无参考图集或大样图；(4)窗台、窗帘盒做法、门窗材质、门垛尺寸是否明确；(5)从施工角度考虑是否有施工难度大的结构节点，如梁的交叉点；(6)楼梯踏步高和数量是否与标高相等；(7)预留洞、预埋件是否错漏；(8)标准图、详图是否正确。

图 2-15　图纸会审

根据城市规划部门给定的水准点位，依据土方开挖图施测建筑工程基坑开挖边线。

图 2-16　建筑定位放线

做方案时要考虑工作面和放坡系数。

图 2-17　放开挖线

开挖土层含水量较大的大面积基坑，明沟排水法难以排干大量的地下涌水，当遇粉细砂层时，还会出现严重的翻浆、冒泥、涌砂现象，不仅基坑无法挖深，还可能造成大量水土流失、边坡失稳、地面塌陷，采取合适的降水方法尤为重要。

图 2-18　基坑开挖

适用于渗透系统为0.05～50m/d的土以及土层中含有大量的细砂和粉砂的土或明沟排水易引起流砂、塌方等情况的土方开挖降水。适合降低水位深度为3～12m(单级降低水位6m以内，多级为6～10m)。

图 2-19　井点降水

(四) 基坑降水

不同含水情况采用不同的降水方法，如图 2-20～图 2-28 所示。

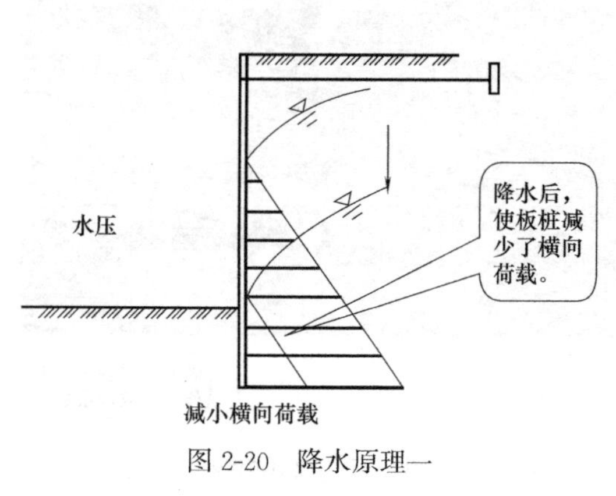
水压
降水后，使板桩减少了横向荷载。
减小横向荷载

图 2-20　降水原理一

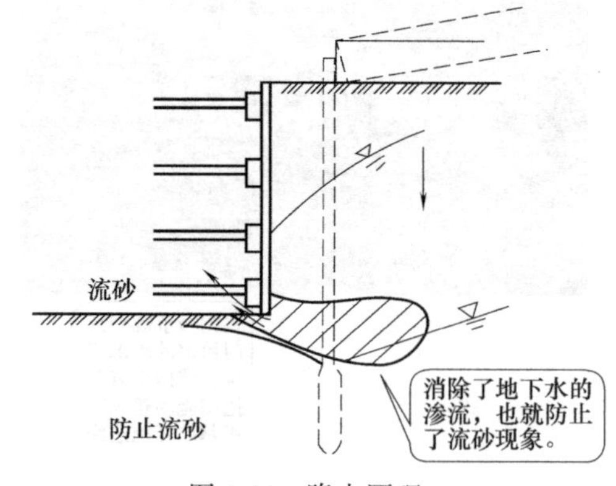
流砂
防止流砂
消除了地下水的渗流，也就防止了流砂现象。

图 2-21　降水原理二

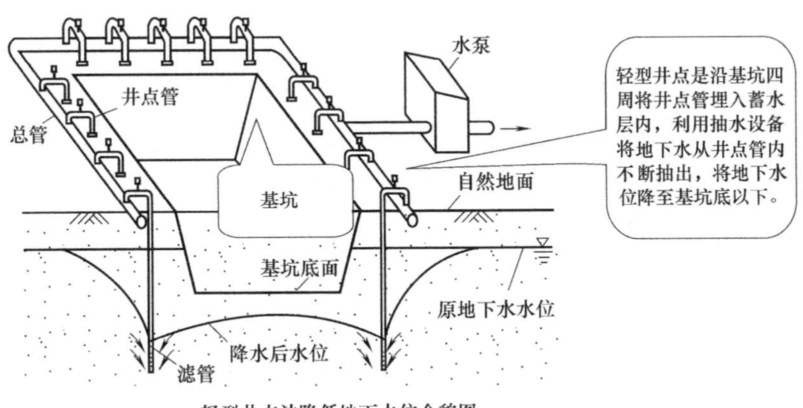
水泵
轻型井点是沿基坑四周将井点管埋入蓄水层内，利用抽水设备将地下水从井点管内不断抽出，将地下水位降至基坑底以下。
井点管
总管
自然地面
基坑
基坑底面
原地下水水位
降水后水位
滤管
轻型井点法降低地下水位全貌图

图 2-22 降水原理三

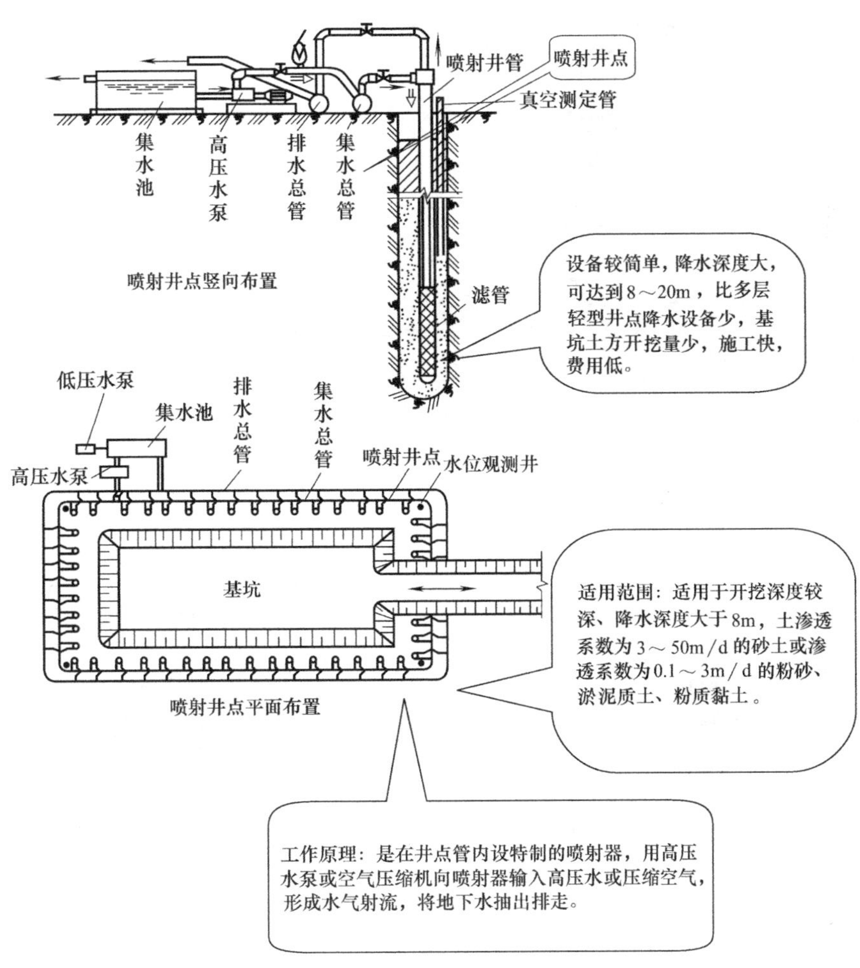
喷射井管
喷射井点
真空测定管
集水池
高压水泵
排水总管
集水总管
喷射井点竖向布置
滤管
设备较简单，降水深度大，可达到8～20m，比多层轻型井点降水设备少，基坑土方开挖量少，施工快，费用低。
低压水泵
集水池
排水总管
集水总管
高压水泵
喷射井点
水位观测井
基坑
适用范围：适用于开挖深度较深、降水深度大于8m，土渗透系数为3～50m/d的砂土或渗透系数为0.1～3m/d的粉砂、淤泥质土、粉质黏土。
喷射井点平面布置
工作原理：是在井点管内设特制的喷射器，用高压水泵或空气压缩机向喷射器输入高压水或压缩空气，形成水气射流，将地下水抽出排走。

图 2-23 降水原理四

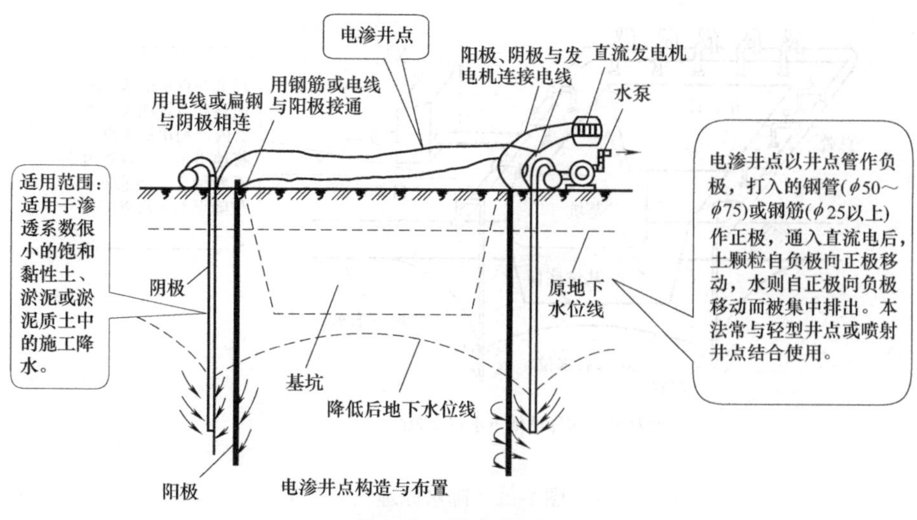
电渗井点
阳极、阴极与发电机连接电线
直流发电机
用钢筋或电线与阳极接通
用电线或扁钢与阴极相连
水泵
适用范围：适用于渗透系数很小的饱和黏性土、淤泥或淤泥质土中的施工降水。
阴极
原地下水位线
基坑
降低后地下水位线
阳极
电渗井点构造与布置
电渗井点以井点管作负极，打入的钢管(ϕ50～ϕ75)或钢筋(ϕ25以上)作正极，通入直流电后，土颗粒自负极向正极移动，水则自正极向负极移动而被集中排出。本法常与轻型井点或喷射井点结合使用。

图 2-24　降水原理五

管井井点由滤水井管、吸水管和抽水机组成。管井埋设的深度和距离根据需降水面积、深度及渗透系数确定，一般间距为10～50m，最大埋深可达10m，管井距基坑边缘距离不小于1.5m(冲击钻成孔)或3m(钻孔法成孔)。

图 2-25　降水实例（一）

适用于降水深度3～10m、渗透系数为20～200m/d的基坑中施工降水。管井井点设备简单、排水量大、易于维护、经济实用。

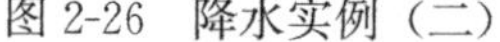

图 2-26　降水实例（二）

如需降水深度较大，可采用深井井点，适用于降水深度＞15m、渗透系数为10～250m/d的基坑。故称为深井泵法。

图 2-27　降水实例（三）

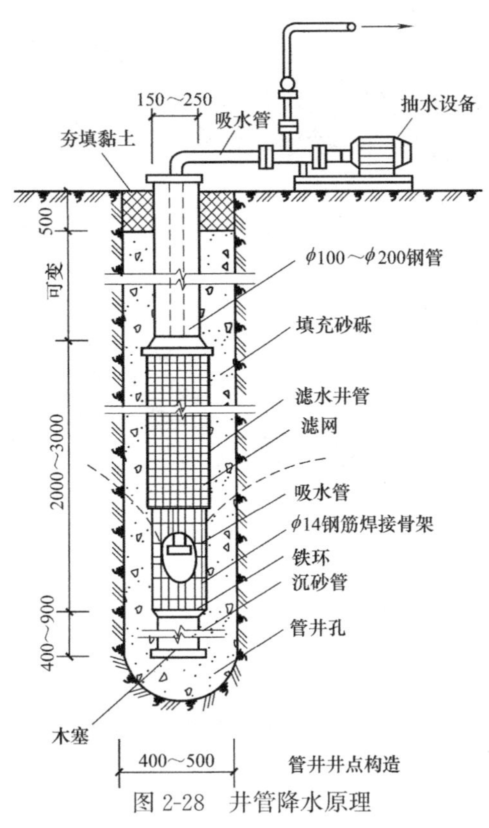
150～250
吸水管
抽水设备
夯填黏土
500
可变
ϕ100～ϕ200钢管
填充砂砾
滤水井管
滤网
2000～3000
吸水管
ϕ14钢筋焊接骨架
铁环
沉砂管
400～900
管井孔
木塞
400～500
管井井点构造
图 2-28　井管降水原理

(五) 基坑开挖、支护

第一次土方开挖为桩基施工做准备（开挖应分层、分段开挖，分层对称，开挖支撑，先撑后挖），基坑开挖及支护方式如图 2-29～图 2-58 所示。

尽量避开雨季，考虑好马道位置；根据工程量和工艺顺序安排好土方挖运机械和人员，土方挖运机械在进场前做好调试工作。
图 2-29　动土开挖

BONNY
基坑开挖，上部应有排水措施，防止地表水流入坑内冲刷边坡，造成塌方和破坏基土。基坑开挖，应进行测量定位、抄平放线，定出开挖宽度，根据土质和水文情况确定在四侧或两侧、直立或支护、放坡开挖，坑底宽度应注意预留施工操作面。
图 2-30　开挖运土

场地边坡开挖应采取沿等高线自上而下、分层、分段依次进行。在边坡上采取多台阶同时进行开挖时，上台阶应比下台阶开挖进深不少于30m，以防塌方。

图 2-31　分层开挖

基坑开挖的一般程序：测量放线→切线分层开挖→排降水→修坡→整平→留足预留土层。
相邻基坑开挖时应遵循先深后浅或同时进行的施工程序，挖土应自上而下水平分段分层进行，边挖边检查坑底宽度及坡度，每3m左右修一次坡，至设计标高再统一进行一次修坡清底。
雨期施工要有防雨措施。

图 2-32　基坑开挖修坡

锚杆材料可以是钢筋、钢管、钢丝束、钢绞线等。

破碎岩体

第一次注浆完毕后，过半小时再补浆一次，如渗浆严重可补浆2～3次。

混凝土板或钢横撑

土层锚杆支护

图 2-33　土层锚杆支护

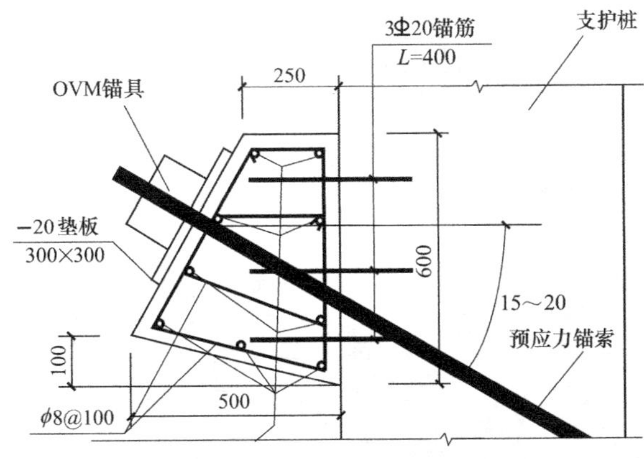
3Φ20锚筋
L=400
支护桩
OVM锚具
250
−20垫板
300×300
600
15～20
预应力锚索
100
500
ϕ8@100

图 2-34　预应力锚索大样图

适于较硬土层或破碎岩石中开挖较大较深基坑，邻近有建筑物须保证边坡稳定时采用。
锚杆倾角在15°～35°之间，利于注浆。
锚杆张拉前资料准备齐全，有施工记录、千斤顶校准证书、试块强度报告。

图 2-35　锚杆施工

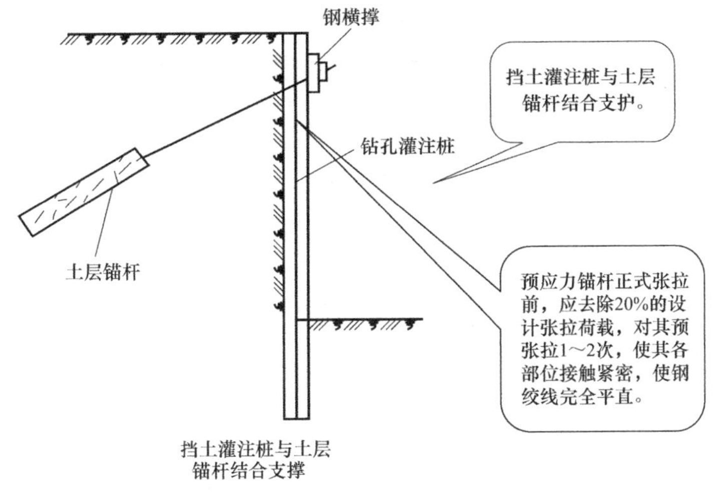
钢横撑
挡土灌注桩与土层锚杆结合支护。
钻孔灌注桩
土层锚杆
预应力锚杆正式张拉前，应去除20%的设计张拉荷载，对其预张拉1～2次，使其各部位接触紧密，使钢绞线完全平直。
挡土灌注桩与土层锚杆结合支撑

图 2-36　灌注桩与锚杆结合

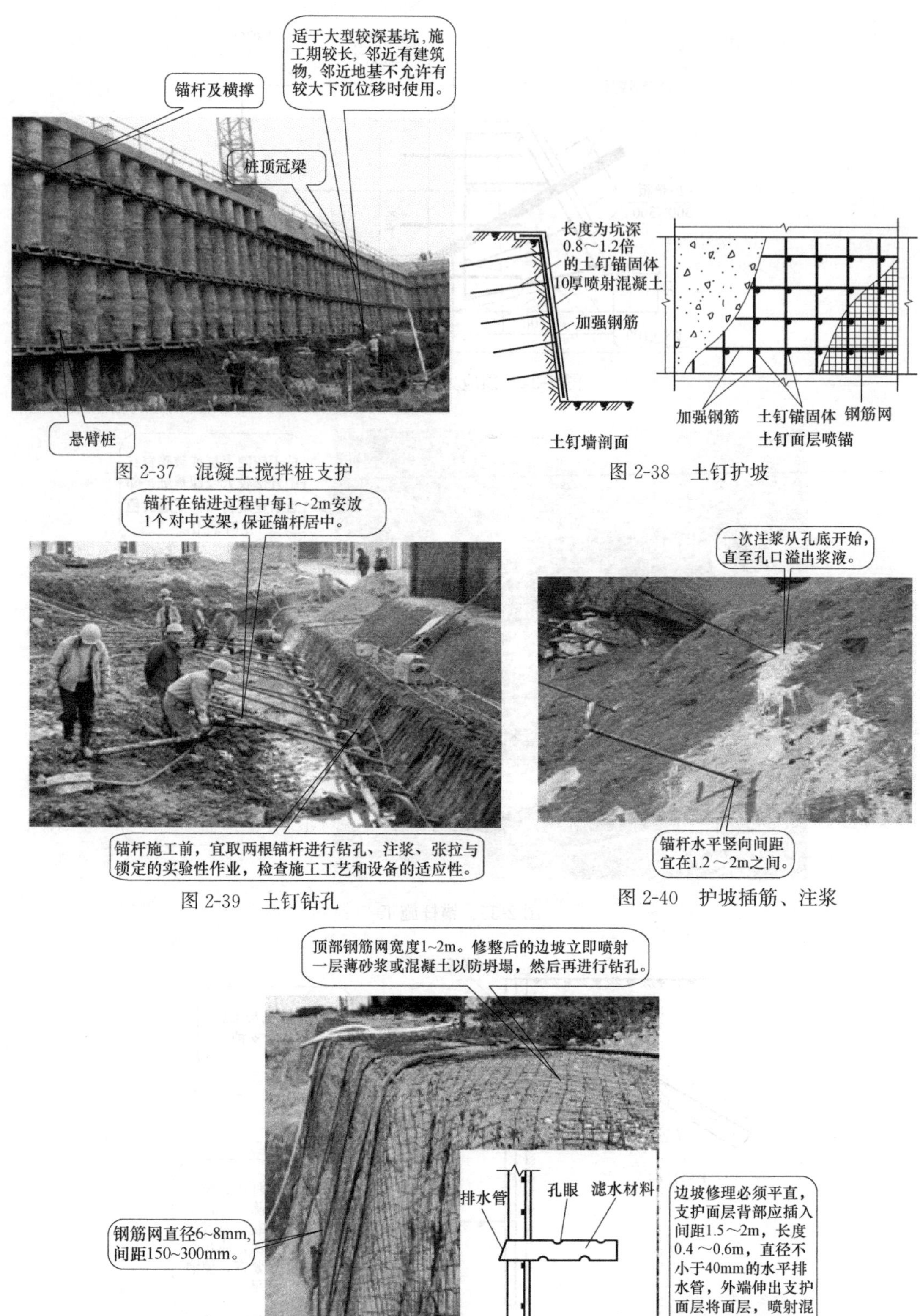
适于大型较深基坑，施工期较长，邻近有建筑物，邻近地基不允许有较大下沉位移时使用。
锚杆及横撑
桩顶冠梁
悬臂桩
长度为坑深0.8～1.2倍的土钉锚固体
10厚喷射混凝土
加强钢筋
土钉墙剖面
加强钢筋
土钉锚固体
钢筋网
土钉面层喷锚
锚杆在钻进过程中每1～2m安放1个对中支架，保证锚杆居中。
锚杆施工前，宜取两根锚杆进行钻孔、注浆、张拉与锁定的实验性作业，检查施工工艺和设备的适应性。
一次注浆从孔底开始，直至孔口溢出浆液。
锚杆水平竖向间距宜在1.2～2m之间。
顶部钢筋网宽度1~2m。修整后的边坡立即喷射一层薄砂浆或混凝土以防坍塌，然后再进行钻孔。
钢筋网直径6~8mm，间距150~300mm。
排水管
孔眼
滤水材料
面层
边坡修理必须平直，支护面层背部应插入间距1.5～2m，长度0.4～0.6m，直径不小于40mm的水平排水管，外端伸出支护面层将面层，喷射混凝土后的积水排出。

图 2-37　混凝土搅拌桩支护

图 2-38　土钉护坡

图 2-39　土钉钻孔

图 2-40　护坡插筋、注浆

图 2-41　挂钢筋网

护坡面钉钢筋头来控制喷射混凝土厚度，混凝土厚度为150～300mm。
喷射顺序自下而上分段进行，一次喷射厚度不小于40mm，喷头与护坡面垂直，距离宜为0.4～0.6m，混凝土喷射完毕养护3～7d，具体视气温情况而定。

图 2-42 喷浆

钢板桩、水平支撑
内支撑结构施工应对称进行，保持杆件受力均衡。

图 2-43 钢板桩支护

支撑格构柱，以后成为柱子的一部分。
大型深基坑的钢管对撑支护

图 2-44 深基坑支护

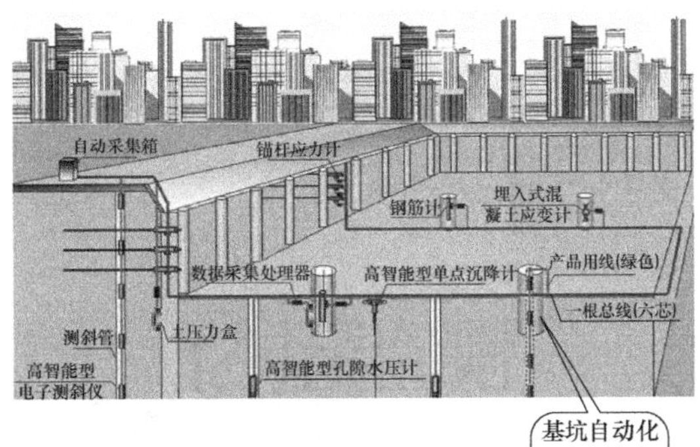
自动采集箱
锚杆应力计
钢筋计
埋入式混凝土应变计
数据采集处理器
高智能型单点沉降计
产品用线(绿色)
一根总线(六芯)
土压力盒
测斜管
高智能型电子测斜仪
高智能型孔隙水压计
基坑自动化检测示意图

图 2-45 基坑自动检测系统

工期紧的项目试验桩要提前插入，试验桩开始前编制试验桩专项施工方案。
试验桩目的是检验该地址条件下桩基施工方案的效果及可行性。
试验桩露出地面一般不小于0.6m。

图 2-46 桩基施工

由上至下依次是：堆载、平台、主梁、千斤顶、感应检测装置、荷载板。
桩基施工结束并达到休止期后（对于混凝土灌注桩，龄期达到28d或预留同条件养护试块强度达到设计强度），开始做单桩静载检测，其抽检数量为施工桩总数的1%，且不小于3根。

图 2-47 桩基静载实验

出土清理派专人负责(制定方案)，留足回填用土，余土外运。
土方施工护坡施工密切配合，并遵循开槽支撑，先撑后挖，分层开挖，严禁超挖的原则，按护坡进度开挖土方，控制每步挖深，严禁超挖。
当土方开挖到基坑底部200mm以上时采用人工清底，如有超挖不得夯填，应保持原状，通知勘察及设计单位现场处理。人工清底采用方格网控制法。清槽时应严格控制开挖深度，以保证设计槽底标高的准确性。

图 2-48 土方开挖

基坑开挖应防止对基础持力层的扰动。基坑挖好后不能立即进入下道工序时，应预留15(人工)～30cm(机械)一层土不挖，待下道工序开始前再挖至设计标高，以防止持力层土壤被阳光暴晒或雨水浸泡。

图 2-49 基坑开挖

回填的松土
被水浸泡必须清除浸泡层，回填砂、石至基底标高。
持力层被雨水浸泡后留下的水渍

图 2-50 基底浸水

大开挖至基底设计标高，桩间土开挖应注意对桩身的保护。

图 2-51 开挖放线

人工配合电梯及集水坑基坑清理修坡。
集水坑等位置必须复测(水专业给出平面图)。

图 2-52 桩间土开挖

超过设计桩顶标高的部分采用机械截除(个别低于设计标高按设计要求接桩)，截桩完成后应保证同一基坑内桩顶标高一致(高于基垫层顶5cm)，确保桩身无破损。

图 2-53 截桩

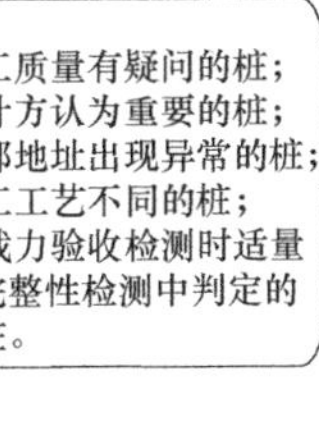
(1)施工质量有疑问的桩；
(2)设计方认为重要的桩；
(3)局部地址出现异常的桩；
(4)施工工艺不同的桩；
(5)承载力验收检测时适量选择完整性检测中判定的三类桩。

桩基小应变检测桩目的：检测桩身缺陷及其位置，判定桩身完整性类别，抽检数量不应小于总桩数的20%，且不少于10根。

图 2-54 桩基应变检测

雨期施工基坑顶部设排水沟防止雨水进入基坑；坑底四周设排水沟及集水井。
雨期施工验槽要分段分块进行，垫层随之分块分段完成。

图 2-55　分段垫层浇筑

钎位按钎探顺序编号记录锤数，以备后期整理归档。
钎位基本准确，探孔无遗漏。在检查验收完成后钎孔灌砂，每灌30cm高用钢筋棍捣实一次应密实。
当挖至设计标高后应对基坑进行钎探，钎探深度符合要求，锤击数记录准确，不得做假。钎杆每打进30cm记录一次锤数。
夏季基土淋雨后或浸水后不得钎探；冬季钎探时，每打几孔后及时覆盖保温材料一次，不得大面积掀盖，以免基土受冻。

图 2-56　基坑钎探

基坑验槽填写验槽记录或检验报告。
槽底见水必须设置集水坑，及时进行垫层施工。
人工清槽完成，由建设单位组织勘察单位、设计单位、施工单位、监理单位（即参建五大责任主体）共同检查验收。
验收目的：核对其平面位置、平面尺寸、槽底标高是否满足设计要求；核对土质和地下水情况是否满足岩土工程勘察报告及设计要求；检查是否存在软弱下卧层及空穴、古墓、古井、防空掩体、地下埋设物等及相应的位置、深度、性状。

图 2-57　验槽

遇到下列情况之一时，应在基坑底普遍进行轻型动力触探：(1) 持力层明显不均匀；(2) 浅部有软弱下卧层；(3)有浅埋的坑穴、古墓、古井等，直接观察难以发现时；(4)勘察报告或设计文件规定应进行轻型动力触探时。

图 2-58　轻型动力触探

（六）基坑施工

基坑施工内容包括：垫层施工、砖胎膜施工、防水施工、钢筋、模板混凝土施工等，如图 2-59～图 2-74 所示。

规定垫层10cm，一般做7cm。
集水坑侧壁提前进行甩毛。
用废钢筋头(灰饼)做垫层标高控制。
混凝土垫层浇筑完成后强度达到1.2MPa以后，方可在其上来往行人和进行上部施工。现场准备塑料布，浇筑完成后如降雨，可及时覆盖，避免造成起砂。

图 2-59　垫层施工

桩芯钢筋笼制作、安放、隐蔽验收、混凝土浇筑。
目的：为实现桩顶与基础筏板有效连接，加强桩顶抗剪强度；填芯深度设计无要求时，为桩径的3倍。

图 2-60　桩芯钢筋施工

阴阳角应力集中，必须抹成圆弧形，以防拉坏卷材。
防水施工基层处理：铲除灰渣、油污等附着物。

图 2-61　防水基层清理（一）

卷材底部如有找平层，找平层必须设置分隔缝，可取6m×6m，以防卷材拉裂。
基层必须牢固、平整、干净、干燥，不起砂，不开裂且有足够坡度能将水迅速排走。将1㎡卷材平铺在找平层（基层）上，静置3～4h后掀开检查，找平层覆盖部位与卷材上未见水印，即可铺设防水卷材。

图 2-62　防水基层清理（二）

基层处理剂(冷底子油)具有较强的渗透性和憎水性，能增强沥青胶结材料与找平层的粘结力。
桩头防水节点提前策划，防水材料提前进场做复试。
垫层做卷材防水一般采用点粘或条粘。

图 2-63　刷冷底子油（一）

基层处理剂的涂刷一般在找平层干燥后进行，涂刷应薄而均匀，不得有空白、麻点或气泡。

图 2-64　刷冷底子油（二）

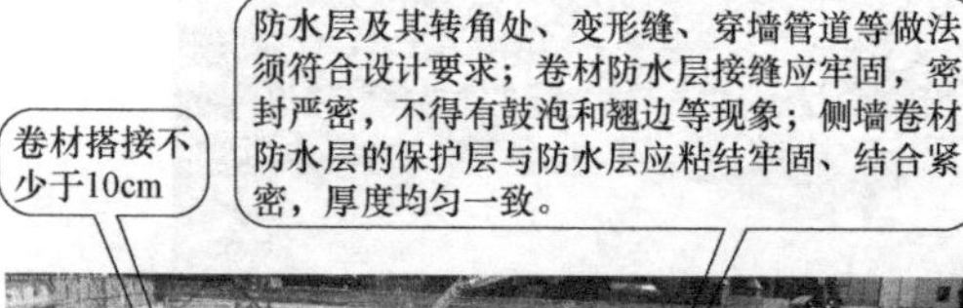
卷材搭接不少于10cm
防水层及其转角处、变形缝、穿墙管道等做法须符合设计要求；卷材防水层接缝应牢固，密封严密，不得有鼓泡和翘边等现象；侧墙卷材防水层的保护层与防水层应粘结牢固、结合紧密，厚度均匀一致。

图 2-65　防水卷材施工（一）

防水层铺贴完成后应及时隐蔽验收并做好保护层。立面防水卷材的临时甩槎，应有防止断裂和损伤的保护措施。

图 2-66　防水卷材施工（二）

（七）筏板施工

筏板施工内容：钢筋绑扎、预埋件安装（止水带/止水钢板安装）、水电预埋、模板支护、混凝土浇筑、混凝土养护等。如图 2-67～图 2-74 所示。

筏板施工前由施工单位对班组书面技术交底，仔细核对预埋件、后浇带及其他专业预埋件的位置。基础插筋位置准确、固定良好。钢筋保护层满足设计要求。

图 2-67　基础筏板施工

施工内容包括：钢筋绑扎、上下层钢筋支架制作、安装，墙柱插筋、电梯井、集水坑、后浇带等支模，测温仪安放、电气接地网焊接、混凝土浇筑。
筏板钢筋一般提前7d进场加工，有时工期紧，场地狭小没有钢筋加工区域也会采取预制厂下料。

图 2-68　基础筏板钢筋绑扎（一）

要对抽样人员抽样进行把控，将插筋、集水坑钢筋、后浇带等特殊位置放样要求提前确认好，包括接头位置。
质量责任制细分到个人，筋工长必须盯现场，做好人员及材料、进度等统计工作，下班前对照进度计划进行汇报。

图 2-69　基础筏板钢筋绑扎（二）

混凝土浇筑前编制浇筑方案，对班组进行书面技术交底，同时安排专人负责搅拌站混凝土供应事宜，保证混凝土供应连续。新浇混凝土要覆盖养护。如遇雨天施工则边浇筑边覆盖塑料薄膜，防止混凝土被冲刷。

图 2-70　筏板混凝土浇筑

合理划分流水段。
一般墙、板按后浇带划分流水段，柱按数量进行划分。

图 2-71　流水段施工

质量人员加大检查力度，扫除隐患于施工中，发现问题及时解决，防止窝工现象发生。

图 2-72　过程检查

筏板封边构造应参照16G101—3中P96相关规范

图 2-73　筏板支模（一）

每天下班前10分钟工人开始整理现场，做到工完料尽场地清。一定要注意文明施工。

图 2-74　筏板支模（二）

四、主体施工

（一）地下室施工

地下室主体施工内容包括：墙、柱、梁、板的钢筋、模板、混凝土施工，模板支架、脚手架施工，土建、水电、安装预埋施工等，如图 2-75～图 2-105 所示。

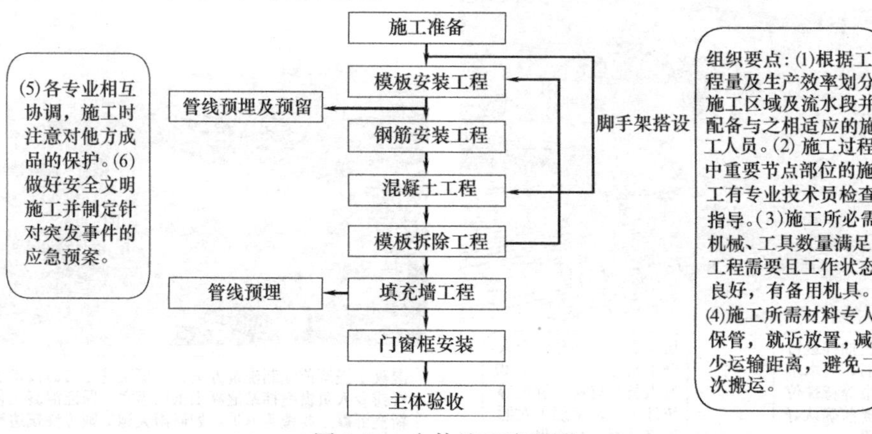
施工准备
模板安装工程
钢筋安装工程
混凝土工程
模板拆除工程
填充墙工程
门窗框安装
主体验收
管线预埋及预留
管线预埋
脚手架搭设
(5)各专业相互协调，施工时注意对他方成品的保护。(6)做好安全文明施工并制定针对突发事件的应急预案。
组织要点：(1)根据工程量及生产效率划分施工区域及流水段并配备与之相适应的施工人员。(2) 施工过程中重要节点部位的施工有专业技术员检查指导。(3)施工所必需机械、工具数量满足工程需要且工作状态良好，有备用机具。(4)施工所需材料专人保管，就近放置，减少运输距离，避免二次搬运。

图 2-75　主体施工流程图

模板施工前需画好配模图，标高及轴线测量准确并注意起拱高度，板缝用双面胶带封堵。
过人通道需提前策划好位置，脚手板铺满，栏杆防护不低于1.2m。

图 2-76　模板施工

钢筋隐检需留影像资料。
隐检内容：柱主筋位置、柱箍筋数量、间距、弯钩及起步距离、拉筋弯钩、钢筋接头形式；剪力墙水平筋起步距离、接头形式、洞口加强筋、暗梁、暗柱位置、箍筋数量间距起步距离、拉筋弯钩、梁柱节点、吊筋等。

图 2-77　墙柱钢筋隐检

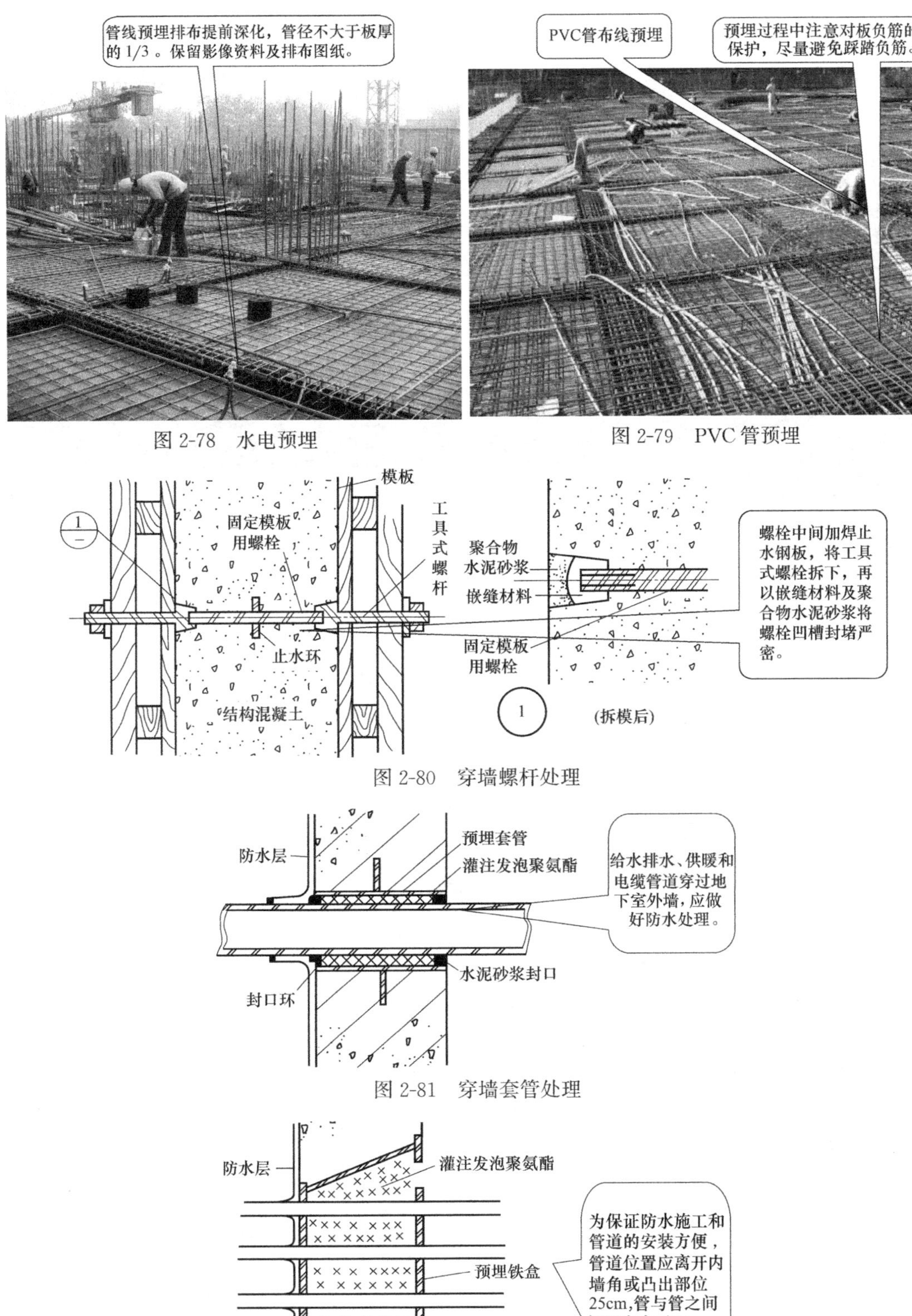
管线预埋排布提前深化，管径不大于板厚的1/3。保留影像资料及排布图纸。
PVC管布线预埋
预埋过程中注意对板负筋的保护，尽量避免踩踏负筋。
模板
固定模板用螺栓
工具式螺杆
止水环
结构混凝土
聚合物水泥砂浆
嵌缝材料
固定模板用螺栓
(拆模后)
螺栓中间加焊止水钢板，将工具式螺栓拆下，再以嵌缝材料及聚合物水泥砂浆将螺栓凹槽封堵严密。
防水层
预埋套管
灌注发泡聚氨酯
水泥砂浆封口
封口环
给水排水、供暖和电缆管道穿过地下室外墙，应做好防水处理。
防水层
灌注发泡聚氨酯
预埋铁盒
为保证防水施工和管道的安装方便，管道位置应离开内墙角或凸出部位25cm，管与管之间间距应大于30cm。

图 2-78　水电预埋

图 2-79　PVC 管预埋

图 2-80　穿墙螺杆处理

图 2-81　穿墙套管处理

图 2-82　多管穿墙处理

高低跨模板必须经过设计，提前考虑好方案。
高差超过300mm须分层浇筑，浇筑时派专人旁站。

图 2-83 高低跨

止水钢板在柱的节点，有的地方的止水钢板有直接通过柱的箍筋，也就是箍筋断开，止水钢板不断，然后箍筋采取焊接。有的地方就是止水钢板到柱边就断开，保证柱箍筋不断开。
一定检查焊接质量。

图 2-84 止水钢板穿柱节点

图 2-85 顶板模板

提前做实物样。
箍筋加密区范围按图纸和规范要求，底部箍筋起步距离5cm。

图 2-86 柱钢筋

丝扣外漏不得超过2丝。先做工艺试件，合格后方可批量制作。

图 2-87 套丝连接

有防上铁变下铁措施。
细节问题一定要注意：垫块、搭接倍数、锚固长度、主次梁交叉处钢筋叠放顺序。

图 2-88　板筋隐检（一）

插筋有防污染措施，柱头钢筋加盖帽，自检合格报验监理。

图 2-89　板筋隐检（二）

图 2-90　混凝土浇筑操作工人行通道

混凝土浇筑过程中要求钢筋、木工班组分别安排专人看筋、看模，防止钢筋位移和爆模。
施工缝
泵管
浇筑混凝土
抹平
不能因拆装泵送管而停止新浇混凝土的振捣，不能留施工冷缝，组织好混凝土供应，安排专人负责与搅拌站协调混凝土供应。
草垫
铺塑料布
冬季混凝土浇筑，边浇筑边覆盖保温。

图 2-91　冬期混凝土浇筑

混凝土面
标高拉线。
注意抹平压
光范围及拉
毛范围。
混凝土浇筑完毕12h内
安排养护，夏季根据
气温决定间隔时间长。

图 2-92 混凝土收面

混凝土浇捣前做好插筋
的保护，防止污染。
放线，柱头混凝土凿
毛，有偏位钢筋要进
行纠偏。

图 2-93 柱根凿毛（一）

外墙施工
缝处凿毛。
混凝土浇筑前撒
水泥浆或界面剂
增加新旧混凝土。

图 2-94 外墙凿毛

螺栓大小及间
距按方案执行。
止水螺杆外加一小块木块，目的是
为了使以后割掉止水螺杆后留下小
凹槽，可以直接用水泥砂浆补平，
以防止螺杆露在外面。

图 2-95 止水螺杆

地下室外墙模板
拆除后的止水螺
杆处理。

图 2-96 外墙螺杆处理

外墙止水螺杆割
除后聚合物水泥
砂浆修补。

图 2-97　外墙螺杆孔处理

支架重点检查扫
地杆、横、立杆
间距及必要的水
平剪刀撑。
自由端过长且
不能偏心受力，
自由端长度不
超过20cm。
次龙骨分布不均匀，
主龙骨不能采用单
钢管，可用槽钢、
方木、双钢管。

图 2-98　模板支架

人防门框安装，
做好隐检拍照
工作。
人防门至少提前
一个月订货，不
定非标产品。

图 2-99　人防门框安装

注意门的开启方向
及门扇闭合空隙。
人防门安装，门框
刷红色防锈漆，门
扇腻子见白。

图 2-100　人防门安装

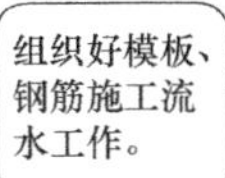
组织好模板、
钢筋施工流
水工作。

钢筋班组人
数与木工班
组人数一般
为1:3。
梁板模板按长跨度的
1/1000～3/1000起拱，
大梁钢筋帮扎时工长、
质检必须现场交底到
位并过程监督。

图 2-101　顶板钢筋绑扎

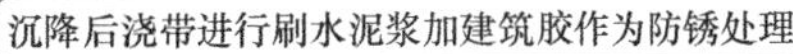
沉降后浇带进行刷水泥浆加建筑胶作为防锈处理

图 2-102　后浇带处理

钢筋不断开。
二次浇筑前清洗基层并洒水养护。

图 2-103　后浇带留置

板面拉毛可以减少收缩裂纹，避免后期凿毛。

图 2-104　混凝土板表面拉毛

（二）成品保护

成品保护内容包括保护方案的制定、监督实施，如图 2-105、图 2-106 所示。

对已完工程要做好成品保护，有保护方案及相应的保护措施，有交底、有检查、有验收。

图 2-105　成品保护（一）

图 2-106　成品保护（二）

(三) 地下室外墙防水施工及回填

地下室外墙防水施工及回填如图 2-107～图 2-111 所示。

注意阴阳角施工及防水收口处理，回填土夯实程度。
地下室外墙防水正负结构完成，模板拆除后开始施工，施工内容：基层处理、防水层、保护层。

图 2-107 地下室外墙防水

回填土必须进场见证取样送检合格才能使用。
控制回填土的含水。
防水保护层可为砖墙、可为聚苯板或其他轻型材料。
填方施工注意事项，虚铺厚度：人工木夯20(黏性土)～30cm(砂质土)；推土机填土30cm；铲运机或汽车填土30～50cm。

图 2-108 地下室外墙回填

斜坡上的土方回填应将斜坡改成阶梯形，以防填方滑动。
回填基坑、墙基或管沟时，应从四周或两侧分层、均匀、对称进行，以防基础、墙基或管道在土压力下产生偏移和变形。

图 2-109 管沟回填

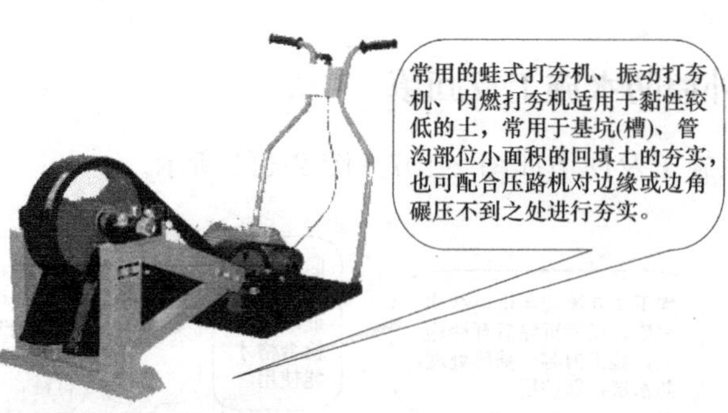
常用的蛙式打夯机、振动打夯机、内燃打夯机适用于黏性较低的土，常用于基坑(槽)、管沟部位小面积的回填土的夯实，也可配合压路机对边缘或边角碾压不到之处进行夯实。

图 2-110　蛙式打夯机

填土厚度不大于25cm，一夯压半夯、依次夯打，打夯时两人配合，一人扶夯机，一人持电缆线。

图 2-111　沟槽夯实

施工电梯由专人操作(操作人持特种作业上岗证)。
施工电梯安装，高层主体结构施工完成1/2开始安装(随主体结构提升)，为二次结构工程施工创造条件，工期56d，不占用总工期。

图 2-112　施工电梯

(四) 施工电梯

施工电梯内容包括方案设计、电梯基础施工、电梯安装、报验，投入使用、日常维护，如图 2-112 所示。

(五) 厨卫间排气管道施工

排气管道如图 2-113 所示。

卫生间、厨房间排气管道安装二次结构施工前3d安装，施工内容：洞口清理、吊运、安放钢筋支承、就位、临时固定、洞口封堵等。

图 2-113　排气管道

第三章　二次结构与装修施工过程技术与质量管理

二次结构与装修施工实施样板先行制度，工序开始前先做样板，验收合格后再进行大面积施工。纸质交底的发放签署及对施工队伍的交底会事前控制措施到位。施工过程中项目相关现场管理人员实时监督把控，严格按照技术交底与规范要求施工，及时发现并整改现场出现的质量问题。验收时严格执行“三检制”，并做好相关验收资料及影像资料。

一、样板布置位置及形式

（一）位置

优先选择大门区域、人员入场必经区域、向阳位置且有一定的参观、交底平台，如图 3-1所示。

（二）形式

远离建筑物的，优先采用彩钢篷；紧邻建筑物的，搭设双层防护棚，上盖彩钢瓦、采用安全网或竹胶板吊顶；工艺样板棚内应设置照明设施，如图 3-2 所示。

其他示例见图 3-3～图 3-6。

入场必经
区域主路
今天的质量

图 3-1　样板布置位置及形式图

双层防护
棚及照明

图 3-2　紧邻建筑样板布置位置及形式图

标识清晰，要求明确，样板信息齐全。
样板包括：构造柱模板及混凝土砌体、不同材质交界面挂网、灰饼、冲筋、拉毛、预埋电盒、1m或50cm定位控制线、冷热水管、防水、预埋、阳角抹灰、墙地砖、涂料、油漆等。

图 3-3　二次结构样板区

图 3-4　保温板样板区

目标精心策划、方案严格执行、质量严格把控。

图 3-5　屋面系统样板区

操作要点：施工前各部位做法已确定，材料为合格材料且复验合格，样板集中展示部位需将各操作规程、质量管理制度、措施、安全注意事项等挂牌上墙；现场依据样板技术交底。

图 3-6　实体样板区

二、砌体工程

房建工程中的砌体工程主要包括多孔砖、蒸压灰砂砖、粉煤灰砖、各种中小型砌块等材料的组砌。其检查内容包括砌块的强度、砂浆的配合比、砌体的垂直度、表面平整度、灰缝的厚度和饱满度，构造柱、马牙槎、拉结筋、圈梁、过梁的留置情况等。

砌筑砂浆介绍：

1. 原材料要求

（1）水泥：水泥进场使用前应有出厂合格证和复试合格报告。水泥强度等级应根据砂浆品种及强度等级的要求进行选择，M15 及以下强度等级的筑砂浆宜选用 32.5 级的通用硅酸盐水泥或砌筑水泥；M15 以上强度等级的砌筑砂浆宜选用 42.5 级普通硅酸盐水泥。

（2）砂：宜用中砂，其中毛石砌体宜用粗砂。砂浆用料不得含有有害杂物。砂浆的含泥量应满足规范要求。

（3）石灰膏：建筑生石灰熟化成石灰膏时，应用孔径不大于 3m×3mm 的网过滤，熟化时间不得少于 7d；建筑磨细生石灰粉的熟化时间不少于 2d。配制水泥石灰砂浆时不得采用脱水硬化的石灰浆。石灰粉不得直接使用于例筑砂浆中。

（4）水：宜采用可饮用水，其他水源水质应符合现行行业标准《混凝土用水标准》。

（5）外加剂：均应经检验和试配符合要求后，方可使用。

2. 砂浆配合比

砌筑砂浆应进行配合比设计，根据现场的实际情况进行计算和试配确定，并同时满足稠度、保水率和抗压强度的要求。

3. 砂浆的拌制及使用

（1）砂浆现场拌制时，各组分材料应采用重量计量。

（2）砂浆应采用机械搅拌，搅拌时间自投料完算起，应为：

1）水泥砂浆和水泥混合砂浆，不得少于 2min；

2）水泥粉煤灰砂浆和掺用外加剂的砂浆，不得少于 3min；

3）预拌砂浆及加气混凝土砌块专用砂浆的搅拌时间应符合相关技术标准或按产品说明书采用。

（3）现场拌制的砂浆应随拌随用，拌制的砂浆应在 3h 内使用完毕；当施工期间最高气温超过 30℃时，应在 2h 内使用完毕。预拌砂浆及蒸压加气混凝土砌块专用砂浆的使用时间应按照厂家提供的说明书确定。

4. 砂浆强度

由边长为 7.07cm 的正方体试件，经过 28d 标准养护，测得一组三块的抗压强度值来评定。砂浆试块应在卸料过程中的中间部位随机取样，现场制作，同盘砂浆只应制作一组试块。每一检验批且不超过 250m³ 砌体的各种类型及强度等级的砌筑砂浆，每台搅拌机应至少抽验一次。

砌体方案要提前策划，砌筑前对砌体班组进行书面技术交底并参照砌体样板施工，如图 3-7、图 3-28 所示，砂浆配合比见表 3-1 所列。

砂浆配合比（kg）　　　　**表 3-1**

	M5	M7.5	M10	M15	M20
水泥	1	1	1	1	1
河砂	6.9	6.3	5.27	4.53	4.03
水	1.52	1.39	1.16	1	0.88
	M5	M7.5	M10	M15	M20
水泥	0.223	0.244	0.292	0.34	0.382
河砂	1.537	1.537	1.537	1.537	1.537
水	0.339	0.339	0.339	0.339	0.339

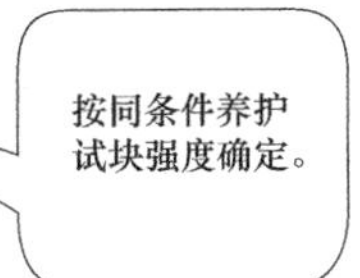
按同条件养护
试块强度确定。

砌体墙临时施工洞口留置如图 3-9 所示。

门窗洞口预留严格按照图纸要求位置留设，预留洞口要考虑地面装饰层，左右两侧及上侧要为门窗安装留有必要的可调空间。门窗洞口预留细节要交代到专人，如图 3-10 所示。

砌体墙各部位施工细节及要求如图 3-11 所示。

砌筑工程质量的基本要求是：横平竖直、砂浆饱满、灰缝均匀、上下错缝、内外搭砌、接槎牢固，如图 3-12～图 3-21 所示。

要求：横平竖直，
上下错缝，灰缝饱
满，内外搭接。

图 3-7　砌体样板

墙体砌筑时水平、垂直
方向挂线，并随时用靠
尺检查垂直度和平整度。

图 3-8　砌体墙垂直度、平整度检测

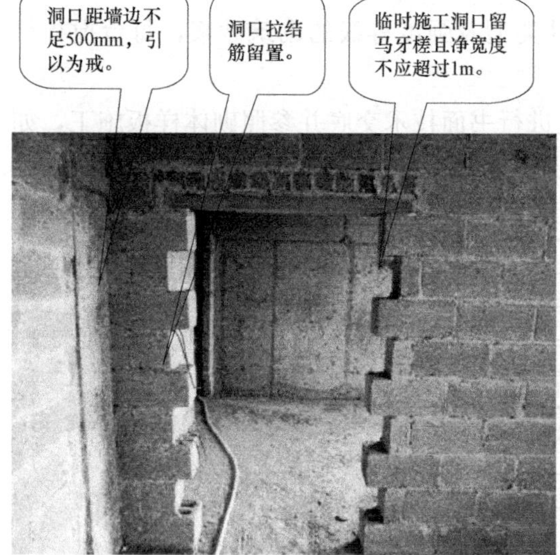
洞口距墙边不
足500mm，引
以为戒。
洞口拉结
筋留置。
临时施工洞口留
马牙槎且净宽度
不应超过1m。

图 3-9　临时施工洞口

过梁下支座长400mm，高2皮
砌块范围内用Cb20混凝土灌
实，当支座处一孔或两孔有
芯柱通过时不需灌孔。

图 3-10　门窗洞口预留

图 3-11　砌体墙细节图

灰缝厚度8～12mm，灰缝砂浆密实饱满，水平灰缝的砂浆饱满度不得低于80%；竖向灰缝饱满度不得低于90%。

图 3-12　砌体组砌

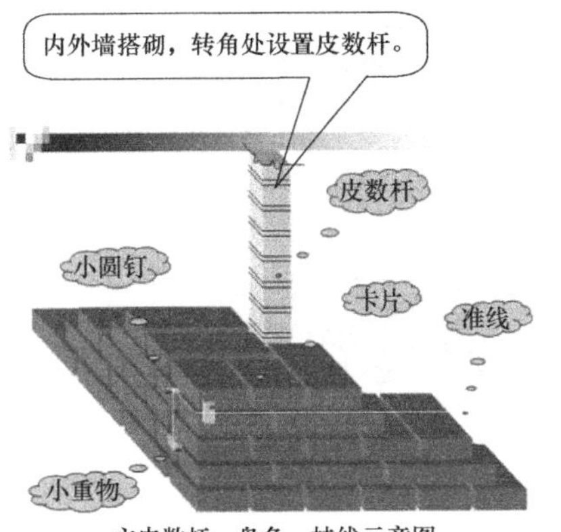
内外墙搭砌，转角处设置皮数杆。
皮数杆
小圆钉
卡片
准线
小重物
立皮数杆、盘角、挂线示意图

图 3-13　皮数杆示意图

轻质砌体材料耐水性差，浸水强度降低，影响墙体质量，实心砖耐水性好。
错缝长度均不满足要求。
在水平灰缝中设置拉结钢筋。
墙身底部眠砌4皮实心砖。

图 3-14　混凝土砌块墙

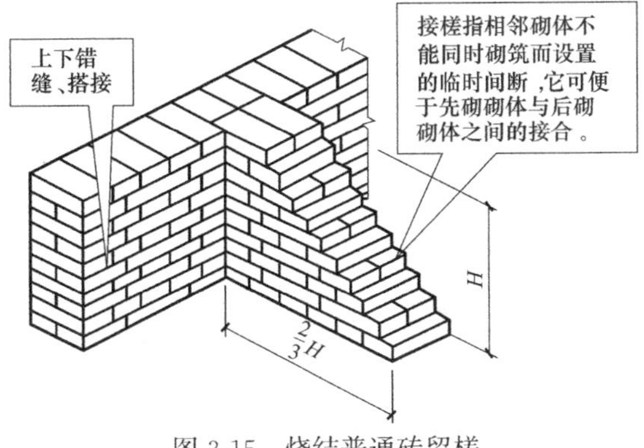
上下错缝、搭接
接槎指相邻砌体不能同时砌筑而设置的临时间断，它可便于先砌砌体与后砌砌体之间的接合。
H
$\frac{2}{3}H$

图 3-15　烧结普通砖留槎

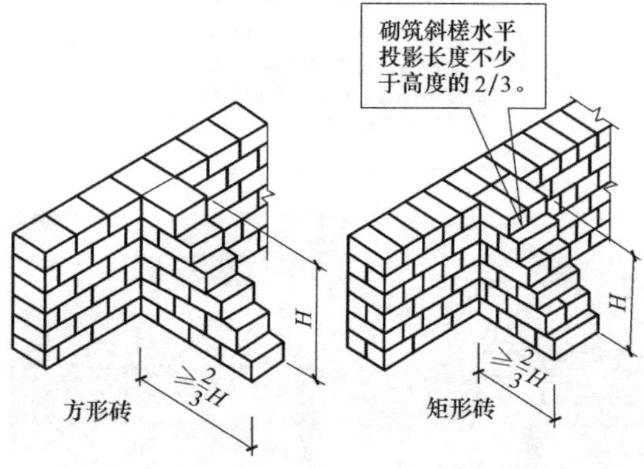
砌筑斜槎水平投影长度不少于高度的2/3。
H
≥2/3H
方形砖
矩形砖

图 3-16　多孔砖留槎方法

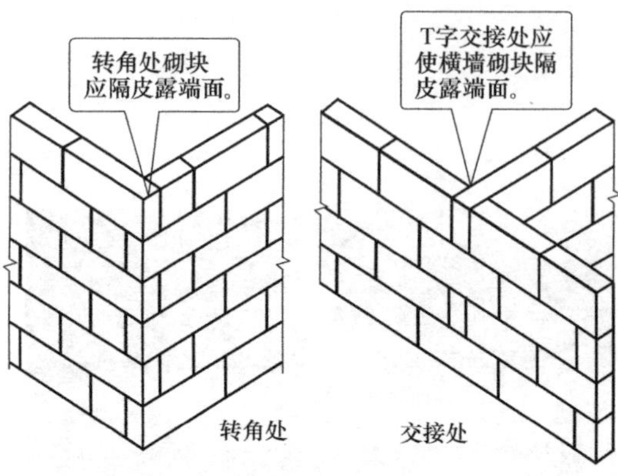
转角处砌块应隔皮露端面。
T字交接处应使横墙砌块隔皮露端面。
转角处
交接处

图 3-17　墙体交接处砌筑方法

试块规格70.7mm×70.7mm×70.7mm每组3块,试块表面写好日期、强度、砂浆种类、使用部位。

图 3-18　砂浆取样制作试块

加气混凝土砌块施工，红砖盘角，使加气混凝土砌块墙错缝。
加气块砌筑前排版设计，砌筑时灰缝饱满，上下丁字错缝，搭接长度不小于砌块长度的1/3，转角处相互咬砌搭接，砌至柱、墙边时留10~15mm缝隙，以便后期接缝处理。每日砌筑高度不大于1.2。

图 3-19　优质砌体图（一）

上下皮错缝搭接正确。
重点检查墙体垂直度平整度、砂浆饱满度。
墙身顶部用实心砖斜砌，与梁底顶紧，水泥砂浆塞缝。
墙体定位处用实心砖错缝
墙身底部眠砌4皮实心砖。

图 3-20　优质砌体图（二）

双面胶带确保模板边角密实不漏浆

图 3-21　带有构造柱的砌体图

（一）砌体及二次结构

高层主体结构至一多半时开始施工，施工内容：卫生间、空调板止水带支模、混凝土浇筑，砌体拉结筋、构造柱、过梁、圈梁、窗台压顶等植筋，砌体砌筑，混凝土构件钢筋绑扎、支模、混凝土浇筑等。

（1）多水房间施工

多水房间施工包括厨房、卫生间、淋浴间及其他有防水要求的房间。

多水房间的建筑地面四周除门洞外，应做混凝土翻边，地上高度不应小于150mm，地下高度不小于200mm，如图3-22所示。

混凝土翻边，又叫混凝土导墙。其作用是防止砖墙吸水，同时也有利于防水层的施工，导墙的高度可根据墙高砖的模数来调整。

图3-22　混凝土翻边

（2）砌体植筋

与混凝土柱子、墙交接处有砌体墙的必须后植砌体拉结筋，其要求应符合《混凝土结构后锚固技术规程》JGJ 145—2013，植筋必须经拉拔试验合格后方可开始砌体施工，如图3-23、图3-24所示。

混凝土柱植筋

放线、钻孔、清孔、注固化剂、植筋、固化、检查，孔深取不少于15倍钢筋直径，孔径比钢筋直径大2个规格，Φ8钢筋，孔径12mm，钢筋植入端要除锈，固化剂注入量一般取孔深加2/3。

图3-23　砌体植筋图

钢筋植入固化时间因胶体材料、温度、湿度不同而有所不同，一般取3～7d后委托具备相应资质的检测单位检测在监理见证下进行拉拔试验。

图3-24　砌体植筋拉拔试验

（二）零星混凝土工程

零星混凝土工程主要包括构造柱、圈梁、过梁、窗台压顶及其他零星混凝土工程，如图3-25～图3-28所示。

构造柱宽度同墙厚，外侧贴双面胶保证模板严密不漏浆。
马牙槎先退后出，宽60mm，高500mm。

图 3-25　构造柱示意图

圈梁应连续封闭且在一条水平面上，柱等进行可靠连接，当被门窗洞口截断时，上面必须补加相同截面的附加圈梁。圈梁厚度是墙厚的倍数。
过梁预制完后要标记出上下面，过梁洞口放置时有钢筋的一面朝下，过梁伸入洞口两侧墙内不小于200mm。

图 3-26　圈梁、过梁示意图

混凝土预制块离上下边缘距离不超过200mm，中间距离不超过600mm。
也可用木砖或混凝土抱框代替混凝土预制块，若用木砖做防腐处理。
水平系梁窗洞口处加厚兼做窗台压顶。
灌注混凝土流动性好，强度等级应不低于Cb20；灌注必须待墙体砌筑砂浆强度等级大于1MPa时方可浇灌；芯柱宜按层分段、定量浇筑，每2皮砖一灌注，并用小直径(d≤30mm)振捣棒(或钢筋棍)略加捣实，待3～5min多余水分被块体吸收后再进行二次振捣，以保证芯柱灌实。

图 3-27　窗台压顶及其他零星混凝土

抱框厚度100mm，窗洞口＜2100mm时，抱框钢筋锚入圈梁过梁水平系梁内，窗洞口≥2100mm时，抱柱钢筋伸入梁内或板内。

图 3-28　窗洞抱框

三、节能工程

节能工程包括：墙体节能、幕墙节能、门窗节能、屋面节能、地面节能、配电与照明节能。

节能工程应符合《建筑节能工程施工质量验收规范》(GB 50411—2007）的规定。

(一）墙体节能

目前我国墙体的节能措施采用最多的方式是外墙保温。

保温材料必须进行耐火复试、胶粘剂复试、网格布复试、锚固件复试、防火隔离带复试、拉拔试验、取芯试验，如图 3-29～图 3-31 所示。

外保温混凝土现浇后养护28d开始拉拔试验，监理或建设人员见证。每栋号不少于3个点。试样尺寸10cm×10cm。

图 3-29　外墙保温拉拔试验

(二）门窗、幕墙节能

建筑外门窗三性符合《建筑外门窗气密、水密、抗风压性能分级及检测方法》(GB/T 7106—2008）的规定，幕墙四性符合《建筑幕墙气密、水密、抗风压性能检测方法》(GB/T 15227—2007）的规定，如图 3-32、图 3-33 所示。

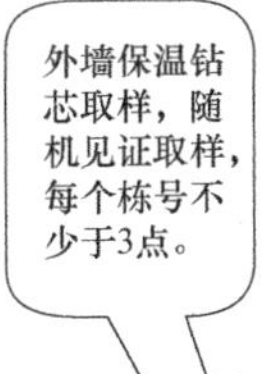
外墙保温钻芯取样，随机见证取样，每个栋号不少于3点。

目的：检查墙体保温材料种类、构造做法是否符合设计要求和施工方案要求。
取样部位用聚苯板或其制成圆柱形充填保温材料，并用建筑密封胶密封，并在修补后的取样部位挂“外墙节能构造检验点”标识牌。

图 3-30　外墙保温钻芯取样

在监理(建设)人员见证下对保温材料见证取样，委托具备相关资质的单位对保温材料的导热系数、表观密度、压缩强度、抗拉强度、燃烧性能进行复试。
消防人员现场对保温材料耐火检验。取样标准参见《建筑节能工程施工质量验收规范》(GB 50411—2007)。

图 3-31　保温材料耐火检验

外窗淋水实验，时长不小于2h。
幕墙、门窗气密性和抗风压性能委托有资质的相关部门授权的第三方检测机构进行见证送检。

图 3-32　外窗水密性检测

外墙淋水实验，时长不小于2h。
门窗检测四性：气密性、水密性、抗风压性、平面变形性能。

图 3-33　外墙淋水实验

（三）屋面保温工程

常用屋面保温材料有聚苯板、硬质聚氨酯泡沫塑料等有机材料，保温层厚度在 25～80mm；水泥膨胀珍珠岩板、水泥膨胀蛭石板、加气混凝土等无机材料，保温层厚度在 80～260mm。见图 3-34。

图 3-34　屋面保温

四、装修施工

装修工程中，多工种同时作业，各工序交叉进行，相互干扰，稍有不慎会损伤或污染已完工的成品，成品一旦损伤或污染，很难恢复原貌，给工程质量造成不可挽回的损失。为此，必须采取措施以保证装修质量。

（一）内墙抹灰工程

内墙抹灰工艺流程一般为：墙面基层清理→墙面毛化湿润→甩浆→挂网→吊垂直、套方、抹灰饼或冲筋→弹灰层控制线→根据灰饼厚度调整接线盒等出墙件外露长度 → 抹水泥护角→抹底层砂浆→抹面层砂浆→养护，内墙不同墙体材料相交时采用两边不小于250mm的纤维网，外墙不同墙体材料相交时采用两边不小于250mm、孔率不小于4×4的钢板网。如图3-35～图3-42所示。

根据墙面积大小、平整度、
垂直度情况及室内抹灰要
求确定灰饼位置，根据灰
饼位置做砂浆灰筋，宽度
3～5cm，间距1.2～1.5m。

图3-35　抹灰墙面冲筋图

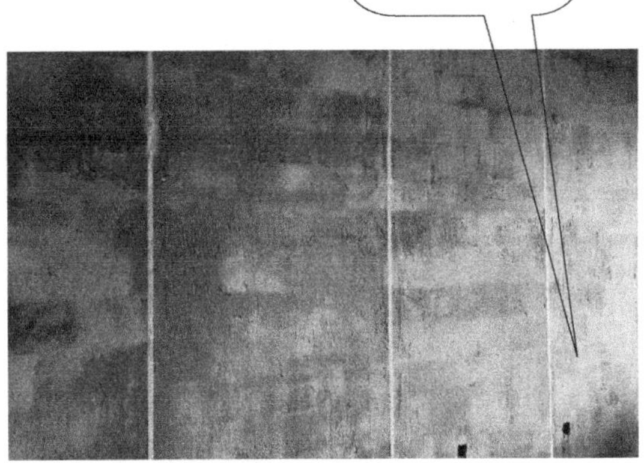
内墙抹灰施工应样
板先行，经各部门
验收合格后方可大
面积施工。

图3-36　抹灰样板图

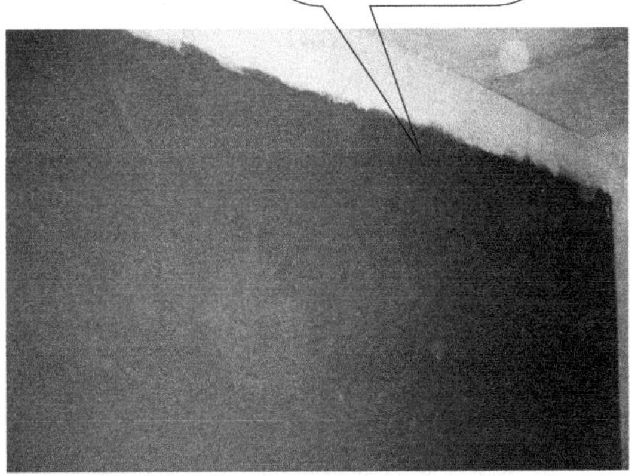
如果面层是涂料则抹
面层灰浆，用铁抹子
压实、溜光，如果是
面砖则拉毛即可。

图3-37　抹灰墙面面层图

（二）外墙抹灰工程

外墙抹灰工艺流程一般为：基层处理→浇水湿润→吊垂直→做灰饼→甩浆→挂网、挂保温钉→找平层→保温层→防水层施工→面层→养护。

二次结构完成结构验收合格开始施工，施工内容：外架局部调整、基层处理、不同材料交接处钉钢丝网、浇水、喷浆、挂垂线、分洞口、分层抹灰、养护等，如图3-40、图3-41所示。

风井要边
砌筑边抹
灰。
立面垂直度允许误差：
一般抹灰+4mm，高级
抹灰+3mm。

图 3-38　风井抹灰图

图 3-39　垂直度检查

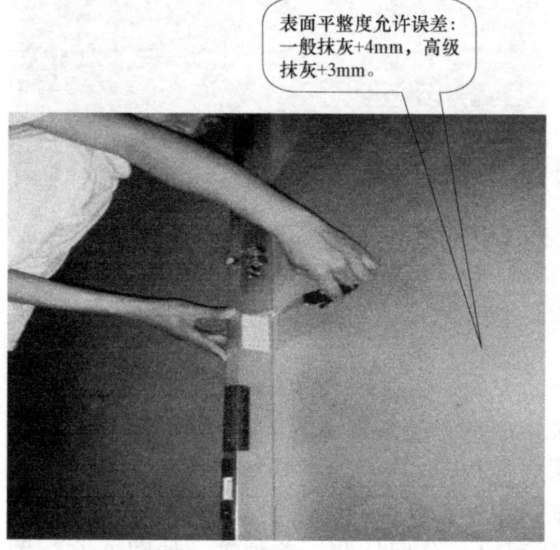
表面平整度允许误差：
一般抹灰+4mm，高级
抹灰+3mm。

图 3-40　平整度检查

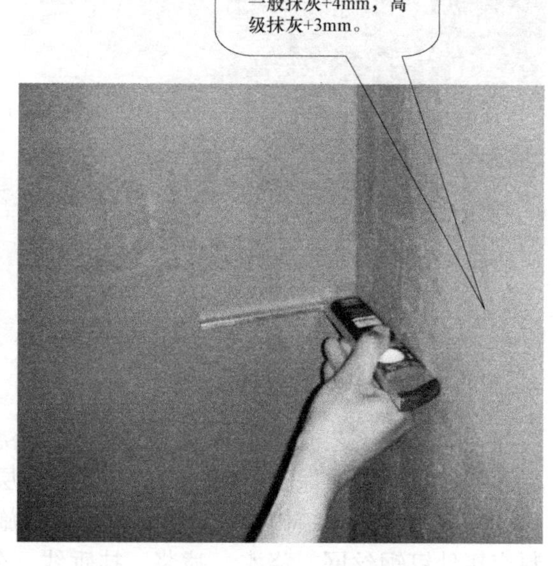
阴角方正允许误差：
一般抹灰+4mm，高
级抹灰+3mm。

图 3-41　阴角方正检查

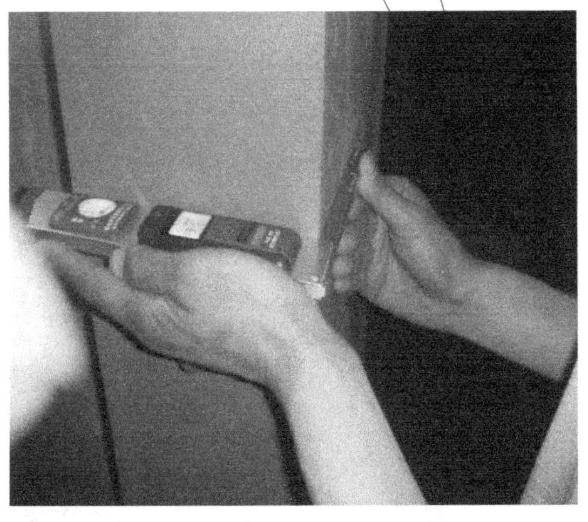
阳角方正允许误差：
一般抹灰+4mm，高
级抹灰+3mm。

图 3-42　阳角方正检查

（三）外墙贴砖工程

外墙面砖粘贴在外墙面抹灰完成 50％开始施工（图 3-43），施工内容：根据面砖模数分线排砖、墙面浇水湿润、刷胶水结合层、粘贴、勾缝、养护、清洗等，如图 3-44、图 3-45 所示。

图 3-43　外墙抹灰

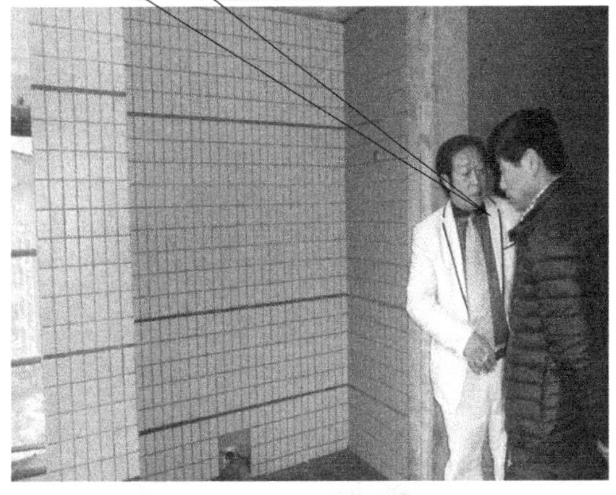
选砖、排砖、弹线、打点，墙面砖贴
前浸水2h，合理处理门窗洞口及管线
设备位置与瓷砖关系，瓷砖上浆饱满，
防止空鼓。挂线和水平尺结合控制表
面平整度和垂直度。

图 3-44　瓷砖墙面检查

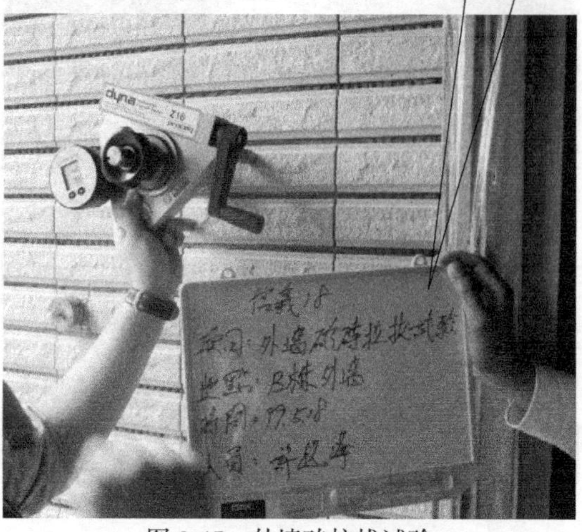
见证随机取样，3个1组，取样间距不得大于500mm。每1000m²同类墙体为一检验批，不足1000m²按1000m²计。
外墙饰面砖粘贴完成14d后进行拉拔试验，粘贴后28d达不到标准或有争议时，以28～60d内约定时间检验粘贴强度为标准。

图 3-45　外墙砖拉拔试验

外墙面砖选材要严格控制：(1) 尺寸偏差；(2) 吸水率；(3) 耐污染性；(4) 耐化学腐蚀性；(5) 抗冻性；(6) 抗釉裂性；(7) 断裂模数；(8) 破坏强度；(9) 表面质量（色差）；(10) 中心弯曲度（即翘曲度或表面平整度）。

(四) 涂料工程

墙面刷涂料在抹灰工程结束墙面干燥后开始施工，工作内容包括：基层清理、干燥、不同基层交界面挂网、批腻子、打磨、刷涂料、阴阳角找方正、成品保护等，如图 3-46、图 3-47 所示。

带吸尘器的打磨机
打磨用砂纸一般情况下用360号，砂纸号越小，打磨完毕上面漆后观感质量相对越好，但打磨速度会减慢。

图 3-46　腻子打磨

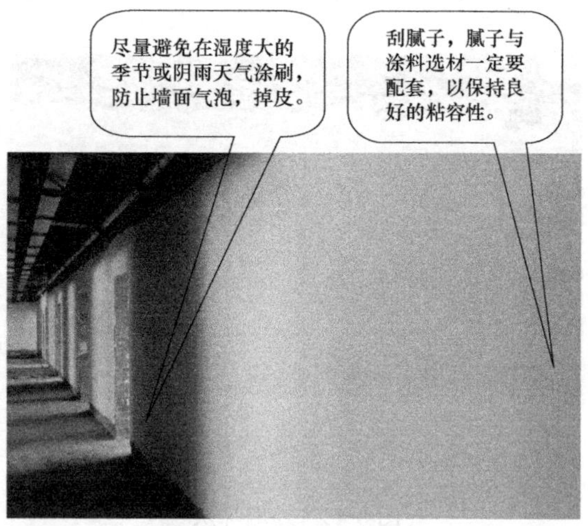
尽量避免在湿度大的季节或阴雨天气涂刷，防止墙面气泡，掉皮。
刮腻子，腻子与涂料选材一定要配套，以保持良好的粘容性。

图 3-47　涂料完成墙面

（五）门窗、幕墙工程

门窗幕墙工程一般在外墙面砖施工至一半左右开始施工，施工内容：校核洞口、门窗框固定、装饰管安装、缝隙填塞、打胶、玻璃、五金安装、成品保护等，如图 3-48～图 3-54 所示。

窗底框留
泄水孔。

图 3-48　外窗泄水孔

铝合金门窗、阳台栏杆安装注意
与墙交接处节点打胶处理。与墙
体采用柔性连接。

图 3-49　阳台栏杆安装

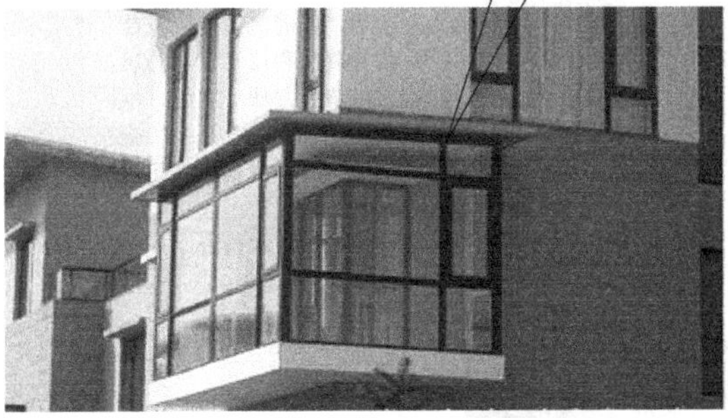

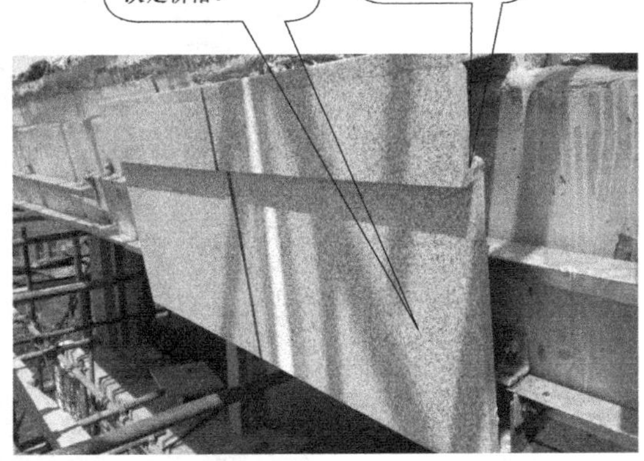
前期深化及测量放
线非常重要，幕墙
的排版及边角处理
决定价格。
重点检查打
胶施工质量。

图 3-51　幕墙石材安装（一）

先做
样板。

图 3-52　幕墙石材安装（二）

石材幕墙主体结构上的预埋件和后置埋件的位置、数量及后置埋件的拉拔力必须符合设计要求。检验方法：检查拉拔力检测报告和隐蔽工程验收记录。
石材幕墙造型、色泽、花纹图案必须符合设计要求。检查方法：观察；尺量检查；检查产品合格证书、性能检测报告、材料进场验收记录和复验报告。
石材幕墙的金属框架立柱与主体结构预埋件的连接、立柱与横梁的连接、连接件与金属框架的连接、连接件与石材面板的连接必须符合设计要求，安装必须牢固。检验方法：手扳检查；检查隐蔽工程验收记录。

图 3-53　幕墙石材安装（三）

金属框架的连接件和防腐处理及防雷装置与主体结构防雷装置可靠连接。检验方法：观察；检查隐蔽工程验收记录和施工记录。
结构变形缝、石材表面和板缝的处理、墙角的连接节点、胶缝饱满度应符合设计要求和技术标准的规定。检验方法：观察、检查隐蔽工程验收记录和施工记录。石材幕墙应无渗漏。检验方法：在易渗漏部位进行淋水检查。

图 3-54　幕墙石材安装完成（四）

（六）屋面工程

屋面结构混凝土完成一个月左右开始屋面装修施工，施工内容：基层处理、保温层、找坡层、找平层、刷基层处理剂、防水层铺设、防水隔离层、保护层、变形缝处理、排气孔设置、屋面天沟、成品保护等，如图 3-55～图 3-69 所示。

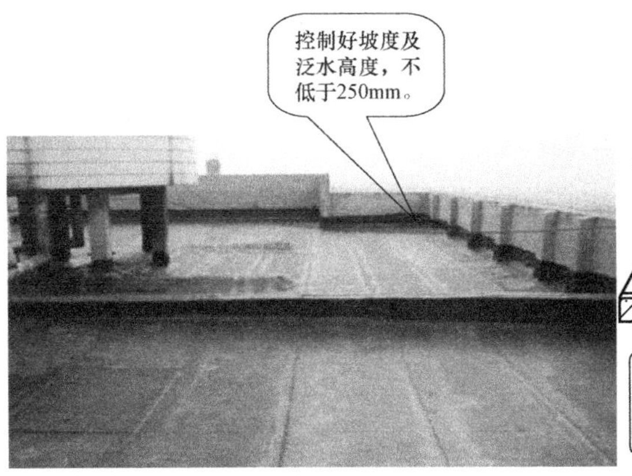
控制好坡度及泛水高度，不低于250mm。

图 3-55　防水卷材施工完成

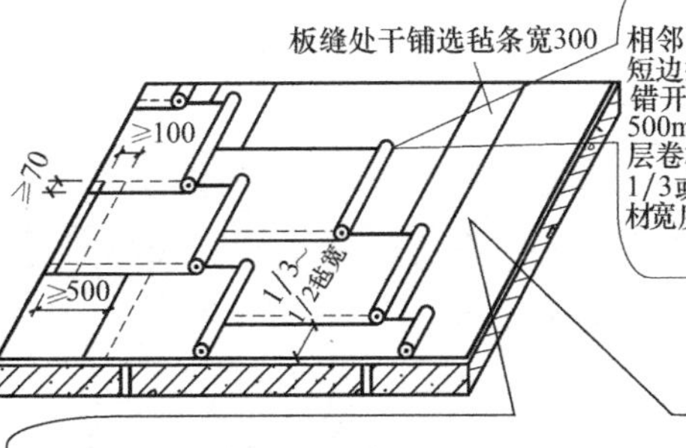
板缝处干铺选毡条宽300
≥100
≥70
≥500
1/3~1/2毡宽
相邻两幅卷材短边搭接缝应错开不小于500mm,上下两层卷材应错开1/3或1/2幅卷材宽度。
平行于屋脊铺贴可一幅卷材一铺到底,工作面太、接头少效率高 利用了卷材横向抗拉强度高于纵向抗拉强度的特点,防止卷材因基层变形而产生裂缝,宜优先采用。

图 3-56　卷材铺贴示意图

关注搭接处是否密封严密。

图 3-57　屋面防水卷材热熔法施工

大面卷材铺贴前，管道边，阴角及水落口处先铺贴附加层。与女儿墙交接阴角处做圆弧角，半径150mm，铺贴附加层，附加层上返高度不小于250mm。

铺贴大面积屋面防水卷材前，应先对落水口、天沟、女儿墙和沉降缝等地方进行加强处理，做好泛水处理，再铺贴大屋面的卷材。

图 3-58　大面积卷材铺贴

卷材铺贴保持基层干燥，尽可能避免雨天施工。
先进行细部构造处理，然后由屋面最低标高向上铺贴。

图 3-59　高低跨卷材铺贴

预留筋高度必须控制到位。

图 3-60　屋面预留筋

瓦屋面施工先做样板。
关注挂瓦排布及用湿铺砂浆拌合均匀程度。

图 3-61 挂瓦施工

勾缝要求：按设计要求，用纯水泥掺入适量颜料和专用胶水，混兑成色浆涂刷在水泥砂浆表面，砂浆勾缝随挂瓦随勾缝清理瓦面。
挂瓦顺序自下而上，挂瓦完毕要做2h的淋水实验。

图 3-62 挂瓦完成

必须设置分格缝，分格缝应设置在屋面板的支承端，屋面转折处、防水层与突出屋面的交接处，并应与屋面板缝对齐，分格缝间距不大于6m，宽度2cm,沥青油膏灌缝。

图 3-63 贴砖屋面

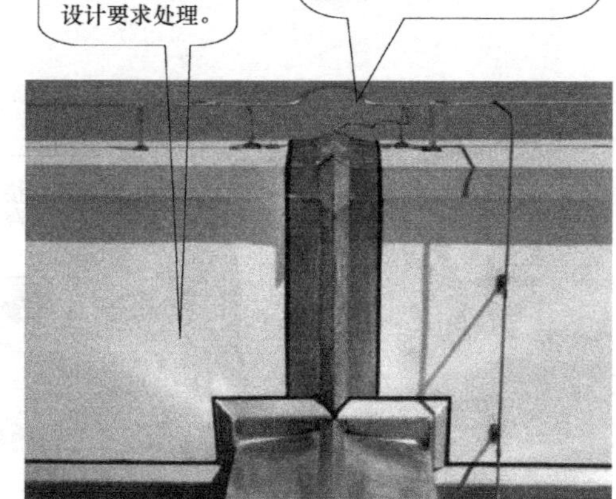
屋面变形缝按设计要求处理。
避雷带、卡子、扁钢应做镀锌处理，避雷带、接地母线在穿过沉降缝、伸缩缝要留出余量，避免其变形时拉断避雷带或接地母线。

图 3-64 屋面变形缝处理

外墙变形缝按设计要求处理。

图 3-65 外墙变形缝处理

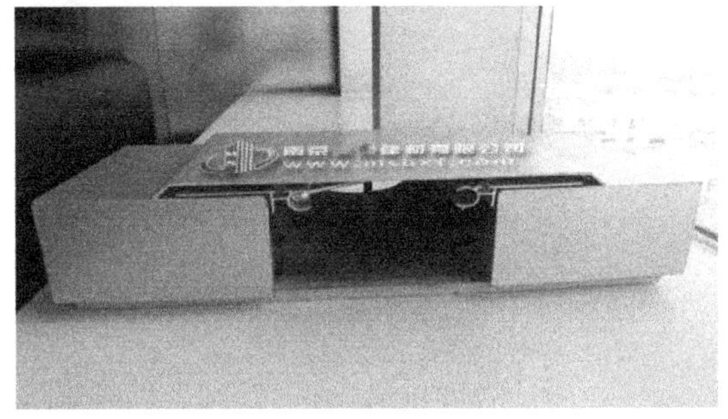

图 3-66　成品变形缝

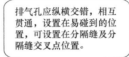

排气孔应纵横交错，相互贯通，设置在易碰到的位置，可设置在分隔缝及分隔缝交叉点位置。
屋面排气管可拆卸，防水翻边上返250mm，并锁口，排气管打胶保护。

图 3-67　屋面排气孔

水簸箕底部屋面处坐浆

图 3-68　屋面水簸箕

天沟过水孔排成一线。
天沟过水口排成一线，排水顺畅。

图 3-69　屋面天沟

五、吊顶工程

吊顶工程在涂第一层油漆完成，消防及暖通管道、电气管线安装完毕开始施工，其内容包括找平放线、吊杆安装、龙骨安装、吊顶造型、花饰工程、照明灯及装饰灯的安装、饰面的涂刷和裱糊、饰面板的粘贴、成品保护等，如图 3-70～图 3-76 所示。

吊顶龙骨安装前管道必须安装到位。
吊顶龙骨短向起拱1/200，长向起拱1/200～1/300。
吊杆间距不大于1.2m，主龙骨间距宜为0.9～1.2m，通常取1.0m，次龙骨间距宜为0.4～0.6m。

图 3-70　吊顶龙骨安装（一）

吊顶工作开始前在四周墙面上按照图纸设计吊顶标高弹出标高控制线，类似于地面装修用的50线。

图 3-71　吊顶龙骨安装（二）

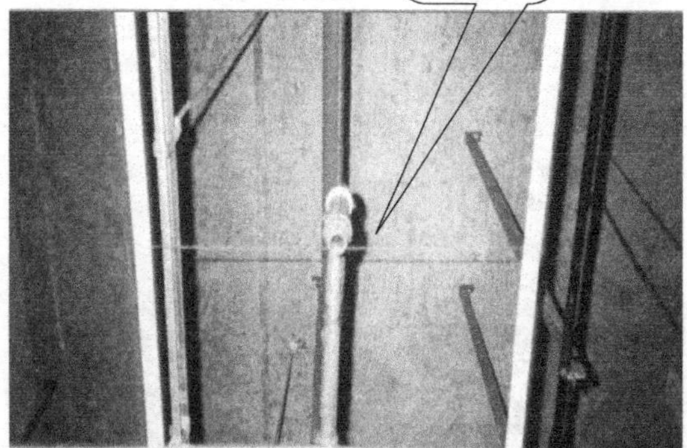
吊顶内管线横平竖直，喷淋居中。

图 3-72　吊顶内管线布置（一）

吊顶内管线排列整齐合理，排水管用角钢做托架。

图 3-73　吊顶内管线布置（二）

吊顶封面板前要做隐检。
检修口按实际需要留置，纵横成线。

图 3-74　吊顶面板安装完成

吊顶检修口采用成品，周边龙骨加固处理。
检修口位置提前进行策划，美观实用。

图 3-75　吊顶检修口

六、安装工程

装修中的安装工程包括电气安装、消防安装、给水排水安装、暖通安装、其他五金安装等，如图 3-77～图 3-82 所示。

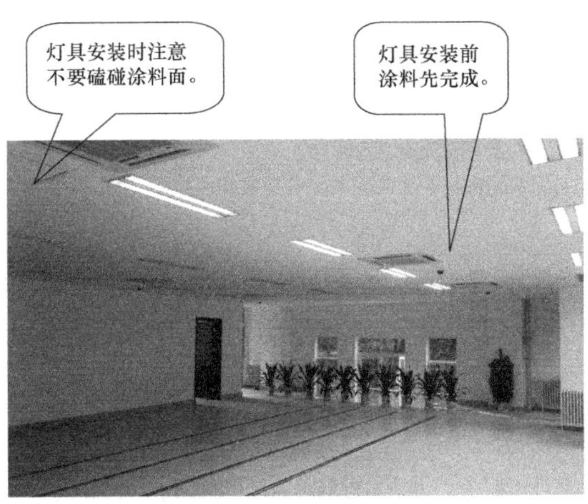
灯具安装时注意
不要磕碰涂料面。
灯具安装前
涂料先完成。

图 3-76　灯具安装完成

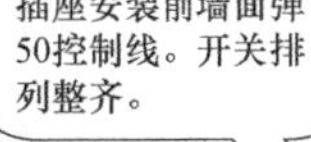
插座安装前墙面弹
50控制线。开关排
列整齐。

图 3-77　电气开关

散热器安装前，
安装位置必须
见白刷涂料。

图 3-78　散热器

玻璃栏板挡水台需与甲方
一起确定。建议取踢脚线
高度和周围柱子踢脚线高
度一致，美观。

图 3-79　天井护栏（一）

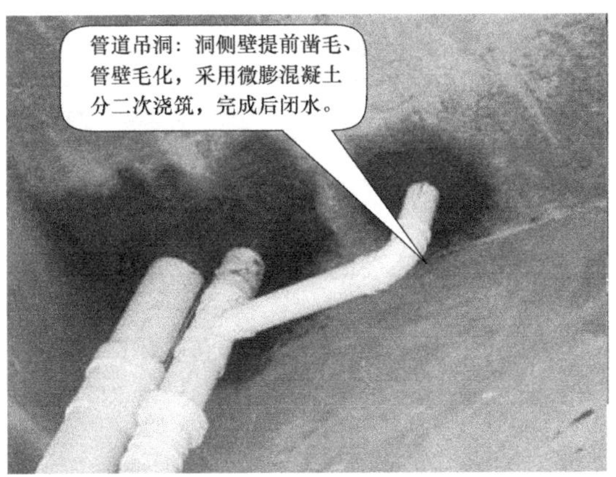
管道吊洞：洞侧壁提前凿毛、
管壁毛化，采用微膨混凝土
分二次浇筑，完成后闭水。

图 3-80　天井护栏（二）

护栏杆与墙柱
交接处打胶。

图 3-81　不锈钢栏杆

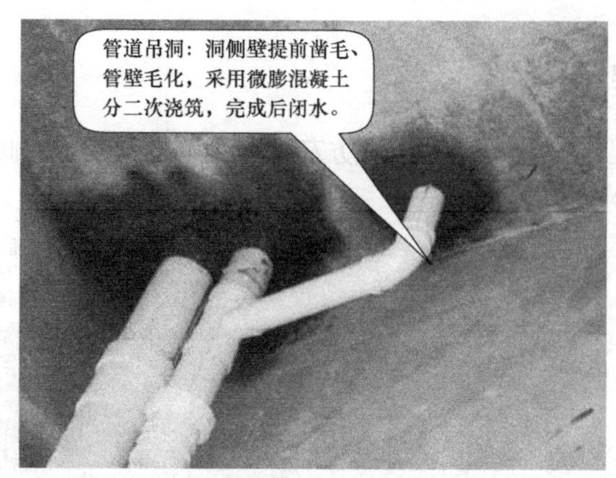
管道吊洞：洞侧壁提前凿毛、
管壁毛化，采用微膨混凝土
分二次浇筑，完成后闭水。

图 3-82　卫生间排水管

七、地面工程

（一）室内混凝土（砂浆）楼地面施工

内墙面抹灰、管道口吊洞完成开始施工，施工内容：基层清理、浇水湿润、打点、冲筋、刷素水泥结合浆、摊铺混凝土（砂浆）、搓平、压实、养护等，如图 3-83 所示。

（二）卫生间防水层施工

室内混凝土（砂浆）楼地面层完成后开始施工，施工内容：面层试水、渗点处理、墙根倒角、细部处理基层干燥、刷处理剂、加设附加层（管道及墙根部）、刷涂膜防水层、闭水试验、防水保护层施工等，如图 3-84、图 3-85 所示。

地面完成后
洒水覆盖养
护，不少于
7d。
施工前在四面墙上弹出50控制线，
基层清理彻底，打点冲筋合理，施
工方向由里向门口方向，混凝土
(砂浆)表面分三次压光，第三次压
光要在混凝土(砂浆)终凝前完成。

图 3-83　室内混凝土地面

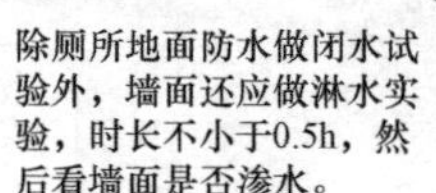
除厕所地面防水做闭水试
验外，墙面还应做淋水实
验，时长不小于0.5h，然
后看墙面是否渗水。

图 3-84　卫生间地面

厨卫间防水加强
管道根部处理，
防止管道边渗漏。

图 3-85　卫生间防水

（三）楼梯间踏步施工

室内混凝土（砂浆）楼地面层完成后开始施工，施工内容：踏面放踏步线、基层处理、刷素水泥结合层、抹底层灰找平、找方，水泥砂浆面层槎平、压光、养护，成品保护等，如图 3-86 所示。

（四）楼梯扶手、护窗栏杆施工

楼梯间踏步完成后开始施工，施工内容：扶手、栏杆制作、安装，成品保护，如图 3-87 所示。

楼梯踏步阳角防滑条平滑顺直安装牢固，无翘曲，距踏步边、墙边距离一致。直线偏差≤2mm，高度偏差≤1.5mm。

图 3-86　楼梯踏步

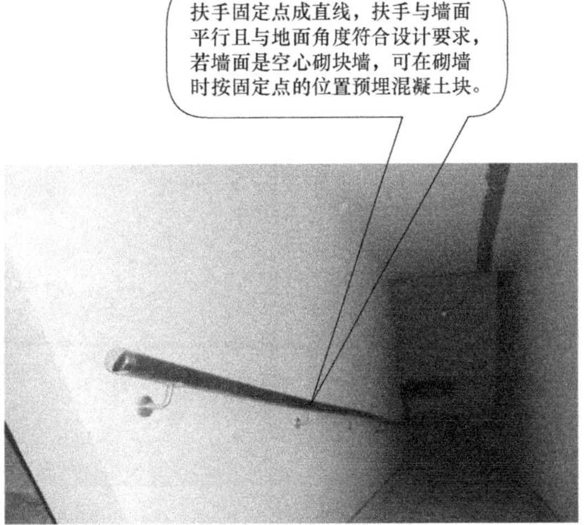
扶手固定点成直线，扶手与墙面平行且与地面角度符合设计要求，若墙面是空心砌块墙，可在砌墙时按固定点的位置预埋混凝土块。

图 3-87　楼梯不锈钢扶手

（五）室内涂饰施工

室内楼地面层完成50%后开始施工，施工内容：基层处理、找角、打底找平、分遍批涂、刷面漆、刷踢脚线、成品保护等，如图3-88所示。

涂料墙面
窗滴水，宽
15～25mm，
深10mm。

图3-88　外窗口涂料

（六）室内给水排水及采暖系统安装

施工内容：给水管道及配件安装、室内消火栓系统安装、给水设备安装、管道防腐、绝热；排水管道及配件安装、雨水管道及配件安装 及系统试验，如图3-89～图3-91所示。

穿板处加
法兰固定。
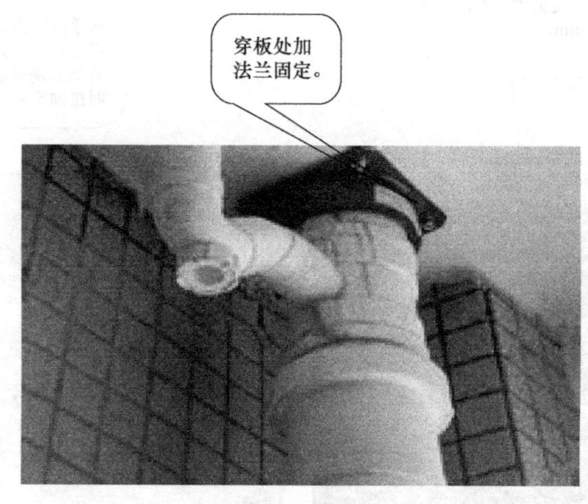

图3-89　下水管（一）

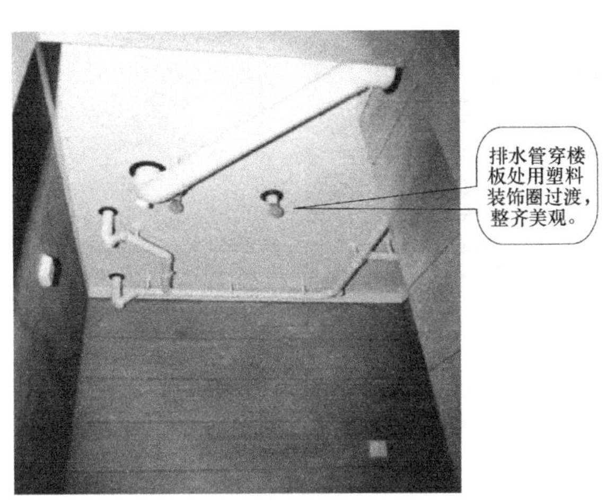
排水管穿楼
板处用塑料
装饰圈过渡，
整齐美观。

图 3-90　穿板管道

管道等设备安装前墙面
必须先见白。管子用不
锈钢管卡固定到墙上，
管卡间距不大于1.2m。

图 3-91　下水管（二）

(七) 卫生洁具安装

卫生洁具安装如图 3-92～图 3-94 所示。

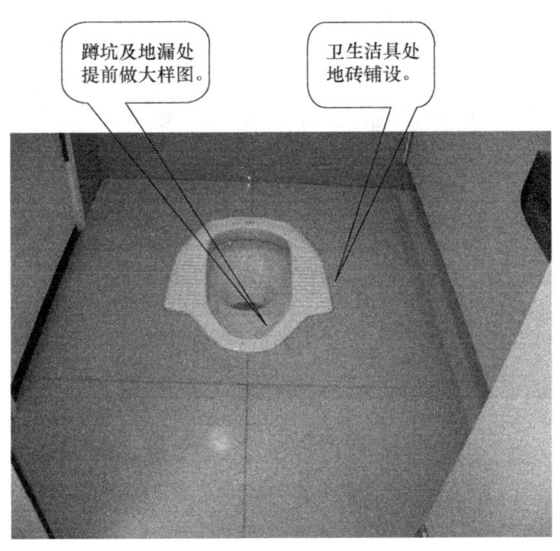
蹲坑及地漏处
提前做大样图。
卫生洁具处
地砖铺设。

图 3-92　蹲便器

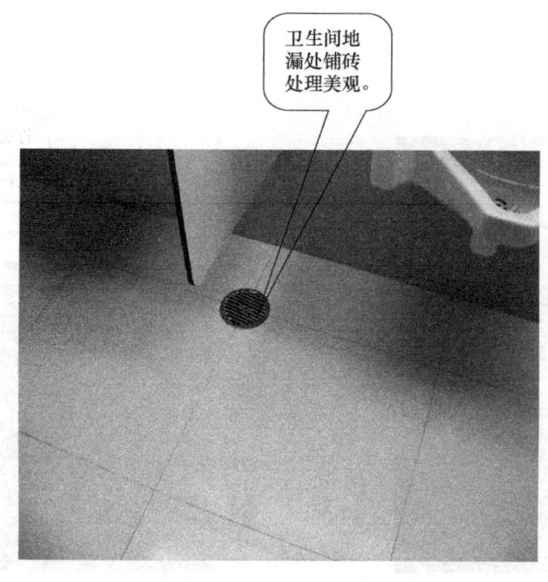
卫生间地
漏处铺砖
处理美观。

图 3-93　卫生间地漏

施工前预排砖，墙
面弹排砖线，调整
小便器下水管位置，
使小便器安装后居
瓷砖中线上，地面
排砖使地砖与墙砖
对缝。

图 3-94　小便器

（八）室外给水排水及供热管网

施工内容：给水管道安装，消防水泵接合器及室外消火栓安装，管沟及井室施工；排水管道安装，排水管道与井池施工；管道及配件安装，系统水压试验及调试、防腐、绝热，如图 3-95、图 3-96 所示。

放线定位，现场划出开挖线，
挖至设计标高，排水坡度可
取3/1000，基底夯实，下管，
两侧同时用细沙(土)对称回填。

图 3-95　室外排水管

机械吊装，且有专人指挥，人
工稳管，防止管口破损。逆水
流方向安装，承口对向上游，
插口对向下游，接口严密，保证
不漏水。

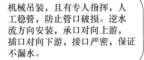

图 3-96　室外排水管安装

（九）电气照明安装

施工内容：成套配电柜、控制柜（屏、台）和动力、照明配电箱（盘）安装，电线、电缆导管和线槽敷设，电线、电缆导管和线槽敷线，槽板配线，电缆头制作、导线连接和线路电气试验，普通灯具安装，专用灯具安装插座、开关、风扇安装，建筑照明通电运行，如图 3-97 所示。

机房设备布置
符合运行工艺
要求，力求紧
凑，保证安全，
便于维护检修。
机组宜横向布置，当受
场地限制时也可横向布
置；机房与控制室、配
电室紧邻时，发电机出
线端与电缆沟宜布置在
靠控制室、配电室一侧。

图 3-97　电气机房

（十）系统测试

系统测试包括线路绝缘电阻测试、漏电保护器模拟漏电测试、照明试运行记录，如图 3-98 所示。

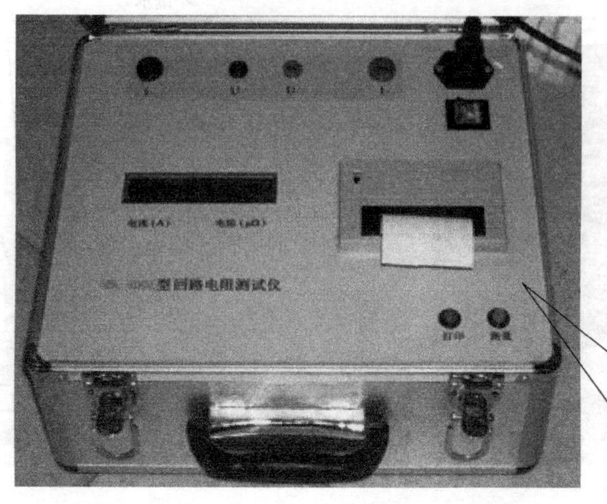
该仪器必须有经过培训的专人专用；工作电压220V，使用时必须接地；测试完成后一定要等电源全部放完后再拆除测试线等装置。

图 3-98　电阻测试仪

（十一）防雷及接地安装

施工内容：接地装置安装、避雷引下线和变配电室接地下线敷设、建筑等电位联结、接闪器安装，如图 3-99～图 3-102 所示。

等电位联结端子箱
不可触动

图 3-99　等电位端子箱

系统测试包括：接地电阻测试、等电位导通性测试。
避雷带
引下线

图 3-100　屋顶避雷（一）

电荷有阳角集中特性，楼体阳角更易受雷击，因此避雷应随楼体阳角突出。

图 3-101　屋顶避雷（二）

该圆形固定支架的间距为1m，若扁形导体和绞线则固定支架间距为0.5m。

图 3-102　屋顶避雷（三）

（十二）智能化系统

施工内容：通信系统、有线电视系统、公共广播系统火灾自动报警及消防联动系统，如图 3-103、图 3-104 所示。

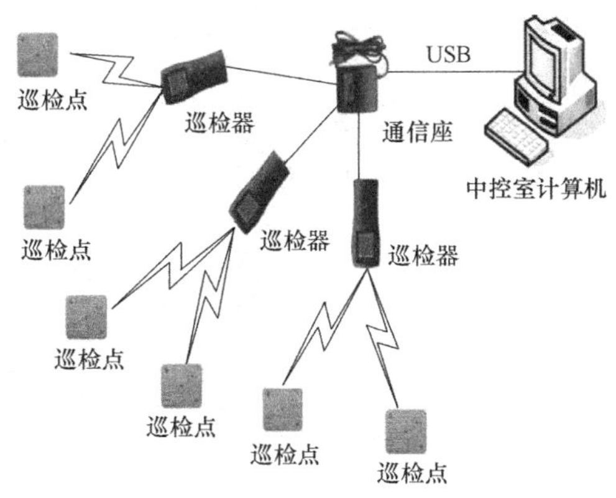
巡检点
巡检器
USB
通信座
中控室计算机
巡检点
巡检器
巡检器
巡检点
巡检点
巡检点
巡检点

图 3-103　智能化系统

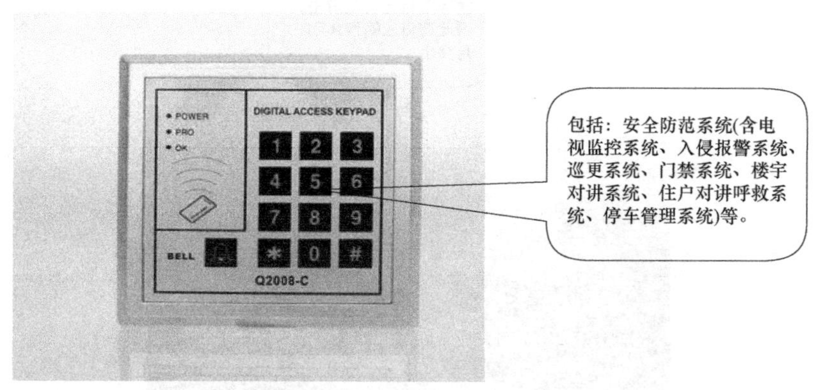
POWER
PRO
OK
DIGITAL ACCESS KEYPAD
BELL
Q2008-C
包括：安全防范系统(含电视监控系统、入侵报警系统、巡更系统、门禁系统、楼宇对讲系统、住户对讲呼救系统、停车管理系统)等。

图 3-104　智能门禁系统

（十三）送排水防排烟系统

施工内容：风管与配件制作，部件制作，风管系统安装，空气处理设备安装，消声设备制作与安装，风管与设备防腐，风机安装，系统调试等风管与配件制作，部件制作，风管系统安装，防排烟风口、常闭正压风口与设备安装，风管与设备防腐，风机安装，系统调试等，如图 3-105～图 3-123 所示。

风管法兰螺栓孔间距，中低压送风不大于150mm，高压送风不大于100mm。
风管弯头处、三通处、阀门处必须单独加吊架，悬吊风管管道长度超过20m，应加防晃支架且不得少于1个；通风管道吊架距不保温风管边缘为30mm，距保温管道保温层边缘距离为30mm。
软管连接美观、可靠，基座底处有减振垫。

图 3-105　通风管道　　图 3-106　设备机房（一）

设备基础高出地面150～200mm，采用钢筋混凝土，且受力钢筋保护层不小于5cm，基础预留设备固定螺栓孔，设备安装后二次灌浆。

图 3-107　设备机房（二）

垫脚密封性好，有足够的韧性，不因压力和紧固力造成破坏。

图 3-108　设备机房（三）

泵房地面排水沟应环绕机泵，排水沟宽不小于200mm，深不小于100mm，坡度不小于1%。

图 3-109　设备机房（四）

管道标识

标识要整齐划一

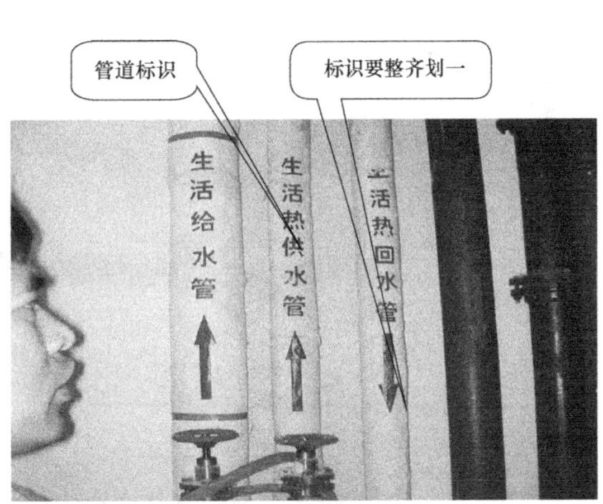
生活给水管
生活热供水管

图 3-110　设备机房（五）

消防泵房设备管道安装规范。

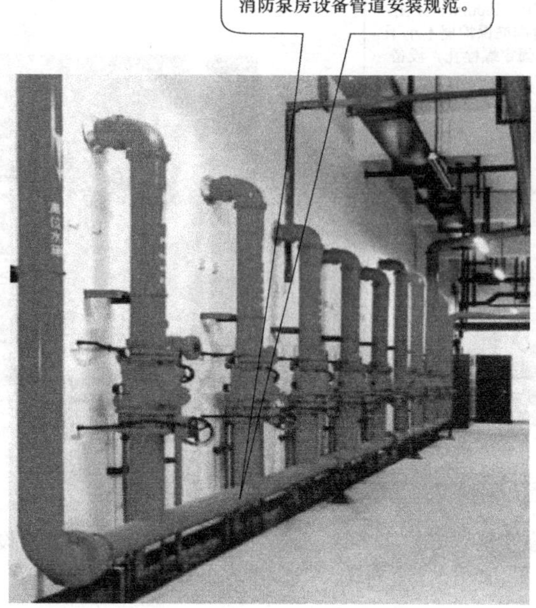

图 3-111　设备机房（六）

风管和配件可拆卸的接口，不得装设在墙和走道楼板内；支、吊、托架的预埋件或膨胀螺栓，位置准确、牢固且做防腐处理；保温管应符合设计要求。

支、吊、托架不得设置在风口、阀门、检视门外，吊架不得直接吊在法兰上，并设防摆固定点。防火阀、电动风阀等部件安装处单独设吊支架；人防出墙风管按人防要求做坡度；风管调节阀安装在便于操作的部位；风口安装平整、准确，与风管连接应牢固；柔性短管安装松紧适当，不得扭曲。

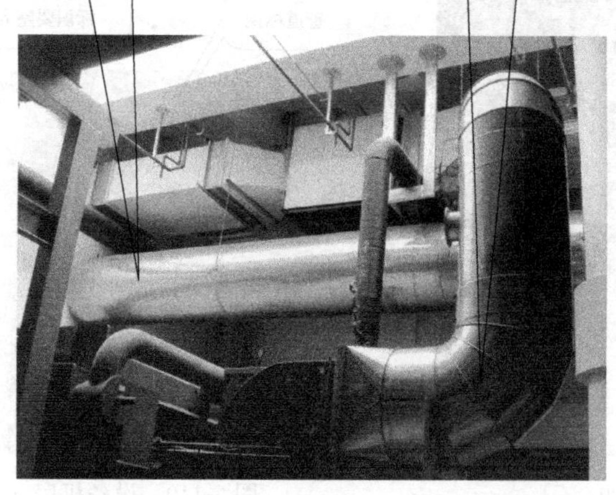

图 3-112　通风机房

电缆桥架跨
接线的安装。

图 3-113　桥架跨接线

电缆桥架应有足够的刚度、强度，
对电缆提供可靠的支撑；不同功
能电缆桥架应标识清晰。

图 3-114　电缆桥架（一）

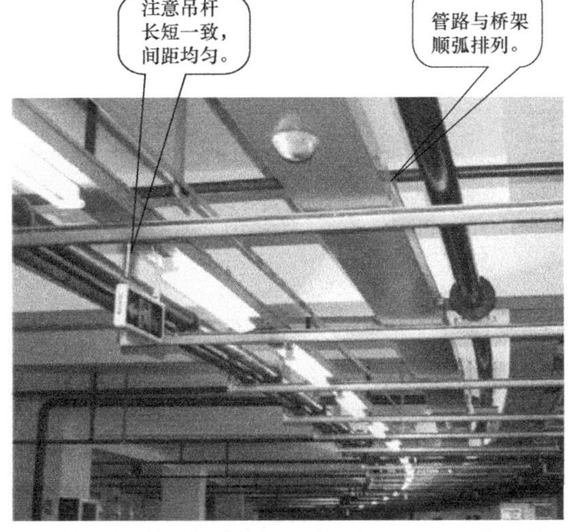
注意吊杆
长短一致，
间距均匀。
管路与桥架
顺弧排列。

图 3-115　电缆桥架（二）

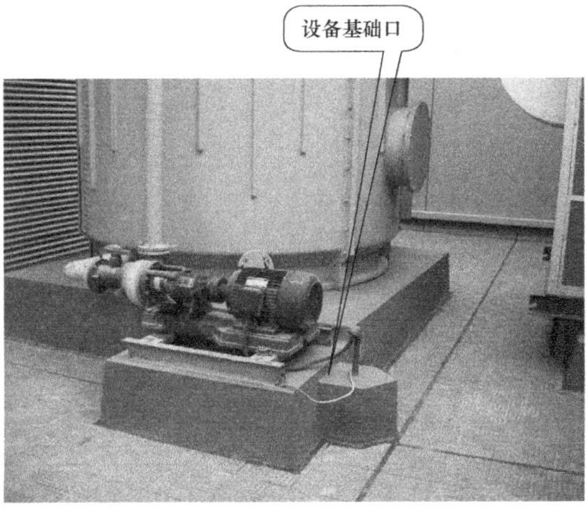

设备基础口

图 3-116　设备基础

水箅子周围留设20mm宽缝隙，
用防水油膏填嵌密实；水箅子
周围直径500mm范围内坡度不
小于5%。

图 3-117　屋面水箅子

排砖可以以设备基础
为中心四边排布。

图 3-118　屋面设备接地

钢质跨管
道栈桥。

图 3-119　屋面栈桥

接线按图施工，标识完整、清晰、牢固。
标号粘贴位置应明确、醒目；任意两个
金属部件通过螺钉连接时如有绝缘层均
应采用相应规格的接地垫圈。

图 3-120　电气接线（一）

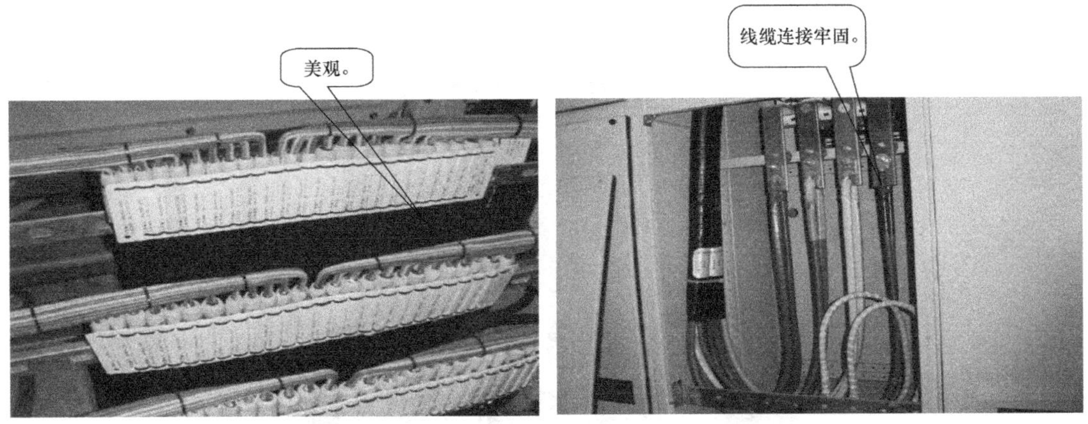
美观。
线缆连接牢固。

图 3-121　电气接线（二）

图 3-122　电气接线（三）

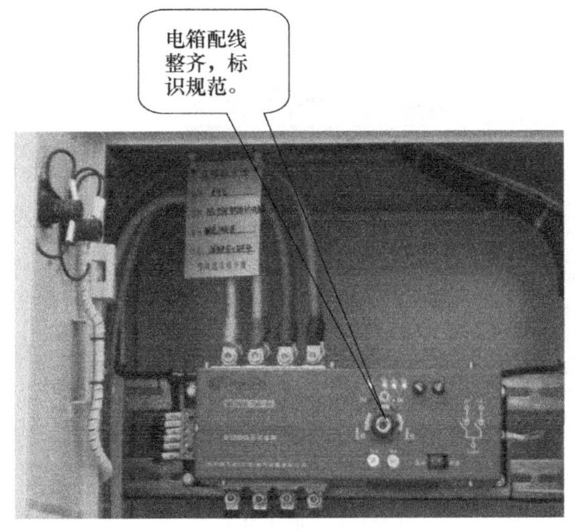
电箱配线整齐，标识规范。

图 3-123　电箱配线

（十四）室内电梯安装调试

内墙抹灰完成开始施工，施工内容：设备进场验收，土建交接检验，驱动主机、导轨、门系统、轿厢、对重（平衡重）、安全部件、悬挂装置、随行电缆、补偿装置、电气装置整机安装验收，如图 3-124 所示。

（十五）地下车库地坪漆施工

地下室所有工程完成开始施工，施工内容：基层处理、找角、打底找平、刷面漆、标示标线等，如图 3-125、图 3-126 所示。

导轨垂直度符合设计要求，机房通风、照明良好，有良好的防渗、防漏水保护措施，曳引机在主导轨安装就位后才可以安装。

图 3-124　电梯设备安装

基层处理一定要到位，检查平整度、是否有空鼓等。

图 3-125　地下车库地坪

瓷砖铺贴专用十字卡，控制缝隙大小。

图 3-126　地下室贴砖地面

八、公共部分精装

（一）施工内容

室内楼地面完成后开始施工，施工内容包括工作面移交、电气线路改造，吊顶、墙面砖、地砖、电梯门套、灯具安装等，如图 3-127～图 3-129 所示。

大厅装修风格要明确；空间需宽敞，不能给人带来压抑感；功能分区要合理；器具适用化，如花瓶的摆放；导向性好，如楼梯、大门容易看到。

图 3-127　大厅装修

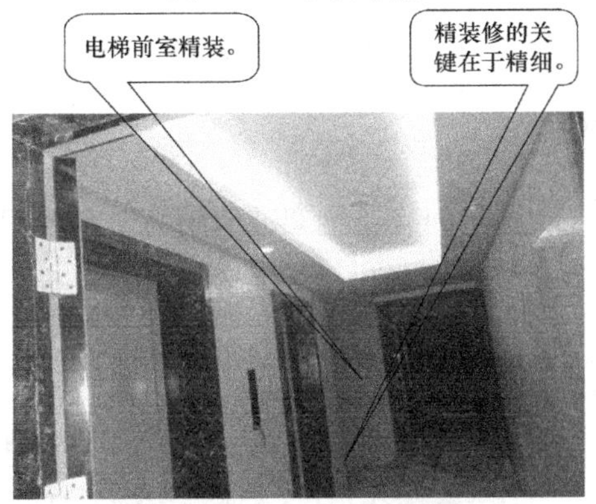
电梯前室精装。
精装修的关键在于精细。

图 3-128　电梯前厅装修

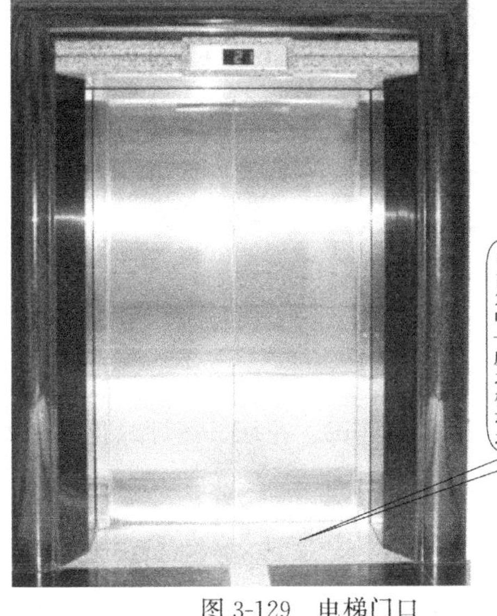
电梯层门底坎高于装饰地面2～5mm。电梯按钮盒一般安装高度是1.1～1.4m之间，无障碍梯的外呼是要求在0.9～1.1m之间。

图 3-129　电梯门口

（二）入户门及防火门安装

精装地砖完成后开始施工，施工内容：施工准备、测量、安装固定、打胶成品保护等，如图 3-130 所示。

每层安装的标高必须一致，门加工前通常邀请加工单位到现场实际丈量门洞口尺寸。

图 3-130　入户门

（三）入户门头外装

外架拆除完成开始施工，施工内容：钢架玻璃雨篷、全玻门、内装交接处收口等，如图 3-131 所示。

玻璃雨篷。玻璃雨篷与石材交界处耐候胶要均匀，密封，防止雨水渗透。玻璃雨棚带2% 的坡度外向。

图 3-131　入户大门

（四）室外建筑环境

车棚、围墙、大门、道路、亭台、连廊、花坛、场坪绿化等，如图 3-132 所示。

九、竣工验收

单位工程完工后，在施工单位自评基础上，建设单位组织勘察、设计、施工、监理共同对建筑工程的质量、观感质量、质量控制资料采取抽检复验和查阅资料的方式，以书面形式对工程质量是否合格作出确认，如图 3-133～图 3-135 所示。

图 3-132　庭院绿化

验收程序：(1)建设单位组织工程竣工验收并主持验收会议；
(2)勘察设计施工监理单位分别汇报工程合同履约情况和各标准及强规执行情况；
(3)验收组审阅五方工程档案资料；
(4)验收组和专业组实地查看工程质量；
(5)验收组、专业组分别发表意见，对工程质量各个环节作出全面评价；
(6)验收组形成竣工验收意，填写《建设工程竣工验收报告》并签名盖章。

图 3-133　竣工工程

参与验收的各方不能达成一致意见时应协商提出解决办法，待意见统一后，重新组织工程竣工验收。

图 3-134　竣工验收前会议

验收内容：检查工程实体质量；检查各参与方准备的竣工验收资料；对建筑工程使用功能区进行抽查，如通水、通电等。
北新建材

图 3-135　验收总结会

装修施工流程，见图 3-136。

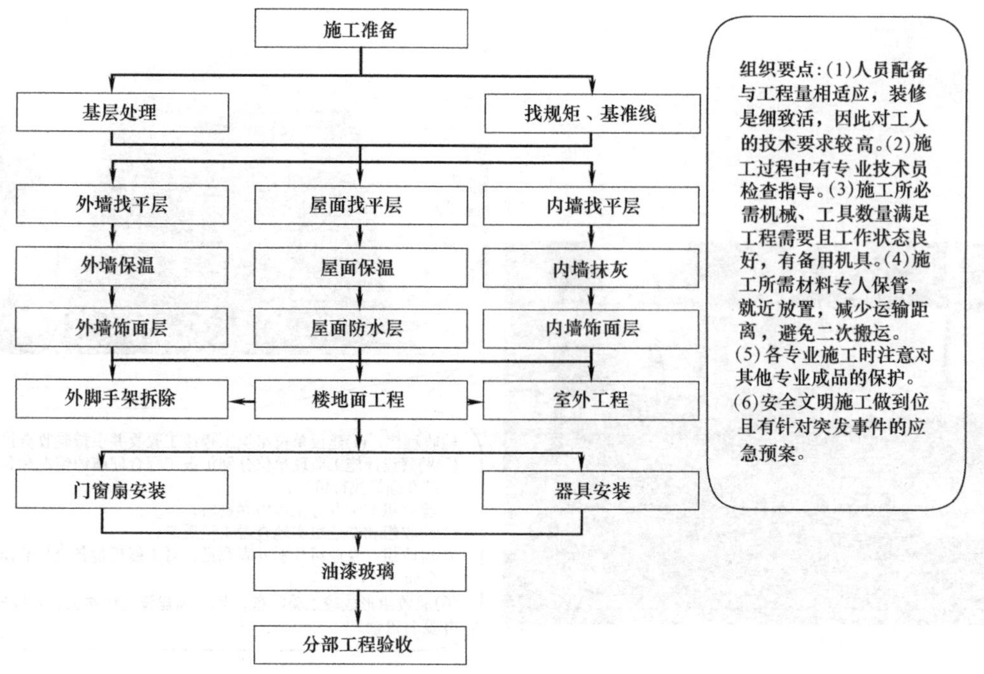
施工准备
基层处理
找规矩、基准线
外墙找平层
屋面找平层
内墙找平层
外墙保温
屋面保温
内墙抹灰
外墙饰面层
屋面防水层
内墙饰面层
外脚手架拆除
楼地面工程
室外工程
门窗扇安装
器具安装
油漆玻璃
分部工程验收
组织要点：(1)人员配备与工程量相适应，装修是细致活，因此对工人的技术要求较高。(2)施工过程中有专业技术员检查指导。(3)施工所必需机械、工具数量满足工程需要且工作状态良好，有备用机具。(4)施工所需材料专人保管，就近放置，减少运输距离，避免二次搬运。(5)各专业施工时注意对其他专业成品的保护。(6)安全文明施工做到位且有针对突发事件的应急预案。

图 3-136　装修施工流程图

给水施工流程，见图 3-137。

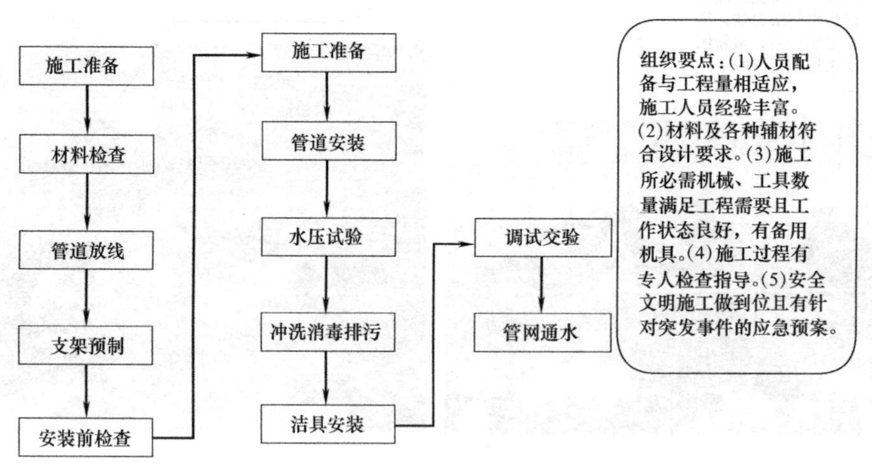
施工准备
材料检查
管道放线
支架预制
安装前检查
施工准备
管道安装
水压试验
冲洗消毒排污
洁具安装
调试交验
管网通水
组织要点：(1)人员配备与工程量相适应，施工人员经验丰富。(2)材料及各种辅材符合设计要求。(3)施工所必需机械、工具数量满足工程需要且工作状态良好，有备用机具。(4)施工过程有专人检查指导。(5)安全文明施工做到位且有针对突发事件的应急预案。

图 3-137　给水施工流程图

排水施工流程，见图 3-138。

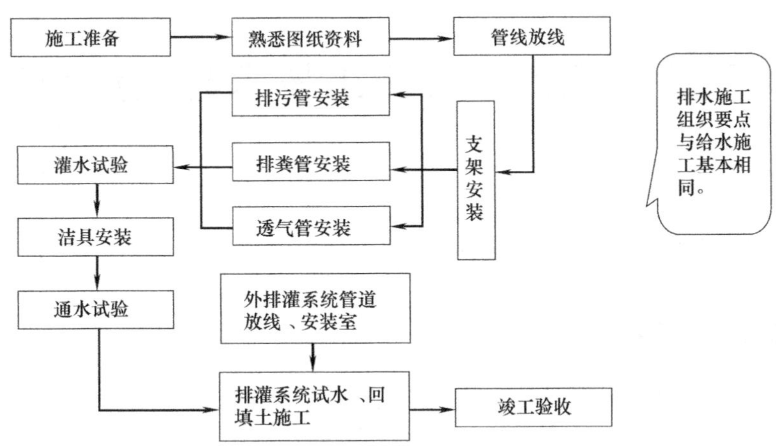
施工准备
熟悉图纸资料
管线放线
排污管安装
排粪管安装
透气管安装
支架安装
灌水试验
洁具安装
通水试验
外排灌系统管道放线 、安装室
排灌系统试水 、回填土施工
竣工验收
排水施工组织要点与给水施工基本相同。

图 3-138　排水施工流程图

电气施工流程，见图 3-139。

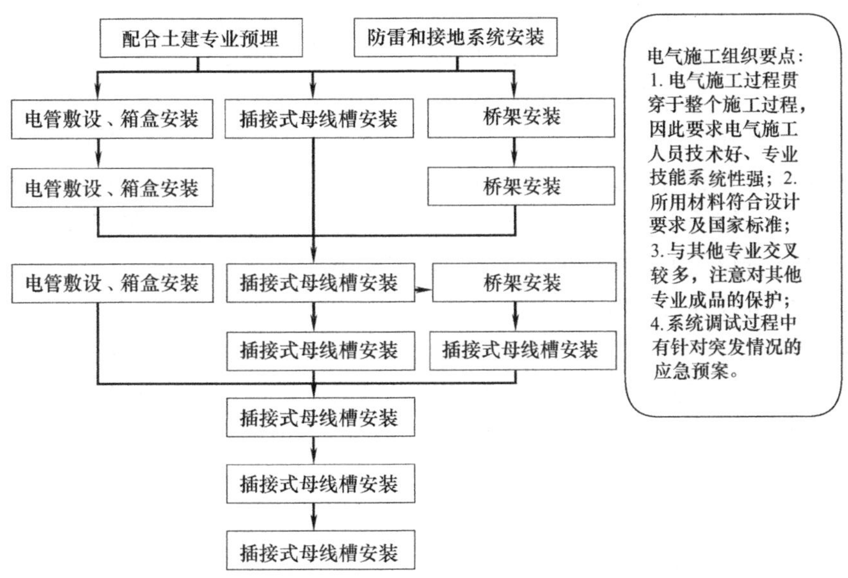
配合土建专业预埋
防雷和接地系统安装
电管敷设、箱盒安装
插接式母线槽安装
桥架安装
电管敷设、箱盒安装
桥架安装
电管敷设、箱盒安装
插接式母线槽安装
桥架安装
插接式母线槽安装
插接式母线槽安装
插接式母线槽安装
插接式母线槽安装
插接式母线槽安装
电气施工组织要点：
1. 电气施工过程贯穿于整个施工过程，因此要求电气施工人员技术好、专业技能系统性强；2. 所用材料符合设计要求及国家标准；
3. 与其他专业交叉较多，注意对其他专业成品的保护；
4. 系统调试过程中有针对突发情况的应急预案。

图 3-139　电气施工流程图

第四章　钢筋工程施工技术与质量管理

一、钢筋工程施工质量预控

（一）施工方案的质量控制

钢筋工程在整个建筑工程开展过程中都发挥着十分重要的地位，且基本贯穿工程进行的始终。然而，由于缺乏对钢筋工程技术上的革新和调整，其整体工作方法还停留在机械化程度低且水平较为落后的层面。所以，可以通过加强对施工方案的革新来提高整体的质量管理水平。开展施工前，有关方案必须经由逐层的审批认证，并对其中可能存在的问题进行修改和解决，直到方案完全符合施工现场的实地需要。此时，施工单位应将技术交底分为两个部分：即一般性施工步骤的交底和特殊工序步骤的交底。对于操作难度相对较小的钢筋敷设工程，可交给工作经验相对较少的新手来进行，对于工序复杂且关乎整体质量安全和下一步工序开展的特殊环节，则应由经验丰富的工人配合相关质量监督检查人员来开展，以避免安全事故的发生。对施工方法的监控还表现在监督监管体系的建立和完善上。施工单位应对钢筋工程的整体工序进行即时性的监督抽查，并做好检查记录。一方面，监督工作能避免因工人操作失误而造成的安全事故或安全隐患；另一方面，通过观察施工过程，还能从各方面找出工人在施工环节中的创新和技术改变，或随着施工环节变化而改变的新型施工方式。监督环节的存在使得施工计划的更改变得有据可依，同时也使得钢筋工程的整体施工质量不断得到提升和改变，这也使得施工进程中的每个部分都提高了优化处理，帮助施工单位提高了整体运行效率。

（二）施工细节的管理

钢筋工程的顺利开展需要多方面的配合。举例来说，在进行钢筋的安装捆扎工作时，必须按照梁、柱、楼梯等几个大方向，再根据不同方向的不同要求，按照固定的捆扎顺序完成先框架、后梁板楼梯的安装工作。而工序之间的配合，就需要工作人员准确了解相关规定，并由经验相对丰富的老工人带领新工人来完成。施工进行中，施工单位也要注意焊接、对焊等环节的处理。对于这些技术含量较高，对工作人员经验水平、操作能力要求较高的部分，必须在上岗前加强针对性的培训，并将相关工作人员按工作经验进行搭配分组。这种做法不仅能加快钢筋工程的整体施工速度，也能加强不同施工小组之间的配合与管理，使得施工细节能得到质量上的保证。对于细节的管理也能使得原有建筑质量得到进一步的提升和加强。即通过细化质量管理环节的每个方面，来实现整体的提升。此外，还要注意对钢筋工程验收环节的质量管理。此时，不仅要综合考虑建筑工程的整体施工进展和质量问题，也要检查焊接等环节的具体质量，从而确保验收产品的质量达到相关标准，并能满足接下来的施工需要。

（三）钢筋预检

（1）对一般结构构件，箍筋弯钩的弯折角度不应小于 90°，弯折后平直段长度不应小于箍筋直径的 5 倍；对有抗震设防要求或设计有专门要求的结构构件，箍筋弯钩的弯折角度不应小于 135°弯折后平直段长度不应小于箍筋直径的 10 倍和 75mm 两者之中的较大值，如图 4-1、图 4-2 所示。

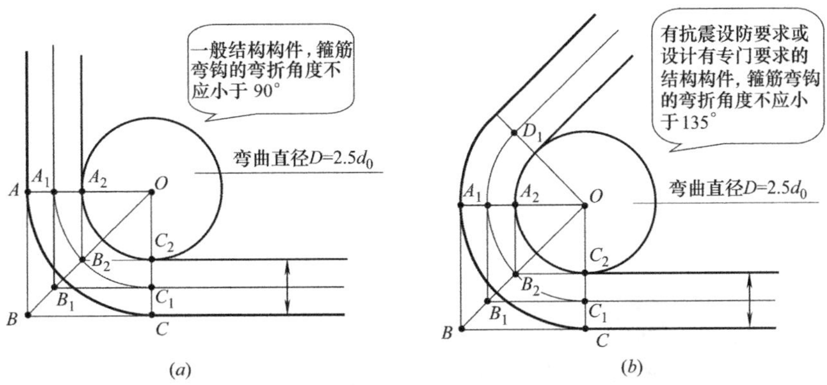
一般结构构件，箍筋弯钩的弯折角度不应小于 90°
弯曲直径$D=2.5d_0$
A
A_1
A_2
O
C_2
B_2
B_1
C_1
B
C
(a)
有抗震设防要求或设计有专门要求的结构构件，箍筋弯钩的弯折角度不应小于135°
D_1
弯曲直径$D=2.5d_0$
A_1
A_2
O
C_2
B_2
B_1
C_1
B
C
(b)

图 4-1　箍筋弯钩角度示意图

（a）90°弯曲；（b）135°弯曲

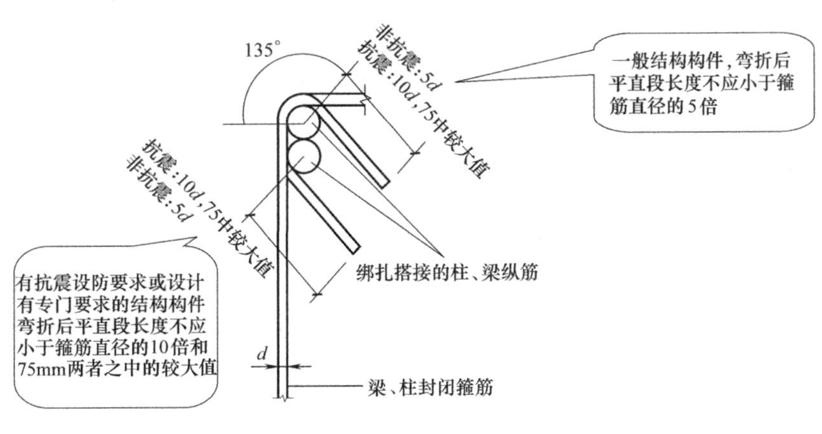
135°
非抗震:5d
抗震:10d,75中较大值
一般结构构件，弯折后平直段长度不应小于箍筋直径的5倍
抗震:10d,75中较大值
非抗震:5d
有抗震设防要求或设计有专门要求的结构构件弯折后平直段长度不应小于箍筋直径的10倍和75mm两者之中的较大值
绑扎搭接的柱、梁纵筋
d
梁、柱封闭箍筋

图 4-2　箍筋弯折后平直段示意图

（2）保护层垫块的分类制作与码放

现在，市面上我们使用最为广泛的两类分别是以混凝土和塑料为原料生产的，如图 4-3、图 4-4 所示。

下面就为大家对比一下这两种垫块的优、缺点。

1）使用效果不同，混凝土在施工的时候，如果使用振荡器，就会很容易出现碎裂、移位等现象，这样就会导致施工出现问题，我们再进行修改就会很麻烦，也会增加成本。而且混凝土必须要事先定制，垫块不能很好地和混凝土体结合在一起，容易出现缝隙，而塑料的就不会存在这种状况。

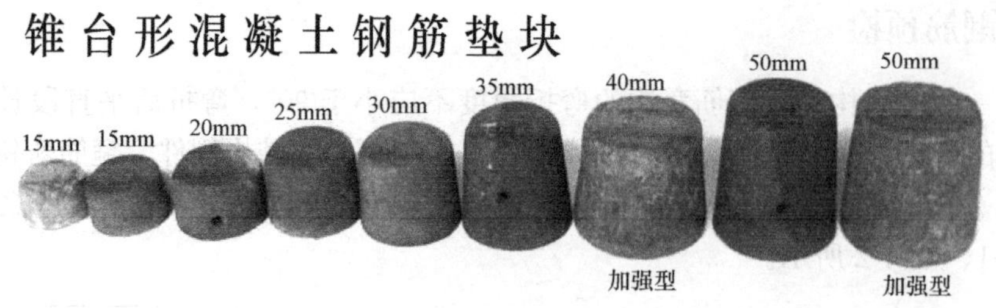
锥台形混凝土钢筋垫块
15mm
15mm
20mm
25mm
30mm
35mm
40mm
50mm
50mm
加强型
加强型
混凝土垫块

图 4-3　混凝土垫块

图 4-4　塑料垫块

2）使用方便程度。从方便角度来说这两种可以说是各有优、缺点。从加工方面来说，混凝土的加工最为方便，就算是在工地上我们自己都能进行加工，但是需要的场地较大，并且制作周期很长；在运输和储存时，塑料的又最方便，因为塑料的远远比混凝土的轻。

在使用的时候，混凝土的也比塑料的费事、费时，并且还会受到天气的影响。所以我们现在使用最多的钢筋保护层垫块就是使用塑料生产出来的，这种垫块优点最多，使用最方便。

（3）钢筋马凳的分类制作与码放

1）钢筋马凳的定义

马凳筋作为板和基础钢筋网的措施钢筋是必不可少的，从技术和经济角度来说有时也是举足轻重的，一些缺乏实际经验和感性认识的人往往对其忽略和漏算。马凳不是个简单概念，但时至今日没有具体的理论依据和数据，没有通用的计算标准和规范，往往是凭经验和直觉。不过道理弄明白了，也了解实际施工，计算马凳筋就不是一件难事，如图4-5、图 4-6 所示。

当基础厚度较大时（大于 800mm）不宜用马凳，而是用支架（图 4-8）更稳定和牢

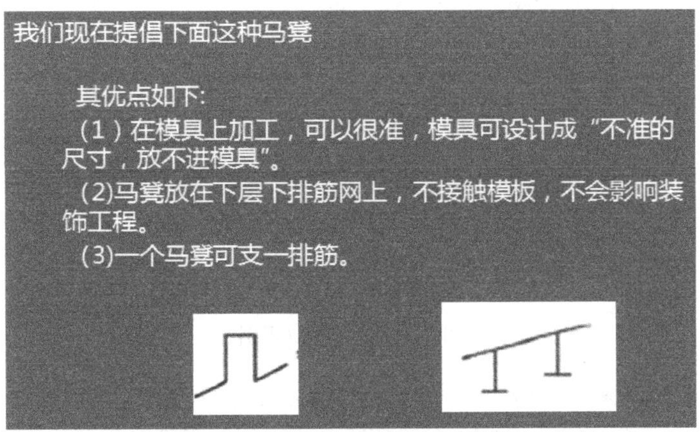
我们现在提倡下面这种马凳
其优点如下:
（1）在模具上加工，可以很准，模具可设计成“不准的尺寸，放不进模具”。
(2)马凳放在下层下排筋网上，不接触模板，不会影响装饰工程。
(3)一个马凳可支一排筋。

图 4-5　马凳筋简图

▲ 模具上加工的凳子均一样高。

▲ 加工的准，叠几层马凳，雨面仍平。

▲ 1.这种马凳加工不准。
2.这种凳放不平。
3.放模板上返锈。
4.一凳只支一个。

▲ 这样的马凳1.要改为放在下层网上。
2.不接触模板，不影响装修。
3.要用模具加工。
4.要有马凳一览表。

图 4-6　马凳筋类型图

固。板厚很小时可不配置马凳，如小于 100mm 的板，马凳的高度小于 50mm，无法加工，可以用短钢筋头或其他材料代替。一般图纸上不标注马凳钢筋，只有个别设计者设计马凳，大都由项目工程师在施工组织设计中详细标明其规格、长度和间距。通常，马凳的规格比板受力筋小一个级别，如板筋直径 ϕ12 可用直径为 ϕ10 的钢筋做马凳，当然也可与板筋相同。纵向和横向的间距一般为 1m。不过具体问题还得具体对待，如果是双层双向的板筋为 ϕ8，钢筋刚度较低，需要缩小马凳之间的距离，如间距为 800mm，如果是双层双向的板筋为 ϕ6 马凳间距则为 500mm。有的板钢筋规格较大，如采用直径 ϕ14 的钢筋，那么马凳间距可适当放大。总之，马凳设置的原则是固定牢上层钢筋网，能承受各种施工活动荷载，确保上层钢筋的保护层在规范规定的范围内，如图 4-7～图 4-9 所示。

马凳筋
马凳筋

图 4-7　马凳筋位置图

当基础厚度较大时(大于800mm)，不宜用马凳，而用支架。

图 4-8　钢筋支架示意图

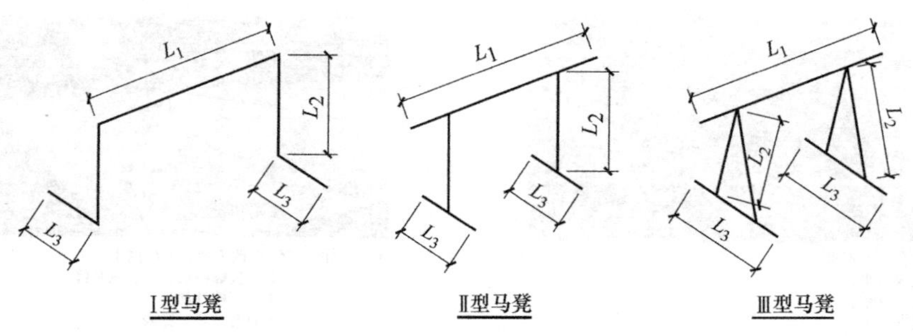
L1
L2
L3
L3
Ⅰ型马凳
L1
L2
L3
L3
Ⅱ型马凳
L1
L2
L2
L3
L3
Ⅲ型马凳

图 4-9　马凳筋简图

2）马凳筋根数的计算

可按面积计算根数，马凳筋个数＝板面积/(马凳筋横向间距×纵向间距)，如果板筋设计成底筋加支座负筋的形式且没有温度筋时，那么马凳个数必须扣除中空部分。楼梯马凳另行计算。

3）马凳筋长度的计算

马凳高度＝板厚－2×保护层－Σ（上部板筋与板最下排钢筋直径之和）

上平直段为板筋间距＋50mm（也可以是 80mm，马凳上放一根上部钢筋），下左平直段为板筋间距＋50mm，下右平直段为 100mm，这样马凳的上部能放置两根钢筋，下部三点平稳地支承在板的下部钢筋上。马凳筋不能接触模板，以防止马凳筋返锈，如图 4-10 所示。

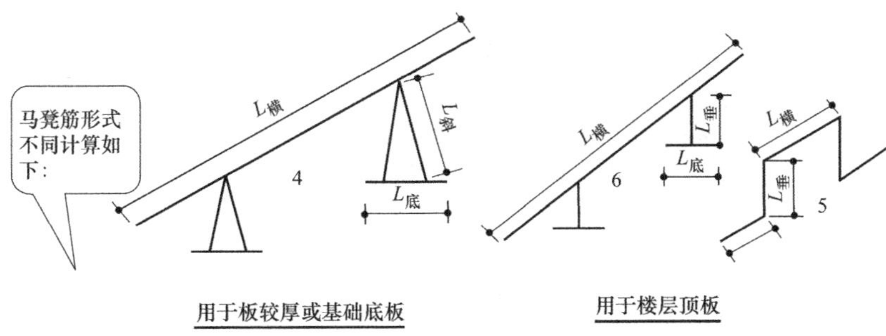
马凳筋形式
不同计算如
下:
$L_横$
$L_斜$
$L_底$
4
$L_横$
$L_垂$
$L_底$
6
$L_横$
$L_垂$
5
用于板较厚或基础底板
用于楼层顶板

4号马凳总长为 $L_{横}+4\times L_{斜}+2\times L_{底}$
5号马凳总长为 $L_{横}+2\times L_{垂}+2\times L_{底}$
6号马凳总长为 $L_{横}+2\times L_{垂}+2\times L_{底}$

图 4-10　马凳筋长度计算

注：以上 2)、3) 两部分都提到马凳筋的计算，在实际的工程实践作业中，马凳筋的计算往往不被重视，结果造成的惨剧是无法弥补的，我们以 2014 年 12 月 29 日 8 时 16 分左右在清华大学附属中学体育馆建筑工地发生的事故为例，在进行地下室底板钢筋施工作业时，上铁钢筋突然坍塌，将进行绑扎作业的人员挤压在上下钢筋之间，塌落面积大约在 $2000m^2$，造成 10 人死亡、4 人受伤。专家们分析认为，基础底板上钢筋绑扎时，钢筋原材料集中堆放，造成马凳及支撑钢管滑脱倾覆，上排钢筋网坍塌最终造成无法弥补的后果，通过类似的案例来说明小小的马凳筋在工程中不能被忽略，要经过严格计算，以保证工程的安全性，如图 4-11 所示。

清华附中工地底板钢筋倒塌示意图
上排钢筋网坍塌
基础底板上钢筋绑扎时，钢筋原材料集中堆放
马凳及支撑钢管滑脱倾覆

图 4-11　马凳筋失稳造成事故的原因分析图示

4）筏形基础中措施钢筋

大型筏形基础中措施钢筋不一定采用马凳钢筋而往往采用钢支架形式（图 4-12），支架必须经过计算才能确定它的规格和间距，才能确保支架的稳定性和承载力。在确定支架的荷载时除计算上部钢筋荷载外，还应考虑施工荷载。支架立柱间距一般为 1500mm，在

大型筏形基础中措施钢筋
不一定采用马凳钢筋而往
往采用钢支架。

图 4-12　筏形基础中的措施钢筋

立柱上只需设置一个方向的通长角铁，这个方向应该是与上部钢筋最下一皮钢筋垂直，间距一般为 2000mm，除此之外还要用斜撑焊接。支架的设计应该要有计算式，经过审批才能施工，不能只凭经验，支架规格、间距过小造成浪费，支架规格、间距过大可能造成基础钢筋整体塌陷的严重后果，所以支架设计不能掉以轻心。

我们对马凳制作提出的要求：

① 列出马凳一览表。

有几种楼板厚度，同样楼板厚度钢筋不同，马凳也不同；同样楼板厚度，钢筋相同，排筋方向不同，马凳也不同。

② 马凳一律用直径大于 14mm 的下脚料制作（约 1m），不要用新料切断加工。端头悬挑不宜大于 20cm。

③ 加工好的马凳分类码放，标识清楚，要自检，是否同样高度，放靠尺均能贴上。

④ 注意加工马凳的横梁筋要直，先自检，后加工（若不直，先调直）。

⑤ 马凳标识牌要有：序号、计算式、附图、使用部位、支撑几层筋（示图）、放置间距、加工数量。

⑥ 双层网钢筋直径大于 14mm 者，马凳无须用 1m 左右槽梁，300～400mm 长即可，因双层网筋自身就可作横梁筋，但不允许对受力筋网用电弧点焊代马凳。

5）马凳其他注意事项

建筑工程一般都对马凳筋有专门的施工组织设计，如果施工组织设计中没有对马凳作出明确和详细的说明，那么就按常规计算，但有两个前提；一是马凳要有一定的刚度，能承受施工人员的踩踏，避免板上部钢筋扭曲和下陷；二是为了避免以后结算争议和扯皮，对马凳办理必要的手续和签证，由施工单位根据实际制作情况以工程联系单的方式提出，报监理及建设单位确认，根据确认的尺寸计算。

马凳排列可按矩形陈列，也可呈梅花放置，一般是矩形陈列。马凳方向要一致，如图 4-13所示。

有一些不正规的施工单位为了节省钢筋，不用马凳固定板钢筋，而是用其他硬物（如石子、垫块、木块、塑料等）充当马凳功能，这是没有专业性的野蛮施工。

（4）钢筋定距框的分类制作与码放，如图 4-14 所示。

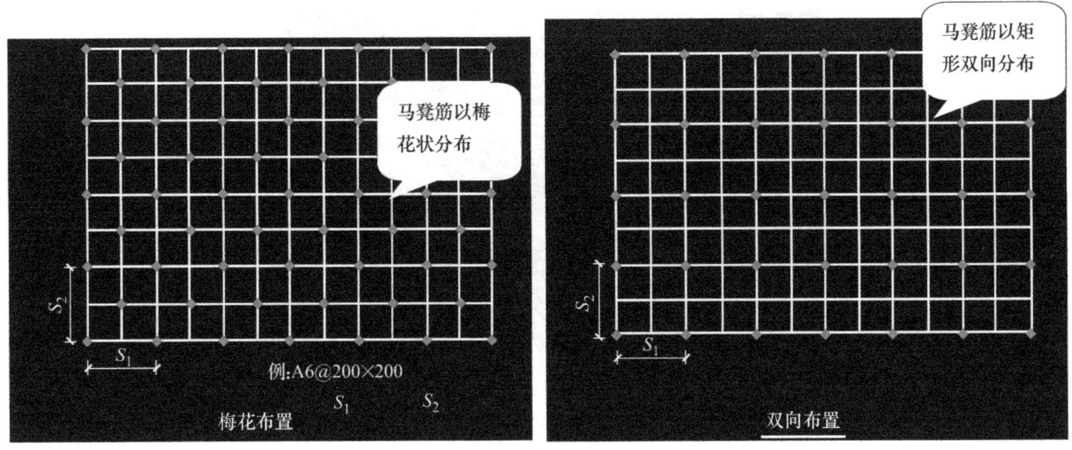
马凳筋以梅花状分布
S_2
S_1
例:A6@200×200
S_1
S_2
梅花布置
马凳筋以矩形双向分布
S_2
S_1
双向布置

图 4-13　马凳布置图

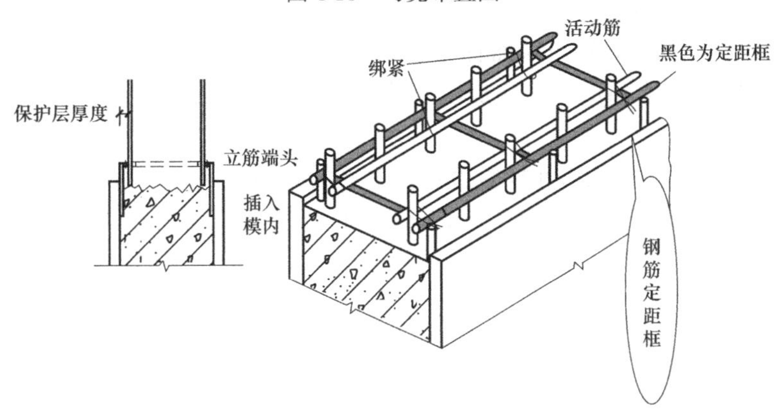
保护层厚度
立筋端头
插入模内
活动筋
绑紧
黑色为定距框
钢筋定距框

图 4-14　定距框示意图

1）柱筋定距框制作，如图 4-15 所示。

2）墙筋定距框制作

墙体竖向筋位置采用在墙体顶部模板上口处绑扎水平定距框控制，水平定距框采用 ϕ14 短筋，根据现场钢筋间距情况提前制作。其中，h 为立筋间距，h＝150mm；b_1 为立筋排距；b_2＝墙厚－2×保护层厚度；b_3＝立筋直径，即 12mm、14mm、16mm，如图 4-16、图 4-17 所示。

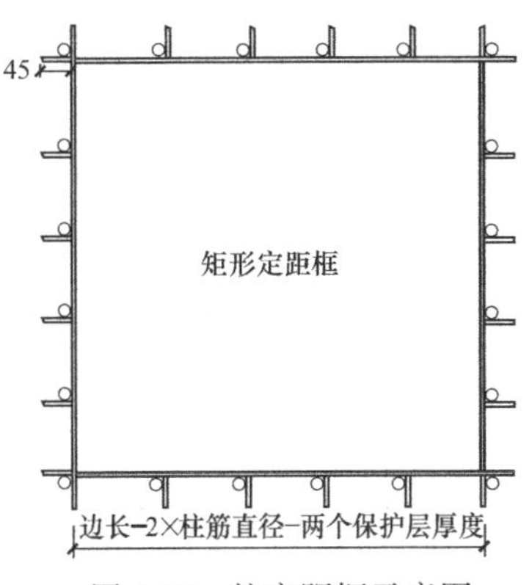
45
矩形定距框
边长−2×柱筋直径−两个保护层厚度

图 4-15　柱定距框示意图

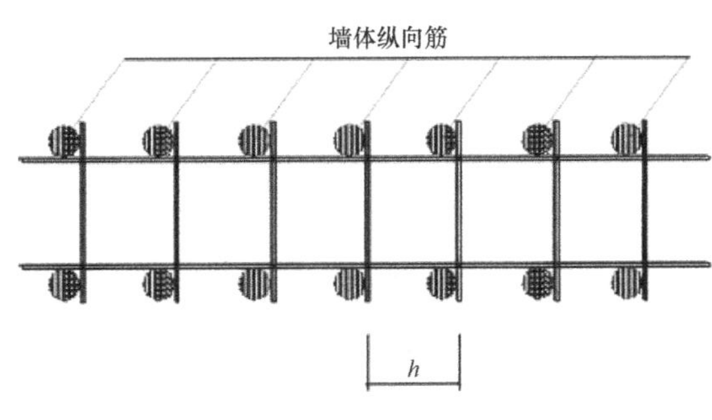
墙体纵向筋
h

图 4-16　墙筋定距框示意图

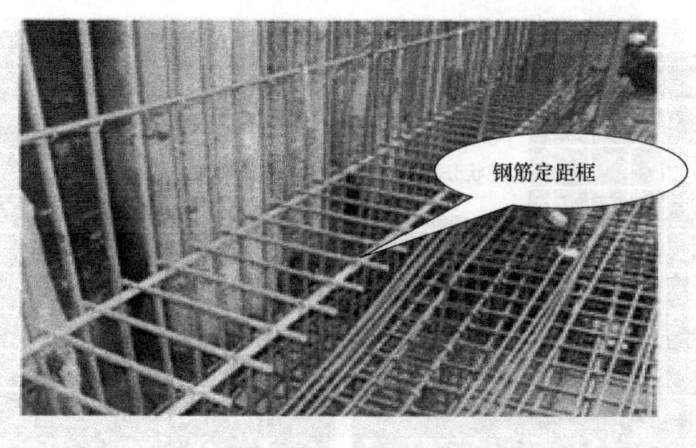
钢筋定距框

图 4-17　墙筋定距框示意图

（5）直螺纹的加工抽检

钢筋应先调直再加工，切口端面宜与钢筋轴线垂直，端头弯曲、马蹄严重的应切去，不得用气割下料。检验合格的丝头应加以保护，在其端头加带保护帽或用套筒拧紧，按规格分类堆放整齐。

1）钢筋应有出厂质量证明和检验报告，钢筋的品种和质量应符合《钢筋混凝土用钢 第 1 部分：热轧光圆钢筋》（GB 1499.1—2008）GB 1499.2—2007 的要求，如图 4-18、图 4-19 所示。

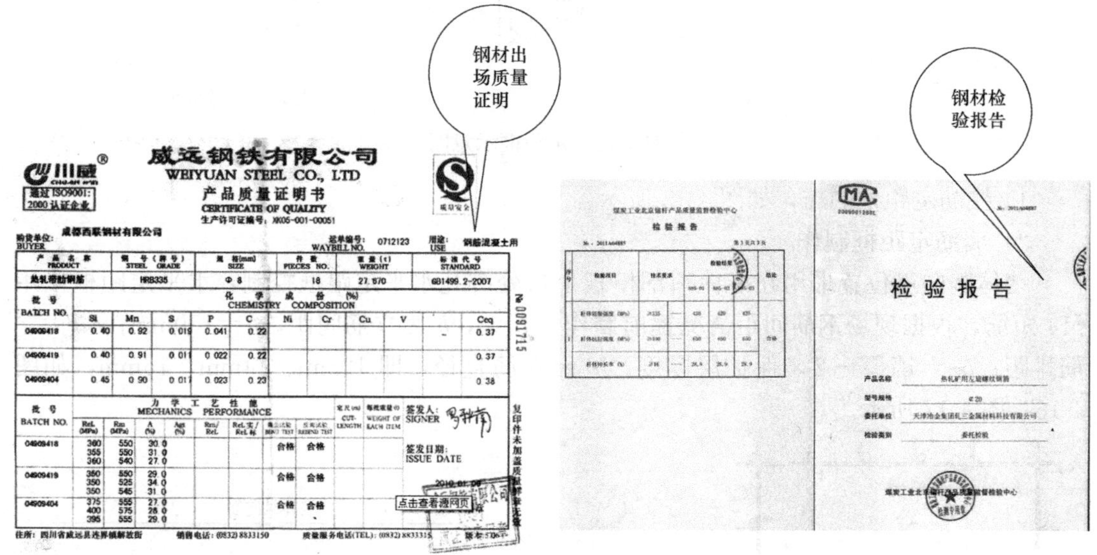
钢材出场质量证明
钢材检验报告

川威® 通过ISO9001:2000认证企业

威远钢铁有限公司
WEIYUAN STEEL CO., LTD
产品质量证明书
CERTIFICATE OF QUALITY
生产许可证编号：XK05-001-00051

购货单位 BUYER：成都西联钢材有限公司　运单编号 WAYBILL NO.：0712123　用途 USE：钢筋混凝土用

产品名称 PRODUCT	钢号（牌号）STEEL GRADE	规格(mm) SIZE	件数 PIECES NO.	重量(t) WEIGHT	标准代号 STANDARD
热轧带肋钢筋	HRB335	Φ 8	18	27.870	GB1499.2-2007

№ 0091715

批号 BATCH NO.	Si	Mn	S	P	C	Ni	Cr	Cu	V		Ceq
04909418	0.40	0.92	0.019	0.041	0.22					-	0.37
04909419	0.40	0.91	0.011	0.022	0.22						0.37
04909404	0.45	0.90	0.017	0.023	0.23						0.38

化学成份(%) CHEMISTRY COMPOSITION

批号 BATCH NO.	ReL (MPa)	Rm (MPa)	A (%)	Agt (%)	Rm/ReL	ReL实/ReL标	弯曲试验 BEND TEST	反弯试验 REBEND TEST	定尺(m) CUT-LENGTH	每件重量(t) WEIGHT OF EACH ITEM
04909418	360 355 360	550 550 540	30.0 31.0 27.0				合格	合格		
04909419	360 350 350	550 525 545	29.0 34.0 31.0				合格	合格		
04909404	375 400 395	555 575 555	27.0 28.0 29.0				合格	合格		

力学工艺性能 MECHANICS PERFORMANCE

签发人 SIGNER：
签发日期 ISSUE DATE：2010.01.06

点击查看源网页

复印件未加盖质保章无效

住所：四川省威远县连界镇解放街　销售电话：(0832) 8833150　质量服务电话(TEL)：(0832) 8833315

检验报告

产品名称　型号规格　委托单位　检验类别

图 4-18　钢筋出厂质量证明示意图

图 4-19　钢筋检验报告示意图

2）直螺纹连接套应有产品合格证和检验报告，材质几何尺寸及直螺纹加工应符合设计和规定要求，如图 4-20、图 4-21 所示。

3）连接套必须逐个检查，要求管内螺纹圈数、螺距、齿高等必须与锥纹校验塞规相咬合；丝扣无损破、歪斜、不全、滑丝、混丝现象，螺纹处无锈蚀，如图 4-22 所示。

检测
CNAS L0230　2009000333Z　(2009)国认监认字(077)号

检　验　报　告

TEST REPORT

BETC-CL1-2010-1814

工程 / 产品名称
Name of Engineering/ Product　滚轧直螺纹钢筋接头（型式检验）

委托单位
Client　长沙恒邦钢筋机械连接技术有限公司

检验类别
Test Category　委托检验

国 家 建 筑 工 程 质 量 监 督 检 验 中 心
NATIONAL CENTER FOR QUALITY SUPERVISION
AND TEST OF BUILDING ENGINEERING

图 4-20　直螺纹连接套头检验报告示意图

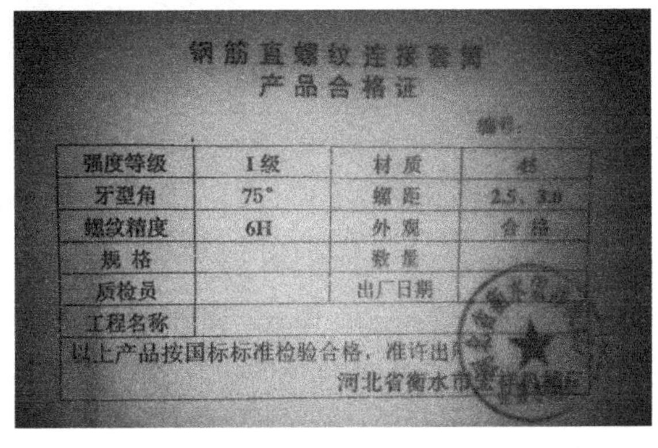

钢筋直螺纹连接套筒
产品合格证

编号:

强度等级	I级	材质	45
牙型角	75°	螺距	2.5、3.0
螺纹精度	6H	外观	合格
规格		数量	
质检员		出厂日期	
工程名称			

以上产品按国标标准检验合格，准许出

河北省衡水市

图 4-21　直螺纹连接套筒产品合格证示意图

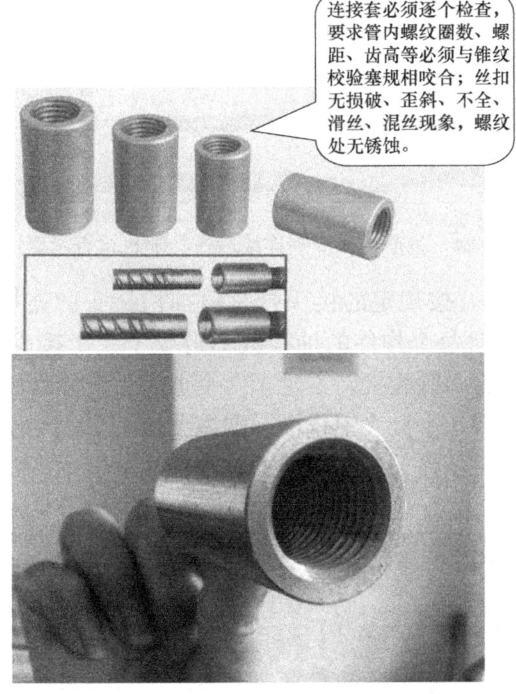
连接套必须逐个检查，要求管内螺纹圈数、螺距、齿高等必须与锥纹校验塞规相咬合；丝扣无损破、歪斜、不全、滑丝、混丝现象，螺纹处无锈蚀。

图 4-22　直螺纹连接套筒检查示意图

4）钢筋连接开始前及施工过程中，应对每批进场钢筋和接头进行工艺检验。

① 每种规格钢筋母材的抗拉强度试验；

② 每种规格钢筋接头的试件数量不应少于 3 根；

③ 接头试件应达到《钢筋机械连接通用技术规程》（JGJ 107—2010）中相应等级的强度要求，如图 4-23 所示。

接头试件应达到《钢筋机械连接通用技术规程》(JGJ 107—2010)中相应等级的强度要求。

图 4-23　钢筋和接头进行工艺检验示意图

5）钢筋接头安装连接后，随机抽取同规格接头数的 10%进行外观检查。应满足钢筋与连接套的规格一致，连接丝扣无完整丝扣不超过 2 丝，如图 4-24 所示。

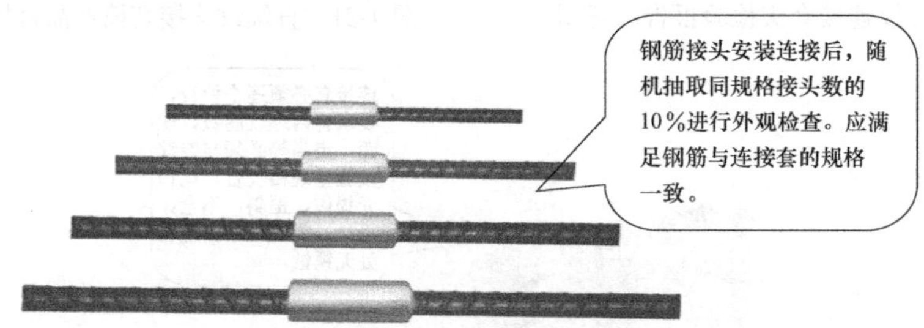
钢筋接头安装连接后，随机抽取同规格接头数的10%进行外观检查。应满足钢筋与连接套的规格一致。

图 4-24　钢筋接头安装连接后进行随机检查示意图

6）用质检的力矩扳手，按规定的接头拧紧值抽检接头的连接质量。抽检数量：梁、柱构件按接头数的 15%，且每个构件的抽检数不得少于 1 个接头；基础、墙板构件按各自接头数，每 100 个接头为一验收批，不足 100 个也为一个验收批，每批抽 3 个接头，抽检的接头应全部合格，如有 1 个接头不合格，则该批接头应逐个检查，对查出的不合格接头可采用电弧贴角焊缝方法补强，焊缝高度不得小于 5mm，如图 4-25 所示。

用质检的力矩扳手，按规定的接头拧紧值抽检接头的连接质量。

图 4-25　抽检接头的连接检验示意图

7）本工艺标准应具备以下质量记录：

① 钢筋出厂质量证明书和原材料复检报告；

② 钢筋机械性能试验报告；

③ 连接套合格证；

④ 接头强度检验报告；

⑤ 接头拧紧力矩的抽检记录。

(四) 钢筋预控

(1) 弹线：未弹线不绑（弹两条墙、柱外边线、轴线；弹两条模板外 50 位置控制线），如图 4-26、图 4-27 所示。

控制线

图 4-26　绑扎墙筋控制线示意图

控制线

图 4-27　绑扎柱筋控制线示意图

(2) 施工缝处理：混凝土接槎面（墙柱外边线内）所有浮浆、松散混凝土、石子彻底剔除到露石子；接槎面未清净不绑（±0.000 以下做隐检，±0.000 以上做预检），如图 4-28所示。

施工缝处理：混凝土接槎面所有浮浆、松散混凝土、石子彻底剔除到露石子；接槎面未清净不绑。

图 4-28　绑扎前接槎面示意图

(3) 污筋：所有钢筋上污染的水泥未清干净不绑，如图 4-29、图 4-30 所示。

所有钢筋上污
染的水泥未清
干净不绑。

图 4-29 绑扎前接槎面处理前示意图

清理钢筋表
面污渍。

图 4-30 钢筋表面污渍处理中示意图

（4）查偏：所有立筋未检查其保护层大小是否偏位不绑，如图 4-31 所示。

（5）纠偏：所有立筋保护层大小超标、立筋未按 1∶6 调整到正确位置的不绑，如图 4-32、图 4-33 所示。

按控制线检查
钢筋立筋位置。

图 4-31 按控制线检查钢筋立筋位置示意图

图 4-32 对位置不正确的钢筋纠偏示意图

立筋按要求
检查合格。

图 4-33 按控制线检查钢筋立筋位置示意图

(6) 甩头：所有受力筋甩头长度（包括接头百分比、抗震系数）、错开距离；第一个接头位置；锚固长度（包括抗震系数）不合格不绑，如图 4-34、图 4-35 所示。

甩头长度及错
开距离符合规
范要求。

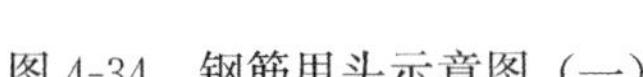
图 4-34　钢筋甩头示意图（一）

甩头长度符
合规范要求
制作。

图 4-35　钢筋甩头示意图（二）

(7) 当受拉钢筋的直径 $d>25$mm 及受压钢筋的直径 $d>28$mm 时，不宜采用绑扎搭接接头。

(8) 轴心受拉及小偏心受拉构件中纵向受力钢筋不得采用绑扎搭接接头。

1) 同一连接区段内，纵向受力钢筋的接头面积百分率应符合设计要求；当设计无具体要求时，应符合下列规定：

① 在受拉区不宜大于 50%。

② 接头不宜设置在有抗震设防要求的框架梁端、柱端的箍筋加密区；当无法避开时，应采用机械连接或焊接。

③ 直接承受动力荷载的结构构件中，不宜采用焊接接头；当采用机械连接接头时，不应大于 50%。

2) 同一构件中相邻纵向受力钢筋的绑扎搭接接头宜相互错开。钢筋绑扎搭接接头连接区段的长度为 $1.3l_l$（l_l 为搭接长度），凡搭接接头中点位于该连接区段长度内的搭接接头均属于同一连接区段。同一连接区段内，纵向钢筋搭接接头面积百分率为该区段内有搭接接头的纵向受力钢筋截面面积与全部纵向受力钢筋截面面积的比值。

3) 同一连接区段内，纵向受拉钢筋搭接接头面积百分率应符合设计要求；当设计无具体要求时，应符合下列规定：

① 对梁类、板类及墙类构件，不宜大于 25%。

② 对柱类构件，不宜大于 50%。

③ 当工程中确有必要增大接头面积百分率时，对梁类构件，不应大于 50%；对其他构件，可根据实际情况放宽。

(9) 接头：所有接头质量（包括绑扎、焊接、机械连接）有一个不合格不绑，如图 4-36、图 4-37 所示。

所有接头必须达到
绑扎、焊接、机械
连接的质量合格。

图 4-36　合格的钢筋接头示意图

图 4-37　钢筋接头示意图

二、钢筋施工质量过程控制

（一）原材料质量控制

1. 外观检验

钢筋进场应进行外观检查。钢筋应平直，表面不得有损伤、裂纹、结疤、折叠、油污、颗粒状或片状老锈。钢筋表面允许有凸块，但高度不超过横肋的最大高度，如图4-38所示。

2. 质量合格文件检验

钢筋进场时应提供相关的资料，包括出厂合格证、检验报告、标牌，进口钢筋还应提供商检报告。以上文件资料须齐全、有效。已进场的钢筋，在 24h 内未提供完整的质量合格文件的，做退场处理，如图 4-39～图 4-42 所示。

钢筋应平直、无损
伤，表面不得有裂痕。

图 4-38　外观检查示意图

合格钢筋铭牌正确悬挂
方式是用钢钉固定在钢
筋上。
21032470 12
HRB400E
Φ18mm
9 m
2742 kg
160

图 4-39　正确的钢筋标牌悬挂示意图

不合格钢筋悬挂方式是使用钢丝绑扎在钢筋上。

图 4-40　不正确的钢筋标牌悬挂示意图

钢筋牌号以阿拉伯数字或阿拉伯数字加英文字母表示，分别以3、4、5表示，细晶粒热轧带肋钢筋HRBF335、HRBF400、HRBF500分别以C3、C4、C5表示。HRB335E、HRB400E、HRB500E分别以3E、4E、5E，表示厂名以汉语拼音字头表示。公称直径毫米数以阿拉伯数字表示。

图 4-41　钢筋牌号示意图

3. 原材复试

钢筋进场后按照相关标准的规定应进行抽样检验。检测的项目有：

(1) 抗拉性能包括极限抗拉强度、屈服强度和伸长率，如图 4-43 所示。

钢筋进场按批次的级别、品种、直径、外形分垛堆放，悬挂标识牌，注明产地、规格、品种、数量、进场时间、使用部位、检验状态、标识人、试验编号(复试报告单)等，内容填写齐全清晰。

材料标识牌
产品名称：
产　地：
规格型号：
使用部位：
数　量：
进场时间：
检验状态：
标 识 人：
试验编号：

图 4-42　钢筋标识牌示意图

从每批次钢筋中任选两根，每根取两个试件分别进行拉伸试验(屈服点、抗拉强度和伸长率的测定)和冷弯次数试验。

图 4-43　抗拉性能检验示意图

(2) 弯曲性能包括弯心直径和弯曲角度，如图 4-44 所示。

(3) 钢筋直径偏差检验

1) 直径偏差检验如图 4-45 所示。

弯心直径和弯曲角度要符合弯至 90°，有2个或3个试件外侧(含焊缝和热影响区)未发生破裂，应评定该批接头弯曲试验合格。
箍筋弯曲机

图 4-44　钢筋弯曲示意图

游标卡尺测量钢筋直径。

图 4-45　直径偏差检测示意图

2）钢筋的直径偏差检验应符合表 4-1 的规定。

钢筋直径偏差检验表　　表 4-1

公称直径(mm)	内径 d(mm)	
	公称尺寸	允许偏差
6	5.8	±0.3
8	7.7	±0.4
10	9.6	
12	11.5	
14	13.4	±0.4
16	15.4	
18	17.3	
20	19.3	±0.5
22	21.3	
25	24.2	
28	27.2	±0.6
32	31.0	
36	35.0	

用电子秤称钢筋实际重量。

图 4-46　重量偏差检测示意图

3）重量偏差检验如图 4-46 所示。

4）钢筋实际重量与理论重量的允许偏差应符合表 4-2 的规定。

钢筋重量偏差检验表　　表 4-2

公称直径(mm)	实际重量与理论重量的偏差(%)
6～12	±7
14～20	±5
22～50	±4

5）重量偏差计算公式：

$$重量偏差=\frac{试样实际总重量-(试样总长度\times 理论重量)}{试样总长度\times 理论重量}\times 100\%$$

（4）当用户有特殊要求或对原材某些性能怀疑的还应进行专门的数据检验。检验的批量按下列情况确定：

1）同一厂家、同一牌号、同一规格的钢筋以 60t 为一个检验批，不足 60t 的也应按一个检验批处理。

2）对同一厂家、同一牌号、同一规格的钢筋，不同时间进场的同批钢筋，当确有可靠依据时，可按一次进场的钢筋处理。取样数量按照每批随机抽取 5 个试件，且长度不小于 500mm。为了保证截取的试件具有代表性，盘条钢筋端头 50cm 范围内及直条钢筋端头 5cm 范围内不应作为样品使用。

4. 材料储存

钢筋进场后，搬运到指定地点，架空堆放并挂牌标识，注明使用部位、规格、数量、产地、试验状态尺寸等内容。钢筋堆放场地地坪做排水处理，2%坡向排水明沟。在原材上不能进行涂刷作业。雨天施工，在钢筋上铺麻袋或彩条布，防止污染钢筋。钢筋存放区搭防雨棚，避免淋雨锈蚀。钢筋要分类堆放，直条钢筋放在一起，箍筋堆放在一起，防止钢筋生锈。生锈的钢筋须除锈后，经项目技术负责人批准后方可使用，如图 4-47 所示。

钢筋分规格分别码
放，下设地垄防止
钢筋雨季受潮。

图 4-47　钢筋储存示意图

（二）钢筋加工质量控制

1. 钢筋调直

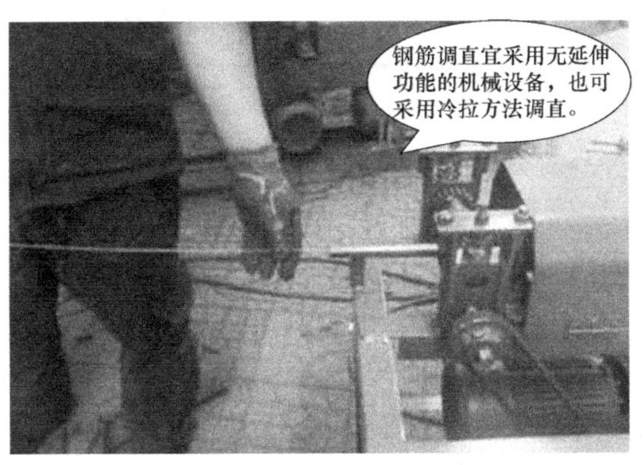
钢筋调直宜采用无延伸
功能的机械设备，也可
采用冷拉方法调直。

图 4-48　钢筋调直示意图

钢筋调直宜采用无延伸功能的机械设备，也可采用冷拉方法调直。采用冷拉调直的，按照现行规范要求，调直后的钢筋应进行力学性能和重量偏差的检验，目的是为加强对调直后钢筋性能质量的控制，防止冷拉加工过度，从而改变钢筋的力学性能。采用冷拉调直应按规范要求控制冷拉率：HPB300 级钢筋的冷拉率不宜大于 4%；HRB335、HRB400、HRB500、HRBF335、HRBF400、HRBF500 级及 RRB400 级钢筋的冷拉率不宜大于 1%，如图 4-48 所示。

2. 钢筋翻样表的制作

钢筋翻样表是钢筋加工的主要依据，为钢筋加工提供质量保障。钢筋翻样的依据有签章齐全的设计图纸、设计交底记录、图纸会审记录、相关标准图集等。对于较复杂部位钢筋，应在现场实测后制作材料加工大样表，从而保证尺寸的准确。应注意直条钢筋弯曲成型过程中，外侧表面受拉伸长，内侧表面受压缩短，中心线尺寸不变，当以钢筋外包尺寸进行钢筋下料时，还应减去外侧表面受拉伸长的增加值，即弯曲调整值，如图 4-49 所示。

钢筋翻样配料单

工程名称：保利嘉园综合楼

工程部位：第3层　PL-1　　　日期：2011-04-28　　　第1页 共18页

钢筋编号	规格	钢筋图形	断料长度(mm)	根数	合计根数	总重kg	备注
构件名称：WKL1(7)　　构件数量：1							
构件位置：3-M轴/3-1-3-8轴							
单根构件重量：757.657　　总重量：757.657							
1	Φ18	580 8400 直 8700 直 6000 直 8000 直	8980/8700/6000/8000	1	1	63.284	上部通长筋
2	Φ18	580 3580 直 6000 直 5370 直 8950 直 5370 直	4160/6000/5370/8950/5370	1	1	59.628	上部通长筋
3	Φ18	580 2380	2960	2	2	11.826	(3-1,3-M)轴右侧支座负筋
4	Φ18	4520	4520	2	2	18.058	(3-2,3-M)轴支座负筋
5	Φ18	4500 直 8950 直 8700 直 8950 直	4500/8950/8700/8950	1	1	62.125	下部通长筋
6	Φ18	5370 直 6000 直 6000 直 8950 直 6000 直	5370/6000/6000/8950/6000	1	1	64.562	下部通长筋
7	Φ18	4500 直 8950 直 8700 直 8950 直	4500/8950/8700/8950	1	1	62.125	下部通长筋
8	Φ18	1040 直 8950 直 8770 直 6000 直 8950 直	1040/8950/8770/6000/8950	1	1	67.339	下部通长筋
9	Φ18	5170	5170	2	2	20.655	(3-3,3-M)轴支座负筋
10	Φ18	5170	5170	2	2	20.655	(3-5,3-M)轴支座负筋
11	Φ18	5170	5170	2	2	20.655	(3-6,3-M)轴支座负筋
12	Φ8	570 270	1840	215	215	156.098	第1跨;第2跨;第3跨;第4跨;第5跨
13	Φ8	570 120	1540	215	215	130.647	第1跨;第2跨;第3跨;第4跨;第5跨
接头统计	规格	数量	丝扣类型				
	Φ18	21					
	合计	21					

图 4-49　钢筋翻样配料单示意图

切口应平滑且与长度方向垂直，长度不应小于500mm。

图 4-50　钢筋切口示意图

3. 钢筋切断

钢筋下料切断通常采用钢筋切断机。应先断长料，后断短料，减少短头，减少损耗。切割过程中，如发现钢筋有劈裂、缩头或严重的弯头等必须切除，如图4-50所示。

4. 钢筋下料

（1）钢筋因弯曲或弯钩会使其长度变化，配料中不能直接根据图纸尺寸下料，必须了解混凝土保护层、钢筋弯曲、弯钩等规定，再根据图示尺寸计算其下料长度。

1）直钢筋下料长度＝构件长度－保护层厚度＋弯钩增加长度，如图 4-51 所示。

钢筋长度＝净跨＋伸进长度×2＋6.25d×2

2）弯起钢筋下料长度＝直段长度＋斜段长度－弯曲调整值＋弯钩增加长度，如图4-52所示。

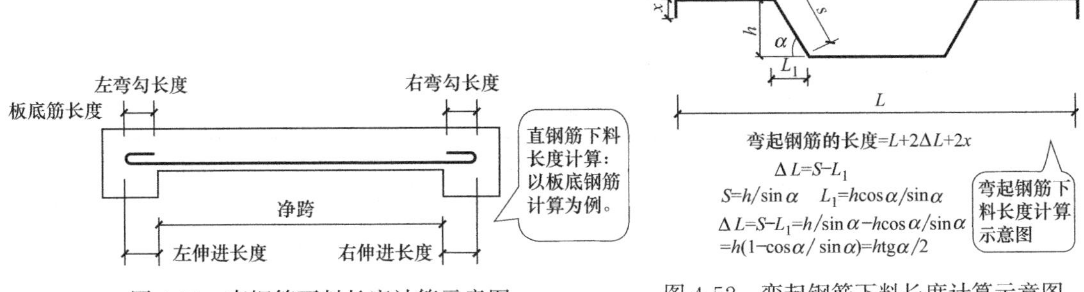
左弯勾长度
右弯勾长度
板底筋长度
直钢筋下料长度计算：以板底钢筋计算为例。
净跨
左伸进长度
右伸进长度
x
h
s
α
L_1
L
弯起钢筋的长度=L+2ΔL+2x
$\Delta L=S-L_1$
$S=h/\sin\alpha$　$L_1=h\cos\alpha/\sin\alpha$
$\Delta L=S-L_1=h/\sin\alpha-h\cos\alpha/\sin\alpha$
$=h(1-\cos\alpha/\sin\alpha)=h\mathrm{tg}\alpha/2$
弯起钢筋下料长度计算示意图

图4-51　直钢筋下料长度计算示意图　　图4-52　弯起钢筋下料长度计算示意图

3）箍筋下料长度＝箍筋周长＋箍筋调整值，如图4-53所示。

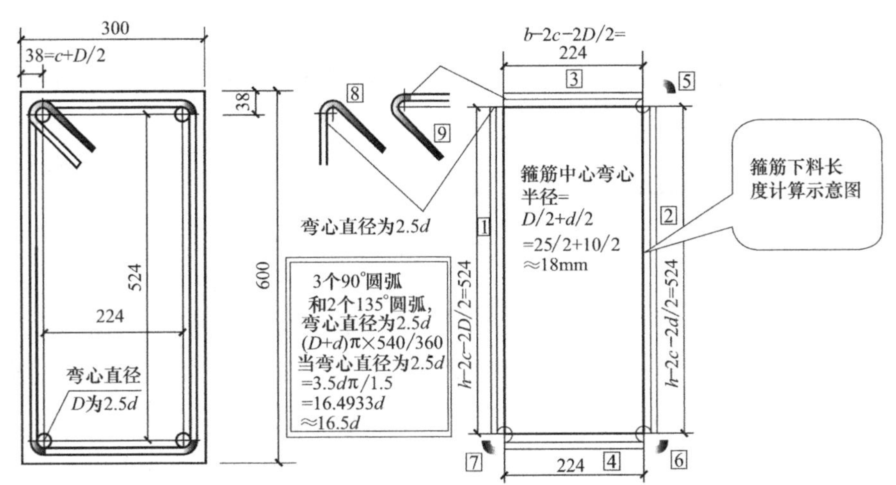
300
38=c+D/2
38
600
524
224
弯心直径
D为2.5d
8
9
弯心直径为2.5d
3个90°圆弧
和2个135°圆弧，
弯心直径为2.5d
(D+d)π×540/360
当弯心直径为2.5d
=3.5dπ/1.5
=16.4933d
≈16.5d
b−2c−2D/2=
224
3
5
1
2
4
6
7
h−2c−2D/2=524
h−2c−2d/2=524
箍筋中心弯心
半径=
D/2+d/2
=25/2+10/2
≈18mm
箍筋下料长度计算示意图

分解为4个平段，3个(1/4)圆弧，2个135°圆弧+10d，共9部分。

平段1、2、3、4和8、9号中的两个10d，没有内皮外皮和中心长度的区别，都等于2b+2h−8c−4D+20d，剩下的就是3个90°圆弧和2个135°圆弧，（见上中框内）

所以，我们得到，箍筋下料长度=2b+2h−8c−4D+20d+16.5d

当弯心直径D为2.5d时，箍筋中心线下料长度=2b+2h−8b+26.5d

按照中心线长度下料　成型箍筋外皮展开长度=2b+2h−8c+31.21d

成型后自然形成的：　成型箍筋内皮展开长度=2b+2h−8c+21.79d

图4-53　箍筋下料长度计算示意图

（2）钢筋弯曲成型

根据《混凝土结构工程施工质量验收规范》的规定，对各个部位不同级别的钢筋弯曲过程中的弯弧内直径有详细的数值要求。弯曲时应严格执行。HRB335级和HRB400级钢筋的弯曲角度也要严格控制，如果弯过头了，就不能再弯过来，以免钢筋弯曲点处发生裂纹。加工好的成品钢筋应按每工作班同一类型钢筋、同一加工设备抽查不少于3件，如图4-54所示。

现场钢筋弯曲成型。

图4-54　钢筋弯曲成型施工示意图

（3）弯曲调整值

钢筋弯曲后的特点：一是外壁伸长、内壁缩短，轴线长度不变；二是在弯曲处形成圆弧。钢筋的量度方法是沿直线量外包尺寸，因此弯起钢筋的量度尺寸大于下料尺寸，两者之间的差值称为弯曲调整值。

不同弯曲角度的钢筋调整值见表 4-3 所列。

钢筋调整值 **表 4-3**

钢筋弯曲角度	30°	45°	60°	90°	135°
钢筋弯曲调整值	0.35d	0.5d	0.85d	2d	2.5d

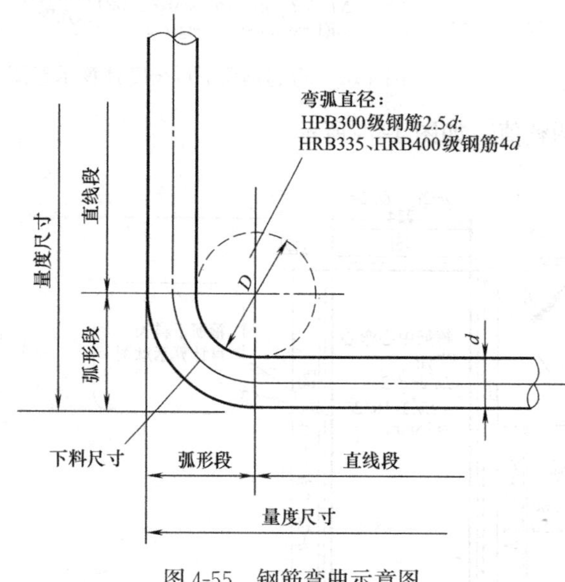
弯弧直径：
HPB300级钢筋2.5d;
HRB335、HRB400级钢筋4d
量度尺寸
直线段
弧形段
D
d
下料尺寸
弧形段
直线段
量度尺寸

图 4-55 钢筋弯曲示意图

弯钩增加长度：钢筋弯钩有 90°、135°和 180°弯钩三种。

1）180°弯钩常用于 HPB300 级钢筋。

2）90°弯钩常用于柱立筋的下部、附加钢筋和无抗震要求的箍筋中。

3）135°弯钩常用于 HRB335、HRB400 级钢筋和有抗震要求的箍筋中。

4）当弯弧内直径为 2.5d（HRB335、HRB400 级钢筋为 4d）、平直部分为 3d 时，其弯钩增加长度的计算值为：半圆弯钩为 6.25d，直弯钩为 3.5d，斜弯钩为 4.9d，如图 4-55、图 4-56 所示。

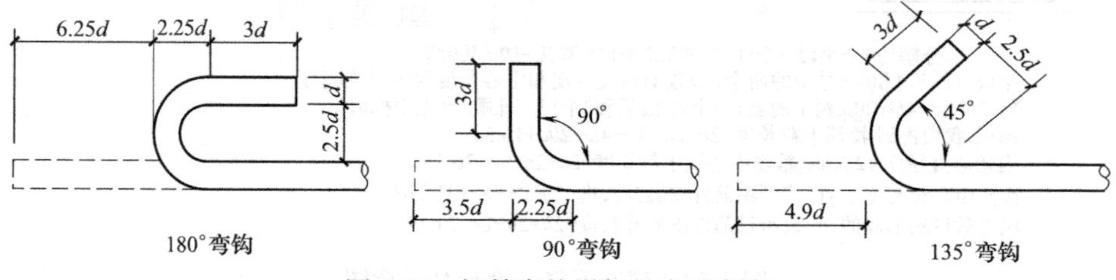
6.25d
2.25d
3d
d
2.5d
180°弯钩
3d
90°
3.5d
2.25d
90°弯钩
3d
d
2.5d
45°
4.9d
135°弯钩

图 4-56 钢筋弯钩增加长度示意图

5）箍筋调整值：即为弯钩增加长度和弯曲调整值两项之差或和，根据箍筋量外包尺寸或内皮尺寸而定，见表 4-4 所列。

箍筋调整值 **表 4-4**

箍筋量度方法	箍筋直径(mm)			
	4～5	6	8	10～12
量外包尺寸	40	50	60	70
量内皮尺寸	80	100	120	150～170

（三）钢筋加工性能

1. 钢筋性能

钢筋混凝土用的钢筋和预应力混凝土中的非预应力钢筋的力学性能必须符合《钢筋混

凝土用钢 第1部分：热轧光圆钢筋》（GB 1499.1—2008）的规定。钢筋应有出厂质量保证书或试验报告单，并做机械性能试验。

2. 钢筋的验收、存放

钢筋必须按不同钢种、等级、牌号、规格及生产厂家分批验收、分别堆存、不得混杂，且应立牌标明以资识别。钢筋运输、存放应避免锈蚀、污染，钢筋宜堆放在仓库里，如图4-57所示。

钢筋必须按不同钢种、等级、牌号、规格及生产厂家分批验收、分别堆存、不得混杂，且应立牌标明以资识别。

图4-57 钢筋分类码放示意图

3. 钢筋使用

钢筋外表有严重锈蚀、麻坑、裂纹夹砂和夹层等缺陷时，应予剔除，不得使用，如图4-58、图4-59所示。

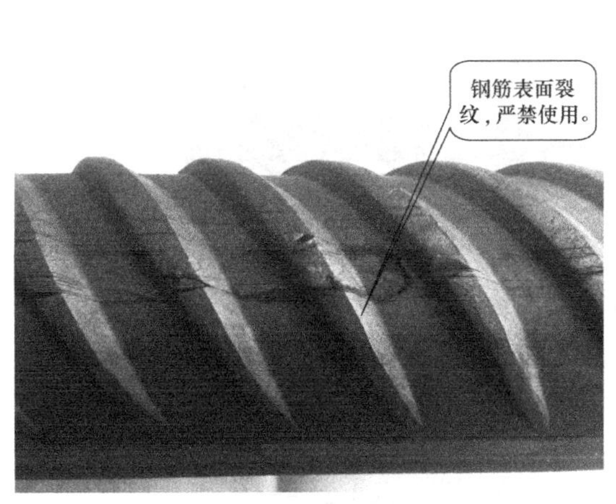
钢筋表面裂纹，严禁使用。

图4-58 钢筋表面缺陷

可以正常使用的无缺陷钢筋。

图4-59 符合规定的钢筋

4. 钢筋代换

钢筋的规格、型号应按设计图纸使用。代换原则：等强度代换或等面积代换。以另一种强度牌号或直径的钢筋代替设计中所规定的钢筋时，应了解设计意图和代用材料性能，并须符合建筑设计规范的有关规定。钢筋代换时，应征设计单位的同意、并办理相应手续。

5. 钢筋加工采用的机械

钢筋施工中必备的工具如图4-60、图4-61所示。

6. 具体工具的应用

（1）钢筋调直机

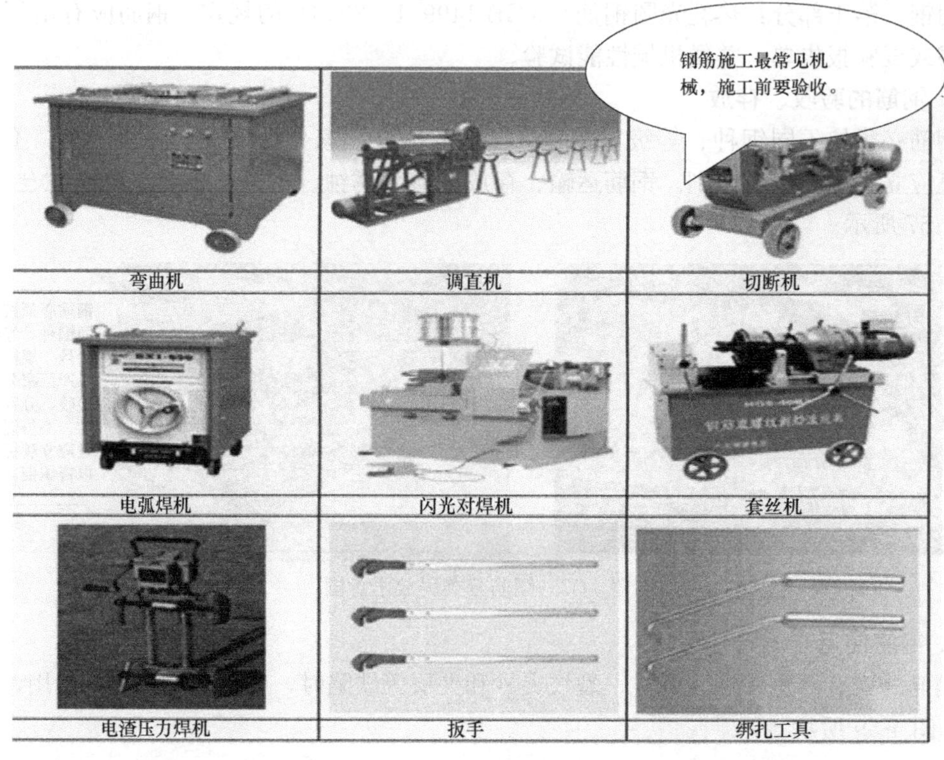
钢筋施工最常见机械，施工前要验收。
弯曲机
调直机
切断机
电弧焊机
闪光对焊机
套丝机
电渣压力焊机
扳手
绑扎工具

图 4-60　钢筋施工中必备的工具（一）

钢筋调直机
钢筋弯曲机
钢筋施工必备工具
钢筋切断机
钢筋套丝机

图 4-61　钢筋施工中必备的工具（二）

兼有除锈、调直、切断三项功能如图 4-62 所示。

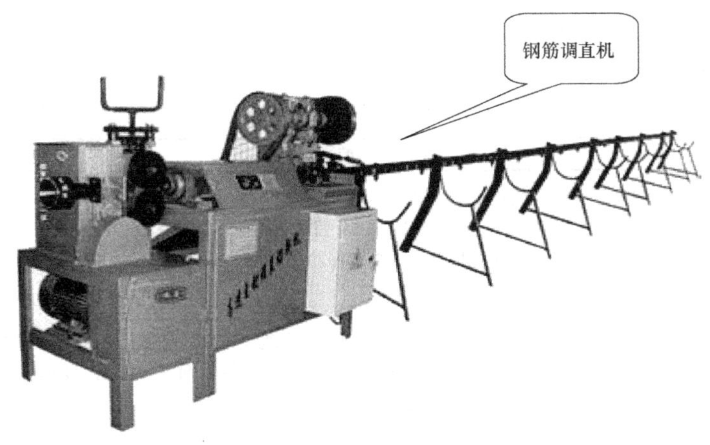
钢筋调直机

图 4-62　钢筋调直机

（2）钢筋切断

直螺纹用钢筋加工需用专用直口钢筋切断机。钢筋下料时，须按下料长度切断。钢筋切断可用钢筋切断机（直径 40mm 以下）、手动切断器（小于 12mm）、乙炔或电弧割切或锯断（大于 40mm），如图 4-63、图 4-64 所示。

钢筋切断机

图 4-63　钢筋切断机（一）

钢筋切断机

图 4-64　钢筋切断机（二）

（3）钢筋弯曲

用钢筋弯曲机或弯箍机进行，弯曲形状复杂的钢筋应画线、放样后进行，如图 4-65、图 4-66 所示。

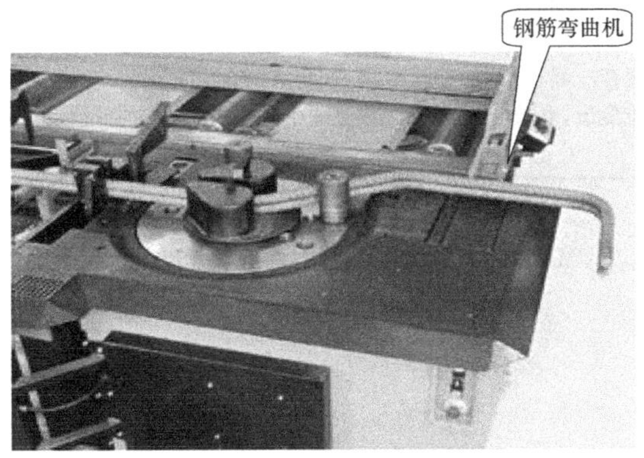
钢筋弯曲机

图 4-65　钢筋弯曲机（一）

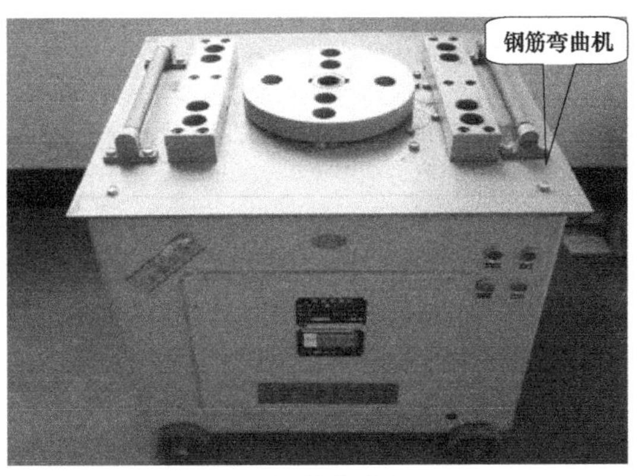
钢筋弯曲机

图 4-66　钢筋弯曲机（二）

7. 钢筋加工的注意事项

钢筋加工的注意要点总结见表 4-5 所列。

钢筋加工的注意要点总结　　表 4-5

<table>
<tr><th>项目</th><th colspan="7">加工注意要点</th></tr>
<tr><td>钢筋调制和清除污锈</td><td colspan="7">1. 钢筋的表面应洁净，使用前应将表面油渍、浮皮、铁锈等清除干净；
2. 钢筋应平直，无局部折断，成盘的钢筋和弯曲的钢筋均应调直；
3. 采用冷拉方法调制钢筋时，HPB300 级钢筋的冷拉率不宜大于 2%，HRB335、HRB400 级钢筋的冷拉率不宜大于 1%</td></tr>
<tr><td>钢筋加工配料要求</td><td colspan="7">钢筋加工配料时，要准确计算钢筋长度，如有弯钩和弯起钢筋，应加长其长度，并扣除弯曲成型的延伸长度，拼配钢筋实际需要长度。同直径同钢号不同长度的各种钢筋编号（设计编号）应先按顺序填写配料表，再根据调直后的钢筋长度，统一配料，以便减少钢筋的断头废料和焊接量</td></tr>
<tr><td rowspan="6">受力主筋制作和末端弯钩形状</td><td colspan="7">钢筋的弯起和末端均应符合设计要求，如设计无规定时，应符合下列规定</td></tr>
<tr><td>弯起部位</td><td>弯起角度</td><td>形状图</td><td>钢筋种类</td><td>弯曲直径（D）</td><td>平直部分长度</td><td>说明</td></tr>
<tr><td rowspan="3">末端弯钩</td><td>130°</td><td>—</td><td>HPB300</td><td>≥25d
≥5d（圆 20～28）</td><td>≥3d</td><td rowspan="3">d 为钢筋直径</td></tr>
<tr><td>135°</td><td>—</td><td>HRB335
HRB400</td><td>≥4d
≥5d</td><td>按设计要求
（一般≥5d）</td></tr>
<tr><td>90°</td><td>—</td><td>HRB335
HRB400</td><td>≥4d
≥5d</td><td>按设计要求
（一般≥10d）</td></tr>
<tr><td>中间弯起</td><td>90°以下</td><td>—</td><td>各类</td><td>15d</td><td></td><td></td></tr>
<tr><td rowspan="4">箍筋末端弯钩形式</td><td colspan="4">箍筋末端弯钩角度和形状</td><td colspan="3">有关规定</td></tr>
<tr><td colspan="2">90°/180°</td><td colspan="2">—</td><td colspan="3" rowspan="3">用 HPB 300 级钢筋制作的箍筋，其末端应做成弯钩，弯钩的弯曲直径应大于受力主筋直径，且不小于箍筋直径的 2.5 倍，弯钩平直部分长度，一般结构不宜小于箍筋直径的 5 倍。有抗震要求的结构，不应小于箍筋直径的 10 倍</td></tr>
<tr><td colspan="2">90°/90°</td><td colspan="2">—</td></tr>
<tr><td colspan="2">135°/135°</td><td colspan="2">—</td></tr>
<tr><td>弯曲钢筋应先做样板</td><td colspan="7">弯曲钢筋时，应先反复修正，并完全符合设计尺寸和形状，作为样板（筋）使用，然后进行正式加工生产</td></tr>
<tr><td>机弯钢筋不应任意逆转</td><td colspan="7">弯筋机弯曲钢筋时，在钢筋弯到要求角度后，先停机再逆转取下弯好的钢筋，不得在机器向前运转过程中，立即逆向运转，以避免损坏机器</td></tr>
<tr><td>钢筋加工后的存放</td><td colspan="7">弯曲后的钢筋存放时，应注意下列要求：
1. 钢筋成型后，应详细检查尺寸和形状，并注意有无裂纹；
2. 同一类型钢筋存放在一起，一种形式弯完后，应捆绑好，并挂上标签，写明钢筋规格尺寸，必要时应注明使用的工程名称；
3. 成型的钢筋，如需两根扎结或焊接者，应捆在一起；
4. 弯曲成型的钢筋运输时，应谨慎装卸，避免变形，存放时要避免雨淋受潮生锈以及其他有害气体的腐蚀</td></tr>
</table>

8. 钢筋加工质量控制的受力钢筋

受力钢筋弯钩弯折如图 4-67 所示。

9. 钢筋加工质量控制的箍筋

箍筋弯折如图 4-68、图 4-69 所示。

（1）箍筋加工的常见问题：

1）10d 不到位原因一是不重视，二是不理解其重要性、必要性。

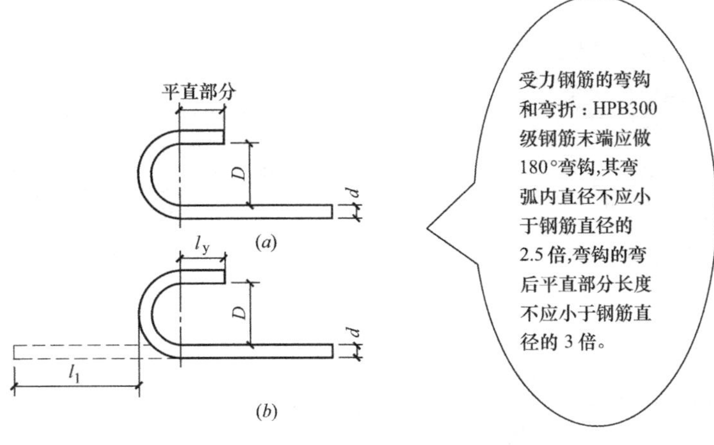
平直部分
D
d
(a)
l_y
D
d
l_1
(b)
受力钢筋的弯钩和弯折：HPB300级钢筋末端应做180°弯钩,其弯弧内直径不应小于钢筋直径的2.5倍,弯钩的弯后平直部分长度不应小于钢筋直径的3倍。

图 4-67　受力钢筋弯钩弯折示意图

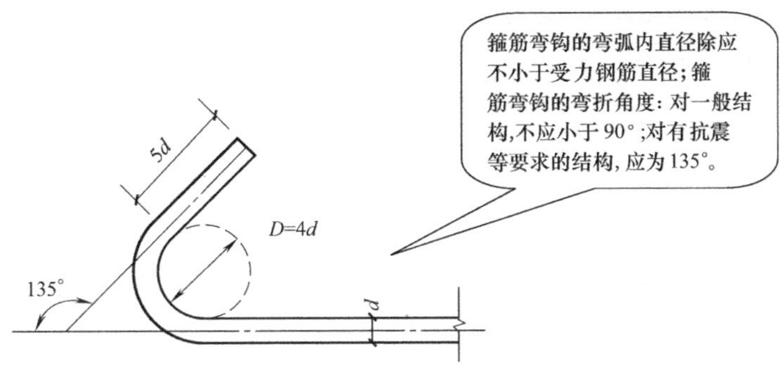
箍筋弯钩的弯弧内直径除应不小于受力钢筋直径；箍筋弯钩的弯折角度：对一般结构,不应小于90°;对有抗震等要求的结构,应为135°。
5d
D=4d
135°
d

图 4-68　箍筋弯钩弯折示意图

2）套子 4～10 个一次成型，成型后不打开，也不检查 135°是否到位。

3）下料就短了，造成 10d 不足。

4）下料够长，搣偏了，一钩长、一钩短。

5）不足 135°，成型。工长要对钢筋制作做预检。

(2) 箍筋控制样板如图 4-70 所示。

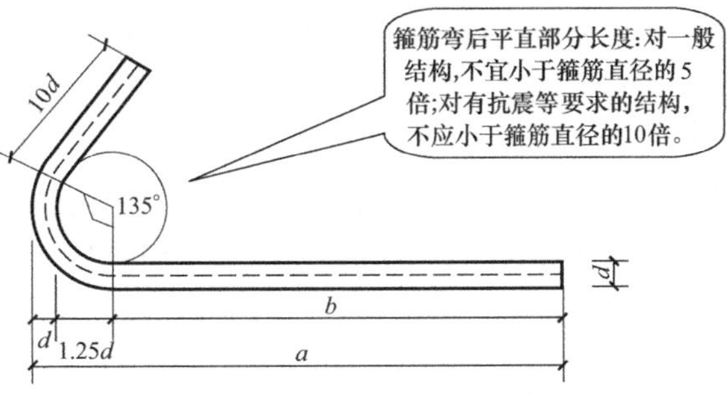
箍筋弯后平直部分长度:对一般结构,不宜小于箍筋直径的5倍;对有抗震等要求的结构,不应小于箍筋直径的10倍。
10d
135°
d
b
d
1.25d
a

图 4-69　箍筋弯折后平直段的要求示意图

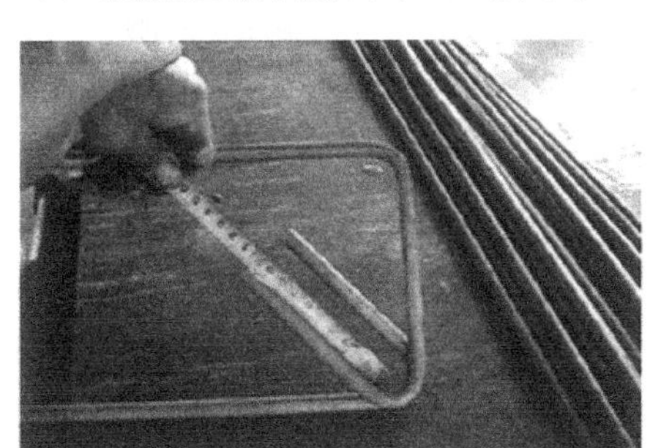

查135°，两钩要45°平行，直钩10d。

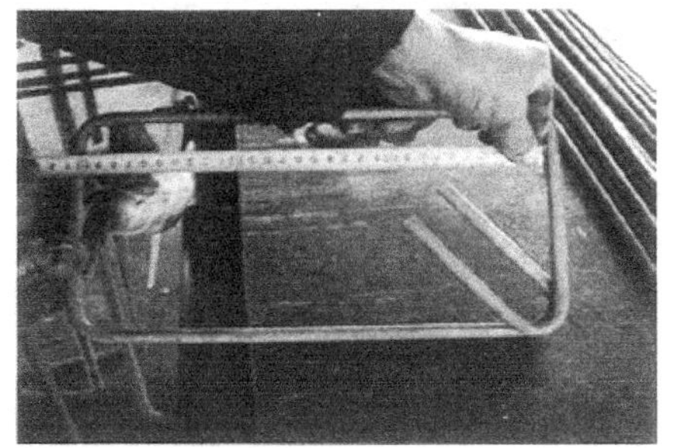

检查钢箍内净尺寸。

图 4-70　箍筋样板示意图

135°摵得好，挂在杆子上应达到以上水平。　　绑成柱子后呈这样的效果。

图 4-70　箍筋样板示意图（续）

箍筋码放四
个开口轮流
放置并设标
识牌。

图 4-71　箍筋分类码放示意图

（3）箍筋加工后码放如图 4-71 所示。

（四）钢筋连接

1. 钢筋连接的原则

钢筋接头宜设置在受力较小处，同一根钢筋不宜设置两个以上接头，同一构件中的纵向受力钢筋接头宜相互错开。直接承受动力荷载的构件，纵向受力钢筋不得采用绑扎搭接接头，如图 4-72 所示。

2. 钢筋连接的形式（图 4-73）

（1）钢筋的连接方法有：焊接、机械连接和绑扎搭接三种。（2）钢筋的焊接：常用的焊接方法有：电阻点焊、闪光对焊、电弧焊（包括帮条焊、搭接焊、熔槽焊、剖口焊、预埋件角焊和塞孔焊等）、电渣压力焊、气压焊、埋弧压力焊等。直接承受动力何在的结构构件中，纵向钢筋不宜采用焊接接头。（3）钢筋机械连接：有钢筋套筒挤压连接、钢筋直螺纹套筒连接（包括钢筋墩粗直螺纹套筒连接、钢筋剥肋滚压直螺纹套筒连接）等方法。（4）钢筋绑扎搭接（或连接）：钢筋搭接长度应符合规范要求。

焊工必须持证操作，施焊前应进行现场条件下的焊接工艺试验，试验合格后，方可正式施焊。

钢筋牌号	焊缝型式	帮条长度
HPB235	单面焊	$\geqslant 8d$
	双面焊	$\geqslant 4d$
HRB335 HRB400 RRB400	单面焊	$\geqslant 10d$
	双面焊	$\geqslant 5d$

注：d为主筋直径(mm)。

同一台班、同一焊工完成的300个同牌号、同直径接头为一批；当同一台班完成的接头数量较少，可在一周内累计计算，仍不足300个时应作为一批计算。从每批接头中随机切取6个接头，其中3个做抗拉试件，3个做弯曲试验。

图 4-72　钢筋焊接连接示意图

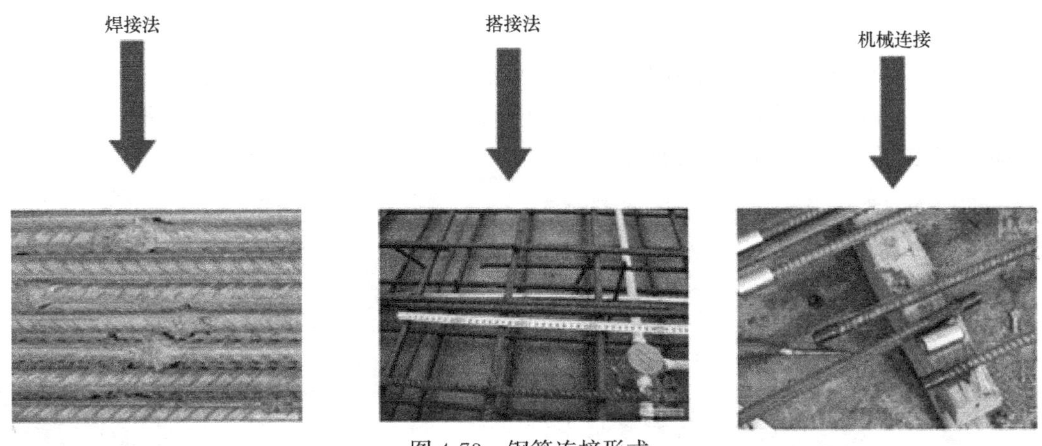
焊接法
搭接法
机械连接

图 4-73　钢筋连接形式

3. 钢筋焊接连接

(1) 电阻点焊

1) 将两钢筋安放成交叉叠接形式，压紧于两电极之间，利用电阻热熔化母材金属，加压形成焊点的一种压焊方法。

2) 特点：钢筋混凝土结构中的钢筋焊接骨架和焊接网，宜采用电阻点焊制作。以电阻点焊代替绑扎，可以提高劳动生产率、骨架和网的刚度以及钢筋（钢丝）的设计计算强度，宜积极推广应用。

3) 适用范围：适用于 $\phi6$～$\phi16$ 的热轧 HPB300、HRB335 级钢筋，$\phi3$～$\phi5$mm 的冷拔低碳钢丝和 $\phi4$～$\phi12$ 冷轧带肋钢筋，如图 4-74 所示。

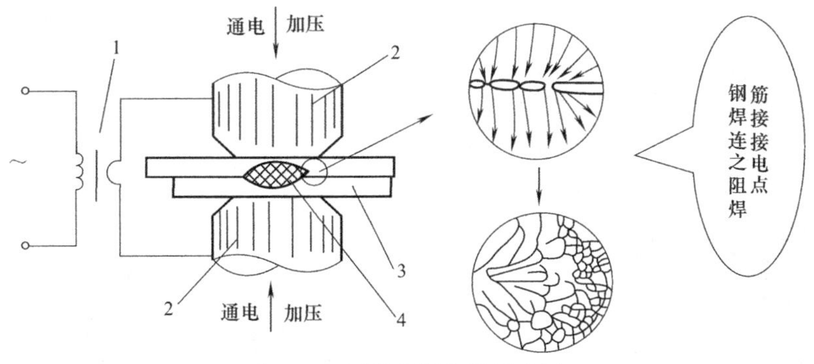
通电
加压
1
2
~
3
2
通电
加压
4
钢筋焊接连接之电阻点焊

图 4-74　钢筋电阻点焊示意图

1—阻焊变压器；2—电极；3—焊件；4—熔核

(2) 闪光对焊

1) 将两钢筋安放成对接形式，利用焊接电流通过两钢筋接触点产生塑性区及均匀的液体金属层，迅速施加顶锻力完成的一种压焊方法。闪光对焊时钢筋直径差不得超过 4mm。

2) 特点：具有生产效益高、操作方便、节约能源、节约钢材、接头受力性能好、焊接质量高等很多优点，故钢筋的对接连接宜优先采用闪光对焊。

3) 适用范围：适用于 $\phi10$～$\phi40$ 的热轧 HPB300、HRB335、HRB400 级钢筋，$\phi10$～$\phi25$ 的 HRB500 级钢筋，如图 4-75 所示。

(3) 电弧焊

1) 以焊条作为一极，钢筋为另一极，利用焊接电流通过产生的电弧热进行焊接的一种熔焊方法。

2）特点：轻便、灵活，可用于平、立、横、仰全位置焊接，适应性强、应用范围广。

3）适用范围：适用于构件厂内，也适用于施工现场。可用于钢筋与钢筋，以及钢筋与钢板、型钢的焊接，如图 4-76 所示。

图 4-75　钢筋闪光对焊示意图

图 4-76　钢筋电弧焊示意图

（4）电渣压力焊

1）将两钢筋安放成竖向对接形式，利用焊接电流通过两钢筋端面间隙，在焊剂层下形成电弧过程和电渣过程，产生电弧热和电阻热，熔化钢筋、加压完成的一种焊接方法。

2）特点：操作方便、效率高。

3）适用范围：适用于 $\phi14\sim\phi40$ 的热轧 HPB300、HRB335 级钢筋连接。主要用于柱、墙、烟囱、水坝等现浇钢筋混凝土结构（建筑物、构筑物）中竖向或斜向（倾斜度在 4：1 范围内）受力钢筋的连接，如图 4-77、图 4-78 所示。不同直径钢筋焊接时直径差不得超过 7mm。

电渣压力焊外观合格标准：四周焊包均匀凸出钢筋表面的高度应大于或等于4mm；钢筋与电极接触处，应无烧伤缺陷；接头处的弯折角不大于4°；接头处的轴线偏移不得大于钢筋直径的0.1倍，且不得大于2mm。

图 4-77　钢筋电渣压力焊示意图（一）

电渣压力焊外观没有达到合格标准。

图 4-78　钢筋电渣压力焊示意图（二）

（5）气压焊

1）采用氧炔焰或氢氧焰将两钢筋对接处进行加热，使其达到一定温度，加压完成的方法。

2）特点：设备轻便，可进行钢筋在水平位置、垂直位置、倾斜位置等全位置焊接。

3）适用范围：适用于 ϕ14～ϕ40 的热轧 HPB300、HRB335、HRB400 级钢筋相同直径或径差不大于 7mm 的不同直径钢筋间的焊接，如图 4-79 所示。

（6）埋弧压力焊

1）将钢筋与钢板安放成 T 形形式，利用焊接电流通过，在焊剂层下产生电弧，形成熔池，加压完成的一种压焊方法。

2）特点：生产效率高，质量好，适用于各种预埋件 T 形接头钢筋与钢板的焊接，预制厂大批量生产时，经济效益尤为显著。

3）适用范围：适用于 ϕ6～ϕ25 的热轧 HPB300、HRB335 级钢筋的焊接，钢板为厚度 6～20mm 的普通碳素钢 Q300A，与钢筋直径相匹配，如图 4-80 所示。

图 4-79　钢筋气压焊示意图

钢筋埋弧压力焊。

图 4-80　钢筋埋弧压力焊示意图

4. 钢筋搭接连接

钢筋绑扎如图 4-81、图 4-82 所示。

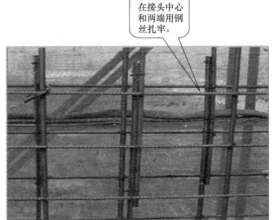

绑扎搭接倍数符合规范要求。

图 4-81　钢筋绑扎示意图（一）

钢筋的绑扎搭接接头应在接头中心和两端用钢丝扎牢。

图 4-82　钢筋绑扎示意图（二）

5. 钢筋机械连接

钢筋机械连接又称为“冷连接”，是继绑扎、焊接之后的第三代钢筋接头技术。具有接头强度高于钢筋母材、速度比电焊快、无污染、节省钢材等优点，如图 4-83～图 4-88 所示。

套丝成型
前，必须
保证钢筋
切口平齐。

图 4-83　钢筋机械连接示意图

钢筋切口平齐。

图 4-84　钢筋切口断面平齐示意图

钢筋切口不平齐，需要进行处
理，保证切口断面平齐。

图 4-85　钢筋切口断面不平齐示意图

成型丝头带好保护帽。

图 4-86　钢筋加工完戴好保护帽示意图

在钢筋直螺纹加工检验
合格后，戴上连接套筒
保护帽或拧上钢筋连接
套筒，以防碰伤和生锈。

图 4-87　钢筋保护帽节点图

钢筋连接前，
摘掉保护帽，
对钢筋进行
除锈。

图 4-88　钢筋手工除锈示意图

6. 钢筋连接步骤

钢筋就位⟶拧下钢筋丝头保护帽⟶接头拧紧⟶做标记⟶施工检验。

（1）钢筋就位：将丝头检验合格的钢筋搬运至待连接处，如图 4-89 所示。

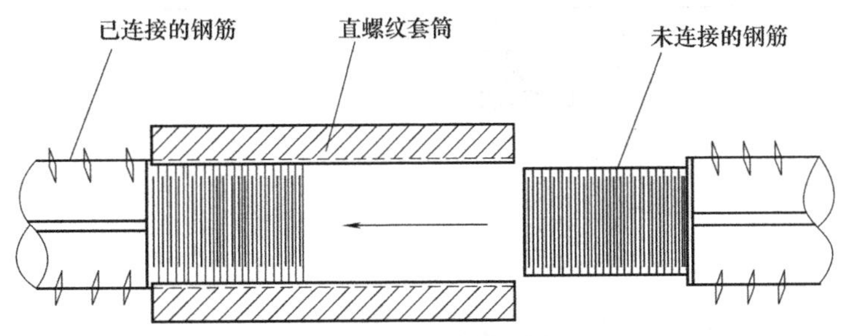
已连接的钢筋
直螺纹套筒
未连接的钢筋

图 4-89　钢筋就位示意图

（2）接头拧紧：用扳手和管钳将连接接头拧紧。

（3）做标记：对已经拧紧的接头做标记，与未拧紧的接头区分开。

（4）钢筋接头连接

钢筋接头连接方法如图 4-90 所示。

连接时，先取下连接端的塑料保护帽，检查丝扣是否完好无损，规格与套筒是否一致；确认无误后，把已经上好连接套筒的钢筋拧到被连接的钢筋上,并用力矩扳手按规定的力矩值，拧紧钢筋接头，当听到扳手发出“咔哒”一声时,表明钢筋接头已被拧紧，做好标记，以防钢筋接头漏拧。

图 4-90　钢筋接头连接方法示意图

1）径向挤压连接

① 将一个钢套筒套在两根带肋钢筋的端部，用超高压液压设备（挤压钳）沿钢套筒径向挤压钢套管，在挤压钳挤压力作用下，钢套筒产生塑性变形与钢筋紧密结合，通过钢套筒与钢筋横肋的咬合，将两根钢筋牢固连接在一起。

② 特点：接头强度高，性能可靠，能够承受高应力反复拉压载荷及疲劳载荷。操作简便、施工速度快、节约能源和材料、综合经济效益好，该方法已在工程中大量应用。

③ 适用范围：适用于 $\phi16\sim\phi50$ 的 HRB335、HRB400、HRB500 级钢筋（包括焊接性差的钢筋），相同直径或不同直径钢筋之间的连接。目前最常见、采用最多的方式是钢筋剥肋滚压直螺纹套筒连接。

④ 剥肋滚压直螺纹连接：是径向挤压连接的一种连接形式，先将钢筋接头纵、横肋剥切处理，使钢筋滚丝前的柱体直径达到同一尺寸，然后滚压成型。它集剥肋、滚压于一体，成型螺纹精度高，滚丝轮寿命长，是目前直螺纹套筒连接的主流技术，如图 4-91～图 4-97 所示。

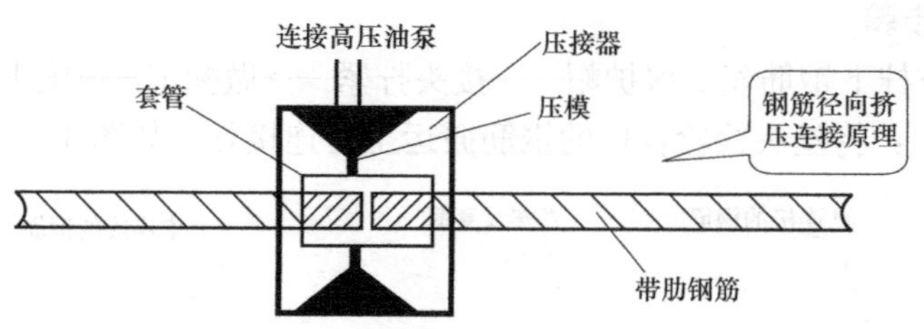
连接高压油泵
压接器
套管
压模
钢筋径向挤压连接原理
带肋钢筋

图 4-91　钢筋径向挤压连接原理

钢筋径向挤压连接

图 4-92　钢筋径向挤压连接示意图

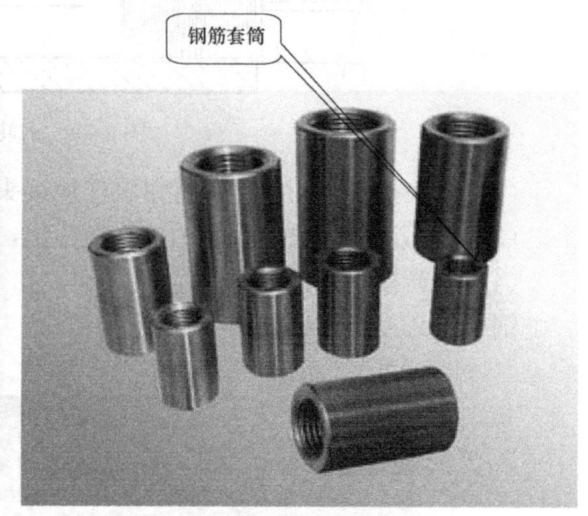
钢筋套筒

图 4-93　钢筋套筒示意图

两根将被连接带肋钢筋的端部

图 4-94　待连接钢筋示意图

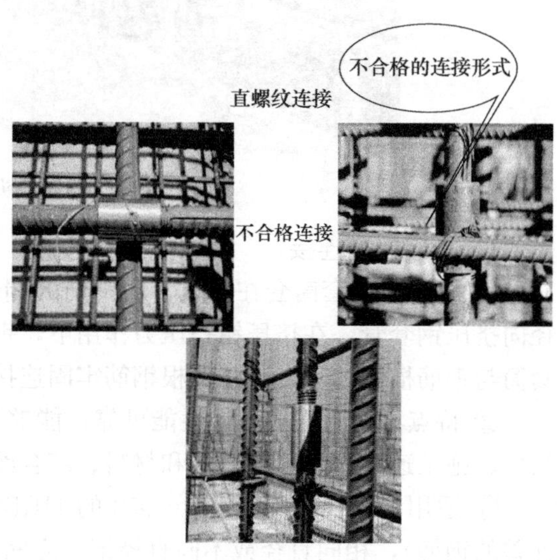
不合格的连接形式
直螺纹连接
不合格连接

图 4-95　不合格的钢筋连接示意图

2）轴向挤压连接

①采用挤压机的压膜，沿钢筋轴线冷挤压专用金属套筒，把插入套筒里的两根热轧带肋钢筋紧固成一体的机械连接方法。

钢筋套筒连接，
外留丝口不能
超过2个。

图 4-96 钢筋连接外留丝扣示意图

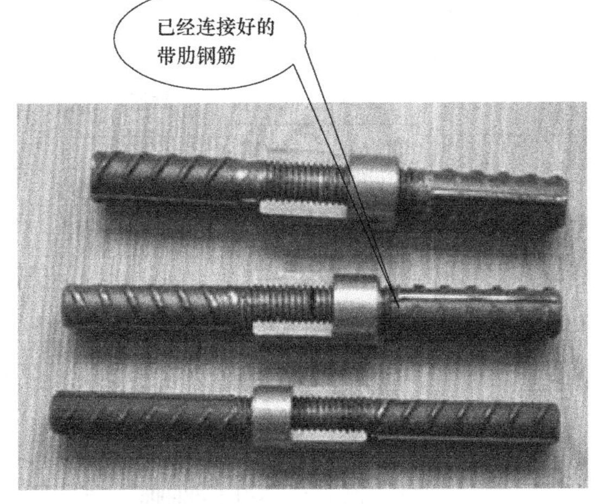
已经连接好的
带肋钢筋

图 4-97 已连接好的带肋钢筋示意图

② 特点：操作简单、连接速度快、无明火作业、可全天候施工，节约大量钢筋和能源。

③ 适用范围：适用于按一、二级抗震设防要求的钢筋混凝土结构中 ϕ20～ϕ32 的 HRB335、HRB400 级钢筋现场连接施工，如图 4-98、图 4-99 所示。

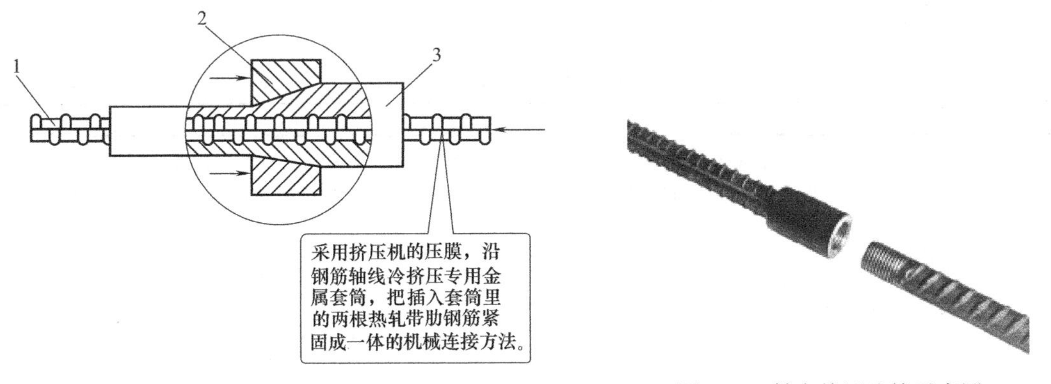
1
2
3
采用挤压机的压膜，沿
钢筋轴线冷挤压专用金
属套筒，把插入套筒里
的两根热轧带肋钢筋紧
固成一体的机械连接方法。

图 4-98 轴向挤压连接原理示意图

1—钢筋；2—压模；3—钢套筒

图 4-99 轴向挤压连接示意图

3）锥螺纹连接

① 利用锥螺纹能承受拉、压两种作用力及自锁性、密封性好的原理，将钢筋的连接端加工成锥螺纹，按规定的力矩值把钢筋连接成一体的接头。

② 特点：工艺简单、可以预加工、连接速度快、同心度好，不受钢筋含碳量和有无花纹限制等优点。

③ 适用范围：适用于工业与民用建筑及一般构筑物的混凝土结构中，钢筋直径为 ϕ16～ϕ40 的 HRB335、HRB400 级竖向、斜向或水平钢筋的现场连接施工，如图 4-100～图 4-102 所示。

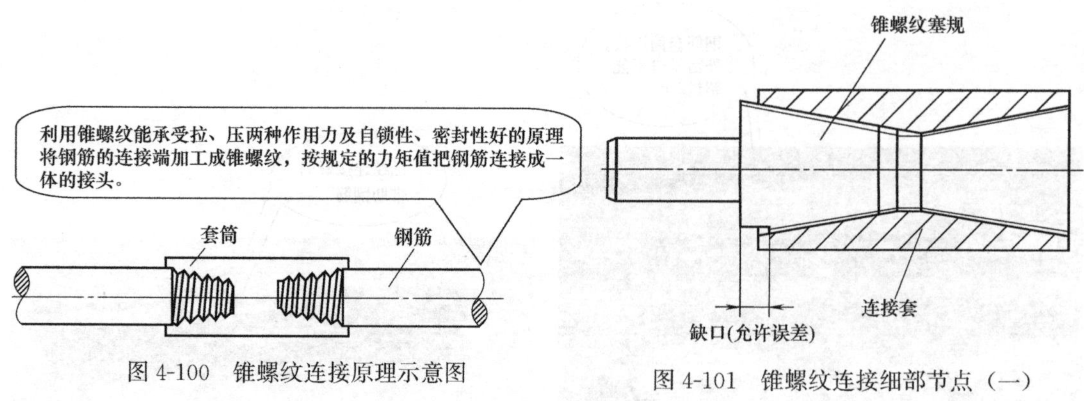
利用锥螺纹能承受拉、压两种作用力及自锁性、密封性好的原理将钢筋的连接端加工成锥螺纹，按规定的力矩值把钢筋连接成一体的接头。
套筒
钢筋
锥螺纹塞规
连接套
缺口(允许误差)

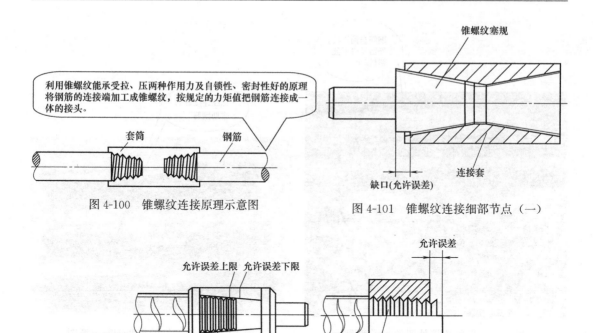

图 4-100　锥螺纹连接原理示意图

图 4-101　锥螺纹连接细部节点（一）

允许误差上限　允许误差下限　钢筋锥螺纹　卡规　(a)

允许误差　钢筋锥螺纹　环规　(b)

图 4-102　锥螺纹连接细部节点（二）

7. 钢筋接头有关规定和要求

钢筋接头有关规定和要求见表 4-6 所列。

钢筋接头有关规定和要求　　**表 4-6**

项目	钢筋接头的有关规定和要求
钢筋接头方法的采用	钢筋的接头一般应用焊接，螺纹钢筋可采用挤压套管接头。对直径等于或小于 25mm 的钢筋，在无焊接条件时，可采用绑扎接头；但对轴心受拉和小偏心受拉构件中的受力钢筋均应焊接，不得采用绑扎接头
钢筋的纵向焊接	应采用闪光电焊，当采用闪光对焊条件时，可采用电弧焊（帮条焊、搭接焊、熔槽帮条焊等）。钢筋的交叉连接，无电阻点焊机时，可采用手工电弧焊
采用搭接使用的焊条	1. 钢筋接头采用搭接或帮条电弧焊时，要求尽量做成双面焊缝，只有当不能做成双面焊缝时，才允许采用单面焊缝。 2. 钢筋接头采用焊接电弧焊时，两钢筋搭接部位应预先折向一侧，但两接合钢筋轴线一致，接头双面焊缝的长度不应小于 5d，单面焊缝的长度不应小于 10d（d 为钢筋直径）。 3. 钢筋接头采用帮条电弧焊时，帮条应采用与焊接钢筋同级别的钢筋，其总截面面积不应小于被焊钢筋截面面积，帮条长度。如用双面焊缝不应小于 5d，如用单面焊缝不应小于 10d（d 为钢筋直径）两钢筋间距 2～5mm。 4. 焊接厚度：≥0.3d，焊接宽度≥0.7d。 5. 帮条焊时，帮条与钢筋之间应用四点定位焊固定，接焊时，应用两点固定
	其性能应符合标准的有关规定，并符合设计要求采用，在设计未作规定时，可参照下列选用
接头位置与接头截面积	受力钢筋焊接或绑扎接头应设置于受力较小处，并分开布置，梁接头间距不小于 1.3 倍搭接长度。在搭接长度区段内的受力钢筋，其接头的截面面积占截面面积的百分率应符合下列规定

续表

项目	钢筋接头的有关规定和要求		
接头位置与接头截面积	搭接长度区段内受力钢筋接头面积的最大百分率		
	接头形式	接头面积最大百分率(%)	
		受拉区	受压区
	钢筋绑扎接头	25	50
	钢筋焊接接头	50	不限制
	注:在同一跨度或同一层高内的同一受力钢筋上宜少设连接接头,不宜设置 2 个或 2 个以上接头		

(五) 梁钢筋绑扎及安装

(1) 工艺流程

画梁箍筋位置线→放箍筋→穿梁受力筋→绑扎箍筋。

(2) 在梁侧模板上画出箍筋间距，摆放箍筋，如图 4-103 所示。

(3) 先穿主梁的下部纵向受力钢筋及弯起钢筋，将箍筋按已画好的间距逐个分开；穿次梁的下部纵向受力钢筋及弯起钢筋，并套好箍筋；放主次梁的架立筋；隔一定间距将架立筋与箍筋绑扎牢固；调整箍筋间距使间距符合设计要求，绑架立筋，再绑主筋，主次梁同时配合进行，如图 4-104 所示。

在梁侧模板上
画出箍筋间距，
摆放箍筋。

图 4-103 梁箍筋绑扎示意图

梁绑扎必须
主次梁及箍
筋同时配合
进行。

图 4-104 梁绑扎示意图

(4) 框架梁上部纵向钢筋应贯穿中间节点，梁下部纵向钢筋伸入中间节点锚固长度及伸过中心线的长度要符合设计要求。框架梁纵向筋在端节点内的锚固长度也要符合设计要求，如图 4-105 所示。

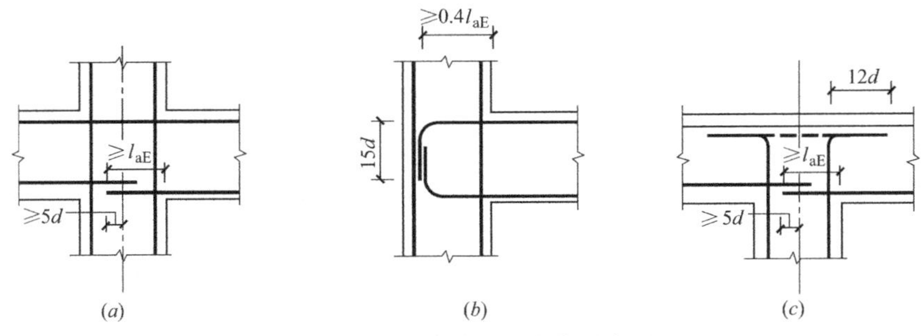
≥l_{aE}
≥5d
≥0.4l_{aE}
15d
12d
≥l_{aE}
≥5d
(a)
(b)
(c)

图 4-105 梁钢筋锚固搭接示意图

(a) 中间层中间节点；(b) 中间层端节点；(c) 顶层中间节点

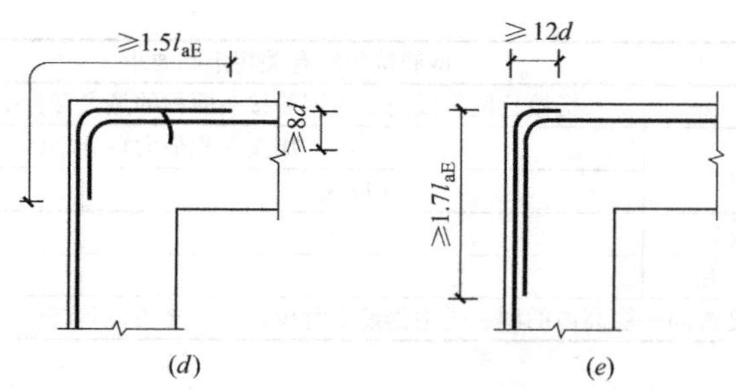
≥1.5l_{aE}
≥8d
(d)
≥12d
≥1.7l_{aE}
(e)

图 4-105　梁钢筋锚固搭接示意图（续）

（*d*）顶层端节点（1）；（*e*）顶层端节点（2）

（5）绑梁上部纵向筋的箍筋，宜用套扣法绑扎，如图 4-106 所示。

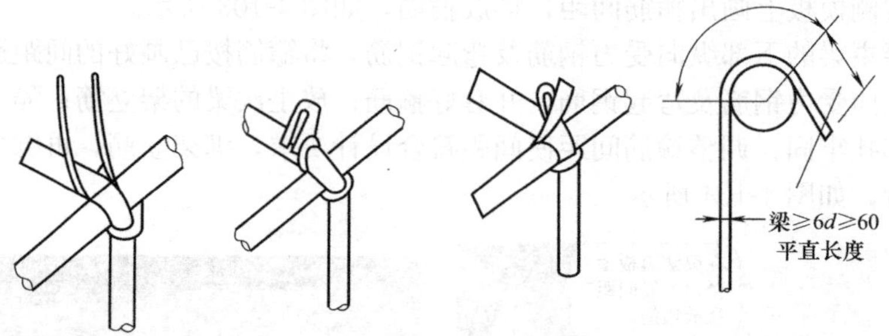
梁≥6d≥60
平直长度

图 4-106　梁钢筋套扣法绑扎示意图

（6）箍筋在叠合处的弯钩，在梁中应交错绑扎，箍筋弯钩为 135°，平直部分长度为 10*d*，如做成封闭箍时，单面焊缝长度为 5*d*，如图 4-107 所示。

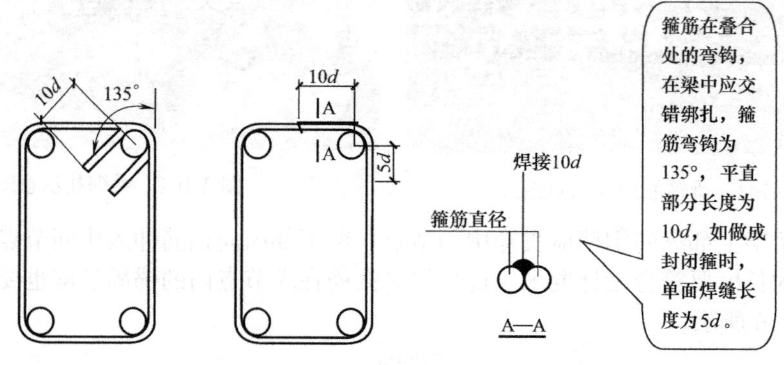
10d
135°
10d
A
A
5d
焊接10d
箍筋直径
A—A
箍筋在叠合处的弯钩，在梁中应交错绑扎，箍筋弯钩为135°，平直部分长度为10d，如做成封闭箍时，单面焊缝长度为5d。

图 4-107　箍筋绑扎示意图

（7）梁端第一个箍筋应设置在距离柱节点边缘 50mm 处。梁端与柱交接处箍筋应加密，其间距与加密区长度均要符合设计要求，如图 4-108 所示。

（8）在主、次梁受力筋下均应垫垫块（或塑料卡），保证保护层的厚度。受力筋为双排时，可用短钢筋垫在两层钢筋之间，钢筋排距应符合设计要求，如图 4-109 所示。

（9）梁筋的搭接：梁的受力钢筋直径等于或大于 22mm 时，宜采用焊接接头；小于 22mm 时，可采用绑扎接头，搭接长度要符合规范的规定。搭接长度末端与钢筋弯折处的距离，不得小于钢筋直径的 10 倍。接头不宜位于构件最大弯矩处，受拉区域内 HPB235

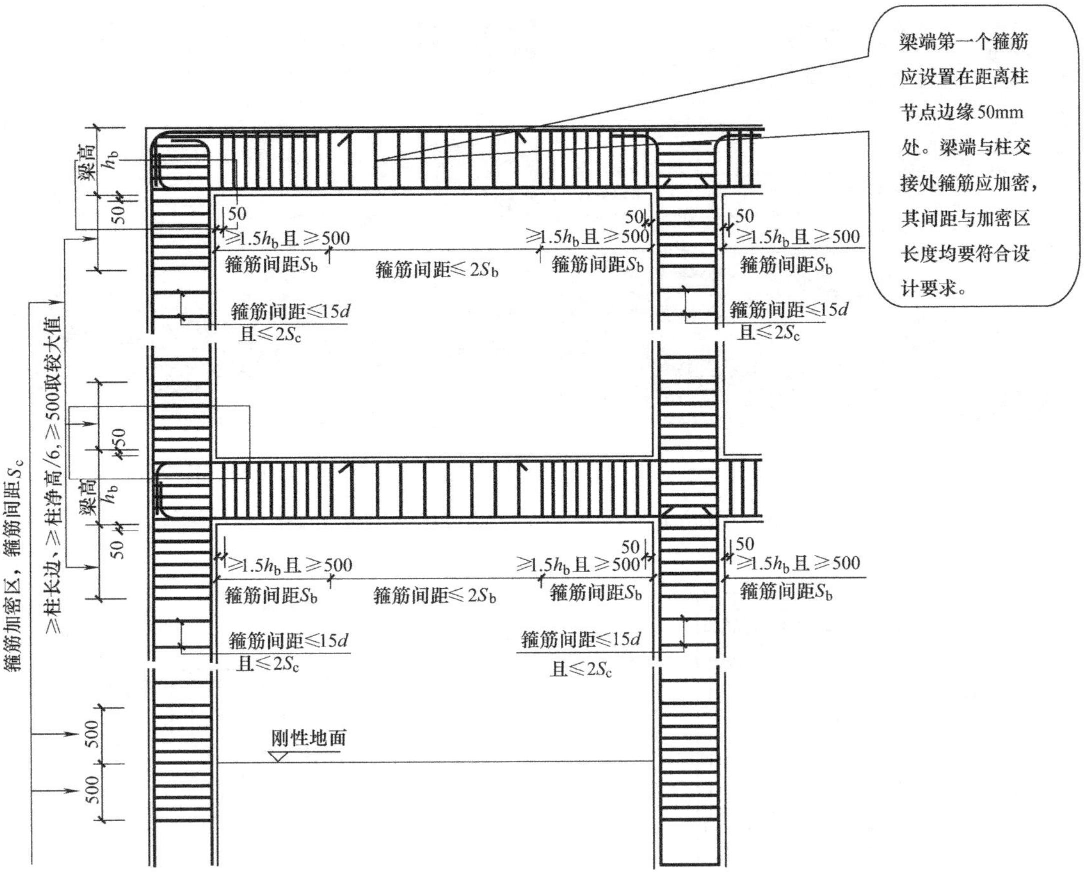

梁端第一个箍筋应设置在距离柱节点边缘50mm处。梁端与柱交接处箍筋应加密，其间距与加密区长度均要符合设计要求。

箍筋加密区，箍筋间距S_c

≥柱长边、≥柱净高/6，≥500取较大值

梁高h_b

≥1.5h_b且≥500 箍筋间距S_b

箍筋间距≤2S_b

箍筋间距≤15d且≤2S_c

刚性地面

图 4-108 箍筋间距与加密区示意图

级钢筋绑扎接头的末端应做弯钩（HRB335 级钢筋可不做弯钩），搭接处应在中心和两端扎牢。接头位置应相互错开，当采用绑扎搭接接头时，在规定搭接长度的任一区域内有接头的受力钢筋截面面积占受力钢筋总截面面积百分率，受拉区不大于 50%。

（10）箍筋的接头应交错设置，并与两根架立筋绑扎，悬臂挑梁则箍筋接头在下，其余做法与柱相同。梁主筋外角处与箍筋应满扎，其余可呈梅花点绑扎，如图 4-110 所示。

梁底模与钢筋骨架直接接触，未设置垫块，浇筑后成品易漏筋。

图 4-109 主、次梁受力筋下的垫块示意图

（11）纵向受力钢筋出现双层或多层排列时，两排钢筋之间应垫以直径 15mm 的短钢筋，如纵向钢筋直径大于 25mm 时，短钢筋直径规格与纵向钢筋相同规格，如图 4-111、图 4-112 所示。

箍筋梅花形布置，全数绑扎。

图 4-110　箍筋绑扎示意图

梁上部两排筋与面筋之间用钢筋隔开。
梁侧面加垫块保证两侧保护层厚度。
腰筋排布均匀。

图 4-111　纵向钢筋排列示意图

（12）悬挑梁：当梁下部钢筋为螺纹钢时伸入，如图 4-113、图 4-114 所示。

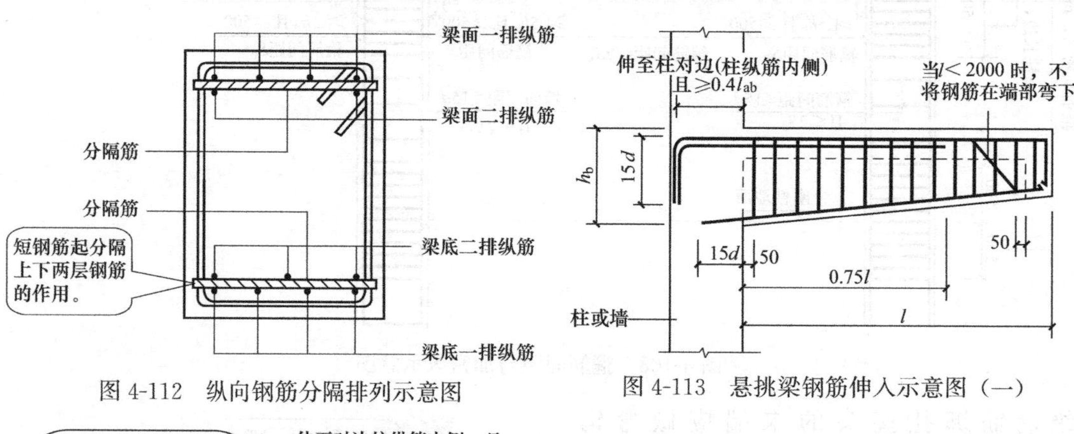
梁面一排纵筋
梁面二排纵筋
分隔筋
分隔筋
梁底二排纵筋
短钢筋起分隔上下两层钢筋的作用。
梁底一排纵筋
伸至柱对边(柱纵筋内侧)
且≥0.4l_{ab}
当l＜2000 时，不将钢筋在端部弯下
h_b
15d
15d
50
50
0.75l
柱或墙
l

图 4-112　纵向钢筋分隔排列示意图

图 4-113　悬挑梁钢筋伸入示意图（一）

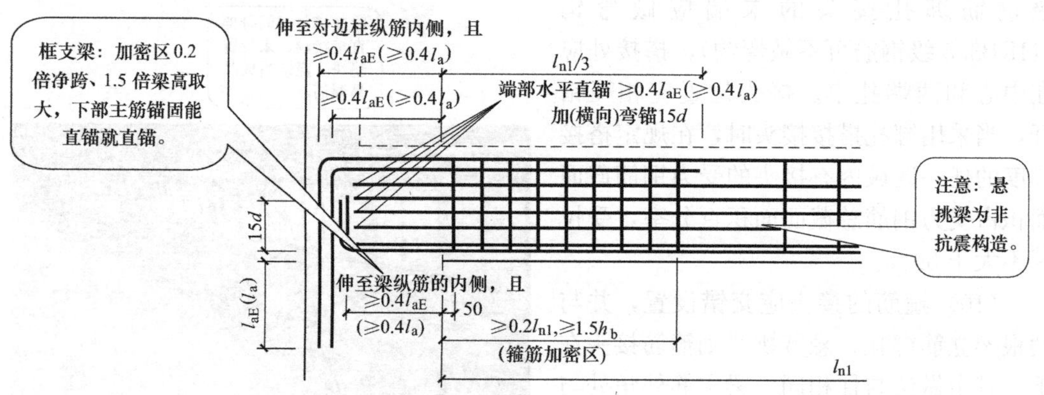
框支梁：加密区 0.2 倍净跨、1.5 倍梁高取大，下部主筋锚固能直锚就直锚。
伸至对边柱纵筋内侧，且
≥0.4l_{aE}(≥0.4l_a)
l_{n1}/3
≥0.4l_{aE}(≥0.4l_a)
端部水平直锚 ≥0.4l_{aE}(≥0.4l_a)
加(横向)弯锚15d
注意：悬挑梁为非抗震构造。
15d
l_{aE}(l_a)
伸至梁纵筋的内侧，且
≥0.4l_{aE}
(≥0.4l_a)
50
≥0.2l_{n1},≥1.5h_b
(箍筋加密区)
l_{n1}

图 4-114　悬挑梁钢筋伸入示意图（二）

（六）板钢筋绑扎及安装

1. 板钢筋绑扎流程

（1）单层钢筋

弹钢筋位置线→铺设顶板下网下层钢筋→铺设顶板下网上层钢筋→绑扎顶板下网钢筋→水、电工序插入→放置马凳、垫块→绑扎顶板下网上层钢筋

(2) 双层钢筋

弹钢筋位置线→铺设下网下层钢筋→铺设下网上层钢筋→绑扎顶板下网钢筋→水、电工序插入→放置马凳、垫块→铺设上网下层钢筋→铺设上网上层钢筋→绑扎顶板上网钢筋→安墙、柱水平定距框→检查调整墙、柱预留钢筋。

(3) 钢筋绑扎遵循原则：板、次梁与主梁交叉处，板的钢筋在上，次梁钢筋居中，主梁钢筋在下；当有圈梁、垫梁时，主梁钢筋在上，如图 4-115 所示。

2. 操作工艺

(1) 根据图纸设计的间距，算出顶板实际需用的钢筋根数，在顶板模板上弹出钢筋位置线，靠近模板边的那根钢筋距离板边为 50mm，如图 4-116、图 4-117 所示。

板、次梁与主梁交叉处，板的钢筋在上，次梁钢筋居中，主梁钢筋在下；当有圈梁、垫梁时，主梁钢筋在上。
次梁负钢筋居中。
主梁负钢筋在下。
板的负钢筋在上。

图 4-115　钢筋绑扎原则示意图

板筋绑扎前需按图纸要求弹线。

图 4-116　楼板绑扎弹线示意图（一）

(2) 按弹出的钢筋位置线，绑扎顶板下层钢筋。先摆放受力主筋，后放分布钢筋。分布钢筋的作用是将受力钢筋在横向连成一片，保持受力钢筋的位置不致因受外力作用而产生位移，同时将集中荷载分散给受力钢筋，并将混凝土的收缩与温度变形引起的应力分散承受，如图 4-118 所示。

板筋绑扎前需按图纸要求弹线。

图 4-117　楼板绑扎弹线示意图（二）

按弹出的钢筋位置线，绑扎顶板下层钢筋。先摆放受力主筋，后放分布钢筋。

图 4-118　楼板绑扎底部筋示意图

（3）单向板受力钢筋布置在受力方向，放在下层。分布钢筋布置在非受力方向，放在上层。双向板在板中双向都配受力筋，在受力大的方向受力钢筋布置在下层，如图 4-119、图 4-120 所示。

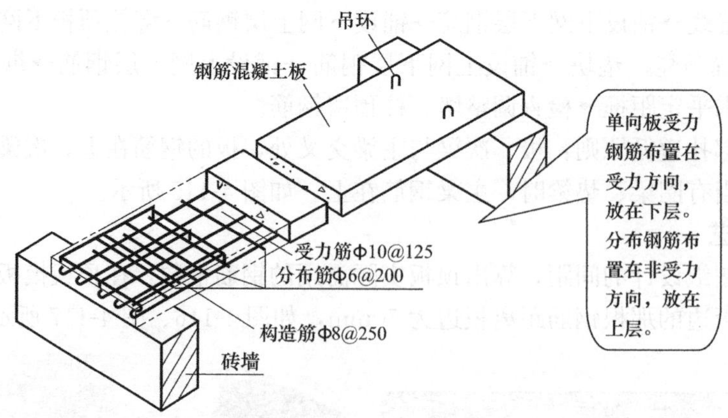
吊环
钢筋混凝土板
受力筋Φ10@125
分布筋Φ6@200
构造筋Φ8@250
砖墙
单向板受力钢筋布置在受力方向，放在下层。分布钢筋布置在非受力方向，放在上层。

图 4-119　单向板受力钢筋布置示意图

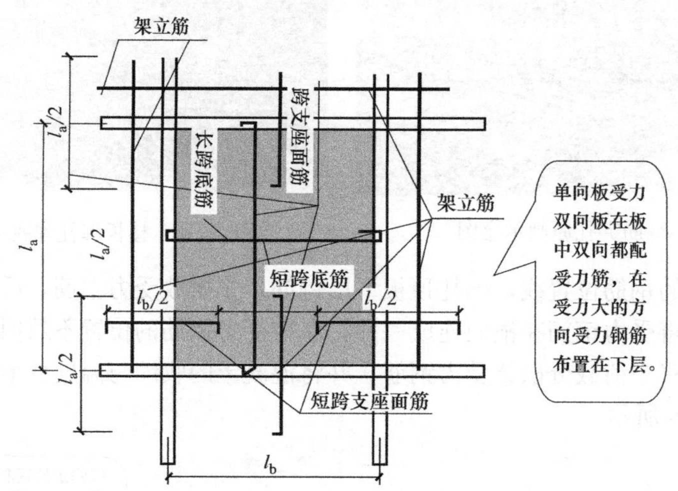
架立筋
跨支座面筋
长跨底筋
架立筋
短跨底筋
短跨支座面筋
$l_a/2$
l_a
$l_b/2$
l_b
单向板受力双向板在板中双向都配受力筋，在受力大的方向受力钢筋布置在下层。

图 4-120　双向板受力钢筋布置示意图

安放水平定距框，调整墙、柱预留钢筋的位置。

图 4-121　安放水平定距框示意图

（4）检查顶板下层钢筋施工合格后，放置顶板混凝土保护层用砂浆垫块，垫块厚度等于保护层厚度，可按 1m 左右间距呈梅花形布置，在下层钢筋上摆放马凳（间距以 1m 左右一个为宜），在马凳上摆放纵横两个方向走位钢筋，然后绑扎顶板负弯矩钢筋。

（5）安放水平定距框，调整墙、柱预留钢筋的位置，将墙、柱的预留筋绑扎牢固，筋甩出长度、甩头错开百分比及错开长度应满足设计及规范要求，按本工程施工，如图 4-121 所示。

（6）如果顶板为双层钢筋，下层钢筋绑扎完成后，放置马凳垫块，铺设上层下部钢筋，再铺设上层上部钢筋，绑扎上层钢筋，最后安放水平定距框，调整墙、柱预留钢筋的位置，楼板马凳布置如图 4-122～图 4-124 所示。

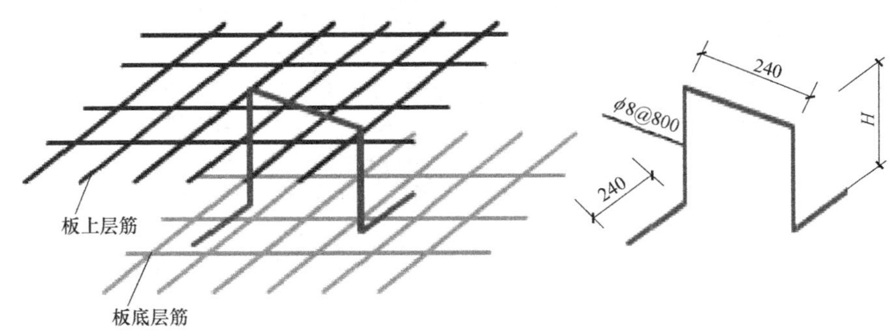
板上层筋
板底层筋
240
ϕ8@800
H
240

图 4-122　楼板马凳布置示意图（一）

垫块设置
楼板马凳设置

图 4-123　楼板马凳布置示意图（二）

马凳筋

图 4-124　楼板马凳布置示意图（三）

（7）绑扎板筋时一般用顺扣（图 4-125）或八字扣，除外围两根筋的交点应全部绑扎外，其余各点可交错绑扎（双向板相交点须全部绑扎）。如板为双层钢筋，两层筋之间须加钢筋撑脚。负弯矩钢筋每个相交点均应绑扎，如图 4-125 所示。

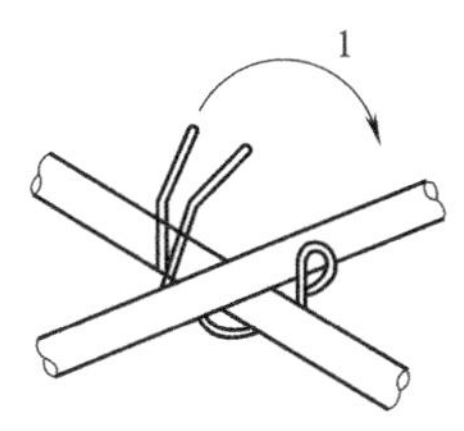
1
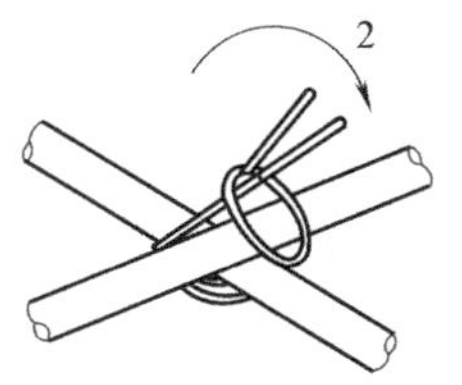
2
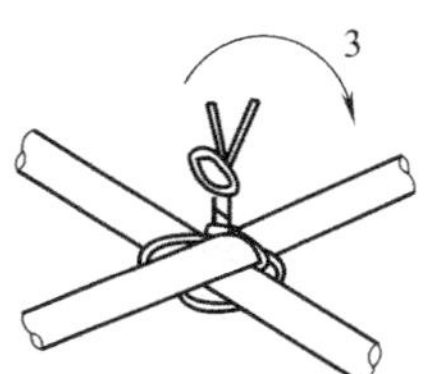
3

图 4-125　顺扣绑扎板筋示意图

（8）板筋绑扎其他事项如图 4-126～图 4-128 所示。

特别注意板上部的负筋，一要保证其绑扎位置准确，二要防止施工人员的踩踏，尤其是雨篷、挑檐、阳台等悬臂板，防止其拆模后断裂跨塌。

图 4-126　板筋注意事项示意图（一）

板筋上铁变下铁，垫块马凳不足。

图 4-127　板筋注意事项示意图（二）

钢筋绑扎完毕后用扩压机将板面垃圾清理干净。

图 4-128　板筋注意事项示意图（三）

根据楼层所放墙体边线，再次检查钢筋位置是否正确。

图 4-129　检查墙体钢筋位置示意图

（七）墙钢筋安装

（1）根据楼层所放墙体边线，再次检查钢筋位置是否正确，如钢筋发生位移必须经技术人员检查后方可进行处理，如图 4-129 所示。

（2）安装梯子筋：第一道竖向梯子筋安装在距暗柱第二或第三道墙体立筋上，梯子筋比墙体钢筋提高一个强度等级，梯子筋代替墙体钢筋使用，梯子筋安装以建筑 50 线控制标高，找出第一道墙体水平筋绑扎位置即梯子筋第一道水平杆绑扎位置，然后将梯子筋与预留墙体钢筋绑扎。第一道梯子筋安装好后每隔 1.2m 绑扎一道，来控制水平钢筋位置。水平梯子筋应安放在墙体钢筋顶部，以保证钢筋尺寸正确。墙体水平钢筋定位梯子筋如图 4-130～图 4-133 所示。

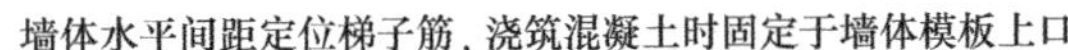
墙体水平间距定位梯子筋，浇筑混凝土时固定于墙体模板上口

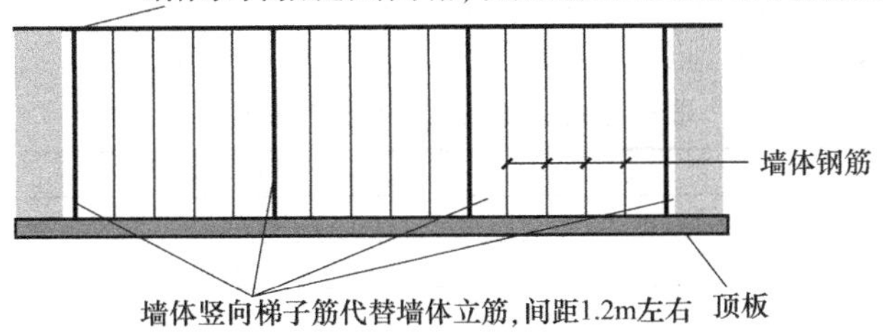
墙体钢筋
墙体竖向梯子筋代替墙体立筋，间距1.2m左右
顶板

图 4-130　墙体水平钢筋定位梯子筋（一）

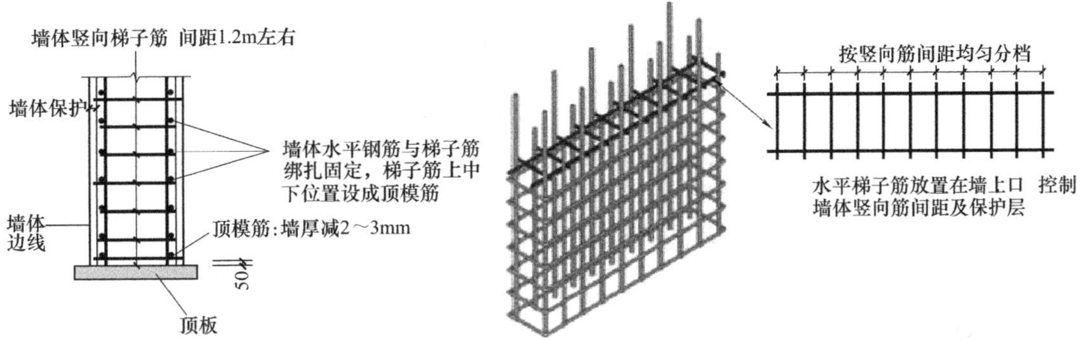
墙体竖向梯子筋 间距1.2m左右
墙体保护
墙体水平钢筋与梯子筋绑扎固定，梯子筋上中下位置设成顶模筋
墙体边线
顶模筋：墙厚减2～3mm
50
顶板
按竖向筋间距均匀分档
水平梯子筋放置在墙上口 控制墙体竖向筋间距及保护层

图 4-131　墙体水平钢筋定位梯子筋（二）　　图 4-132　墙体水平钢筋定位梯子筋（三）

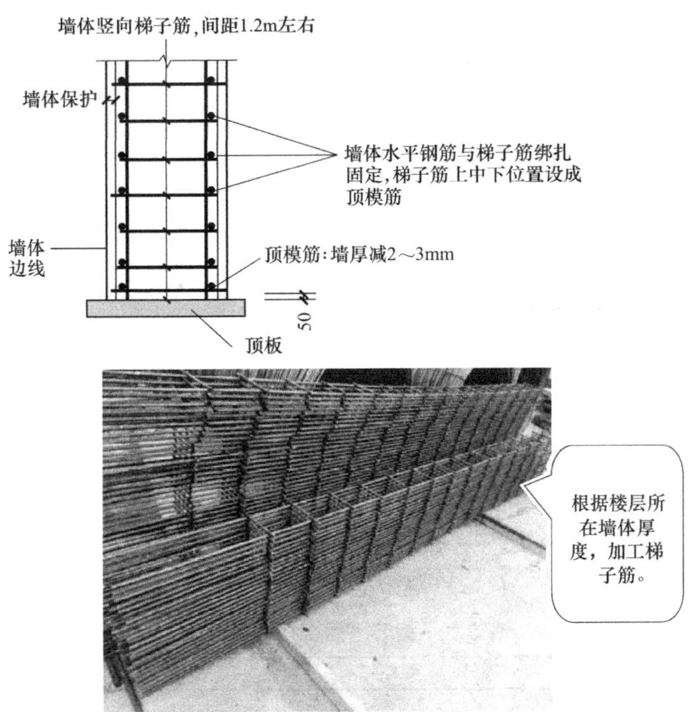
墙体竖向梯子筋，间距1.2m左右
墙体保护
墙体水平钢筋与梯子筋绑扎固定，梯子筋上中下位置设成顶模筋
墙体边线
顶模筋：墙厚减2～3mm
50
顶板
根据楼层所在墙体厚度，加工梯子筋。

图 4-133　墙体钢筋定位梯子筋

（3）竖筋绑扎：绑扎竖筋确保起步筋距柱边（50mm）位置准确，绑完竖筋后，立2～4根竖筋，将竖筋与下层伸出的搭接筋绑扎，在竖筋上画好水平筋分档标志，竖筋搭接区内保证有3根水平筋通过，其搭接长度为 l_{lE}（图4-134）。当钢筋直径大于16mm时采用直螺纹连接。墙体竖向钢筋采用绑扎搭接，其搭接长度见表4-7所列。

采用直螺纹连接，其错开间距＞35d。

墙体竖向钢筋采用绑扎搭接长度 **表4-7**

墙体竖向钢筋直径	绑扎搭接长度 l_{lE}
ϕ14	487mm
ϕ12	418mm

（4）水平筋绑扎：墙底部水平起步筋确保距地面50mm，并按约1.5m设置定距框。水平钢筋搭接头间要错开500mm，在墙体靠近端部搭接，且距钢筋弯折处不小于15d，搭接长度和绑扎要求同立筋绑扎。在转角和门窗洞口边，均要绑扎到位、牢固。绑扎时柱上要画等分线，水平筋绑扎完必须拉线调整，如图4-135～图4-137所示。

竖筋搭接区内保证有3根水平筋通过。

图4-134 墙体竖向连接示意图

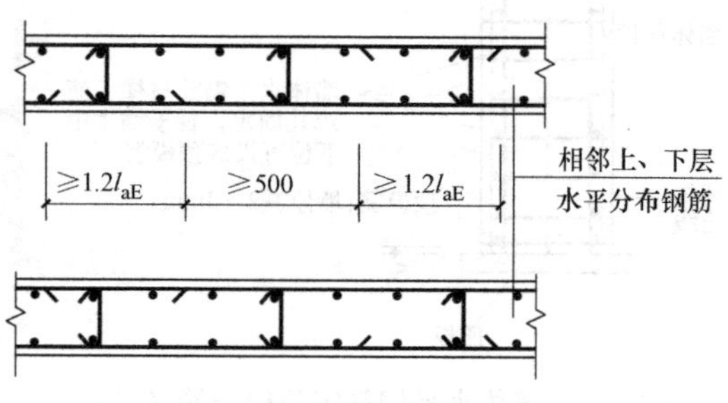
≥1.2l_{aE}
≥500
≥1.2l_{aE}
相邻上、下层水平分布钢筋
剪力墙水平分布钢筋交错搭接

图4-135 墙体水平筋绑扎示意图

注：沿高度每隔一根错开搭接。

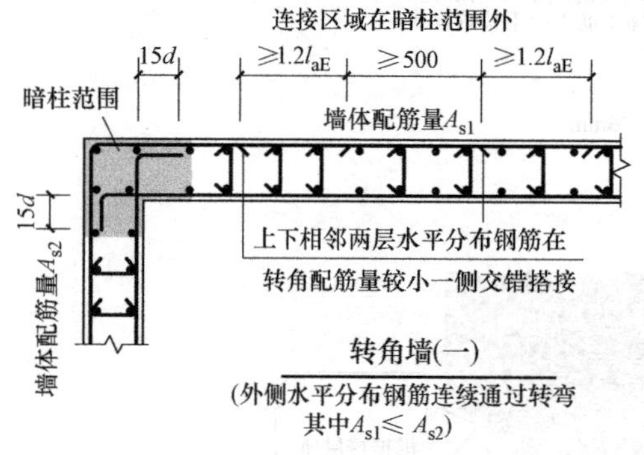
连接区域在暗柱范围外
15d
≥1.2l_{aE}
≥500
≥1.2l_{aE}
暗柱范围
墙体配筋量A_{s1}
15d
墙体配筋量A_{s2}
上下相邻两层水平分布钢筋在转角配筋量较小一侧交错搭接
转角墙(一)
(外侧水平分布钢筋连续通过转弯其中A_{s1}≤ A_{s2})

图4-136 墙体转角筋绑扎示意图

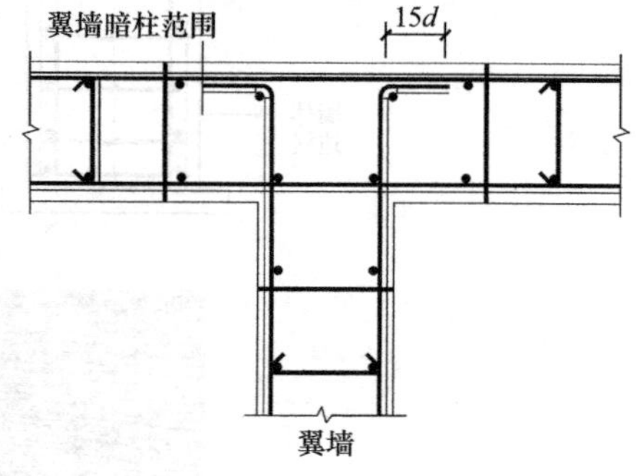
翼墙暗柱范围
15d
翼墙

图4-137 翼墙筋绑扎示意图

墙体水平钢筋采用绑扎搭接，其搭接长度见表4-8所列。

墙体水平钢筋采用绑扎搭接长度 **表4-8**

墙体水平配筋	15d	绑扎搭接长度 l_{lE}
ϕ14	210mm	568mm
ϕ12	180mm	487mm

(5) 剪力墙筋应逐点绑扎，双排钢筋之间应绑拉筋或支撑筋，其纵横间距不大于600mm；绑扎墙体拉钩、放置垫块：墙筋绑扎完毕后绑扎墙体拉钩，墙体拉钩间距600mm，呈梅花形布置，拉钩绑在墙体水平筋与立筋交接点处。墙体保护层采用成品垫块予以保证，垫块绑扎在墙体立筋上，间距600mm，呈梅花形布置或矩形布置，如图4-138所示。

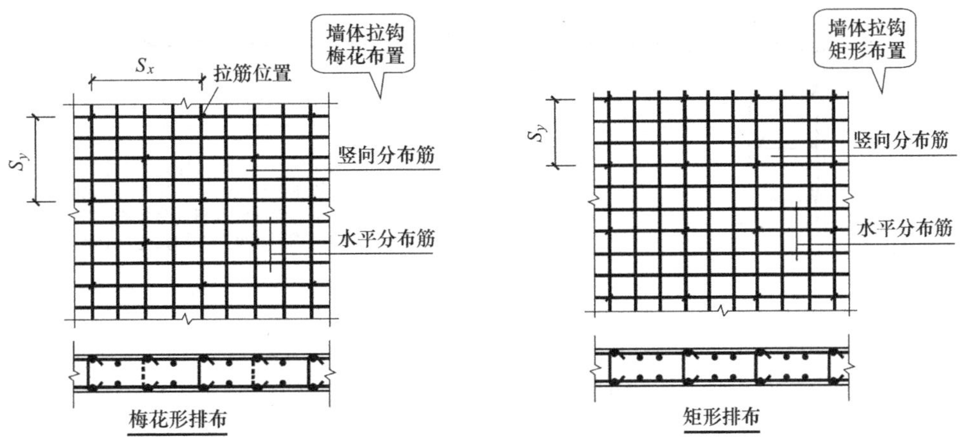
墙体拉钩
梅花布置
S_x
拉筋位置
S_y
竖向分布筋
水平分布筋
梅花形排布
墙体拉钩
矩形布置
S_y
竖向分布筋
水平分布筋
矩形排布

图4-138 墙体拉钩布置示意图

(6) 剪力墙与框支柱连接处，剪力墙的水平横筋应锚固到框架柱内，锚固方式如图4-139所示。

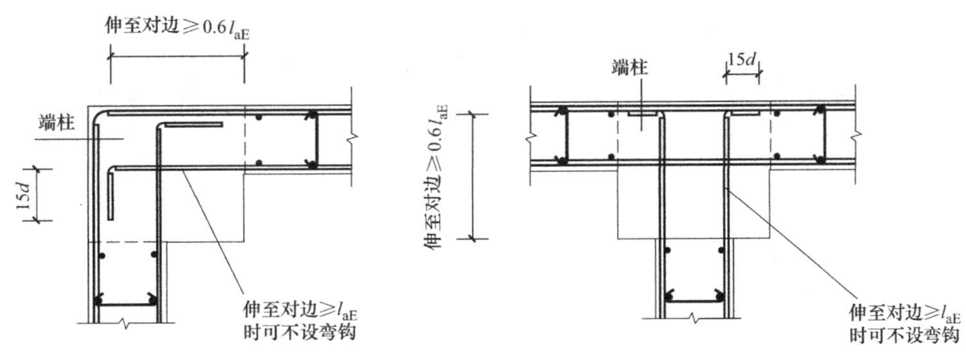
伸至对边≥0.6l_{aE}
端柱
15d
伸至对边≥l_{aE}
时可不设弯钩
伸至对边≥0.6l_{aE}
端柱
15d
伸至对边≥l_{aE}
时可不设弯钩
有端柱时剪力墙水平钢筋锚固

图4-139 剪力墙水平横筋锚固示意图

(7) 剪力墙水平筋在两端头、转角、十字节点、连梁等部位的锚固长度以及洞口周围加固筋伸入洞口的长度，均要符合锚固长度，弯钩长度≥15d。水平筋通过暗柱时保证主筋保护层尺寸。墙体水平筋与暗柱箍筋禁止有三根（含）以上重叠，重叠钢筋必须错开20mm以上，如图4-140所示。

(8) 竖向钢筋收头顶部做法和变截面处墙体竖向钢筋做法如图4-141、图4-142所示。

(9) 合模后对伸出的竖向钢筋应进行修整，在模板上口用梯子筋将伸出的竖向钢筋加以固定，浇筑混凝土时应有专人看管，浇筑后再次调整以保证钢筋位置的准确。

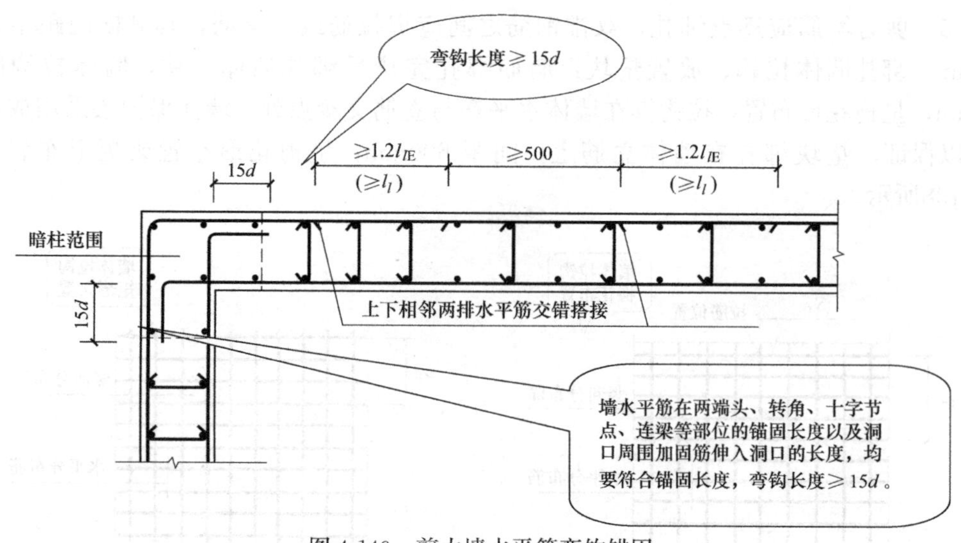
弯钩长度≥15d
15d
≥1.2l_{lE}
(≥l_l)
≥500
≥1.2l_{lE}
(≥l_l)
暗柱范围
15d
上下相邻两排水平筋交错搭接
墙水平筋在两端头、转角、十字节点、连梁等部位的锚固长度以及洞口周围加固筋伸入洞口的长度，均要符合锚固长度，弯钩长度≥15d。

图 4-140　剪力墙水平筋弯钩锚固

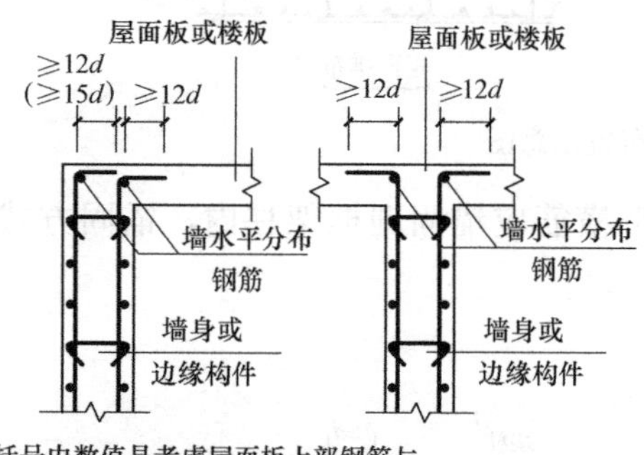
屋面板或楼板
≥12d
(≥15d)
≥12d
屋面板或楼板
≥12d
≥12d
墙水平分布
钢筋
墙身或
边缘构件
墙水平分布
钢筋
墙身或
边缘构件
(括号内数值是考虑屋面板上部钢筋与剪力外侧竖向钢筋搭接传力时的做法，详见本图集第100、106页)

图 4-141　竖向钢筋收头顶部做法

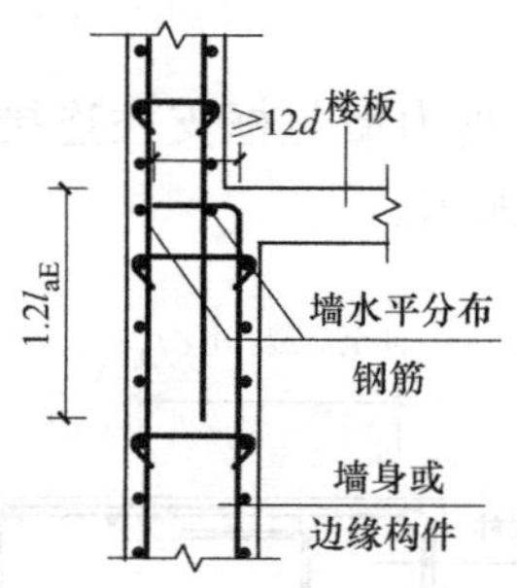
≥12d
楼板
1.2l_{aE}
墙水平分布
钢筋
墙身或
边缘构件

图 4-142　竖向钢筋变截面处墙体做法

（八）柱钢筋安装

（1）弹柱位置线

（2）柱甩筋清理、校正

柱纵筋绑扎前，首先检查纵向预留钢筋位置是否正确，如有偏位，按 1∶6 打弯调整。

（3）套柱箍筋

按图纸要求的箍筋间距，计算好每根柱箍筋数量，从楼面起 50mm，先将箍筋套在下层或底板伸出的主筋上，箍筋的弯钩叠合处应在柱上四角通转，相邻两箍筋弯钩位置不得相同应错开。

（4）柱主筋直螺纹连接

1）柱受力钢筋采用剥肋直滚轧螺纹连接，连接钢筋时，钢筋规格和套筒的规格必须一致，钢筋和套筒的丝扣应干净、完好无损。

2）滚压直螺纹应使用管钳和力矩扳手进行施工，将两个钢筋丝头在套筒中间位置相互顶紧，接头拧紧力矩符合表 4-9 的规定。

接头拧紧力矩　　**表 4-9**

钢筋直径(mm)	16	18～20	20～25	25～32
拧紧力矩(N^2·m)	80	160	230	300

3）经拧紧并检查完后的滚压直螺纹接头应马上用红油漆做出标记，单边外露完整丝扣不应超过 2P；同时每拧紧一个就标识一个以防漏拧。

（5）钢筋连接、锚固

1）柱钢筋搭接连接如图 4-143 所示。

当柱(包括芯柱)纵筋采用搭接连接，且为抗震设计时，在柱纵筋搭接长度范围(应避开柱端的箍筋加密区)的箍筋均应按≤5d(d为柱纵筋较小直径)及≤100mm的间距加密。

图 4-143　柱钢筋搭接连接

2）柱钢筋机械连接

① 柱钢筋采用机械连接，连接接头相互错开，具体位置如图 4-144 所示。

② 钢筋的箍筋弯钩为 135°角，平直段长度满足 10d，对于不合格的箍筋严禁上墙使用。

（6）框架柱钢筋绑扎

1）对连接好的柱筋要用线坠吊垂直，吊好后用钢管或钢筋做临时定位，保证垂直度。

2）按图纸要求间距，计算好每根柱箍筋数量，先将箍筋套在下层伸出的搭接筋上，然后立柱子钢筋，按已画好的箍筋位置线，将已套好的箍筋往上移动，由上往下绑扎，宜采用缠扣绑扎。

3）箍筋与主筋要垂直，箍筋转角处与主筋交点均要绑扎，主筋与箍筋非转角部分的相交点呈梅花交错绑扎。

4）柱上下两端箍筋应加密，加密区长度及加密区内箍筋间距应符合设计图纸及施工规范不大于 100mm 且不大于 5d 的要求（d 为主筋直径）。箍筋加密如图 4-145 所示。

5）顶层框架柱封顶构造应严格按照图集施工，具体情况如图 4-146、图 4-147 所示。

6）框架柱钢筋保护层厚度为 30mm，暗柱钢筋保护层为 25mm；剪力墙地上部分为 15mm，地下部分外墙为 40mm，内墙为 25mm。垫块应绑在柱竖筋外皮上，间距 800mm（或用塑料卡卡在外竖筋上），以保证主筋保护层厚度准确。同时，采用钢筋定距框来保证钢筋位置的正确性。定距框如图 4-148～图 4-151 所示。

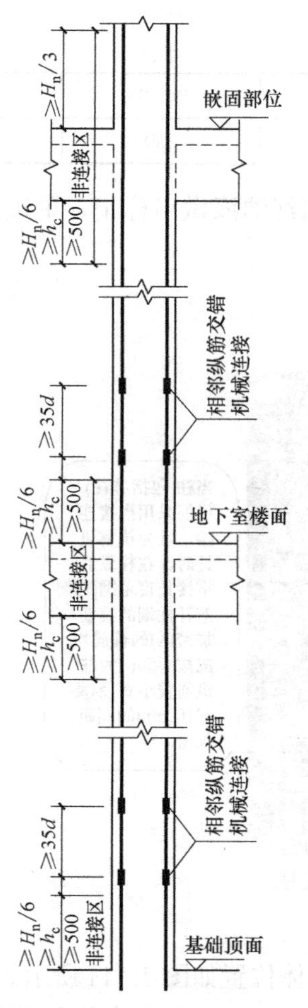

≥H_n/3
嵌固部位
非连接区
≥H_n/6
≥h_c
≥500
相邻纵筋交错机械连接
≥35d
地下室楼面
非连接区
基础顶面

图 4-144 机械连接

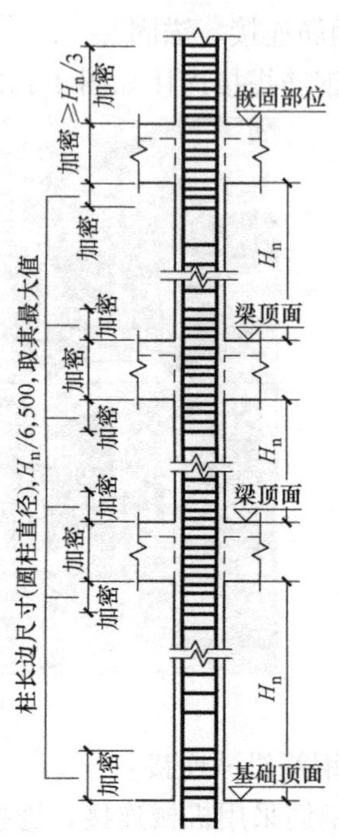

加密≥H_n/3
加密
嵌固部位
H_n
梁顶面
柱长边尺寸(圆柱直径),H_n/6,500,取其最大值
基础顶面

图 4-145 箍筋加密区范围

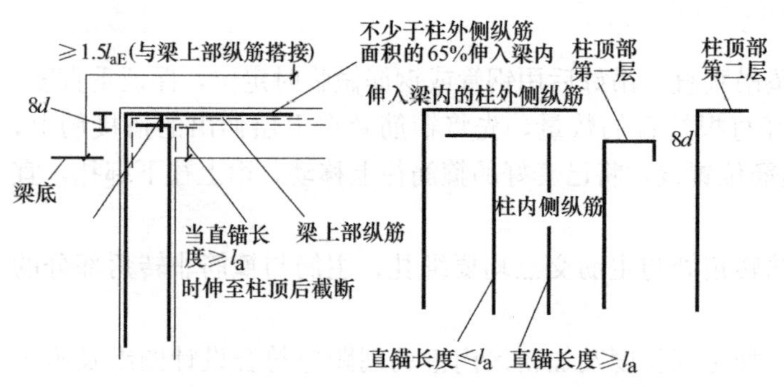

≥1.5l_{aE}(与梁上部纵筋搭接)
不少于柱外侧纵筋面积的65%伸入梁内
伸入梁内的柱外侧纵筋
8d
梁底
当直锚长度≥l_a时伸至柱顶后截断
梁上部纵筋
柱顶部第一层
柱顶部第二层
柱内侧纵筋
直锚长度≤l_a
直锚长度≥l_a

图 4-146 顶层框架柱封顶构造示意图

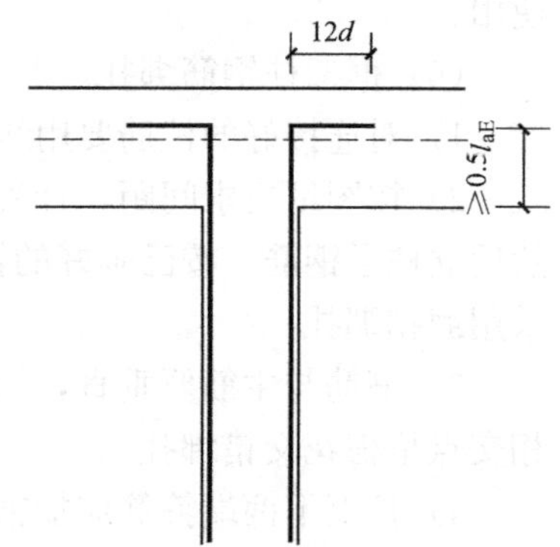

12d
≥0.5l_{aE}

图 4-147 框架柱中柱封顶构造示意图

注：此图为当直锚长度＜l_{aE}且顶层为现浇混凝土板时的做法。当直锚长度＞l_{aE}时，不用做弯钩。应特别注意柱头纵筋无论是否有弯折都必须伸至柱顶。

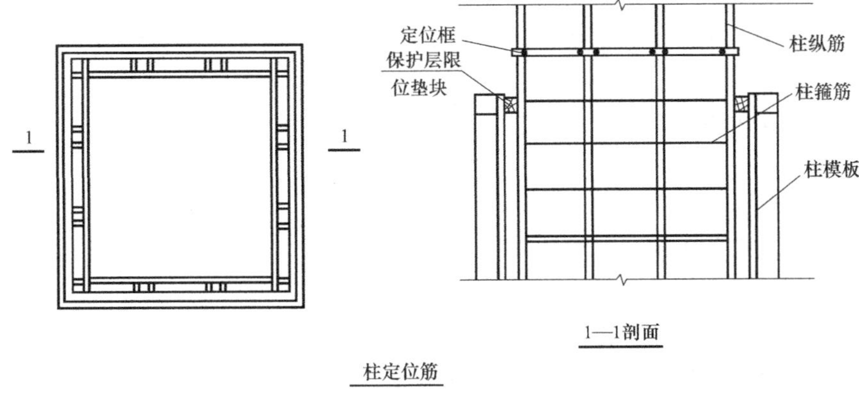
定位框
保护层限
位垫块
柱纵筋
柱箍筋
柱模板
1
1
1—1剖面
柱定位筋

图 4-148　定距框示意图（一）

定距框

图 4-149　定距框示意图（二）

加工定距框首先要设计好模具。
定距框

图 4-150　定距框示意图（三）

（九）钢筋施工七不绑

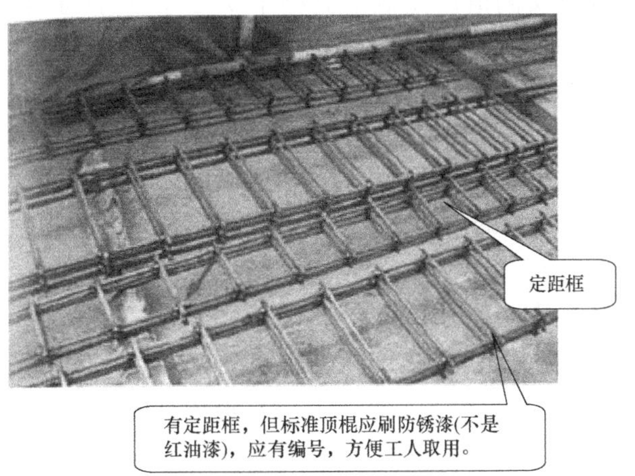
定距框
有定距框，但标准顶棍应刷防锈漆(不是红油漆)，应有编号，方便工人取用。

图 4-151　定距框示意图（四）

长期以来，我们都记得钢筋工程必须做好“隐蔽验收”才可以合模，然而实践告诉我们，靠“隐蔽验收”对钢筋工程质量把关，是行不通的，到“隐蔽验收”，再对钢筋工程质量提意见为时已晚，哪怕提出纠正一根钢筋的位置，也往往要拆掉这道墙、这根柱子所有的水平筋（或箍筋），否则无法操作，那时钢筋工程的损失就太大了，工期往往不容许到最后合模之前才提意见。届时，现场的操作人员、指挥人员将愤怒地质问质检人员“早干什么去了”，“这简直是给人出难题!”我们工地的质量检查人员非监理人员，不要“马后炮”，不要当“验尸官”，我们要做“过程控制”的把关员。《钢筋混凝土用钢》系列规范可供参考。由此，我们强调把钢筋质量检查重点放在“预检”上，而不是“隐蔽验收”上。

（1）没有弹线不绑；

（2）没有剔除浮浆不绑；

（3）没有清刷污筋不绑；

（4）未查钢筋偏位不绑；

（5）没有纠正偏位钢筋不绑；

（6）没有检查钢筋甩头长度不绑；

（7）没有检查钢筋接头合格与否不绑。

（十）钢筋隐蔽验收

1. 钢筋原材料与钢筋加工的验收

（1）严格材料进场报验制度

每批钢筋进场，都要对钢筋的规格、数量、生产厂家、合格证、出场检验报告等资料进行核查，检查钢筋外观质量，特别注意对钢筋直径应视不同类别，依据相关标准的规定进行实测，比如：对于热轧带肋钢筋直径实测时要注意区分公称直径与内径，《钢筋混凝土用钢　第2部分：热轧带肋钢筋》GB 1499.2给出的允许偏差是指内径的允许偏差，例如ϕ20钢筋，其内径公称尺寸为19.3mm，允许偏差为±0.5mm。监理人员应熟悉标准，以免误判，对于不符合标准的钢筋不允许进场。

（2）严格材料见证取样及审批制度

钢筋进场要进行力学性能试验，应按有关技术标准和规范规定，实施见证取样检测，送检率不低于取样数量的30%。如有一项试验结果不合格，则应从同一批中另取双份数量的试件进行复检，如仍有一个试件为不合格品，则该批钢筋为不合格。对一、二级抗震等级，检验所得强度实测值应符合以下规定：抗拉强度实测值与屈服强度实测值的比值不应小于1.25，屈服强度实测值与强度标准值的比值不应大于1.3。最大力总伸长率不小于9%。材料检验合格经监理审批后方可进行加工和安装，不合格的钢筋应清退出场。

（3）钢筋加工的验收

监理人员应及时进行巡视和旁站，对钢筋的弯钩弯折、加工形状、尺寸认真检查，其弯钩、弯折的角度应符合设计及规范要求。对于箍筋，应按现行规范对保护层的规定控制其下料尺寸。

2. 钢筋连接的监理验收

（1）钢筋连接的质量控制原则

钢筋的连接形式主要有绑扎搭接、焊接及机械连接三种，纵向受力钢筋的连接方式应符合设计及规范要求，机械连接及焊接接头应按相关规程进行力学性能试验。钢筋接头宜设置在受力较小处，同一纵向受力钢筋不宜设置两个或两个以上接头。

（2）钢筋连接验收要点

1）连接区段长度的确定。机械连接及焊接接头连接区段的长度为35d且不小于

500mm，接头为搭接长度的1.3倍。

2）接头面积百分率的控制。机械连接及焊接接头面积百分率在受拉区不宜大于50%。纵向受拉钢筋绑扎接头面积百分率应符合下列规定：梁、板、墙类不宜大于25%，柱类不宜大于50%。梁柱类构件纵向受力钢筋搭接长度范围内应按设计要求和规范规定配置箍筋。

3. 钢筋安装隐蔽工程验收

（1）箍筋加密区：抗震柱在节点区内应全长加密；梁则根据抗震等级确定加密区范围，从梁内50mm处开始绑扎第一根箍筋。实际施工中，往往存在加密区箍筋少放，甚至漏放现象，比如节点处梁端柱中箍筋，造成抗震节点的薄弱环节。注意梁柱纵筋在此区域内不宜有连接接头。

（2）框架柱顶部节点的锚固，应分别对中柱、边柱和角柱节点梁柱外层钢筋互锚进行检查。

（3）检查梁的上下层纵筋的锚固长度和伸入支座的平直长度。

（十一）钢筋隐蔽验收控制要点

（1）钢筋绑扎时，钢筋级别、直径、根数和间距应符合设计图纸的要求。

（2）柱子钢筋的绑扎，主要是控制搭接部位和箍筋间距（尤其是加密区箍筋间距和加密区高度），这对抗震地区尤为重要。若竖向钢筋采用焊接，要做抽样试验，保证钢筋接头的可靠性。

（3）对梁钢筋的绑扎，主要控制锚固长度和弯起钢筋的弯起点位置；对抗震结构则要重视梁柱节点处，梁端箍筋加密范围和箍筋间距；主次梁节点处钢筋加密。

（4）对楼板钢筋，主要控制防止支座负弯矩钢筋被踩踏而失去作用，其次是垫好保护层垫块，尤其是挑梁、挑板。

（5）对墙板的钢筋，要控制墙面保护层和内外皮钢筋间的距离，撑好双F卡，防止两排钢筋向墙中心靠近，对受力不利。

（6）对楼梯钢筋，主要控制梯段板的钢筋锚固，以及钢筋变折方向不要弄错；防止弄错后在受力时出现裂缝。

三、钢筋施工质量成品保护

（一）成品保护措施

（1）楼板、底板钢筋有防踩措施（铺跳板、通道）。

（2）防止把钢筋当做爬墙柱梯凳，必经路口应设爬梯设施。

（3）严禁水电、木工、钢筋工种对受力筋做电弧点焊，及明文列出违规重罚的规定。

（4）对定距框进行修理。

（二）成品保护的重要性

成品保护不好，往往前功尽弃。例如，楼板筋绑完，不铺跳板、马凳不放，双层网完全踩到一起。

再如绑墙钢筋，在必经之路不设爬梯，上下进出人员全踩墙筋，墙筋绑得再好，也全部踩变形。

还有电工安盒、木工安模用顶撑随便在受力筋上做电弧点焊；全都能造成绑好的钢筋工程被毁损。如何做好钢筋成品保护，应纳入钢筋方案、交底作为一项重要内容。

四、钢筋施工质量问题及处理措施

（一）原材料

1. 表面锈蚀

（1）现象

钢筋表面出现黄色浮锈，严重的转为红色，日久后变成暗褐色，甚至发生鱼鳞片剥落现象。

钢筋码放
混乱且场
地积水。

图 4-152　材料保管不良示意图

（2）原因分析

保管不良，受到雨雪侵蚀，存放期长，仓库环境潮湿，通风不良，如图 4-152 所示。

（3）预防措施

钢筋原料应存放在仓库或料棚内，保持地面干燥，钢筋不得直接堆放在地上，场地四周要有排水措施，堆放期尽量缩短，如图 4-153 所示。

（4）治理方法

淡黄色轻微浮锈不必处理。红褐色锈斑的清除可用手工钢刷清除，尽可能采用机械方法。对于锈蚀严重、发生锈皮剥落现象的，应研究是否降级使用或不用，如图 4-154 所示。

钢筋原料应
存放在仓库
或料棚内。

图 4-153　材料保管措施示意图

手工除锈

图 4-154　手工除锈示意图

2. 混料

（1）现象

钢筋品种、等级混杂，直径大小不同的钢筋堆放在一起，难以分辨，影响使用，如图 4-155 所示。

钢筋未分类码放，标识牌不足。

图 4-155　钢筋品种、等级混杂

（2）原因分析

原材料仓库管理不当，制度不严；直径大小相近的，用目测有时难以分清；技术证明未随钢筋实物同时交送仓库。

（3）治理方法

发现混料情况后，应立即检查并进行清理，重新分类堆放，如果翻垛工作量大，不易清理，应将该钢筋做出记号，以备混料时提醒注意，已发出去的混料钢筋应立刻追查，并采取防止事故的措施，如图 4-156 所示。

3. 原料弯曲

（1）现象

钢筋分类码放整齐。

图 4-156　钢筋分类码放示意图

钢筋在运至现场发现有严重曲折形状。

（2）原因分析

运输时装车不注意；运输车辆较短，条状钢筋弯折过度；用吊车卸车时，挂钩或堆放不慎；压垛过重。

（3）预防措施

采用专车拉运，对较长的钢筋尽可能采用吊车卸车。

（4）治理方法

利用矫直台将弯折处矫直，对曲折处圆弧半径较小的硬弯，矫直后应检查有无局部细裂纹，局部矫正不直或产生裂纹的不得用做受力筋。

4. 成型后弯曲裂缝

（1）现象

钢筋成型后弯曲处外侧产生横向裂缝。

（2）防治方法

取样复查冷弯性能，分析化学成分，检查磷的含量是否超过规定值，检查裂缝是否由于原先已弯折或碰损而形成，如有这类痕迹，则属于局部外伤，可不必对原材料进行性能复检。

5. 钢筋原材料不合格

（1）现象

在钢筋原料取样检验时，不符合技术标准要求。

（2）原因分析

钢筋出厂时检查不合格，以致整批材质不合格或材质不均匀。

（3）预防措施

进场原材料必须送样检验。

（4）治理方法

另取双倍试样做二次检验，如仍不合格，则该批钢筋不允许使用，如图 4-157 所示。

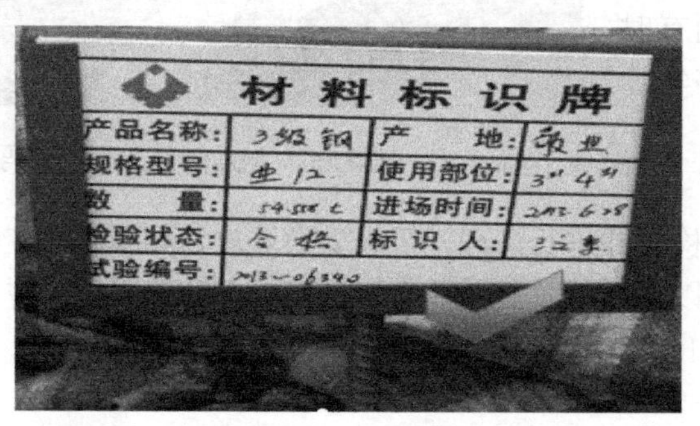
材料标识牌
产品名称：
3级钢
产 地：
规格型号：
使用部位：
数 量：
进场时间：
检验状态：
合格
标识人：
试验编号：

钢筋进场按批次的级别、品种、直径、外形分垛堆放，悬挂标识牌，注明产地、规格、品种、数量、进场时间、使用部位、检验状态、标识人、试验编号（复试报告单）等，内容填写齐全、清晰。

图 4-157　合格的材料标识牌

（二）钢筋加工

1. 剪断尺寸不准

（1）现象

剪断尺寸不准或被剪断钢筋端头不平。

（2）原因分析

定位尺寸不准，或刀片间隙过大。

（3）预防措施

严格控制其尺寸，调整固定刀片与冲切刀片间的水平间隙。

（4）治理方法

根据钢筋所在部位和剪断误差情况，确定是否可用或返工。

2. 箍筋不规范

（1）现象

矩形箍筋成型后拐角不成 90°或两对角线长度不相等。

（2）原因分析

箍筋边长成型尺寸与图样要求误差过大，没有严格控制弯曲角度，一次弯曲多个箍筋时没有逐根对齐。

（3）预防措施

注意操作，使成型尺寸准确，当一次弯曲多个箍筋时，应在弯折处逐根对齐。

（4）治理方法

当箍筋外形误差超过质量标准允许值时，对于 HPB235 级钢筋可以重新将弯折处拷直，再进行弯曲调整，对于其他品种钢筋不得重新弯曲。

3. 成型钢筋变形

（1）钢筋成型时外形准确，但在堆放过程中出现扭曲，角度偏差。

（2）原因分析

成型后往地面摔得过重，或因地面不平，或与别的钢筋碰撞；堆放过高压弯，搬运频繁。

（3）预防措施

搬运、堆放时要轻抬轻放，放置地点应平整；尽量按施工需要运送现场并按使用先后顺序堆放，并根据具体情况处理。

（三）钢筋安装

1. 骨架外形尺寸不准

（1）现象

在楼板外绑扎的钢筋骨架，往里安放时放不进去，或保护层过小。

（2）原因分析

成型工序能确保尺寸合格，就应从安装质量上找原因，安装质量影响因素有两点：多根钢筋未对齐；绑扎时某号钢筋偏离规定位置。

（3）预防措施

绑扎时将多根钢筋端部对齐，防止钢筋绑扎偏斜或骨架扭曲。

（4）治理方法

将导致骨架外形尺寸不准的个别钢筋松绑，重新安装绑扎。切忌用锤子敲击，以免骨架其他部位变形或松扣。

2. 平板保护层不准

（1）现象

浇灌混凝土前发现平板保护层厚度没有达到规范要求。

（2）原因分析

保护层砂浆垫块厚度不准确，或垫块垫得少。

（3）预防措施

检查砂浆垫块厚度是否准确，并根据平板面积大小适当垫多。

（4）治理方法

浇捣混凝土前，发现保护层不对及时采取措施补救。

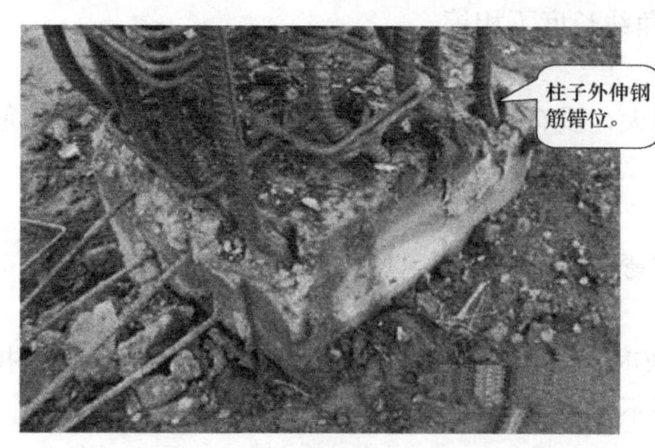
柱子外伸钢筋错位。
图 4-158　下柱钢筋错位示意图

3. 柱子外伸钢筋错位

（1）现象

下柱外伸钢筋从柱顶甩出，由于位置偏离设计要求过大，与上柱钢筋搭接不直，如图 4-158 所示。

（2）原因分析

钢筋安装后虽已自检合格，但由于固定钢筋措施不可靠，发生变化，或浇捣混凝土时被振动器或其他操作机具碰歪撞斜。

（3）预防措施

1）在外伸部分加一道临时箍筋，按图样位置安好，然后用样板固定好，浇捣混凝土前再重复一遍。如发生移位则应校正后再浇捣混凝土。

2）注意浇捣操作，尽量不碰撞钢筋，浇捣过程中由专人随时检查，及时校正。

（4）治理方法

在靠紧搭接不可能时，仍应使上柱钢筋保持设计位置，并采取垫紧焊接。

4. 同截面接头过多

（1）现象

在绑扎或安装钢筋骨架时，发现同一截面受力钢筋接头过多，其截面面积占受力钢筋总截面面积的百分率超出规范中规定数值，如图 4-159 所示。

（2）原因分析

1）钢筋配料时疏忽大意，没有认真考虑原材料长度。

2）忽略了某些杆件不允许采用绑扎接头的规定。

3）忽略了配置在构件同一截面中的接头，其中距不得小于搭接长度的规定，对于接触对焊接头，凡在 $30d$ 区域内作为同一截面，但不得小于 500mm，其中 d 为受力钢筋直径。

4）分不清钢筋位在受拉区还是在受压区。

钢筋同截面接头过多。
图 4-159　安装钢筋骨架时钢筋接头过多

（3）预防措施

1）配料时按下料单钢筋编号，再划出几个分号，注明哪个分号与哪个分号搭配，对于同一搭配安装方法不同的（同一搭配而各分号是一顺一倒安装的），要加文字说明。

2）记住轴心受拉和小偏心受拉杆件中的钢筋接头，均应焊接，不得采用绑扎接头。

3）弄清楚规范中规定的同一截面的含义。

4）如分不清是受拉区或受压区时，接头位置均应按受压区的规定办理，如果在钢筋安装过程中，安装人员与配料人员对受拉或受压理解不同，则应讨论解决。

（4）治理方法

在钢筋骨架未绑扎时，发现接头数量不符合规范要求，应立即通知配料人员重新考虑设置方案，如已绑扎或安装完钢筋骨架才发现，则根据具体情况处理，一般情况下应拆除骨架或抽出有问题的钢筋返工。如果返工影响工时或工期太长则可采用加焊帮条（个别情况经过研究，也可以采用绑扎帮条）的方法解决，或将绑扎搭接改为电弧焊接。

5. 露筋

（1）现象

结构或构件拆模时发现混凝土表面有钢筋露出，如图 4-160 所示。

（2）原因分析

保护层砂浆垫块垫得太稀或脱落，由于钢筋成型尺寸不准确，或钢筋骨架绑扎不当，造成骨架外形尺寸偏大，局部抵触模板，振捣混凝土时，振动器撞击钢筋，使钢筋移位或引起绑扣松散。

（3）预防措施

砂浆垫块要垫得适量可靠，竖立钢筋采用埋有钢丝的垫块，绑在钢筋骨架外侧时，为使保护层厚度准确应用钢丝将钢筋骨架拉向模板，将垫块挤牢，严格检查钢筋的成型尺寸，模外绑扎钢筋骨架，要控制好它的外形尺寸，不得超过允许值。

（4）治理方法

范围不大的轻微露筋可用灰浆堵抹，露筋部位附近混凝土出现麻点的应沿周围敲开或凿掉，直至看不到孔眼为止，然后用砂浆找平。为保证修复灰浆或砂浆与原混凝土结合可靠，原混凝土面要用水冲洗，用铁刷刷净，使表面没有粉层、砂浆或残渣，并在表面保护湿润的情况下补修，重要受力部位的露筋应经过技术鉴定后，采取措施补救。

墙面漏筋

图 4-160　混凝土表面有钢筋外漏

6. 钢筋遗漏

（1）现象

在检查核对绑扎好的钢筋骨架时，发现某号钢筋遗漏。

（2）原因分析

施工管理不当，没有事先熟悉图样和研究各号钢筋安装顺序。

（3）预防措施

绑扎钢筋骨架之前要熟悉图样，并按钢筋材料表核对配料单和料牌，检查钢筋规格是否齐全准确，形状、数量是否与图样相符。在熟悉图样的基础上，仔细研究各钢筋绑扎安装顺序和步骤，整个钢筋骨架绑完后应清理现场，检查有无遗漏。

（4）治理方法

遗漏掉钢筋要全部补上，骨架结构简单的在熟悉钢筋放进骨架后即可继续绑扎，复杂的要拆除骨架部分钢筋才能补上，对于已浇灌混凝土的结构物或构件发现某号钢筋遗漏要通过结构性能分析确定处理方法。

7. 绑扎节点松扣

（1）现象

搬移钢筋骨架时，绑扎节点松扣或浇捣混凝土时绑扣松脱，如图 4-161 所示。

绑扎节点松扣或浇捣混凝土时绑扣松脱。

图 4-161　节点松扣

（2）原因分析

绑扎钢丝太硬或粗细不适当，绑扣形式不正确。

（3）预防措施

一般采用 20～22 号作业绑线，绑扎直径 12mm 以下钢筋宜用 22 号钢丝，绑扎直径 12～15mm 钢筋宜用 20 号钢丝，绑扎梁柱等直径较粗的钢筋可用双根 22 号钢丝，绑扎时要尽量选用不易松脱的绑扣形式，如绑平板钢筋网时，除了用一面顺扣外，还应加一些十字花扣，钢筋转角处要采用兜扣并加缠，对紧立的钢筋网除了十字花扣外，也要适当加缠。

（4）治理方法

将节点松扣处重新绑牢。

8. 柱钢筋弯钩方向不对

（1）现象

柱钢筋骨架绑成后，安装时发现弯钩超出模板范围。

（2）原因分析

绑扎疏忽，将弯钩方向朝外。

（3）预防措施

绑扎时使柱纵向钢筋弯钩朝柱心。

（4）治理方法

将弯钩方向不对的钢筋拆除，调准方向再绑，切忌不拆除钢筋而硬将其拧转。这样做，不但会拧松绑口，还可能导致整个骨架变形。

9. 基础钢筋倒钩

（1）现象

绑扎基础底面钢筋网时，钢筋弯钩平放。

（2）原因分析

操作疏忽，绑扎过程中没有将弯钩扶起。

（3）预防措施

要认识到弯钩立起可以增强锚固能力，而基础厚度很大，弯钩立起并不会产生露筋的现象。因此，绑扎时切记要使弯钩朝上。

（4）治理方法

将弯钩平放的钢筋松扣扶起重新绑扎。

10. 板钢筋主副筋位置放反

（1）现象

平板钢筋施工时板的主副筋放反。

（2）原因分析

操作人员疏忽，使用时对主副筋在上或在下不加区别就放进模板。

（3）预防措施

绑扎现浇板筋时，要向有关操作者做专门交底，板底短跨筋置于下排，板面短跨方向筋置于上排。

（4）防治措施

钢筋网主、副筋位置放反，应及时重绑返工。如已浇筑混凝土，成型后才发现必须通过设计单位复核其承载能力，再确定是否采取加固措施。

五、钢筋工程质量标准及检验方法

（一）原材料

1. 主控项目

（1）钢筋进场时应按现行国家标准等的规定抽取试件做力学性能检验，其质量必须符合有关标准的规定。

检验方法：检查产品合格证、出厂检验报告和进场复验报告。

（2）当发现钢筋脆断、焊接性能不良或力学性能显著不正常等现象，应对该批钢筋进行化学成分检验或其他专项检验。

检验方法：检查化学成分等专项检验报告，如图4-162所示。

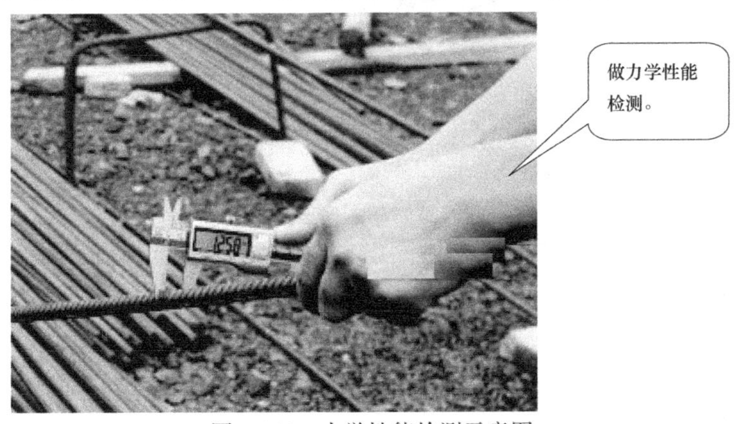
做力学性能
检测。

图4-162　力学性能检测示意图

2. 一般项目

钢筋应平直，无损伤，表面不得有裂纹、油污、颗粒状或片状老锈，如图 4-163 所示。

钢筋应平直，无损伤，表面不得有裂纹、油污、颗粒状或片状老锈。

图 4-163　合格钢筋示意图

（二）钢筋加工

1. 主控项目

（1）受力钢筋的弯钩和弯折应符合设计要求及规范规定。

检验方法：钢尺检查。

（2）箍筋的末端应做弯钩，弯钩的弯弧内直径应不小于受力钢筋直径，弯折角度应为 35°，弯后平直部分长度不小于 $10d$，且不小于 10mm。如图 4-164 所示。

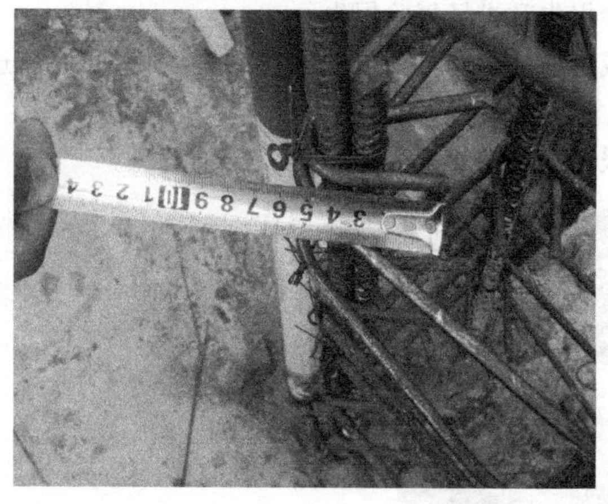

图 4-164　箍筋的末端弯钩示意图

2. 一般项目

钢筋加工尺寸形状，应符合设计要求及规范规定。

检验方法：钢尺检查。

（三）钢筋安装

1. 主控项目

钢筋安装时，受力钢筋的品种、级别、规格和数量必须符合设计要求。

检验方法：观察、钢尺检查。

2. 一般项目

钢筋安装位置的偏差应符合：绑扎钢筋网片尺寸允许偏差±10mm，绑扎骨架尺寸允许偏差±5mm，受力钢筋间距允许偏差±5mm，保护层厚度±3mm 等规范规定。

检验方法：钢尺检查，如图 4-165 所示。

钢筋安装过程
中检查安装尺
寸。

图 4-165　钢尺检查钢筋偏差示意图

第五章　模板工程施工技术与管理

一、常用模板类型

（一）总述

原则上模板工程施工中要做到安全生产、技术先进、经济合理、方便适用。结构选型时，力求做到受力明确，构造措施到位，升降搭拆方便，便于检查验收；进行模板工程的设计和施工时优先采用定型化、标准化的模板支架和模板构件。

（二）常用模板支架类型之扣件式钢管支架

国内常用的扣件式钢管支架是铸铁制作，其机械性能应符合《钢管脚手架扣件》（GB 15831—2006）材质不低于 KT330-08。还要求扣件式钢管支架系统零件少，安装简单，便于拆卸。除了铸铁扣件式钢管支架外，还有钢扣件式钢管支架。钢扣件式钢管支架一般又分为铸钢扣件式钢管支架和钢板冲压、液压扣件式钢管支架，铸钢扣件式钢管支架的生产工艺与铸铁大致相同，而钢板冲压、液压扣件式钢管支架则是采用 3.5～5mm 的钢板通过冲压、液压技术压制而成。钢扣件式钢管支架各种性能都比较优越，如抗断性、抗滑性、抗变形、抗脱、抗锈等。扣件式钢管支架搭设必须符合《建筑施工扣件式钢管脚手架安全技术规范》（JGJ 130—2011）的规定，如图 5-1 所示。

搭设必须符合《建筑施工扣件
式钢管脚手架安全技术规范》
(JGJ 130—2011)的规定。

图 5-1　模板搭设图

1. 钢管

脚手架钢管应采用现行国家标准《直缝电焊钢管》（GB/T 13793—2008）中规定的 3 号普通钢管。其质量应符合现行国家标准《碳素结构钢》（GB/T 700—2006）中 Q235—A 级钢的规定。单根脚手架钢管的最大质量不宜大于 25kg，应采用 $\phi48\times3.5$ 钢管。钢管表面应平直光滑，不应有裂缝、结疤、分层、错位、硬弯、毛刺、压痕和深的划道，钢管上严禁打孔，应涂有防锈漆，如图 5-2 所示。

（1）支架各部位名词解释

主节点：是指立杆、纵向和横向水平杆三杆交接处的扣接点。

扫地杆：贴近地面，连接立杆根部的水平杆，如图 5-3 所示。

钢管
主节点

图 5-2　钢管脚手架图

小横杆
扫地杆

图 5-3　扫地杆

立杆纵距（或称跨）：脚手架立杆的纵向间距。

立杆步距（或称步）：上下水平杆轴线间的距离。

（2）扣件钢管式脚手架的具体组成，如图 5-4 所示。

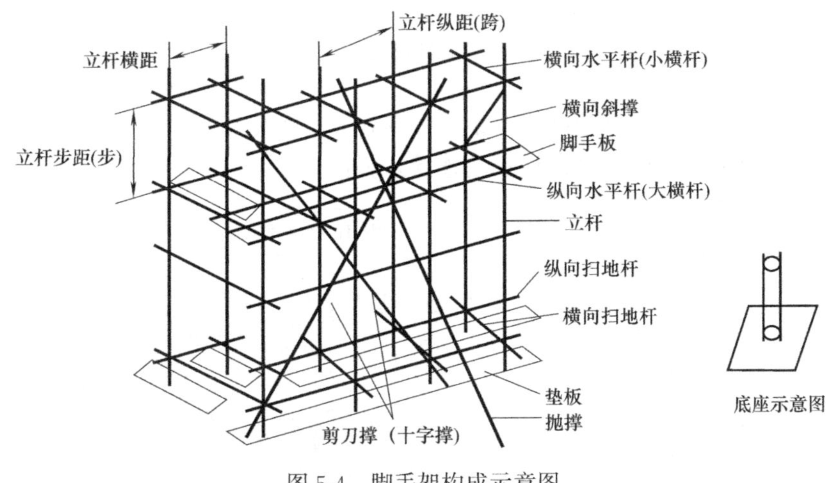
立杆纵距(跨)
立杆横距
横向水平杆(小横杆)
横向斜撑
立杆步距(步)
脚手板
纵向水平杆(大横杆)
立杆
纵向扫地杆
横向扫地杆
垫板
抛撑
剪刀撑（十字撑）
底座示意图

图 5-4　脚手架构成示意图

（3）纵横向扫地杆位置，如图 5-5 所示。

（4）立杆搭接注意事项

1）立杆上的对接扣件应交错布置：两根相邻立杆的接头不应设置在同步内，同步内隔一根立杆的两个相隔接头在高度方向错开的距离不宜小于 500mm；各接头中心至主节点的距离不宜大于步距的 1/3。

2）搭接长度不应小于 1m，应采用不少于 2 个旋转和扣件固定，端部扣件盖板的边缘

距立杆底端高度不大于200mm处设置纵、横向扫地杆。
小横杆

图 5-5　纵横向扫地杆示意图

至杆端距离不应小于 100mm，如图 5-6 所示。

2. 扣件

扣件是钢管与钢管之间的连接件，其形式有三种，即直角扣件、旋转扣件、对接扣件，如图 5-7 所示。

直角扣件：用于两根垂直相交钢管的连接，它依靠的是扣件与钢管之间的摩擦力来传递荷载的，如图 5-8 所示。

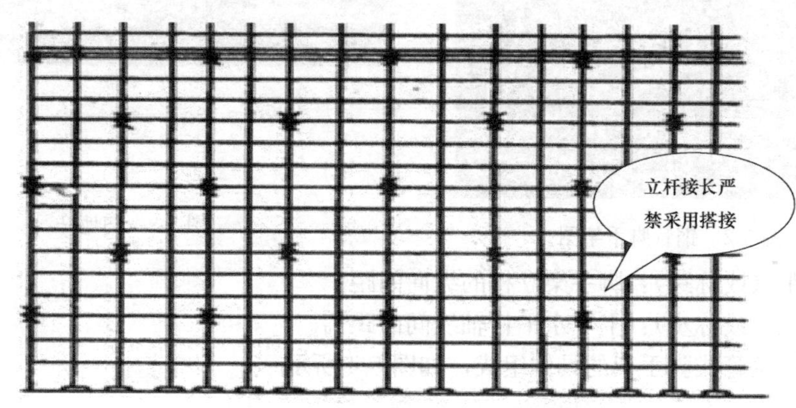
立杆接长严禁采用搭接

图 5-6　立杆搭接示意图

旋转扣件：用于两根任意角度相交钢管的连接，如图 5-9 所示。

对接扣件：用于两根钢管对接接长的连接，如图 5-10 所示。

（1）扣件的形式

扣件分为直角扣件（十字扣件、定向扣件）、旋转扣件（活动扣件、万向扣件）、对接扣件（一字扣件、直接扣件）等，如图 5-8～图 5-10 所示。

因扣件连接而命名。

图 5-7　扣件位置图

（2）扣件紧固注意事项

1）扣件式钢管模板支架施工前必须编制施工方案，制定比较严格周密的施工方案，如果方案制定的不好，在施工时就有可能出现一些不可预料的事件。

2）扣件外观质量要求。经常对扣件的外观质量进行检测，如有裂缝、变形或螺栓出现滑丝的扣件严禁使用，以防使用这些不合格的扣件出现施工故障和事故，如图 5-11、图 5-12 所示。

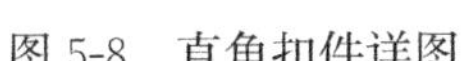

图 5-8　直角扣件详图

图 5-9　旋转扣件详图

图 5-10　对接扣件详图

扣件紧固力矩为
40～65N·m。

图 5-11　检测扣件紧固力矩示意图

对扣件进行外
观检测。

图 5-12　外观检测示意图

3）搭设扣件式模板支架使用的钢管、扣件，使用前必须进行抽样检测，抽样检测钢管、扣件的质量和外观是否符合标准，有关抽检数量按有关规定执行，要按照一定的比例进行抽样检测，未经检测或检测不合格的一律不得使用。

4）关于扣件的承载量，作业层上的施工荷载应符合设计要求，不得超载，要承载一定的重量，脚手架不得与模板支架相连，相连时要进行一定的处理，保证扣件的合理承载重量。

（3）底座与垫板

设立于立杆底部的垫座，注意底座与垫板的区别，底座一般是用钢板和钢管焊接而成的，底座一般放在垫板上面，而垫板既可以是木板也可以是钢板，如图 5-13、图 5-14 所示。

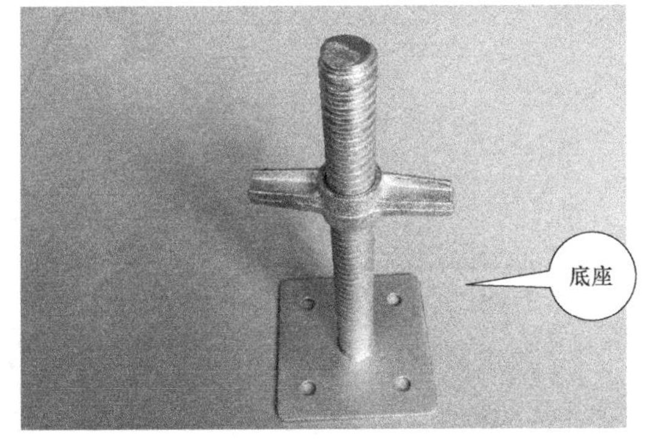
底座

图 5-13　底座

（三）常用模板支架类型之碗扣式钢管支架

碗扣式钢管支架基本构造和搭设要求与

扣件式钢支架类似，不同之处主要在于碗扣接头。碗扣接头是由上碗扣、下碗扣、横杆接头和上碗扣的限位销等组成。在立杆上焊接下碗扣和上碗扣的限位销，将上碗扣套入立杆内。在横杆和斜杆上焊接插头。组装时，将横杆和斜杆插入下碗扣内，压紧和旋转上碗扣，利用限位销固定上碗扣。

碗扣式钢管脚手架立柱横距为 1.2m，纵距根据脚手架荷载可为 1.2m、1.5m、1.8m、2.4m，步距为 1.8m、2.4m。搭设时立杆的接长缝应错开，第一层立杆应用长 1.8m 和 3.0m 的立杆错开布置，往上均用 3.0m 长杆，至顶层再用 1.8m 和 3.0m 两种长度找平。高 30m 以下脚手架垂直度偏差应控制在 1/200 以内，高 30m 以上脚手架应控制在 1/600～1/400，总高垂直度偏差应不大于 100mm。

碗扣式脚手架是一种新型承插式钢管脚手架。脚手架独创了带齿碗扣接头，具有拼拆迅速、省力，结构稳定可靠，配备完善，通用性强，承载力大，安全可靠，易于加工，不易丢失，便于管理，易于运输，应用广泛等特点，大步提高了工作效率。曾数次获国际及国内的各种嘉奖，是建设部 2000 年以前十项重点推广新技术之一，如图 5-15～图 5-17 所示。

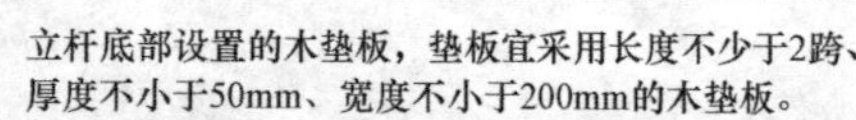
立杆底部设置的木垫板，垫板宜采用长度不少于2跨、厚度不小于50mm、宽度不小于200mm的木垫板。

图 5-14　垫板

因连接件像碗口而得名。

图 5-15　碗扣式钢管支架近图

搭设必须符合《建筑施工碗扣式钢管脚手架安全技术规范》(JGJ 166—2008)。

图 5-16　碗扣式钢管支架整体图

架体纵横向扫地杆距立杆底端高度不应大于350mm。

图 5-17　横扫地杆示意图

(四) 常用模板支架类型之门式钢管支架

(1) 门式钢管支架定义：门式脚手架是以门架、交叉支撑、连接棒、挂扣式脚手板或水平架、锁臂等组成基本结构，再设置水平加固杆、剪刀撑、扫地杆、封口杆、托座与底座，并采用连墙件与建筑物主体结构相连的一种标准化钢管脚手架。门式钢管脚手架不仅可作为外脚手架，也可作为内脚手架或满堂脚手架。门式脚手架是建筑用脚手架中，应用最广的脚手架之一。由于主架呈“门”字形，所以称为门式或门形脚手架，也称鹰架或龙门架，如图 5-18、图 5-19 所示。

(2) 门式钢管支架搭设要求如图 5-20 所示。

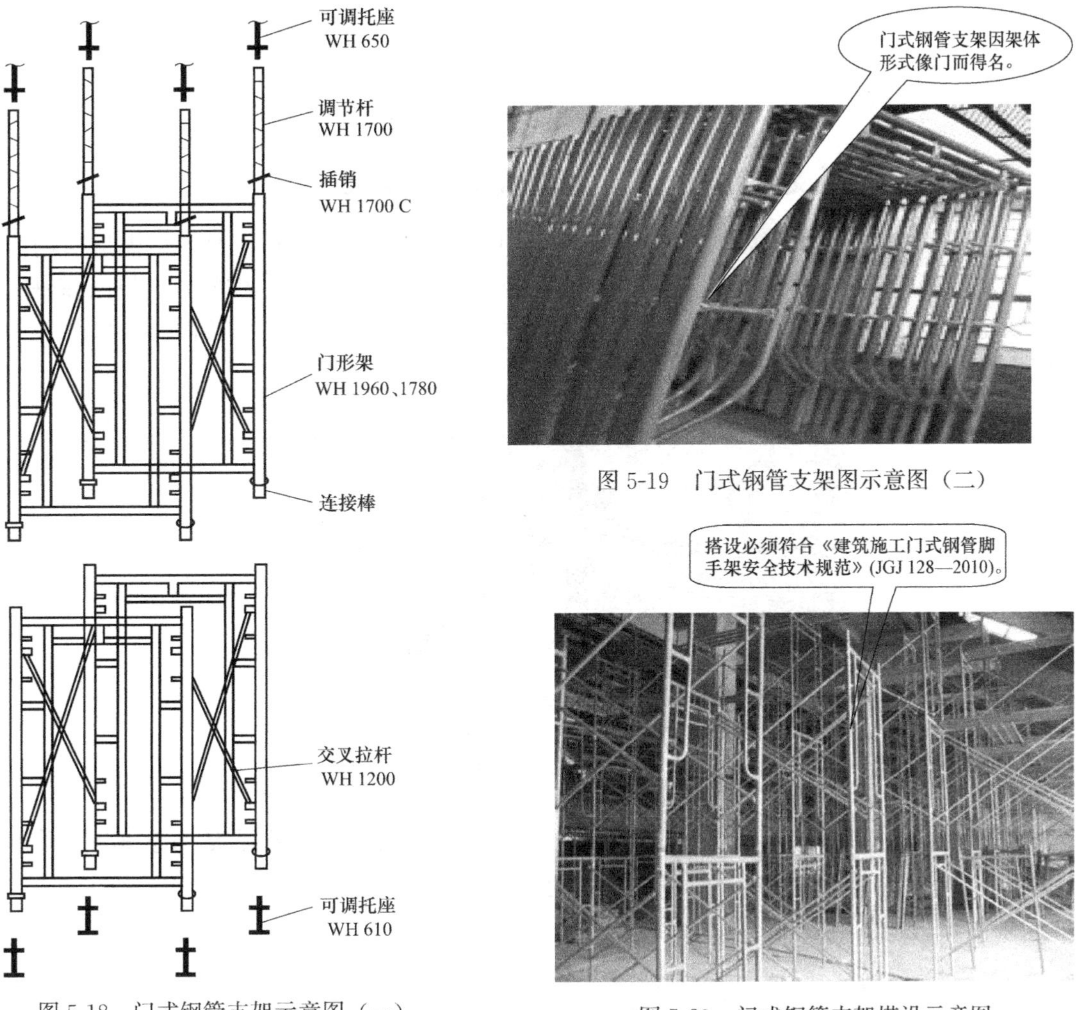
可调托座
WH 650
调节杆
WH 1700
插销
WH 1700 C
门形架
WH 1960、1780
连接棒
交叉拉杆
WH 1200
可调托座
WH 610
门式钢管支架因架体形式像门而得名。
搭设必须符合《建筑施工门式钢管脚手架安全技术规范》(JGJ 128—2010)。

图 5-18　门式钢管支架示意图（一）

图 5-19　门式钢管支架图示意图（二）

图 5-20　门式钢管支架搭设示意图

(3) 垫板底座

为保证地基具有足够的承载能力，立杆基础施工应满足构造要求和施工组织设计的要求；在脚手架基础上应弹出门架立杆位置线，垫板、底座安放位置要准确，如图 5-21、图 5-22 所示。

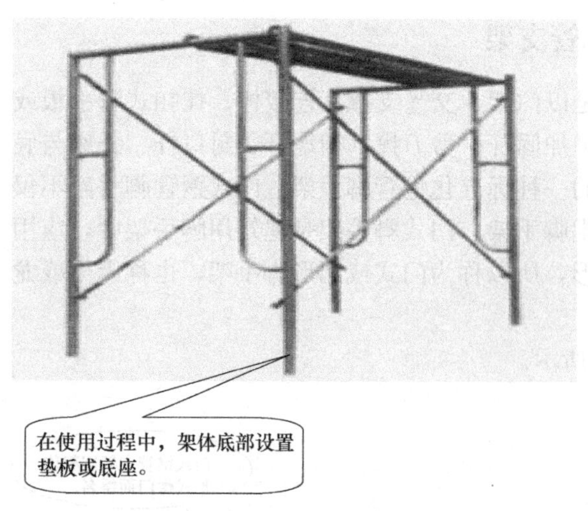
在使用过程中，架体底部设置垫板或底座。

图 5-21　脚手架架体

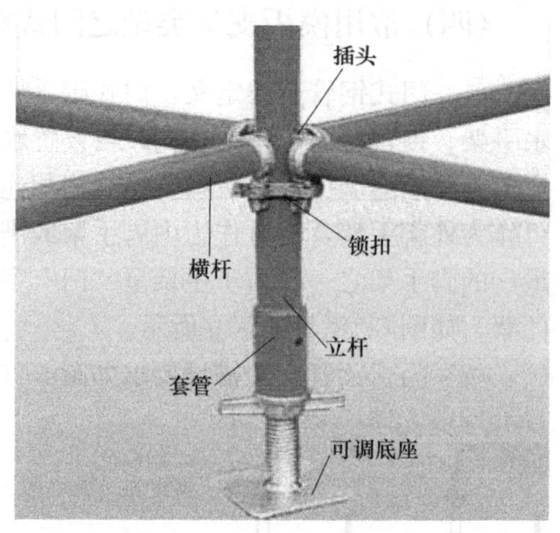
插头
锁扣
横杆
立杆
套管
可调底座

图 5-22　脚手架底座

（五）常用模板支架类型之承插型盘扣式钢管支架

立杆采用套管承插连接，水平杆和斜杆采用杆端和接头卡入连接盘，用楔形插销连接，形成结构几何不变体系的钢管支架。承插型盘扣式钢管支架由立杆、水平杆、斜杆、可调底座及可调托座等配件构成。根据其用途可分为模板支架和脚手架两类，如图 5-23 所示。

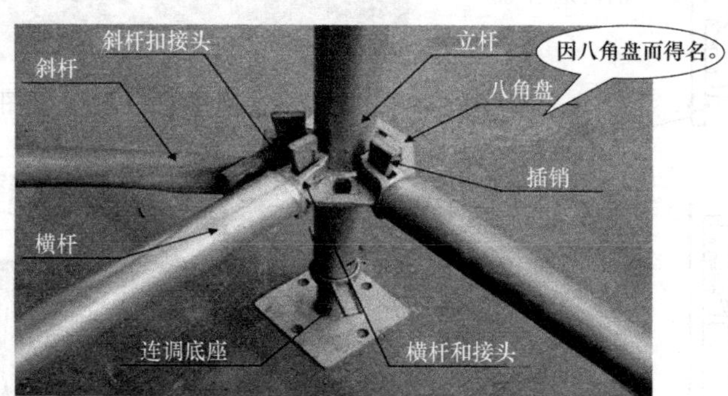
斜杆扣接头
斜杆
立杆
因八角盘而得名。
八角盘
插销
横杆
连调底座
横杆和接头

图 5-23　承插型盘扣式钢管支架底座

图 5-24　满堂脚手架（一）

（六）常用模板支架类型之满堂脚手架支架

满堂脚手架又称做满堂红脚手架，是一种搭建脚手架的施工工艺。满堂脚手架相对其他脚手架系统密度大，相对于其他的脚手架更加稳固，可采用扣件脚手架、碗扣架、盘扣架、门架等，如图 5-24～图 5-26 所示。

满堂脚手架设置垫板与可调底座如图 5-27、图 5-28 所示。

图 5-25　满堂脚手架（二）

图 5-26　满堂脚手架施工示意图

可调底座

图 5-27　满堂脚手架配备可调底座

控制垫板大小、方向、
作业层卫生。

图 5-28　满堂脚手架配置垫板

（七）常见模板类型之滑模

滑模是模板缓慢移动结构成型，一般是固定尺寸的定型模板，由牵引设备牵引。滑模工程技术是我国现浇混凝土结构工程施工中机械化程度高、施工速度快、现场场地占用少、结构整体性强、抗震性能好、安全作业有保障、环境与经济综合效益显著的一种施工技术，如图 5-29、图 5-30 所示。

（八）常见模板类型之爬模

爬模是爬升模板的简称，国外也叫跳模。它由爬升模板、爬架（也有的爬模没有爬架）和爬升设备三部分组成，在施工剪力墙体系、筒体体系和桥墩筀等高耸结构中是一种有效的工具。由于具备自爬的能力，因此不需起重机械的吊运，这减少了施工中运输机械的吊运工作量。在自爬的模板上悬挂脚手架可省去施工过程中的外脚手架。综上，爬升模板能减少起重机械数量、加快施工速度，因此经济效益较好，如图 5-31、图 5-32 所示。

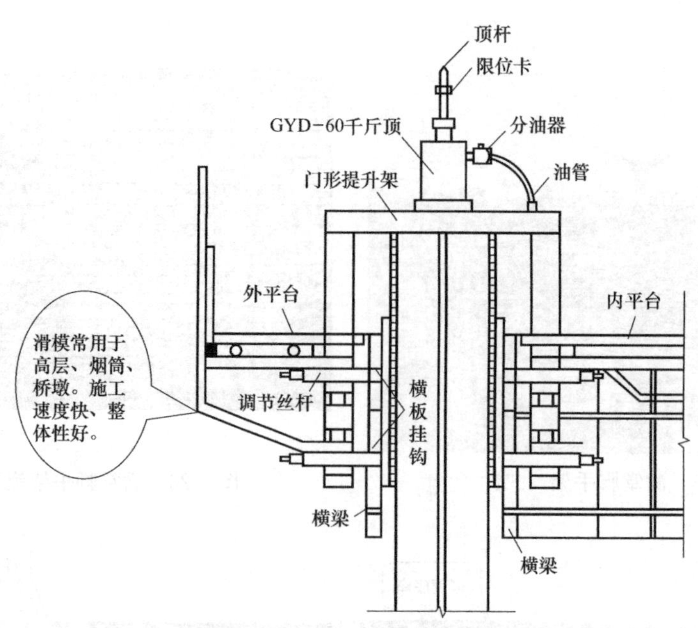
顶杆
限位卡
GYD-60千斤顶
分油器
门形提升架
油管
外平台
内平台
滑模常用于高层、烟筒、桥墩。施工速度快、整体性好。
调节丝杆
横板挂钩
横梁
横梁

图 5-29　滑模结构示意图（一）

滑模模板示意图

图 5-30　滑模结构示意图（二）

爬模常用于高层、超高层。结合滑模与大钢模的优点。

图 5-31　爬模结构示意图

爬模常用于高层结构施工中。

图 5-32　爬模应用示意图

（九）常见模板类型之飞模

一种大型工具式模板，因其外形如桌，故又称桌模或台模。由于它可以借助起重机械从已浇筑完混凝土的楼板下吊运飞出转移到上层重复使用，故称飞模。飞模是一种施工方法。其步骤一般包括：

（1）地面组装飞模系统；

（2）当某个开间的柱（或梁）施工完成后，用塔吊整体起吊飞模就位；

（3）绑筋；

（4）楼面（板）混凝土浇筑；

（5）养护至要求强度后，降低可调支架高度，把飞模系统置于滑动装置上；

（6）将飞模滑出所施工开间，准备起吊；

（7）将飞模整体吊装至下一个开间；

（8）重复（3）～（6）。

因为模板不落地，所以被称为飞模。通俗点说，飞模就是预先组装好的楼面模板，含支架，在不同楼层和开间之间流水施工的方法，如图 5-33、图 5-34 所示。

飞模又称桌模或台模。

图 5-33　飞模结构示意图（一）

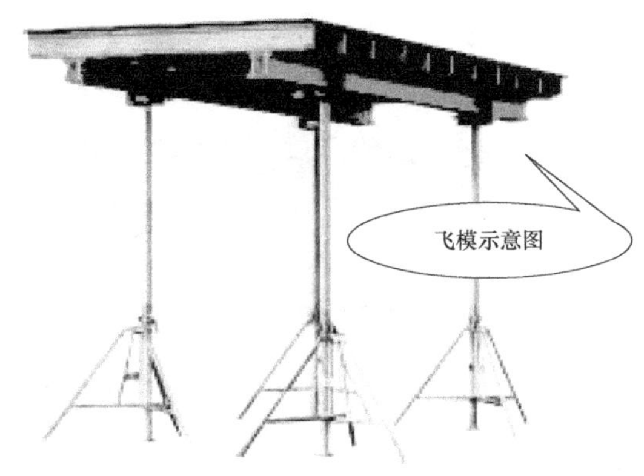
飞模示意图

图 5-34　飞模结构示意图（二）

（十）常见模板类型之隧道模

隧道模是一种组合式定型模板，用以在现场同时浇筑墙体和楼板的混凝土，因为这种模板的外形像隧道，故称之为隧道模。与常用的组合钢模板相比，可节省一半的劳动力，工期缩短 1/2 以上。采用隧道模施工对建筑结构布局和房间的开间、层高等尺寸要求较严格，如图 5-35、图 5-36 所示。

隧道模是一种组
合式定型模板。

图 5-35　隧道模示意图（一）

图 5-36　隧道模示意图（二）

（十一）常见模板类型之市政小钢模

组合钢模板，宽度300mm以下，长度1500mm以下，面板采用Q235钢板制成，面板厚2.3mm或2.5mm，又称组合式定型小钢模或小钢模板，主要包括平面模板、阴角模板、阳角模板、连接角模等。适用于各种现浇钢筋混凝土工程，可事先按设计要求组拼成梁、柱、墙、楼板的大型模板，整体吊装就位，也可采用散装散拆方法，施工方便，通用性强，易拼装，周转次数多。但一次投资大，拼缝多，易变形，拆模后一般都要进行抹灰，个别还需要进行剔凿，如图5-37、图5-38所示。

20世纪80年代初，由于我国钢产量的增长、“小钢模”技术得到了迅速的发展。

图5-37　组合式定型小钢模示意图（一）

适用于各种现浇钢筋混凝土工程，可事先按设计要求组拼成梁、柱、墙、楼板的大型模板。

图5-38　组合式定型小钢模示意图（二）

（十二）常见模板类型之铝合金模板

铝合金模板技术的重要特点，是可以方便地实现如下几大功能：

（1）一次浇筑。铝合金模板系统，将墙模、顶模和支撑等几大独立系统，有机地融为一体。一次将模板全部拼装完毕以实现一次浇筑。

（2）支撑采用早拆原理，只用一层楼面的模板，两层的支撑，尽可能实现3～4d一层的浇筑速度。提高施工效率和模板周转率，以降低成本。

铝合金模板

图5-39　铝合金模板示意图（一）

（3）方便实现工厂化施工。在工程的准备阶段，模板供应商已经根据建筑结构定制出完整的模板系统，并在运往工地前，实行整体拼装。这样，就减少了施工中工地可能发生的各种不可预测的问题。

（4）使用寿命长，在美国使用的铝模板有超过3000次的记录，我司在国内使用的铝模板有超过200次的记录。鉴于其残值回收率高的特点，铝模板从成本核算上，也有较好的应用价值，如图 5-39、图 5-40所示。

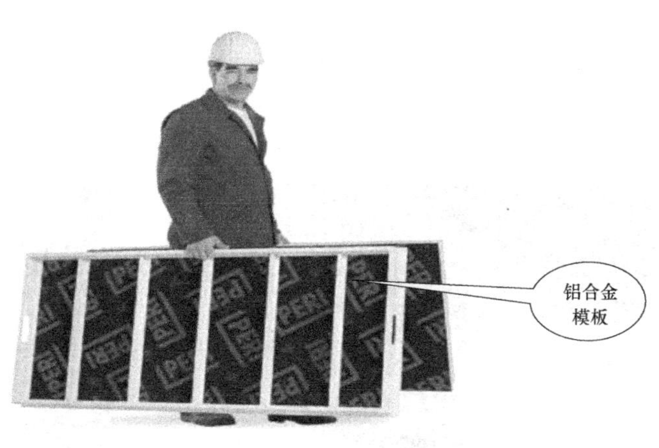
铝合金
模板

图 5-40　铝合金模板示意图（二）

（十三）常见模板类型之胶合板

胶合板是由木段旋切成单板或由木方刨切成薄木，再用胶粘剂胶合而成的三层或多层的板状材料，通常用奇数层单板，并使相邻层单板的纤维方向互相垂直胶合而成。胶合板制作的面板是使混凝土成型的部分；支撑系统是稳固面板位置和承受上部荷载的结构部分，如图 5-41、图 5-42 所示。

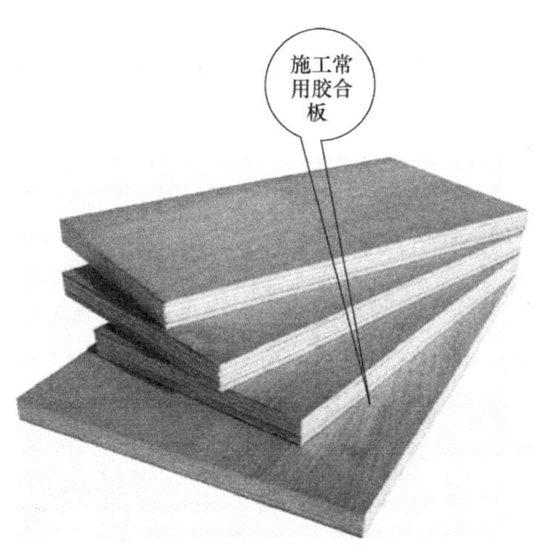
施工常
用胶合
板

图 5-41　胶合板（一）

施工常用
胶合板

图 5-42　胶合板（二）

（十四）常见模板类型之竹胶板

竹胶板是以毛竹材料作主要架构和填充材料，经高压成坯的建材。由于竹胶板硬度高，抗折、抗压，在很多使用区域已经替代了钢模板。又由于竹是易培养、成林快的林木，3～5 年就可以砍伐，能替换木材，因此，国家政策支持大力发展以竹为主要加工材料的人造板，已经在很多地方替换了木材类板材的使用，如图 5-43、图 5-44 所示。

（十五）常见模板类型之塑料模板

塑料模板是一种节能型和绿色环保产品，是继木模板、组合钢模板、竹木胶合模板、全钢大模板之后又一新型换代产品。能完全取代传统的钢模板、木模板、方木，节能环保，

施工常用竹胶板
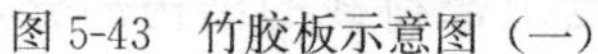

图 5-43　竹胶板示意图（一）

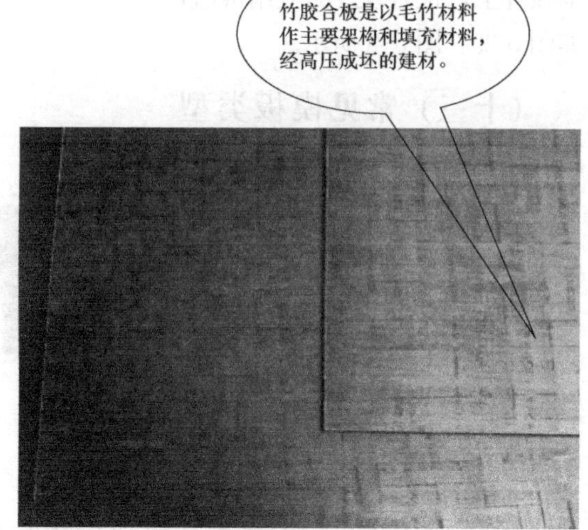
竹胶合板是以毛竹材料
作主要架构和填充材料，
经高压成坯的建材。

图 5-44　竹胶板示意图（二）

摊销成本低。塑料模板周转次数能达到 30 次以上，还能回收再造。温度适应范围大，规格适应性强，可锯、钻，使用方便。模板表面的平整度、光洁度超过了现有清水混凝土模板的技术要求，有阻燃、防腐、抗水及抗化学品腐蚀的功能，有较好的力学性能和电绝缘性能。能满足各种长方体、正方体、L 形、U 形的建筑支模的要求，如图 5-45、图5-46所示。

塑料模板
示意图

图 5-45　塑料模板示意图

塑料与玻璃钢模板，重量轻，强
度较高，但价格贵，常用于现浇
“密肋楼盖”中做“模壳”。

图 5-46　塑料模板在施工中的应用

（十六）常见模板类型之钢框塑料模板

钢框塑料模板是以热轧异型钢为周边框架，以 FRTP 塑料模板作板面，并加焊若干钢肋承托面板的一种新型工业化组合模板，如图 5-47 所示。

钢框塑料面板的大模板以特殊边框钢材和型钢焊接成大建筑模板骨架，以双面防水胶合板作面板制作而成，模板质量轻、刚度大。

图 5-47　钢框塑料模板

（十七）常见模板类型之大模板

大模板是整体工具式模板，一般情况下一面剪力墙就是由一块大模板组成的，多用于筒体结构中，大模板由面板、加劲肋、稳定机构、支撑桁架等组成，面板多为钢板、胶合木模板、胶合竹模板，也可以使用小钢模组拼而成。如面板是钢板的话，加劲肋多为配角钢或者槽钢；面板是竹木模板的话，多配以方木和钢管以对拉螺栓拉紧而成。大模板之间的固定连接，以相对水平的两块大模板用对拉螺栓拉筋，顶部用夹具固定后，支模就完成了，大模板浇筑墙体，待浇筑好的混凝土强度达到 1MPa 后就可拆除。夏天气温在 35℃时预计 3d 可拆模，冬季气温在 0℃时预计 5d 可拆模板。值得注意的是，对于大模板切记不能过早拆模，因为两块大模板连接是用对拉螺栓连接的，过早拆模会使对拉螺栓造成松动，螺栓与混凝土之间形成一条穿透的缝隙，易造成漏水，如图 5-48 所示。

在进行大模板施工安装时可以搭设大模板操作平台，这类操作平台是施工人员的操作场所，有两种做法：①将脚手板直接铺在支撑桁架的水平弦杆上形成操作平台，外侧设栏杆。②在两道横墙之间的大模板的边框上用角钢连接成为搁栅，在其上满铺脚手板。这种操作平台的优点是施工安全，但耗钢量大，如图 5-49、图 5-50 所示。

拆模切记不得过早拆模，有螺杆处拆模要小心，以免对螺杆造成松动，产生漏水。

图 5-48　拆除大模板处螺杆示意图

（十八）无爬架爬升模板

无爬架爬模的特点是取消了爬架，模板由 A、B 两类型组成，爬升时 A、B 两类型模板互为依托，用提升设备使两类型相邻模

图 5-49　钢制大模板构造示意图

板交替爬升，适用于混凝土外墙的外侧模板。A、B两类型模板中，A型模板为窄板宽0.9～1.0m，高度大于两个层高，B型模板宽2.4～3.6m，高度略大于层高，与下层墙体稍有搭接，以避免漏浆，两种模板交替布置，A型布置在纵横墙交接处或较长墙的中间。这样的爬升模板的做法，避免了滑模的缺点，保留其优点并充分利用其原有结构部件，对不同类型的提升设施都可适用，使爬模工艺的发展更为方便灵活，如图5-51所示。

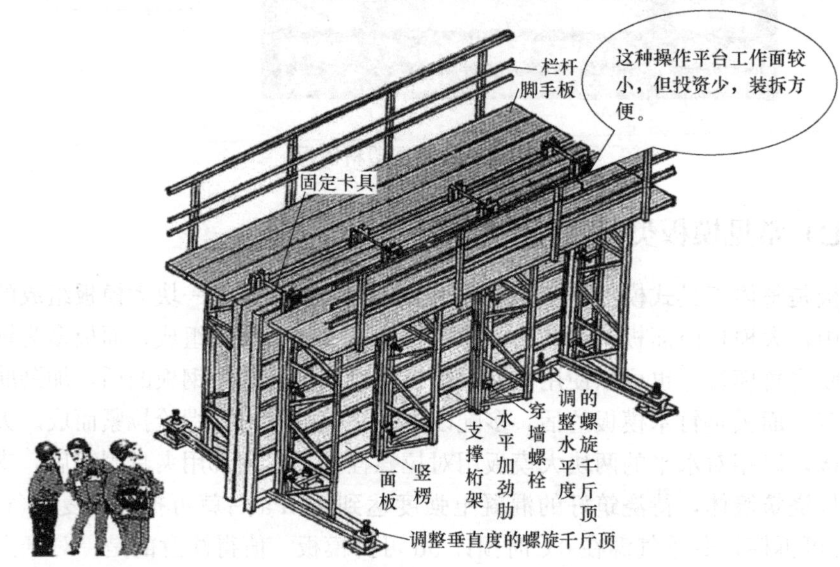
栏杆
脚手板
这种操作平台工作面较小，但投资少，装拆方便。
固定卡具
调整水平度的螺旋千斤顶
穿墙螺栓
水平加劲肋
支撑桁架
竖楞
面板
调整垂直度的螺旋千斤顶
图 5-50　大模板施工平台示意图

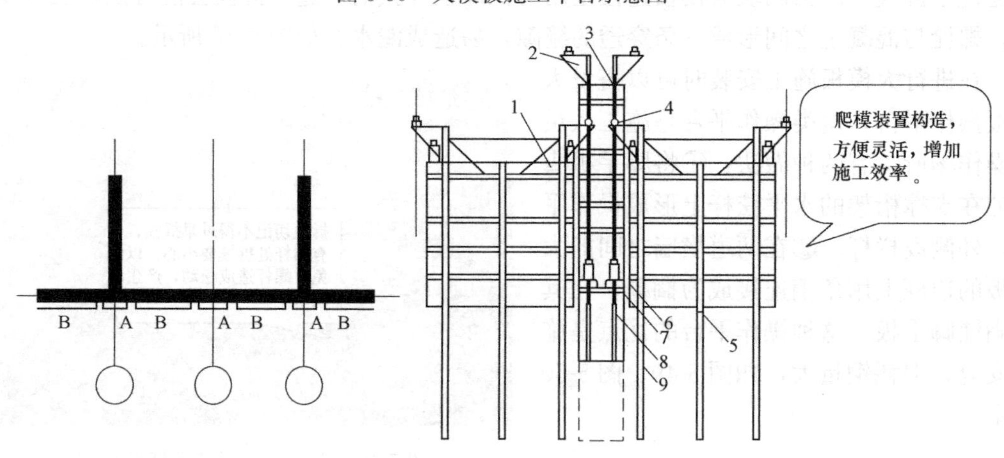
B A B A B A B
1
2
3
4
5
6
7
8
9
爬模装置构造，方便灵活，增加施工效率。
爬升模板布置示意图
爬模装置背立面
1—B型模板；2—三角爬架；3—爬杆；
4—卡座；5—连接板；6—知斤顶；
7—千斤顶座；8—A型模板；9—支承竖楞
图 5-51　爬升模板构造布置示意图

（十九）压型钢板做永久模板

压型钢板混凝土组合楼板：利用凹凸相间的压型薄钢板做衬板与现浇混凝土浇筑在一起支承在钢梁上构成整体型楼板，主要由楼面层、组合板和钢梁三部分组成。适用于大空间建筑和高层建筑，在国际上已普遍采用。优点：施工周期短，现场作业方便，建筑整体性优于预制装配式楼面；缺点：因需多道小梁，楼层所占净高较大，且压型钢板板底需做防火处理，如图5-52所示。

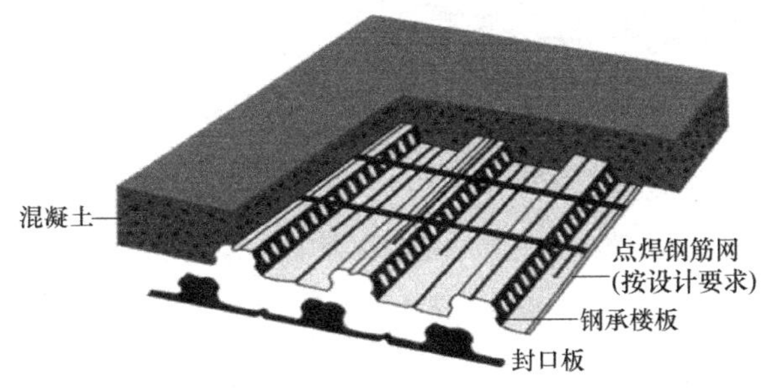
混凝土
点焊钢筋网
(按设计要求)
钢承楼板
封口板
图5-52　压型钢板混凝土组合楼板示意图

板材平面度应小于3mm，不应有明显凸凹不平、扭曲变形、划伤、划痕、残留焊渣，焊点应牢固，表面不应有影响水泥凝固的污染物，如图5-53所示。

图5-53　板面施工示意图

楼承板的施工工艺流程大体是这样的：弹线→清板→吊运→布板→切割→压合→侧焊→端焊→留洞→封堵→验收→栓钉→布筋→浇筑→养护，如图5-54所示。

当然这么多的流程是离不开好的劳动组织，以下过程也可按照现场实际情况另行处理。劳动组织要分两组。

第一组负责运料，包括清料、倒运，直至按照施工进度准确无误地将楼承板吊运至施工部位，包括起重工为5人。

第二组负责铺设，包括布筋、裁切、安装、留洞。每3人为一小组，负责一个节间，4个小组在同一作业层同时作业。下道工序绑扎钢筋与浇筑混凝土时应留派

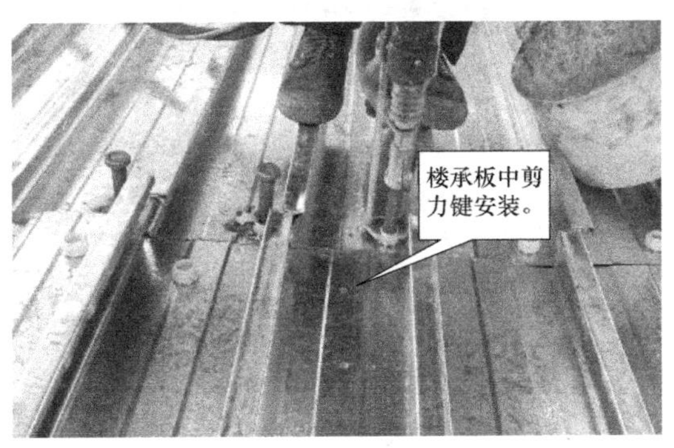
楼承板中剪
力键安装。
图5-54　楼承板中剪力键安装示意图

专人对铺设的楼承板加强维护，如图 5-55 所示。

图 5-55　楼承板铺设

具体的做法是：

1）先在铺板区弹出钢梁的中心线，主梁的中心线是铺设楼承板固定位置的控制线。由主梁的中心线控制楼承板搭接钢梁的搭接宽度，并决定楼承板与钢梁熔透焊接的焊点位置。次梁的中心线将决定熔透焊栓钉的焊接位置。因楼承板铺设后难以观测次梁翼缘的具体位置，故将次梁的中心线及次梁翼缘宽度返弹在主梁的中心线上，固定栓钉时应将次梁的中心线及次梁翼缘宽度再返弹到次梁面上的楼承板上。

2）在堆料场地将楼承板分层分区按料单清理出，并注明编号，区分清楚层、区、号，用记号笔标明，并准确无误地运至施工指定部位。

3）吊运时采用专用软吊索，以保证楼承板板材整体不变形、局部不卷边。钢结构设计多层的一般采用 3 层一节柱安装工艺（单层的在此不再赘述），安装楼承板时与钢结构柱梁同步施工，至少应相差 3 层。因此楼承板吊运时只能从上层的梁柱间穿套，而起重工应分层在梁柱间控制，如图 5-56 所示。

4）采用等离子切割机或剪板钳裁剪边角，裁切放线时富余量应控制在 5mm 范围内，浇筑混凝土时应采取措施，防止漏浆。

5）楼承板与楼承板侧板间连接采用咬口钳压合，使单片楼承板间连成整板。先点焊楼承板侧边，再固定两端头，最后采用栓钉固定，如图 5-57 所示。

楼承板铺设

图 5-56　楼承板铺设示意图

栓钉固定
电焊楼承板侧边

图 5-57　楼承板安装示意图

6）加强混凝土养护。

压型钢板做永久模板构造示意图如图 5-58～图 5-60 所示。

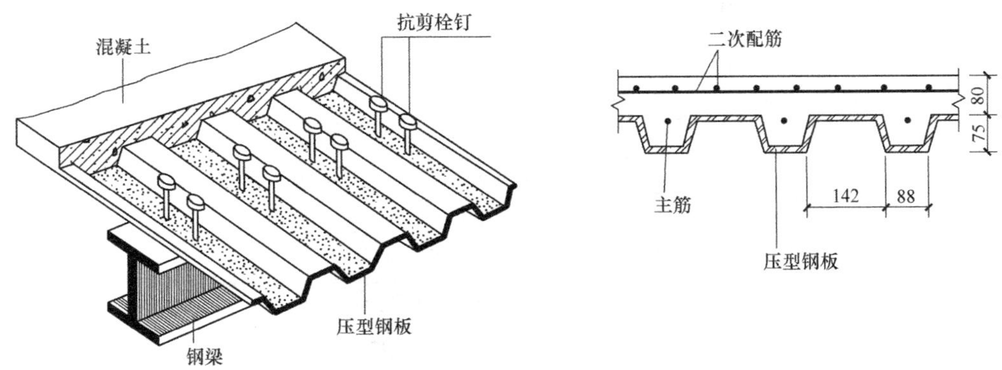
混凝土
抗剪栓钉
压型钢板
钢梁
二次配筋
主筋
压型钢板
80
75
142
88

图 5-58　压型钢板做永久模板构造示意图（一）

图 5-59　压型钢板做永久模板构造示意图（二）

图 5-60　压型钢板做永久模板板底支撑示意图

二、模板设计及计算

（1）恒荷载

模板及其支架自重 G_1，新浇筑混凝土自重 G_2，钢筋自重 G_3，新浇筑混凝土作用于模板侧压力 G_4，如图 5-61 所示。

模板及其支架
自重G_1
新浇筑混凝土
自重G_2
钢筋自重
G_3
新浇筑混凝土作用
于模板侧压力G_4

图 5-61　施工中恒荷载分布示意图

（2）活荷载

施工人员及设备荷载 Q_1，振捣混凝土时产生的荷载 Q_2，倾倒混凝土时，对垂直面模

板产生的水平荷载 Q_3，如图 5-62 所示。

倾倒混凝土时，对
垂直面模板产生的
水平荷载Q_3。
施工人员及设
备荷载Q_1。
振捣混凝土时
产生的荷载Q_2。

图 5-62　施工中活荷载分布示意图

（3）活荷载取值

当计算模板和直接支承模板的小梁时，均布活荷载可取 2.5kN/m²，再用集中荷载 2.5kN 进行验算，比较两者所得的弯矩值取其大值；

当计算直接支承小梁的主梁时，均布活荷载标准值可取 1.5kN/m²；当计算支架立柱及其他支承结构构件时，均布活荷载标准值可取 1.0kN/m²，如图 5-63 所示。

对大型浇筑设备，如上料平台、混凝土输送泵等按实际情况计算；采用布料机上料进行浇筑混凝土时，活荷载标准值取 4kN/m²，如图 5-64、图 5-65 所示。

计算面板及小梁
活荷载2.5kN/m²。
计算支撑小梁的主
梁活荷载1.5kN/m²。
计算支撑大
梁的支架。

图 5-63　活荷载取值示意图

采用布料机上
料活荷载标准
值取4kN/m²。

图 5-64　布料机的活荷载标准值示意图

（4）风荷载

风荷载标准值应按现行国家标准《建筑结构荷载规范》（GB 50009—2012）中的规定计算，其中基本风压值应按该规范附表 D.4 中 n=10 年的规定采用，并取风振系数 。

（5）荷载设计值

1）计算模板及支架结构或构件的强度、稳定性和连接强度时，应采用荷载设计值（荷载标准值乘以荷载分项系数）。

2）计算正常使用极限状态的变形时，应采用荷载标准值。

3）钢面板及支架作用荷载设计值可乘以系数 0.95 进行折减。当采用冷弯薄壁型钢时，其荷载设计值不应折减，见表 5-1 所列。

(6) 模板及其支架的设计根据：

根据工程结构形式、荷载大小、地基土类别、施工设备和材料等条件进行。

(7) 模板及其支架的设计应符合下列规定：

1) 有足够的承载能力、刚度和稳定性。

2) 构造应简单，装拆方便，便于钢筋的绑扎、安装和混凝土的浇筑、养护等要求。

布料机在输
送混凝土时
的冲击荷载
是造成垮塌
的诱发荷载
图 5-65　布料机冲击荷载造成事故现场

(8) 模板设计应包括下列内容：

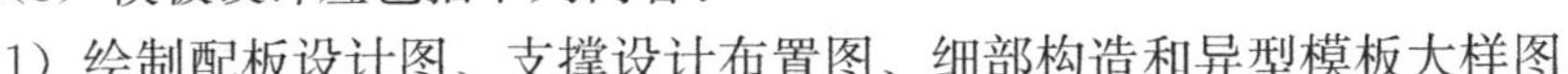
1) 绘制配板设计图、支撑设计布置图、细部构造和异型模板大样图。

荷载及分项系数表　　**表 5-1**

荷载类别	分项系数 γ_t
模板及支架自重(G_{1k})	永久荷载的分项系数： (1)当其效应对结构不利时：对由可变荷载效应控制的组合，应取 1.2；对由永久荷载效应控制的组合，应取 1.35； (2)当其效应对结构有利时，一般情况应取 1；对结构的倾覆、滑移验算，应取 0.9
新浇筑混凝土自重(G_{2k})	
钢筋自重(G_{3k})	
新浇筑混凝土对模板侧面的压力(G_{4k})	
施工人员及施工设备荷载(Q_{1k})	可变荷载的分项系数： 一般情况下应取 1.4； 对标准值大于 $4kN/m^2$ 的活荷载应取 1.3
振捣混凝土时产生的荷载(Q_{2k})	
倾倒混凝土时产生的荷载(Q_{3k})	
风荷载(ω_k)	1.4

2) 按模板承受荷载的最不利组合对模板进行验算，如图 5-66、图 5-67 所示。

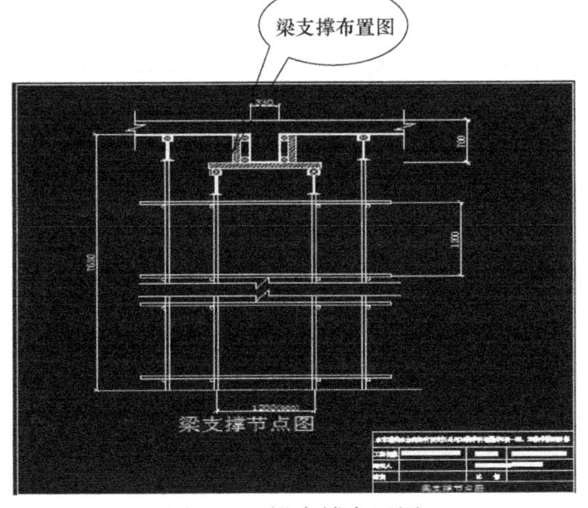
梁支撑布置图
梁支撑节点图
图 5-66　梁支撑布置图

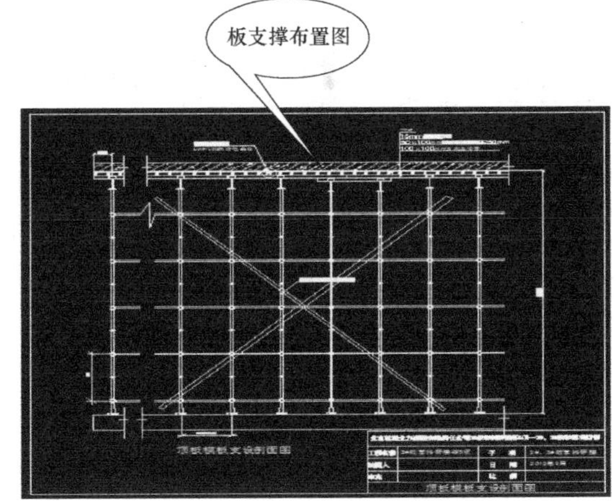
板支撑布置图
图 5-67　板支撑布置图

(9) 模板设计应包括下列内容：

1) 制定模板安装及拆除的程序和方法。

2）编制模板及配件的规格、数量汇总表和周转使用计划。

3）编制模板施工安全、防火技术措施及施工说明书。

（10）几个应注意的问题：

1）梁混凝土施工由跨中向两端对称分层浇筑，每层厚度不得大于 400mm。

2）当门架使用可调支座时，调节螺杆伸出长度不得大于 150mm，碗扣架调节螺杆伸出长度不得大于 200mm，如图 5-68、图 5-69 所示。

调节螺杆伸出长
度不得大于
150mm。

图 5-68　门架节点详图（一）

调节螺杆伸出
长度不得大于
200mm。

图 5-69　门架节点详图（二）

三、模板施工质量控制要点

（一）模架材料质量控制

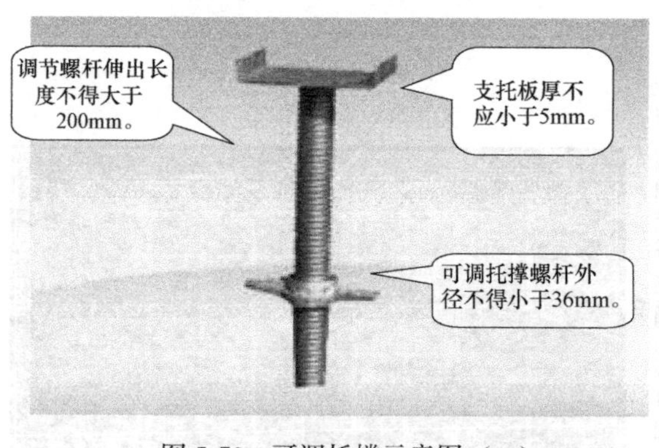
调节螺杆伸出长
度不得大于
200mm。
支托板厚不
应小于5mm。
可调托撑螺杆外
径不得小于36mm。

图 5-70　可调托撑示意图（一）

《建筑施工扣件式钢管脚手架安全技术规范》(JGJ 130—2011) 规定扣件在螺栓拧紧扭力矩达到 65N·m 时，不得发生破坏。可调托撑螺杆外径不得小于 36mm，可调托撑的螺杆与支架托板焊接应牢固，焊缝高度不得小于 6mm；可调托撑螺杆与螺母旋合长度不得少于 5 扣，螺母厚度不得小于 30mm。可调托撑受压承载力设计值不应小于 40kN，支托板厚不应小于 5mm，如图 5-70～图5-72所示。

（二）模架搭设施工质量控制要点

三有：搭设前有交底，搭设中有检查，搭设完毕后有验收。

交底要细，检查要勤，验收要严。履行程序时必须要有签字手续。

楼板及梁模板跨度≥4m 要起拱。

（1）自由端控制要点如图 5-73～图 5-75 所示。

（2）多层模板支撑施工控制要点如图 5-76 所示。

（3）模板支架稳定体系与非稳定体系如图 5-77、图 5-78 所示。

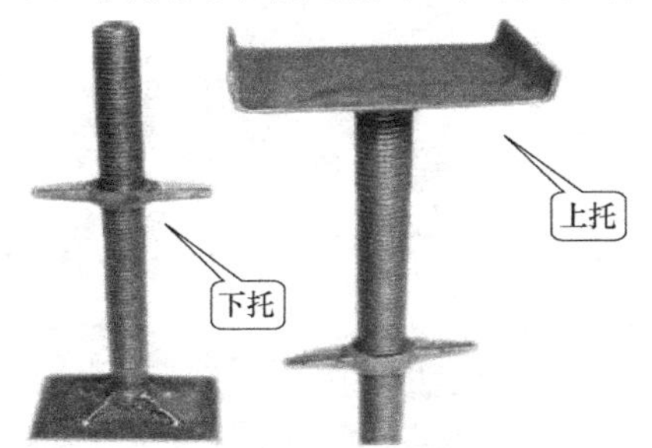

上托
下托

图 5-71　可调托撑示意图（二）

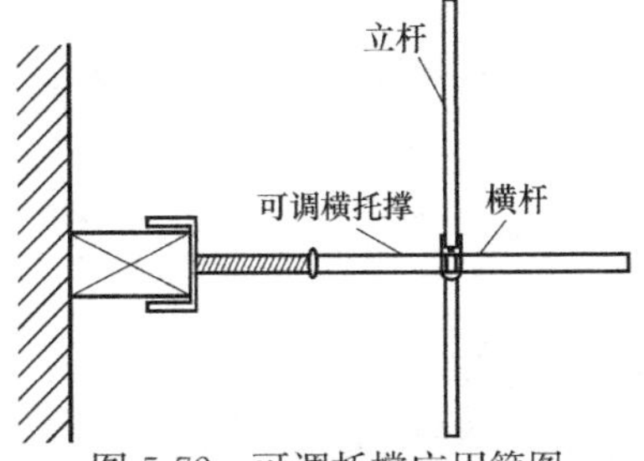

立杆
可调横托撑
横杆

图 5-72　可调托撑应用简图

要契紧
螺杆伸出长度不超过200mm。
插入立杆内的长度不得小于150mm。
扣件距离立杆端部不得少于100mm。

图 5-73　上托各自由端示意图

扣件距离立杆端部不得少于100mm。

图 5-74　自由端示意图

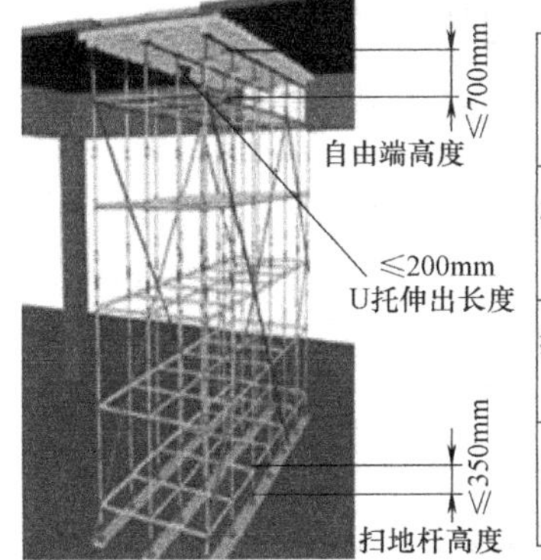

≤700mm
自由端高度
≤200mm
U托伸出长度
≤350mm
扫地杆高度

自由高度对比表

搭设形式	自由端高度(含U托)	U托伸出长度
碗扣脚手架	≤700mm	≤200mm
扣件脚手架	≤500mm	≤200mm
盘扣脚手架	≤680mm	≤200mm

图 5-75　自由高度对比示意图

上下两层立杆在一个支点上并设置垫板和底座，保证荷载传递一致。

图 5-76　多层模板支撑示意图

（4）模板搭设尺寸偏差见表 5-2 所列，如图 5-79 所示。

模板搭设尺寸偏差表　　**表 5-2**

项　目		允许偏差(mm)
轴线位置		5
底模上表面标高		±5
截面内部尺寸	基础	±10
	柱、墙、梁	+4，−5
层高垂直度	不大于 5m	5
	大于 5m	5
相邻两板表面高低差		2
表面平整度		5

剪刀撑水平杆配备
齐全、有效。

图 5-77　稳定模板支撑示意图

无扣件连接，
造成自由端
过大。

图 5-78　非稳定模板支撑示意图

支架搭设形式一致。
每天下班前10min
开始整理现场。
工完料尽场地清。

图 5-79　模板搭设注意事项

1）安装现浇结构的上层模板及其支架时，下层楼板应具有承受上层荷载的承载能力，或加设支架；上、下层支架的立柱应对准，并铺设垫板。

2）模板安装的轴线位置、标高、截面尺寸、垂直度、表面平整度和隔离剂、接缝、起拱高度等均须符合设计和规范要求。用做模板的地坪、胎模等应平整光洁，不得产生影响构件质量的下沉、裂缝、起砂和起鼓。

3）固定在模板上的预埋件、预留孔和预留洞等均不得遗漏，且应安装牢固，其偏差符合规范要求。

4）在施工过程中容易出现的其他细节疏忽，如图 5-80～图 5-86 所示。

拼缝不严是
常见问题。

图 5-80　拼缝不严示意图

缝隙过宽用
胶带封贴。

图 5-81　缝隙过宽采取措施示意图

（5）墙、柱模板施工质量控制如图 5-87～图 5-95 所示。

1）墙柱定位线应采用双线控制，外侧定位线距构件边缘 20cm，模板的厚度为 15mm。模板安装就位后进行复核。模板距外侧定位线应为 18.5cm。

次龙骨间距不均匀，未倒边倒角。

图 5-82　次龙骨细部节点示意图

扫地杆、水平杆、垫块
第一根立杆距柱、梁墙距离少于300mm。

图 5-83　立杆细部节点示意图（一）

重点检查立杆间距。

图 5-84　立杆细部节点示意图（二）

严格控制自由端长度。

图 5-85　自由端细部节点示意图

2）外侧墙模上口必须加一道水平方木，以保证墙体顺直。

3）涂刷模板隔离剂时，不得沾污钢筋和混凝土接槎处。

4）模板拼装应严密，缝隙不得超过 1mm。不得出现错槎现象。

5）门窗洞口模板应特别加固，中间应搭设口撑，防止浇筑混凝土发生变形。

控制螺杆伸出长度及偏心距。

图 5-86　螺杆细部节点示意图（一）

6）模板标高应严格控制，表面高差必须满足设计要求。

7）模板必须加固牢固，以防止在阳角或上下接槎处胀开而漏浆。

8）外墙必须做加固支撑。

9）地库外墙必须采用止水螺栓固定模板。

10）混凝土浇筑前模板内杂物必须清理干净。

11）模板底部必须用砂浆封口，以防漏浆烂根。

12）浇筑混凝土时应安排专人对模板及支架进行观察和维护。

13）拆模过程中和拆除后，加强成品保护，不能造成墙体或墙角的损坏。

墙、柱支模前，必须先按照事先弹好的控制线校正钢筋位置，焊接模板定位筋。
为防止模板下口漏浆，造成墙柱烂根，墙、柱根部模板应平整、顺直、光洁，标高准确。
混凝土施工时墙柱边范围150mm抹平压光，注意控制平整度。

图 5-87　螺杆细部节点示意图（二）

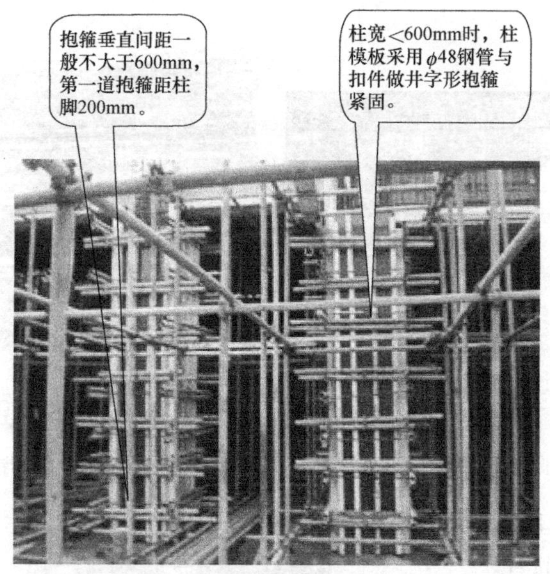
抱箍垂直间距一般不大于600mm，第一道抱箍距柱脚200mm。
柱宽<600mm时，柱模板采用φ48钢管与扣件做井字形抱箍紧固。

图 5-88　柱支模细部节点示意图（一）

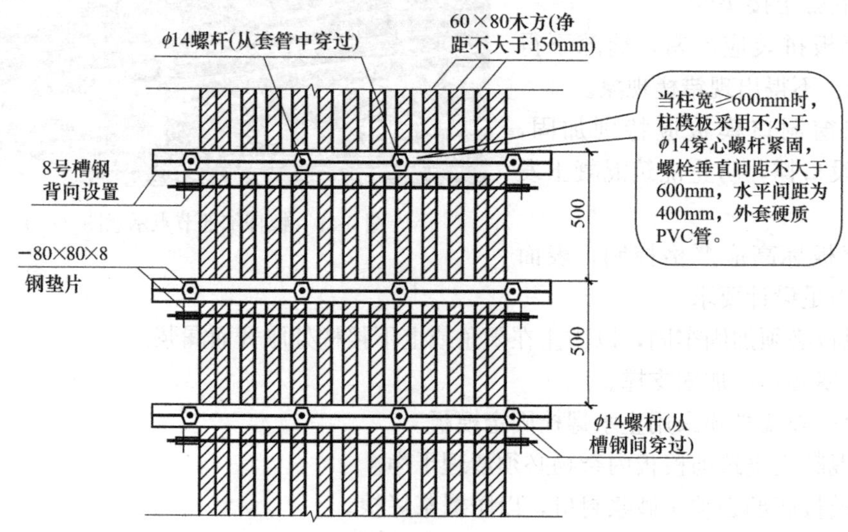
φ14螺杆(从套管中穿过)
60×80木方(净距不大于150mm)
当柱宽≥600mm时，柱模板采用不小于φ14穿心螺杆紧固，螺栓垂直间距不大于600mm，水平间距为400mm，外套硬质PVC管。
8号槽钢背向设置
−80×80×8钢垫片
500
500
φ14螺杆(从槽钢间穿过)

图 5-89　柱支模细部节点示意图（二）

层高较高的墙
柱，加高部分
或墙柱分两次
支模时，要充
分考虑模板上
下接缝的平整
度、严密性。

图 5-90　墙柱支模细部节点示意图

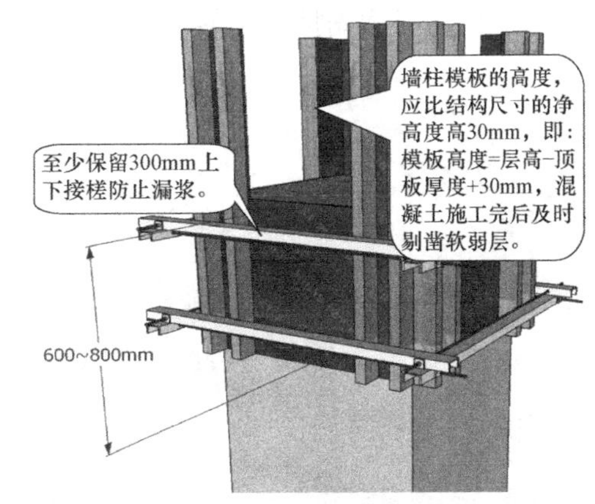
至少保留300mm上
下接槎防止漏浆。
墙柱模板的高度，
应比结构尺寸的净
高度高30mm，即：
模板高度=层高-顶
板厚度+30mm，混
凝土施工完后及时
剔凿软弱层。
600~800mm

图 5-91　柱支模细部节点示意图（三）

斜撑少一道。
斜撑随意设置
未能连成整体。

图 5-92　斜撑细部节点示意图（一）

地锚需提前
预埋20钢筋

图 5-93　斜撑细部节点示意图（二）

模板安装完成后，对楼板
平整度、墙柱模板平整度
及垂直度进行复核。
实测数据标注
在模板或是钢
管上。

图 5-94　墙柱模板数据复核示意图

模板安装前钢筋定
位装置必须预备好。
模板安装前钢筋
弹出50控制线。

图 5-95　模板安装前的准备示意图

（6）地下室外墙模板施工质量控制

1）必须严格按照模板安装表面平整度、垂直度的规范要求检查安装质量，如图 5-96。

2）对于旧的模板，在安装之前必须将表面清理干净，并满刷隔离剂。有破损表面及烂角的位置必须锯掉，不能用于施工中，如图 5-97 所示。

必须严格按照模板
安装表面平整度、
垂直度的规范要求
检查安装质量。

图 5-96　模板安装前的准备示意图（一）

安装之前
必须将表
面清理干
净，并满
刷隔离剂。

图 5-97　模板安装前的准备示意图（二）

保证工程结
构和构件各
部位形状、
尺寸和相互
位置的正确。

图 5-98　模板安装前的准备示意图（三）

3）保证工程结构和构件各部位形状、尺寸和相互位置的正确，如图5-98所示。

4）具有足够的强度、刚度和稳定性能，可靠地承受新浇混凝土的重量和侧压力，以及在施工过程中所产生的荷载，从而在浇筑的过程中不发生变形。

5）支撑架要横平竖直，间距均匀，挑出长度一致，对于层高较高，立杆需对接的接头在同一步内相互错开，一根立杆最多允许有一个接头。

6）模板接缝要严密，接缝大于 1mm 的模板缝，采用中间塞海绵条，混凝土面用胶带纸粘贴进行处理，如图 5-99～图 5-101 所示。

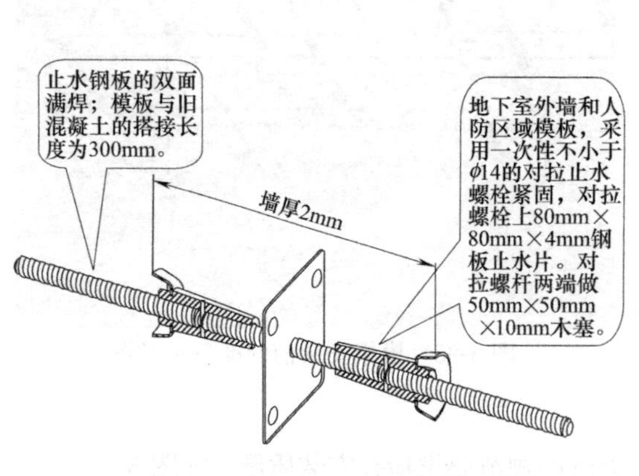
止水钢板的双面
满焊；模板与旧
混凝土的搭接长
度为300mm。
墙厚2mm
地下室外墙和人
防区域模板，采
用一次性不小于
ϕ14的对拉止水
螺栓紧固，对拉
螺栓上80mm×
80mm×4mm钢
板止水片。对
拉螺杆两端做
50mm×50mm
×10mm木塞。

图 5-99　模板安装前的准备示意图（四）

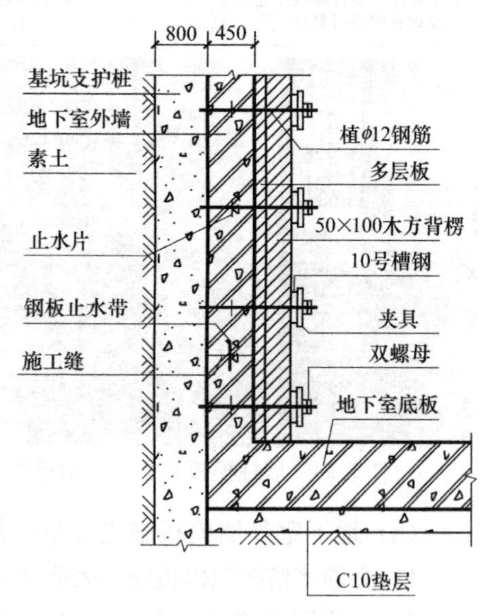
800
450
基坑支护桩
地下室外墙
素土
止水片
钢板止水带
施工缝
植ϕ12钢筋
多层板
50×100木方背楞
10号槽钢
夹具
双螺母
地下室底板
C10垫层

图 5-100　地下外墙模板安装示意图

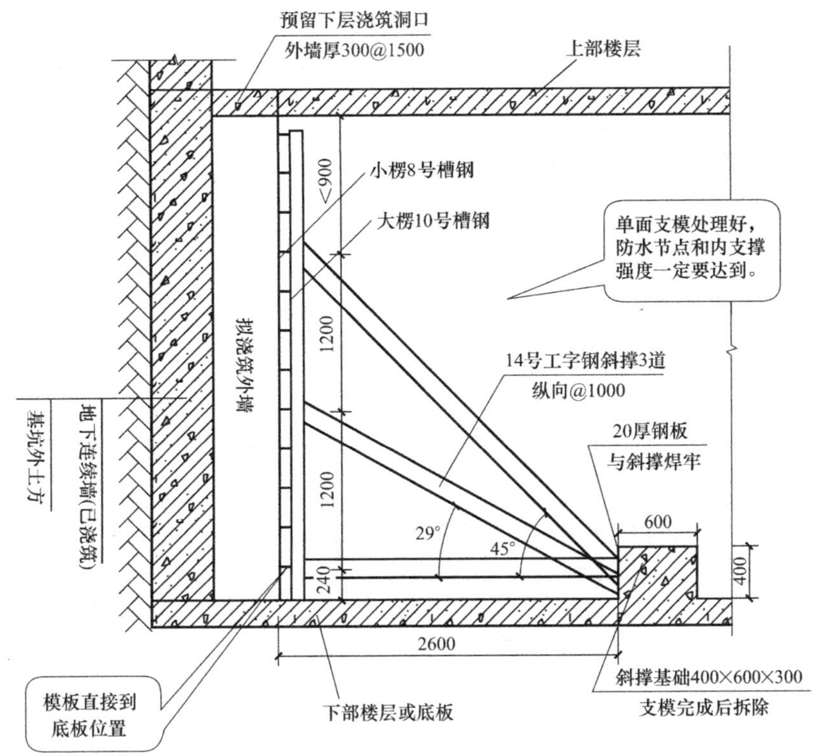
预留下层浇筑洞口
外墙厚300@1500
上部楼层
小楞8号槽钢
大楞10号槽钢
单面支模处理好，防水节点和内支撑强度一定要达到。
≤900
1200
1200
240
拟浇筑外墙
14号工字钢斜撑3道
纵向@1000
20厚钢板
与斜撑焊牢
29°
45°
600
400
基坑外土方
地下连续墙(已浇筑)
2600
斜撑基础400×600×300
支模完成后拆除
模板直接到底板位置
下部楼层或底板

图 5-101　地下外墙模板支撑示意图

（7）内墙模板施工质量控制如图 5-102、图 5-103 所示。

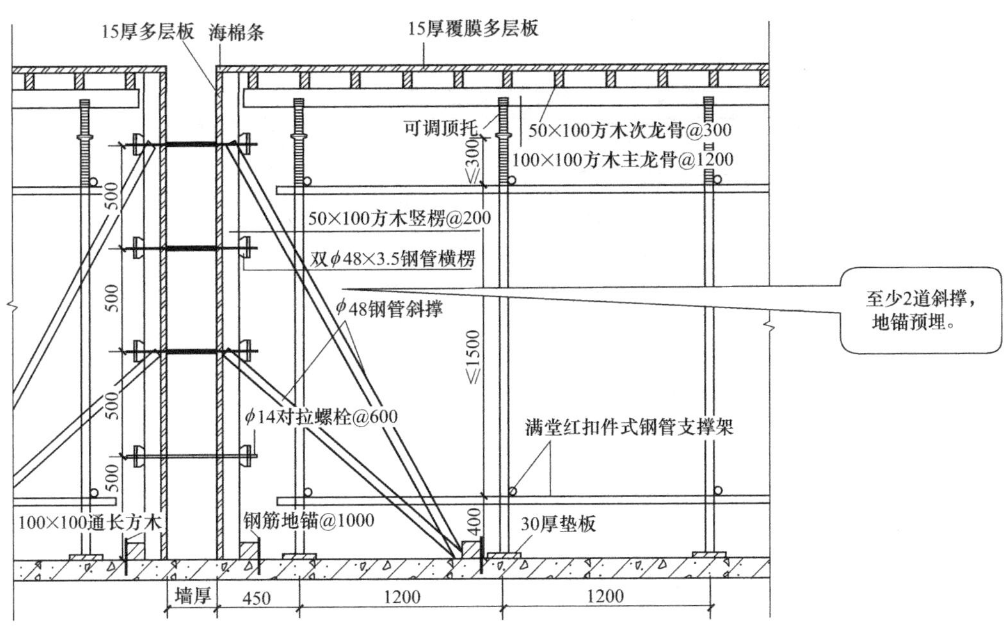
15厚多层板
海棉条
15厚覆膜多层板
可调顶托
50×100方木次龙骨@300
100×100方木主龙骨@1200
≤300
50×100方木竖楞@200
双φ48×3.5钢管横楞
至少2道斜撑，地锚预埋。
φ48钢管斜撑
≤1500
500
500
500
500
φ14对拉螺栓@600
满堂红扣件式钢管支撑架
100×100通长方木
钢筋地锚@1000
400
30厚垫板
墙厚
450
1200
1200

图 5-102　内墙模板与顶板模板安装图（一）

第一道对
拉螺栓距
地面不超
过200mm。

图 5-103 内墙模板与顶板模板安装图（二）

（8）梁模板施工质量控制

1）梁模板的安装

先要将梁支柱的标高调整好，接着对梁底板的模板进行安装，并拉线进行找平，然后依照梁所在的位置按照边模包底模的相关原则进行安装压脚板与斜撑等，假如发现工程梁高大于 700mm，此时应该对其做好加固工作，如图 5-104、图 5-105所示。

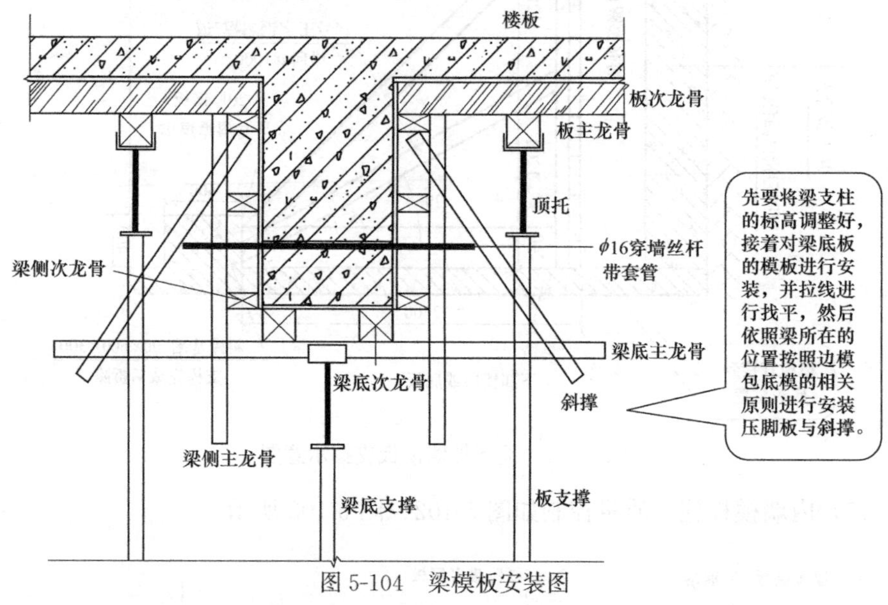
楼板
板次龙骨
板主龙骨
顶托
ϕ16穿墙丝杆
带套管
梁侧次龙骨
梁底主龙骨
梁底次龙骨
斜撑
梁侧主龙骨
梁底支撑
板支撑
先要将梁支柱的标高调整好，接着对梁底板的模板进行安装，并拉线进行找平，然后依照梁所在的位置按照边模包底模的相关原则进行安装压脚板与斜撑。

图 5-104 梁模板安装图

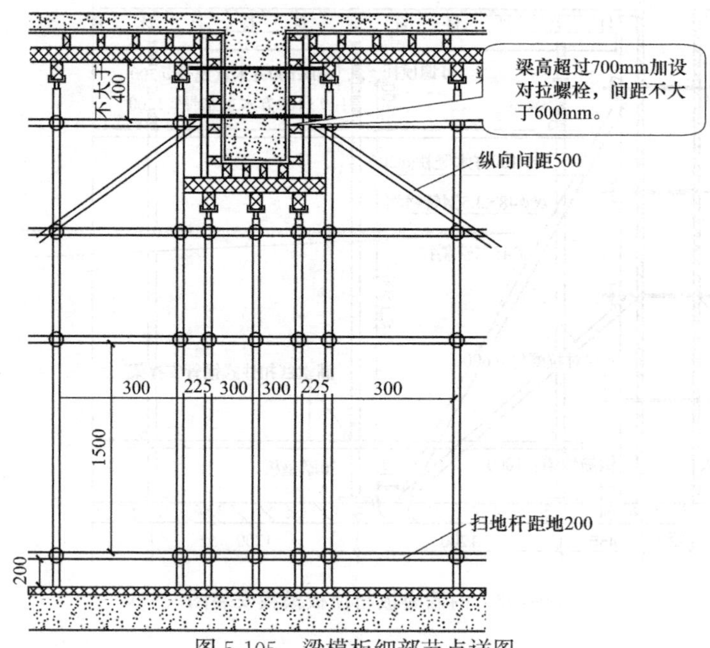
梁高超过700mm加设对拉螺栓，间距不大于600mm。
不大于400
纵向间距500
300
225
300
300
225
300
1500
扫地杆距地200
200

图 5-105 梁模板细部节点详图

2）房建结构梁及板支柱的安装

依照楼层顶板的厚度、楼层的标高与模板安装设计等有关要求，先从房间某一端开始施工，然后依次对结构梁以及板模板的支撑架进行安装。支柱的间距依照模板设计来确定，一般是800mm×1000mm，而梁支柱的间距是600mm×800mm。与此同时，水平拉杆要按照房建工程支柱的有关高度给予确定，如图5-106～图5-108所示。

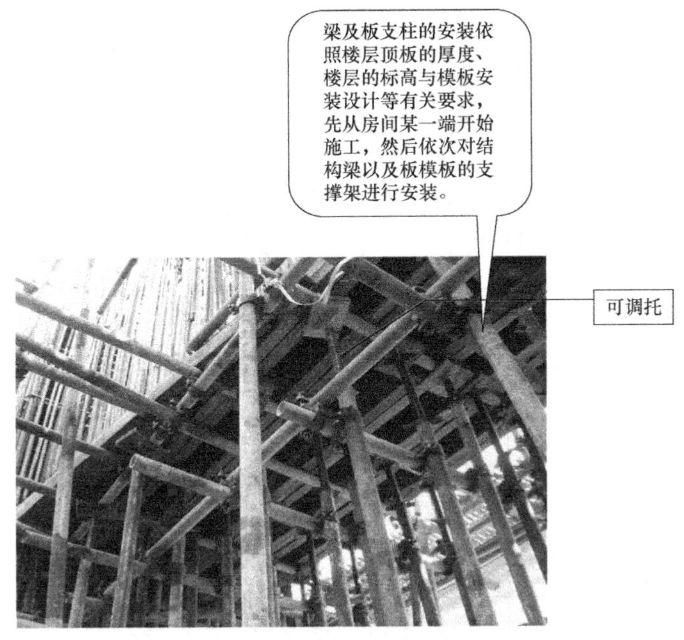
梁及板支柱的安装依照楼层顶板的厚度、楼层的标高与模板安装设计等有关要求，先从房间某一端开始施工，然后依次对结构梁以及板模板的支撑架进行安装。
可调托

图5-106　梁板支柱安装节点图（一）

3）测量放线

在对结构梁以及板进行安装之前，应该在房建工程框架支柱上弹出所测量的轴线、梁所在位置的线以及楼层顶板之水平方向的控制线。

（9）楼板后浇带模板支撑体系施工质量控制如图5-109所示。

1）在距离后浇带边150mm的位置拉通线并弹线，第一排立杆沿所弹的线进行排架，然后根据楼板支撑架的间距从第一排立杆往两边进行排架。

2）后浇带两边各搭设两排立杆，其纵横向均连通，梁板的纵横向立杆间距同专项方案。

3）独立后浇带模板及方木与两侧断开，单独下料，超出独立支撑架最外侧立杆100mm。

4）独立后浇带的支撑架与其他梁板的支撑架相对分离，两侧其他梁板支撑架的水平横杆应延伸至独立后浇带的支撑架内，与其横向水平杆搭接不小于1m，并等间距设置3个旋转扣件固定。

5）独立后浇带的支撑架设置纵横向剪刀撑，横向剪刀撑每5～6m设置一道，纵向剪刀撑沿两外侧立杆连续设置。

6）待混凝土达到一定强度，将后浇带两侧梁板进行凿毛处理，拆除梁侧模板，将凿

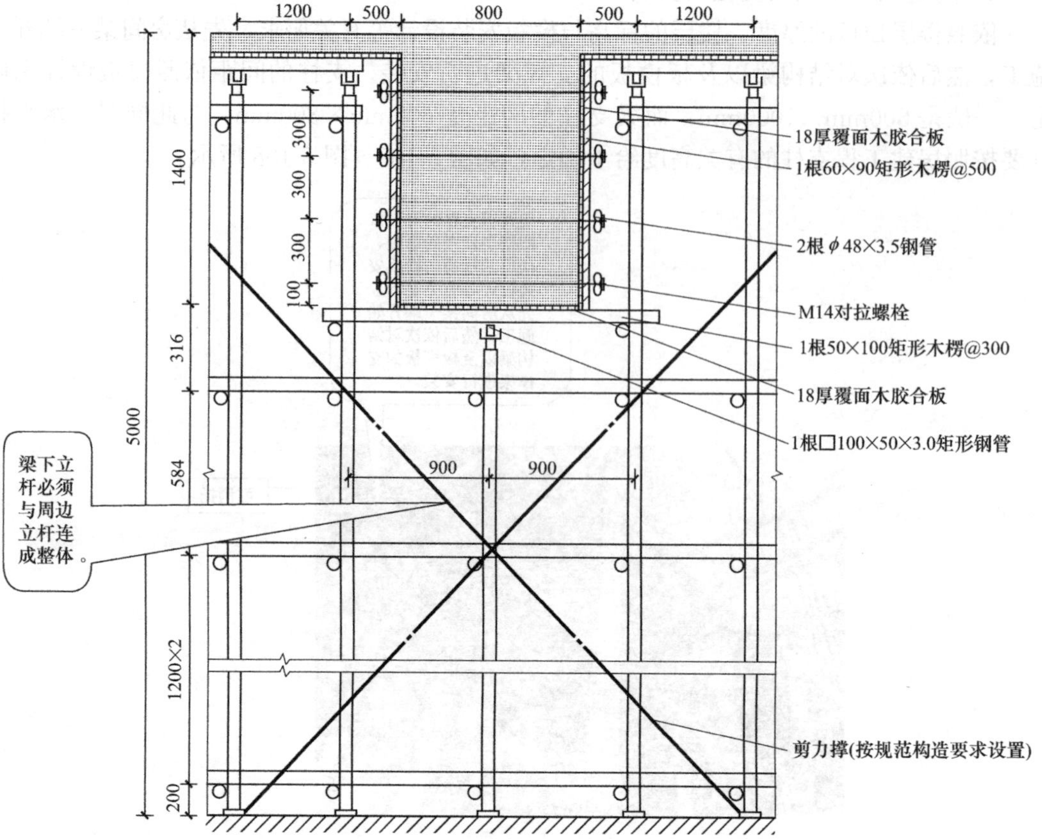

1200 500 800 500 1200

18厚覆面木胶合板

1根60×90矩形木楞@500

2根ϕ48×3.5钢管

M14对拉螺栓

1根50×100矩形木楞@300

18厚覆面木胶合板

1根□100×50×3.0矩形钢管

梁下立杆必须与周边立杆连成整体。

剪力撑(按规范构造要求设置)

图 5-107　梁板支柱安装节点图（二）

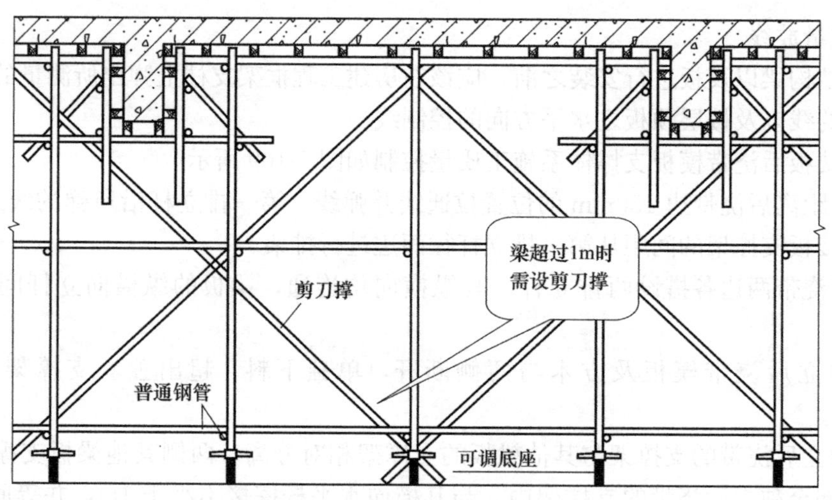
梁超过1m时
需设剪刀撑
剪刀撑
普通钢管
可调底座

图 5-108　梁板支柱安装节点图（三）

毛出来的混凝土碎渣集中清扫到梁侧开设的清扫口位置，统一进行清除，然后用模板盖住后浇带进行保护，顶板后浇带两侧砌两皮灰砂砖挡水坎。

7）相关后浇带模板支撑体系要注意的其他注意事项如图 5-110～图 5-112 所示。

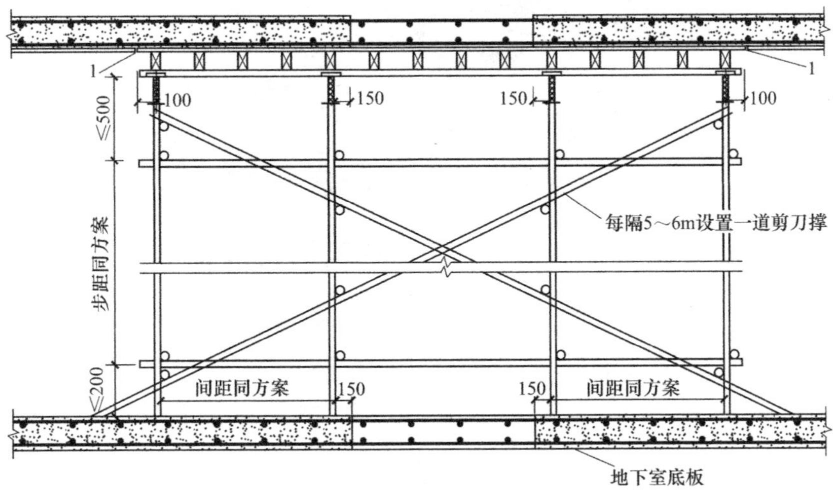
1
1
100
150
150
100
≤500
步距同方案
每隔5～6m设置一道剪刀撑
≤200
间距同方案
150
150
间距同方案
地下室底板

图 5-109　混凝土楼盖后浇带模板独立支撑体系构造图

1—模板、方木在此位置拆开

后浇带梁头支柱要使用双排支柱，并有足够的刚度。
后浇带模板应保持独立支撑体系，如果因施工方法需要拆除，也应先加临时支撑支顶后再拆除模板。
≤2m

图 5-110　后浇带模板支撑体系细部节点图（一）

板后浇带安装模板时，模板宽度比原结构宽出300mm。

图 5-111　后浇带模板支撑体系细部节点图（二）

（10）楼板后浇带模板施工质量控制

1）搭设模板支架时，钢支撑与其他支撑不得相互连接，应该是独立的。

2）后浇带部位钢筋应贯通布置，如图 5-113 所示。

3）楼面后浇带遮挡钢丝网的固定方法同底板后浇带，底部在后浇带两侧钉厚 20mm、

木方平行后浇带放置。
后浇带梁处必须采用井字架回顶。

图 5-112　后浇带模板支撑体系细部节点图（三）

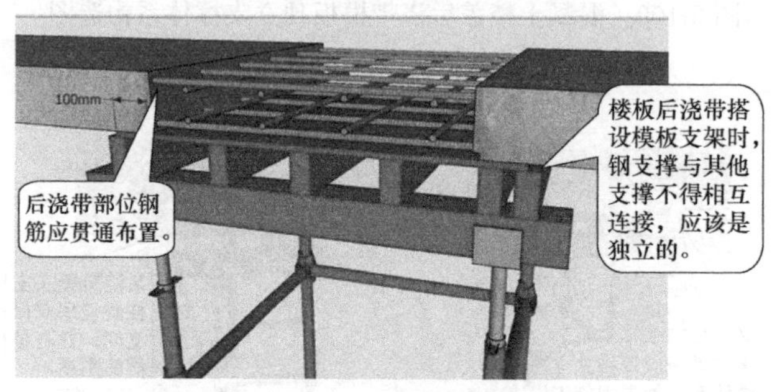
100mm
后浇带部位钢筋应贯通布置。
楼板后浇带搭设模板支架时，钢支撑与其他支撑不得相互连接，应该是独立的。

图 5-113　楼板后浇带细部节点图（一）

宽 30mm 的模板条控制钢筋保护层厚度，并防止混凝土遗漏。

4）浇筑混凝土时对抛洒在后浇带内的混凝土应及时清理干净。

5）后浇带两侧混凝土浇筑后，待强度达到设计强度后，方可拆除模板。模板拆除时，不应对钢支撑造成影响，如图 5-114 所示。

后浇带两侧混凝土浇筑后，待强度达到设计强度后，方可拆除模板。模板拆除时，不应对钢支撑造成影响。

图 5-114　楼板后浇带细部节点图（二）

6）早期收缩后浇带应在两侧混凝土龄期达到 45d 后，且宜在较冷天气或比原浇筑时的温度低时浇筑；作为调节沉降的后浇带，则应在主体结构封顶后，根据沉降观测资料确定沉降已相对稳定并得到设计人员认可后才能浇筑。

7）后浇带封闭前，将接缝处混凝土表面杂物清除并凿毛，刷纯水泥浆两遍后用抗渗等级相同且设计强度等级提高一个等级的补偿收缩混凝土（微膨胀剂掺量比两侧主体掺量增加 50%），并在垂直后浇带的方向设置板加强筋。

8）后浇带浇捣密实后应加强养护，地下室后浇带养护时间不应少于 28d，跨内模板应待后浇带封闭后且达到设计强度之后，方可拆除支撑及模板。

（11）地下室外墙后浇带模板施工质量控制

1）外墙后浇带两侧须按施工缝做法预埋钢板止水带，浇筑外墙混凝土前在后浇带两侧安装具有一定强度的阻挡混凝土流失的密目钢板网，钢板网与钢板止水带焊接并固定牢固，如图5-115所示。

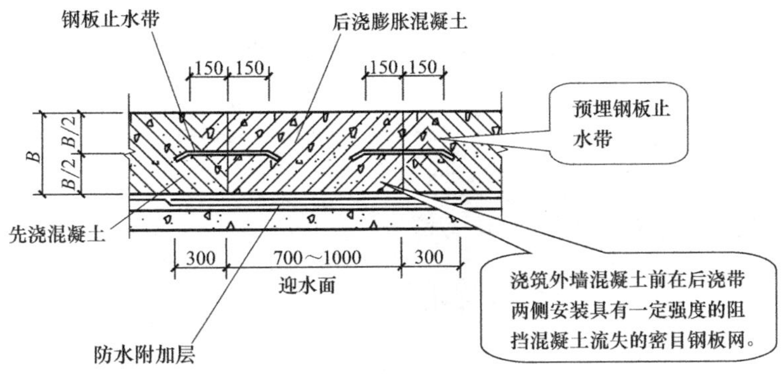
钢板止水带
后浇膨胀混凝土
150 150
150 150
预埋钢板止水带
B
B/2
B/2
先浇混凝土
300
700～1000
300
迎水面
浇筑外墙混凝土前在后浇带两侧安装具有一定强度的阻挡混凝土流失的密目钢板网。
防水附加层

图 5-115　地下室外墙后浇带细部节点图（一）

2）外墙后浇带外部须设防水附加层，防水附加层宽度需在两边各宽出后浇带 300mm 以上，如图 5-116 所示。

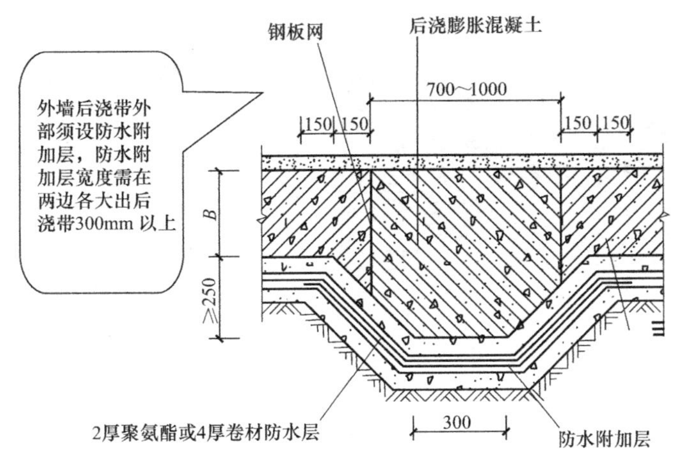
钢板网
后浇膨胀混凝土
外墙后浇带外部须设防水附加层，防水附加层宽度需在两边各大出后浇带300mm 以上
700～1000
150 150
150 150
B
≥250
2厚聚氨酯或4厚卷材防水层
300
防水附加层

图 5-116　地下室外墙后浇带细部节点图（二）

3）外墙后浇带模板应加固牢靠，防止胀模及漏浆。

4）外墙后浇带混凝土尽可能与地下室顶板后浇带混凝土同时浇筑。

5）墙体表面缺陷处理及螺杆孔封闭处理后，施工防水附加层，附加层验收合格后，再施工防水层。

6）为及时进行地下室外墙侧回填土施工，可先完成大面外墙防水施工后，在后浇带两侧各1m位置先砌240mm厚实心砖墙分隔。待外墙后浇带混凝土完成后，后浇带位置外墙防水与大面先行施工的防水在分隔墙内做好搭接。

（12）外墙后浇带模板施工质量控制

1）钢筋控制

检查后浇带内钢筋的规格、形状、尺寸、数量、间距、搭接长度和接头位置是否符合设计要求和施工规范规定，尤其是后浇带内钢筋如果断开，则要求绑扎搭接接头面积的百分率不超过25%，焊接接头不超过50%。后浇带内钢筋由于暴露时间较长，钢筋锈蚀在所难免，故混凝土浇筑前，应要求对钢筋表面颗粒状或片状老锈进行除锈处理。若有钢筋被踩弯或压弯现象，在混凝土浇筑前应要求及时进行矫正，如图5-117所示。

外墙后浇带检查后浇带内钢筋的规格、形状、尺寸、数量、间距、搭接长度和接头位置是否符合设计要求和施工规范规定。

图5-117　地下室外墙后浇带细部节点图（三）

2）模板支撑体系控制

要求模板支模架子一次性安装成型，待后浇带混凝土浇筑好以后再进行拆除，确保板底平整，如图5-118所示。

图5-118　模板支撑体系节点图

3）两侧接缝收口控制

如采用钢丝网时，制作的单层钢丝网片必须绷紧，并且钢丝网片与钢筋支架绑扎必须结实、牢固。

4）混凝土浇筑控制

在浇筑后浇带两侧混凝土的过程中，应采取对称浇筑的方法，保证后浇带模板不会位移；后浇带混凝土浇筑前清理干净后浇带中杂物，将两侧混凝土的松散石子凿除，表面清洗干净，保持湿润，并刷水泥浆。

5）防渗漏措施

采用适合工程特点的后浇带接缝形式和其与两侧混凝土接缝的防水做法是做好防渗漏措施的关键，通常应采取企口缝或阶梯缝，并选择接缝中部设置止水条或止水带的组合做法，如图5-119所示。

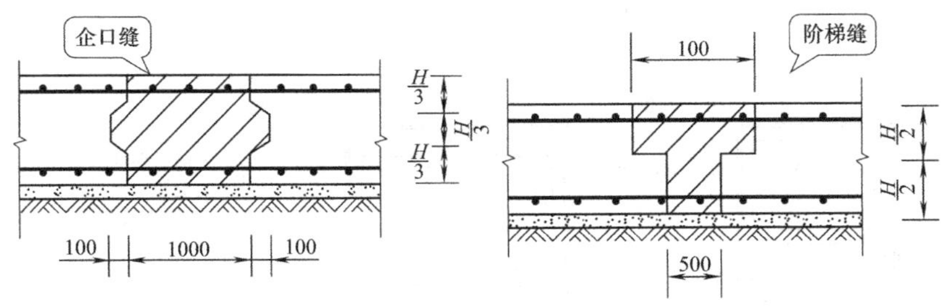
企口缝
阶梯缝
100
1000
100
500
H/3
H/3
H/3
H/2
H/2
图 5-119　防渗漏措施之企口缝与阶梯缝

(13) 电梯井、集水坑模板施工质量控制如图 5-120 所示。

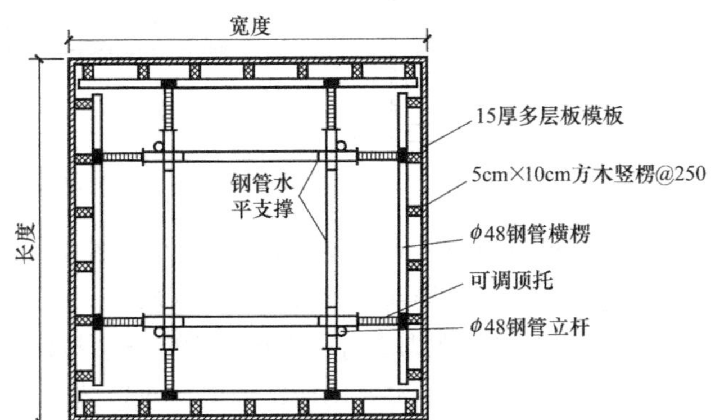
宽度
长度
15厚多层板模板
5cm×10cm方木竖楞@250
钢管水平支撑
φ48钢管横楞
可调顶托
φ48钢管立杆
图 5-120　集水坑、电梯井模板示意图

1) 涂刷隔离剂时不得沾污钢筋和混凝土接槎处。

2) 模板的接缝严密，不得有漏浆，在混凝土浇筑前应浇水湿润。但模板内不应存积水，模板与混凝土接触面应清理干净。

3) 固定在模板上的预留孔洞不得遗漏，且安装牢固。

4) 后浇带部位模板的拆除和支顶严格按施工方案实施。

5) 拆除模板应保证构件的表面棱角不被损坏。

6) 模板安装还应满足下列要求：

① 模板与混凝土的接触面应清理干净并均匀涂刷隔离剂，但不得采用影响结构性能或妨碍装饰工程施工的隔离剂，宜用水质隔离剂。

② 在浇筑混凝土前，模板内的杂物应清理干净。

7) 允许偏差：模板安装允许偏差见表 5-3 所列。

模板安装允许偏差　　**表 5-3**

项次	项目		允许偏差值(mm)	检查方法
1	轴线位移(柱、墙)		3	尺量
2	标高		±3	水准仪或拉线尺量
3	截面尺寸:柱、墙		±3	钢尺检查
4	层间垂直度:层高不大于 5m		3	经纬仪或吊线、尺量
5	相邻两板表面高低差		2	钢尺检查
6	表面平整度		2	2m 靠尺和塞尺检查
7	预留洞	中心线位置	5	钢尺检查
		尺寸	+5,−0	钢尺检查
8	阴阳角	方正	2	方尺、塞尺
		顺直	2	拉线、尺量

（14）门窗洞口模板施工质量控制如图 5-121 所示。

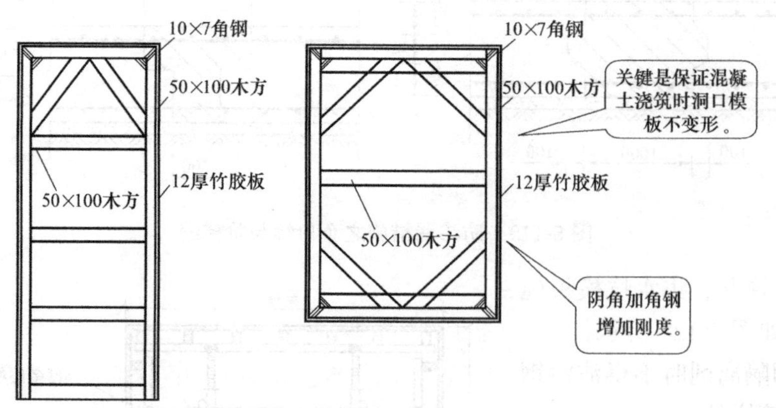
10×7角钢
50×100木方
12厚竹胶板
50×100木方
10×7角钢
50×100木方
关键是保证混凝土浇筑时洞口模板不变形。
12厚竹胶板
50×100木方
阴角加角钢增加刚度。

图 5-121　门窗洞口模板示意图

（15）楼梯模板施工质量控制如图 5-122～图 5-127 所示。

1）安装支撑时要特别注意斜向支柱（斜撑）的固定，防止浇筑混凝土时模板移动。固定方法可采用在脚部钉小木板，中间分层拉横杆的方法。

2）楼梯斜段立杆一定要用横杆分层连通拉结。

3）楼梯斜段主龙骨一定要钉牢在立杆顶托上面；次龙骨一定要钉牢在主龙骨上面。

4）楼梯段侧模板安装采用侧模包底模的方法。

5）平台板和梯段侧板节点及楼梯梁和梯段侧板节点，要根据现场情况进行误差调整。

6）梯段台阶模板安装时，要注意考虑到装修厚度的要求，使上下跑之间的梯阶线在装修后对齐，确保阶梯尺寸一致，按这样的要求施工时，踏步要向里移动 20mm。

7）要注意台阶模板不出现“吃模”，注意台阶模板的垂直度、平顺度。

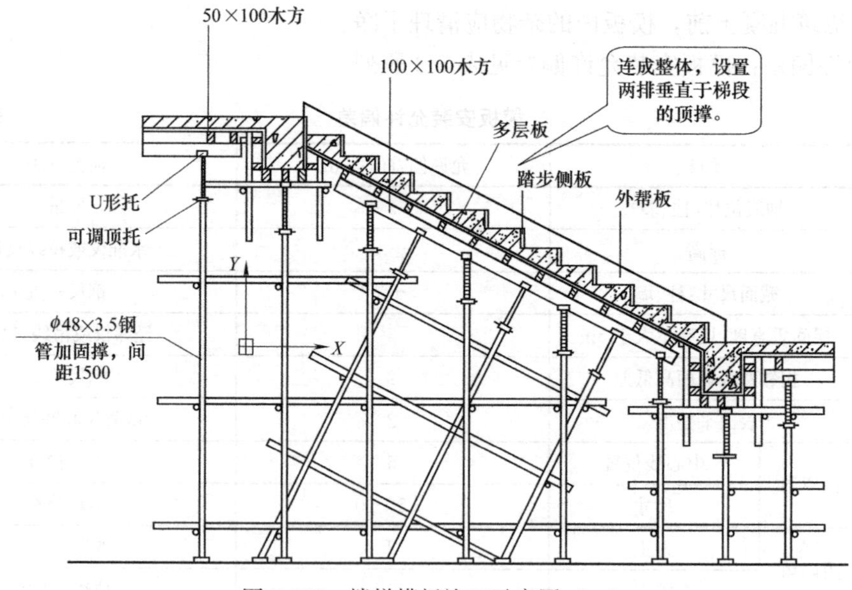
50×100木方
100×100木方
连成整体，设置两排垂直于梯段的顶撑。
多层板
踏步侧板
外帮板
U形托
可调顶托
Y
X
ϕ48×3.5钢管加固撑，间距1500

图 5-122　楼梯模板施工示意图（一）

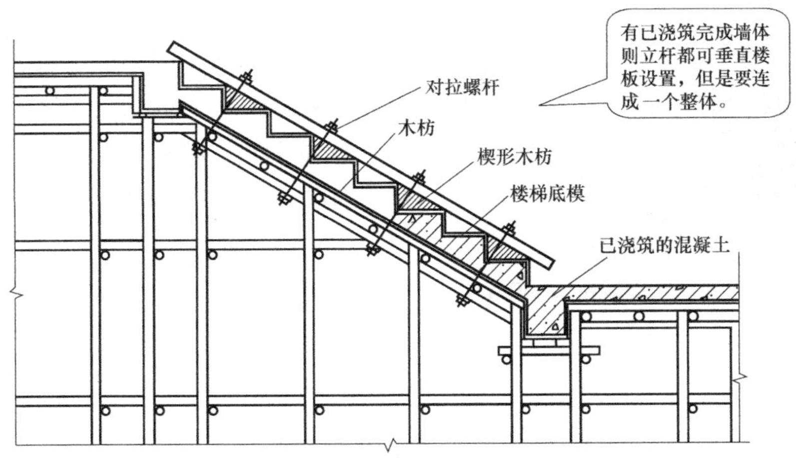
有已浇筑完成墙体则立杆都可垂直楼板设置，但是要连成一个整体。
对拉螺杆
木枋
楔形木枋
楼梯底模
已浇筑的混凝土

图 5-123　楼梯模板施工示意图（二）

传统模板，施工速度慢，质量不宜控制。

图 5-124　传统楼梯模板施工示意图

定型模板，高层适用。

图 5-125　定型楼梯模板施工示意图

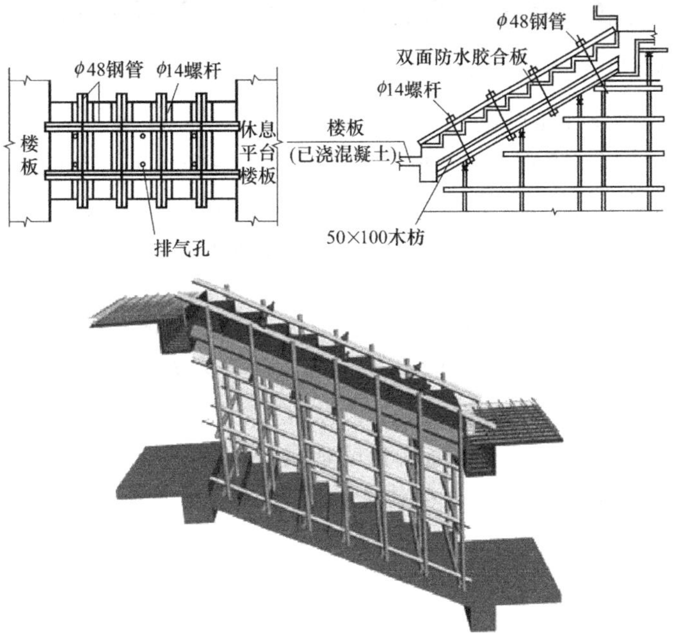
φ48钢管
φ14螺杆
楼板
休息平台楼板
排气孔
φ48钢管
双面防水胶合板
φ14螺杆
楼板
(已浇混凝土)
50×100木枋

图 5-126　模板支撑体系示意图（一）

支撑位于踏步边缘200mm范围内。
严禁用钢管，采用10mm×10mm木方子。
图 5-127 模板支撑体系示意图（二）

（16）布料机处模板施工质量控制

1）布料机支撑脚不得碰撞或直接搁置于模板或者钢筋上，且底部必须有支撑立杆。

2）布料机支撑脚所在区域支撑立杆底部必须加设 50mm×100mm 方木垫块，如 5-128 所示。

3）每一层混凝土施工时，布料机支撑脚放置位置须与前一层施工时相同。

4）每次混凝土施工前必须检查支撑立杆的加固是否稳固，如图 5-129 所示。

5）每次混凝土施工前责任工长必须对作业人员进行安全、技术交底。

布料机支撑脚所在区域支撑立杆底部必须加设50mm×100mm方木垫块。
图 5-128 布料机支撑体系示意图

混凝土浇筑时产生较大的冲击荷载。
图 5-129 施工中布料机示意图

（17）细部模板施工质量控制

施工过程中，模板工程施工细部质量控制将会是一个不可避免的重要施工工序环节，通过加强各个细部质量的控制，可有效地预防混凝土浇筑过程中及成型期间产生的漏浆、接口明缝、垂直度、平整度。如图 5-130、图 5-131 所示。

（18）模板拆除施工质量控制

1）拆模前应达到混凝土的拆模强度要求，墙、梁、柱侧模在混凝土强度能保证其表面及棱角不因拆除模板而损坏时，即可拆除，见表 5-4 所列。

2）模板拆除时必须按顺序逐步拆除，严禁乱撬、乱打，野蛮拆除。

3）模板支撑体系搭设前，核实各部位的轴线与标高是否准确。

4）拆除底梁板底模前，需待混凝土强度达到规范要求（养护不少于 14d）后方可拆模。

5）模板拆除一般先支的后拆，后支的先拆，先拆非承重部位，后拆承重部位，并做到不损伤构件或者模板，如图 5-132、图 5-133 所示。

6）肋形楼盖应先拆柱模板，再拆除板底模、梁侧模板，最后拆梁底模板。拆除跨度

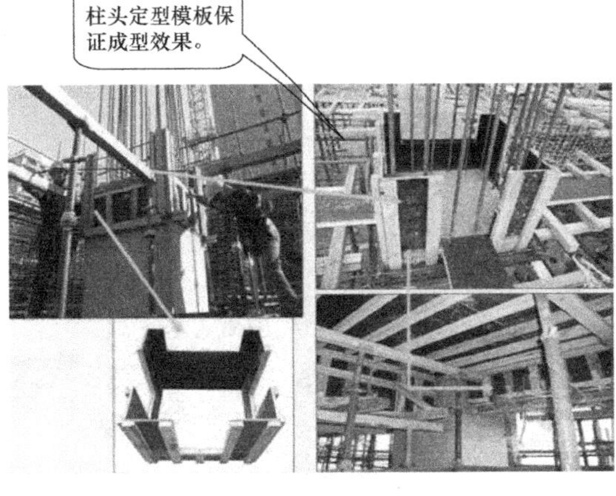
柱头定型模板保证成型效果。

图 5-130 细部模板施工示意图（一）

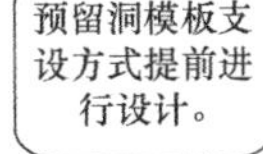
预留洞模板支设方式提前进行设计。

图 5-131 细部模板施工示意图（二）

较大的梁下支柱时，应先从跨中开始拆向两端。侧立模板的拆模应按自上而下的原则进行。

7）多层楼板模板支柱的拆除：当上层模板正在浇筑混凝土时，下一层楼板的支柱不得拆除，再下一层楼板支柱，仅可拆除一部分。跨度 4m 及 4m 以上的梁，均应保留支柱，其间距不得大于 3m，其余再下一层楼的模板支柱，当楼板混凝土达到设计强度时，方可全部拆除。拆除后将部件码放整齐，如图 5-134、图 5-135 所示。

现浇结构拆模时所需混凝土强度　　表 5-4

结构类型	结构跨度(m)	按设计的混凝土强度标准值的百分率计(%)
板	≤2	50
	>2,≤8	75
	>8	100
梁、拱、壳	≤8	75
	>8	100
悬臂构件	≤2	75
	>2	100

按同条件养护试块强度确定。

模板拆除顺序与立模顺序相反，即后支的先拆，先支的后拆；先拆不承重的模板，后拆承重部分的模板。

图 5-132 模板拆除顺序示意图（一）

自上而下进行；先拆侧向支撑，后拆竖向支撑。

图 5-133 模板拆除顺序示意图（二）

拆除后周转
料码放整齐。
模板支架材
料码放整齐。

图 5-134　模板拆除后码放示意图（一）　　图 5-135　模板拆除后码放示意图（二）

四、模板构造与安装

(一) 一般规定

(1) 应进行全面的安全技术交底。立柱间距成倍数关系，如图 5-136、图 5-137 所示。

对水平杆定尺的门架、碗扣
架和盘扣架，其支架立杆间
距能做到纵横向相等或成倍
数，满足强条要求。

图 5-136　立杆细部节点示意图（一）

(2) 采用爬模、飞模、隧道模等特殊模板施工时，所有参加作业人员必须经过专门技术培训，考核合格后方可上岗。

板立柱间距＝梁立柱间距

板立柱间距＝2×梁立柱间距

对面广量大的扣件钢管排架，
其支架立杆间距要满足强条有
难度，通常与柱网尺寸有关，
改为“宜纵横向相等或成倍数”。

图 5-137　立杆细部节点示意图（二）

立柱加
设垫板。

图 5-138　支架底部设置垫板

对门架立柱，也可放置
可调底座，一般直接放
置在混凝土楼面上。

图 5-139　门架立柱底座示意图

（3）木杆、钢管、门架及碗扣式等支架立柱不得混用。

（4）竖向模板和支架立柱支承部分安装在基土上时，应加设垫板，如图 5-138、图 5-139 所示。

（5）现浇钢筋混凝土梁、板，当跨度大于 4m 时，模板应起拱；当设计无具体要求时，起拱高度宜为全跨长度的 1/1000～3/1000，如图 5-140～图 5-141 所示。

当跨度大于4m
时，模板应起
拱；当设计无
具体要求时，
起拱高度宜
为全跨长度的
1/1000～3/1000。

图 5-140　模板起拱示意图

对碗扣架和盘扣架，其
支架立杆底部一般设置
可调底座，底部有钢板。

图 5-141　支架细部节点图（一）

可调托座和可调
底座主要应用在
门架、碗扣架和
盘扣架上，长度
为600mm，插入
架管后门架外漏
不超过150mm，
碗扣架外漏不超
过200mm。

图 5-142　支架细部节点图（二）

（6）下层楼板应具有承受上层施工荷载的承载能力，否则应加设支撑支架；上层支架立柱应对准下层支架立柱，并应在立柱底铺设垫板，如图 5-144 所示。

（7）当层间高度大于 5m 时，应选用桁架支模或钢管立柱支模。当层间高度小于或等于 5m 时，可采用木立柱支模，如图 5-145、图 5-146 所示。

（8）钢管立柱底部应设垫木和底座，顶部应设可调支托，U 形支托与楞梁两侧间如有间隙，必须楔紧，其螺杆伸出钢管顶部不得大于 200mm，螺杆外径与立柱钢管内径的间隙不得大于 3mm，安装时应保证上下同心，如图 5-147～图 5-151 所示。

楔紧间隙。

图 5-143　支架细部节点图（三）

上下层立
柱对准。

图 5-144　支架立柱示意图

层间高度大于
5m时，应选用
桁架支模或钢
管立柱支模。

图 5-145　桁架支模示意图

层高小于等于
5m可以采用木
立柱。

图 5-146　木立柱支模示意图

钢管立柱底
部设垫木。

图 5-147　钢管立柱底部细部节点

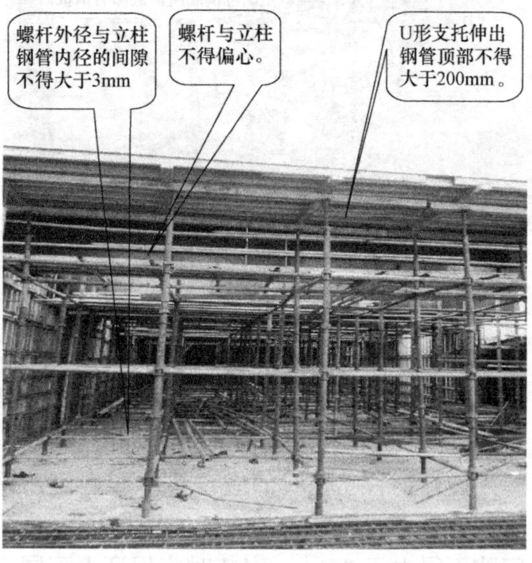
螺杆外径与立柱
钢管内径的间隙
不得大于3mm
螺杆与立柱
不得偏心。
U形支托伸出
钢管顶部不得
大于200mm。

图 5-148　钢管立柱细部节点

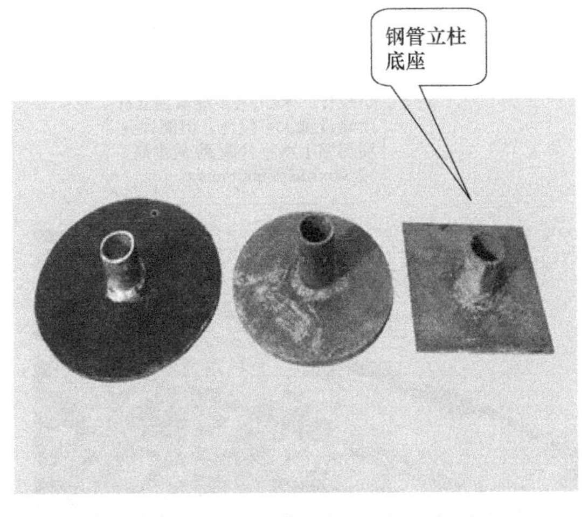
钢管立柱
底座

图 5-149　钢管立柱底座示意图

可
调
底
托

图 5-150　钢管立柱底托示意图

(9) 当模板安装高度超过 3.0m 时，必须搭设脚手架，除操作人员外，脚手架下不得站其他人。

(10) 在立柱底距地面 200mm 高处，沿纵横水平方向应按纵下横上的程序设扫地杆。可调支托底部的立柱顶端应沿纵横向设置一道水平拉杆。支撑梁、板的支架立柱安装，当层高在 8～20m 时，在最上层步距两水平拉杆中间应加设一道水平拉杆；当层高大于 20m 时，在最上层两步距水平拉杆中间应分别增加一道水平拉杆。所有水平拉杆的端部均应与四周建筑物顶紧顶牢。无处可顶时，应于水平拉杆端部和中部沿竖向设置连续式剪刀撑，如图 5-152 所示。

安装时应保
证上下同心。

图 5-151　钢管立柱安装节点图

规范规定：在立柱底距
地面200mm高处，沿纵
横水平方向应按纵下横
上的程序设扫地杆。碗
扣架不能做到离地
200mm设置扫地杆。

图 5-152　钢管立柱扫地杆示意图

(11) 其他细部节点应注意的问题如图 5-153、图 5-154 所示。

(12) 立杆搭设的三种情况如图 5-155～图 5-157 所示。

规范规定：可调支托底部的立柱顶端应沿纵横向设置一道水平拉杆。扣件钢管架能做到立杆顶端设置水平拉杆。

图 5-153 立杆细部节点图（一）

规范规定：可调支托底部的立柱顶端应沿纵横向设置一道水平拉杆。碗扣架不能做到立杆顶端设置水平拉杆，但能做到顶部缩小水平杆间距(从步高1200mm缩到600mm)。

图 5-154 立杆细部节点图（二）

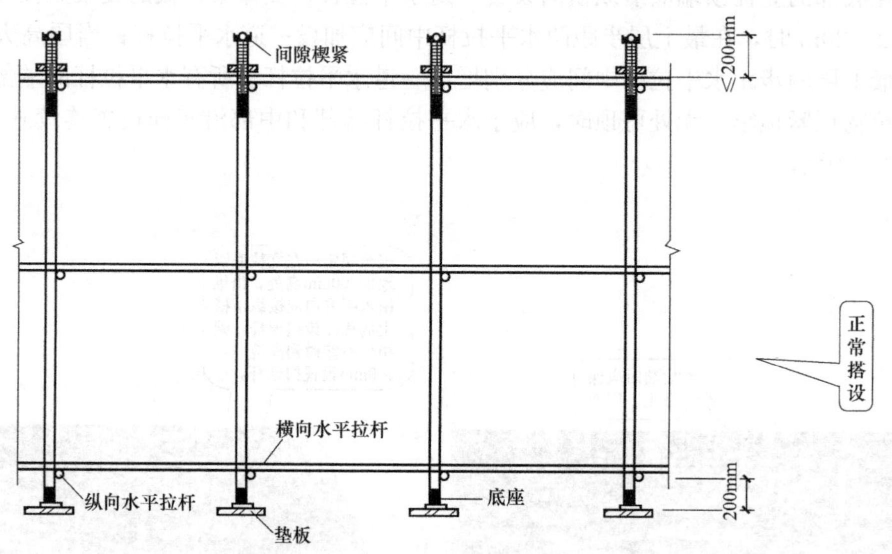
间隙楔紧
≤200mm
正常搭设
横向水平拉杆
纵向水平拉杆
底座
垫板
200mm

图 5-155 层高≤8m 的立杆搭设图

(13) 吊运模板时应检查绳索、卡具、模板上的吊环，必须完整有效，在升降过程中应设专人指挥，统一信号，密切配合。

(14) 吊运大块或整体模板时，竖向吊运不应少于两个吊点，水平吊运不应少于四个吊点，如图 5-158、图 5-159 所示。

(15) 5 级风及其以上应停止一切吊运作业。

(二) 支架立柱安装构造

(1) 采用伸缩式桁架时，其搭接长度不得小于 500mm，上下弦连接销钉规格、数量

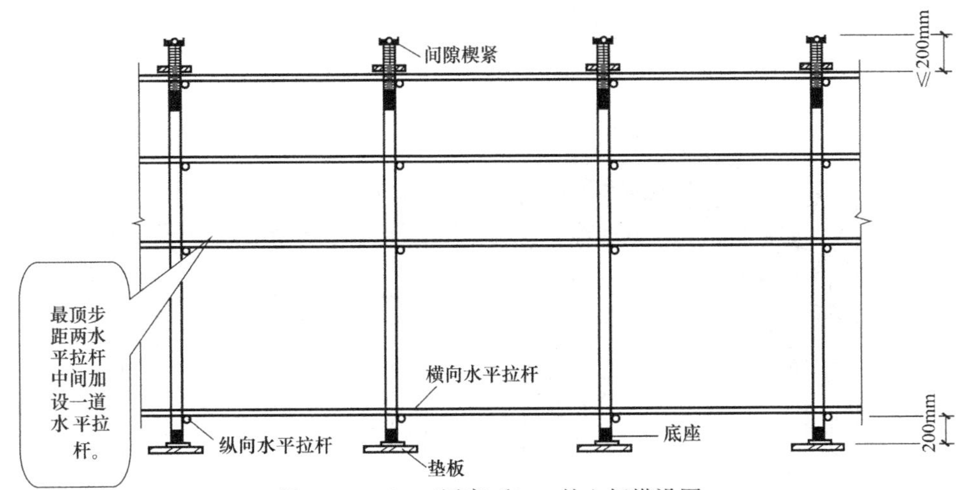
间隙楔紧
≤200mm
最顶步距两水平拉杆中间加设一道水平拉杆。
横向水平拉杆
纵向水平拉杆
底座
垫板
200mm

图 5-156　8m<层高≤20m 的立杆搭设图

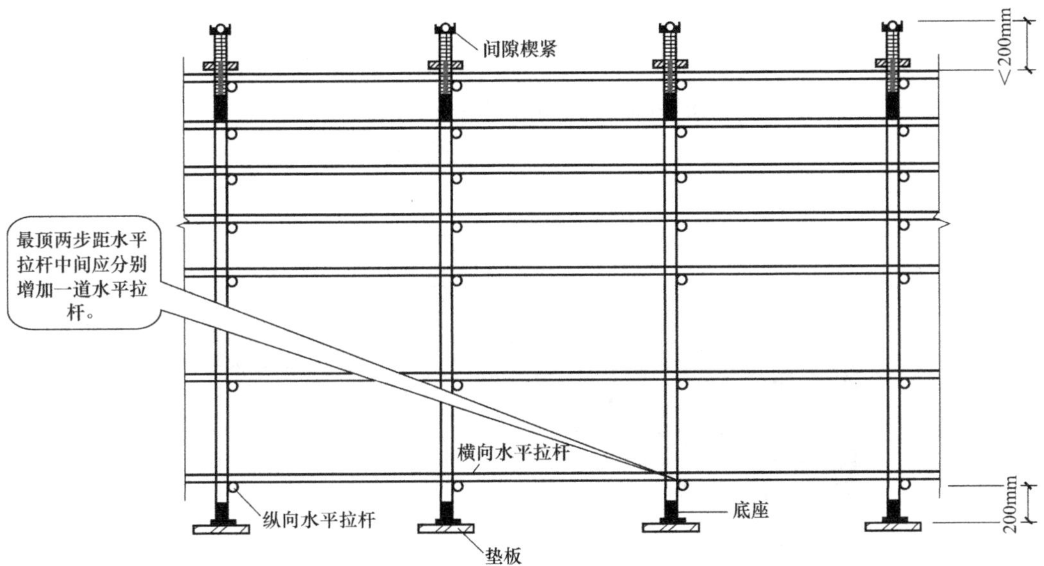
间隙楔紧
≤200mm
最顶两步距水平拉杆中间应分别增加一道水平拉杆。
横向水平拉杆
纵向水平拉杆
底座
垫板
200mm

图 5-157　层高>20m 的立杆搭设图

设专人指挥。
竖向吊运不应少于两个吊点。

图 5-158　模板调运示意图（一）

水平吊运不应少于四个吊点。
吊运模板时应检查绳索、卡具、模板上的吊环。

图 5-159　模板调运示意图（二）

应按设计规定，并应采用不少于两个U形卡或钢销钉销紧，两个U形卡距或销距不得小于400mm，如图5-160～图5-162所示。

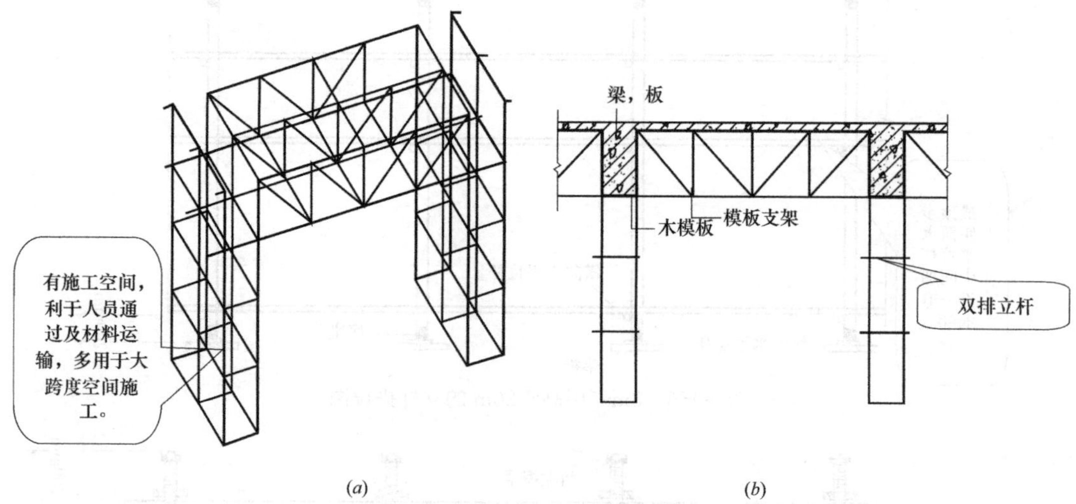
有施工空间，利于人员通过及材料运输，多用于大跨度空间施工。
梁，板
木模板
模板支架
双排立杆
(a)
(b)

图5-160　施工中常见的桁架示意图

（a）三维视图；（b）立面视图

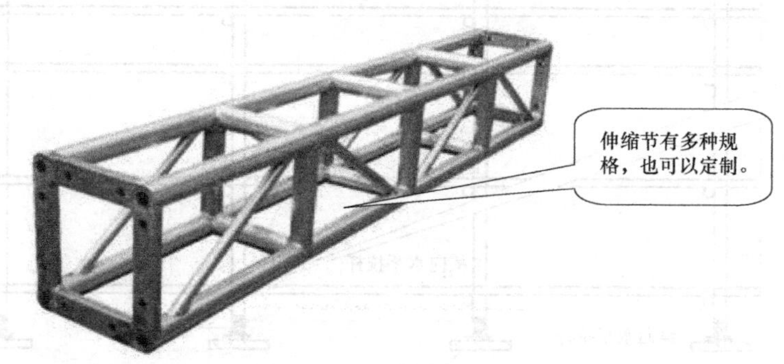
伸缩节有多种规格，也可以定制。

图5-161　伸缩节示意图

用做桥梁的临时支架。

图5-162　桁架的应用

（2）工具式立柱支撑，立柱不得接长使用，如图5-163所示。

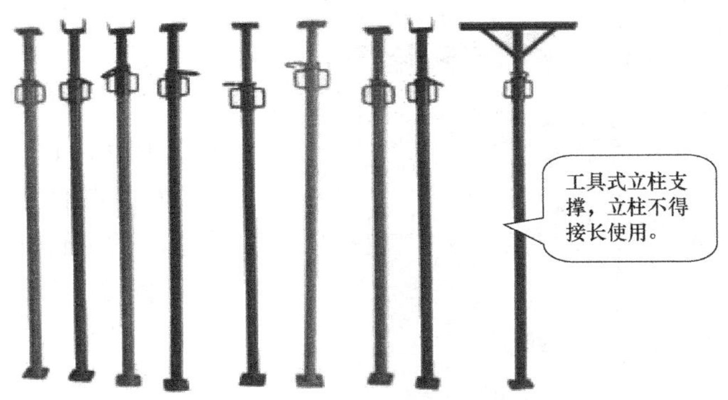
工具式立柱支撑，立柱不得接长使用。

图 5-163　工具式立柱支撑示意图

(3) 木立柱宜选用整料，当不能满足要求时，立柱的接头不宜超过 1 个，并应采用对接夹板接头方式。立柱底部可采用垫块垫高，但不得采用单码砖垫高，垫高高度不得超过 300mm。

(4) 当仅为单排木立柱时，应于单排立柱的两边每隔 3m 加设斜支撑，且每边不得少于两根，斜支撑与地面的夹角应为 60°。

(5) 扣件式钢管做立柱时钢管规格、间距、扣件应符合设计要求。每根立柱底部应设置底座及垫板，垫板厚度不得小于 50mm。如图 5-164 所示。

(6) 扣件式钢管做立柱时当立柱底部不在同一高度时，高处的纵向扫地杆应向低处延长不少于两跨，高低差不得大于 1m，立柱距边坡上方边缘不得小于 0.5m，如图 5-165 所示。

扣件式钢管做立柱时钢管规格、间距、扣件应符合设计要求。

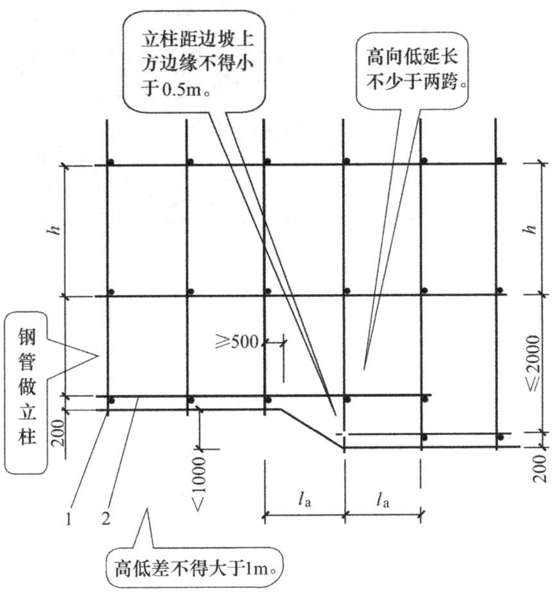
立柱距边坡上方边缘不得小于0.5m。
高向低延长不少于两跨。
钢管做立柱
h
h
≥500
≤2000
200
200
≤1000
l_a
l_a
1
2
高低差不得大于1m。

图 5-164　扣件式钢管立柱示意图（一）

图 5-165　扣件式钢管立柱示意图（二）

(7) 扣件式钢管做立柱时立柱接长严禁搭接，必须采用对接扣件连接，相邻两立柱的对接接头不得在同步内，且对接接头沿竖向错开的距离不宜小于500mm，各接头中心距主节点不宜大于步距的1/3，如图5-166所示。

规范规定：钢管扫地杆、水平拉杆应采用对接，剪刀撑应采用搭接，搭接长度不得小于500mm，用两个旋转扣件分别在离杆端不小于100mm处进行固定。

图5-166　扣件式钢管立柱接长

（8）扣件式钢管做立柱时严禁将上段的钢管立柱与下段钢管立柱错开固定于水平拉杆上，如图5-167～图5-170所示。

（9）满堂模板和共享空间模板支架立柱，在外侧周圈应设由下至上的竖向连续式剪刀撑；中间在纵横向应每隔10m左右设由下至上的竖向连续式的剪刀撑，其宽度宜为4～6m，并在剪刀撑部位的顶部、扫地杆处设置水平剪刀撑。剪刀撑杆件的底端应与地面顶紧，夹角宜为45°～60°，如图5-171～图5-173所示。

强条规定：严禁将上段的钢管立柱与下段钢管立柱错开固定于水平拉杆上。

图5-167　扣件式钢管立柱示意图（三）

南京高架桥施工，下部为碗扣架，上部为扣件钢管架，采用搭接方式。规范试验说明，对接方式比搭接的承载力高2.14倍。所以规范强条规定立柱接长严禁搭接，必须采用对接扣件连接。

图5-168　案例说明

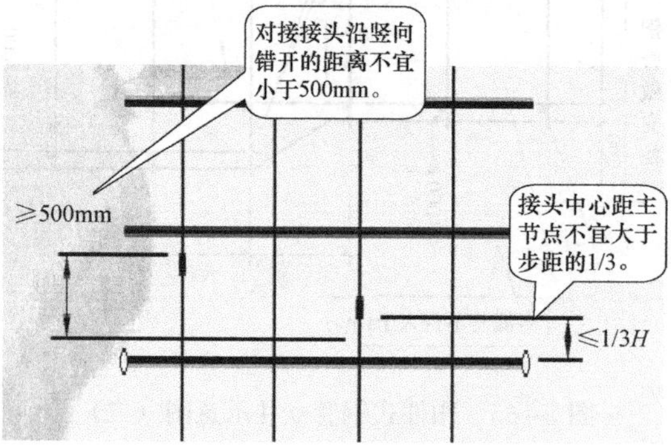

对接接头沿竖向错开的距离不宜小于500mm。
≥500mm
接头中心距主节点不宜大于步距的1/3。
≤1/3H

图5-169　立柱接头节点图

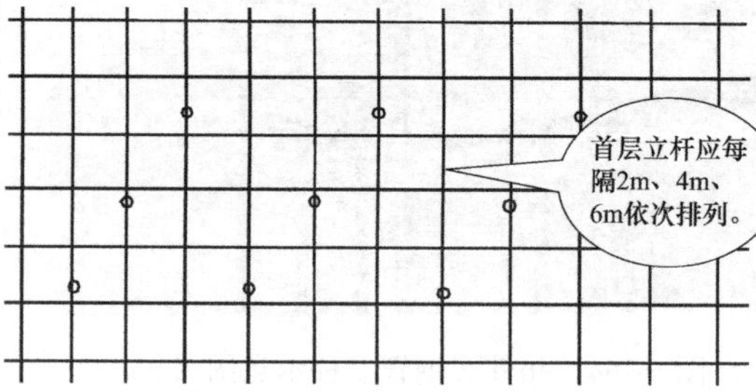

首层立杆应每隔2m、4m、6m依次排列。

图5-170　首层立杆节点图

周圈应设由下
至上的竖向连
续式剪刀撑。

图 5-171　剪刀撑节点图

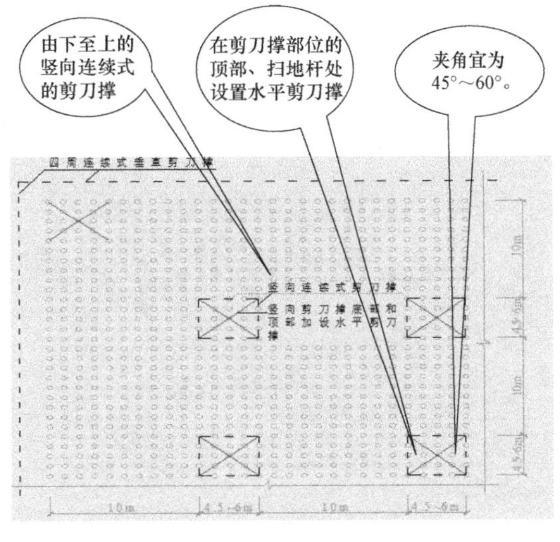
由下至上的
竖向连续式
的剪刀撑
在剪刀撑部位的
顶部、扫地杆处
设置水平剪刀撑
夹角宜为
45°～60°。
四周连续式垂直剪刀撑
竖向连续式剪刀撑
竖向剪刀撑底部和
顶部加设水平剪刀
撑

图 5-172　剪刀撑细部节点（一）

当建筑层高在 8～20m 时，除应满足上述规定外，还应在纵横向相邻的两竖向连续式剪刀撑之间增加之字斜撑，在有水平剪刀撑的部位，应在每个剪刀撑中间处增加一道水平剪刀撑。当建筑层高超过 20m 时，在满足以上规定的基础上，应将所有之字斜撑全部改为连续式剪刀撑，如图 5-174～图 5-177 所示。

水平剪
刀撑

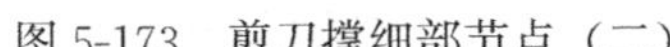

图 5-173　剪刀撑细部节点（二）

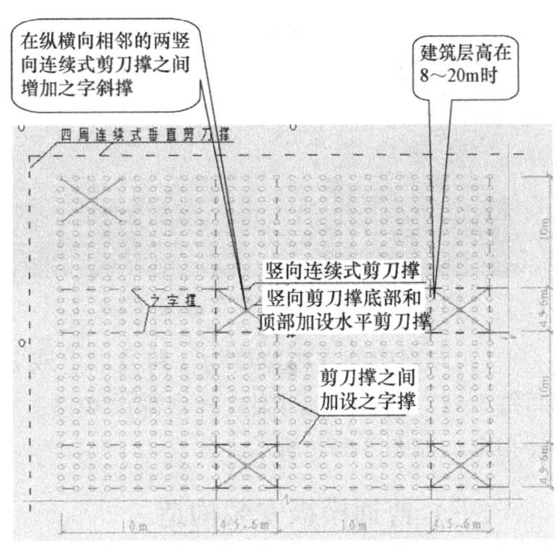
在纵横向相邻的两竖
向连续式剪刀撑之间
增加之字斜撑
建筑层高在
8～20m时
四周连续式垂直剪刀撑
竖向连续式剪刀撑
竖向剪刀撑底部和
顶部加设水平剪刀撑
之字撑
剪刀撑之间
加设之字撑

图 5-174　层高在 8～20m 的剪刀撑布置图

（10）当采用碗扣式钢管脚手架作立柱支撑时，立杆应采用长 1.8m 和 3.0m 的立杆错开布置，严禁将接头布置在同一水平高度。

（11）碗扣式钢管脚手架立杆底座应采用大钉固定于垫木上。立杆立一层，即将斜撑对称安装牢固，不得漏加，也不得随意拆除。

（12）碗扣式钢管脚手架横向水平杆应双向设置，间距不得超过 1.8m。

（13）门架的跨距和间距应按设计规定布置，间距宜小于 1.2m；支撑架底部垫木上应设固定底座或可调底座，如图 5-178 所示。

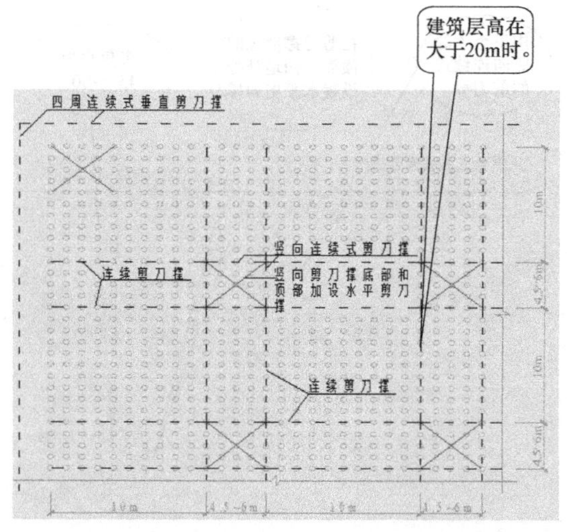
建筑层高在大于20m时。
四周连续式垂直剪刀撑
竖向连续式剪刀撑
连续剪刀撑
竖向剪刀撑底部和顶部加设水平剪刀撑
连续剪刀撑

图 5-175　层高>20m 的剪刀撑布置图

在纵横向相邻的两竖向连续式剪刀撑之间增加之字斜撑。
连续剪刀撑设置。

图 5-176　之字剪刀撑布置图（一）

之字剪刀撑设置。

图 5-177　之字剪刀撑布置图（二）

门架间距宜小于1.2m。

图 5-178　门架的要求示意图

（14）当门架支撑宽度为 4 跨及以上或 5 个间距及以上时，应在周边底层、顶层、中间每 5 列、5 排于每门架立杆根部设 Φ48×3.5 通长水平加固杆，并应采用扣件与门架立杆扣牢，如图 5-179 所示。

（三）普通模板安装构造

（1）现场拼装柱模时，应适时地按设临时支撑进行固定，斜撑与地面的倾角宜为 60°，严禁将大片模板系于柱子钢筋上。

（2）待四片柱模就位组拼经对角线校正无误后，应立即自下而上安装柱箍。

（3）柱模校正（用四根斜支撑或用连接在柱模顶四角带花篮螺丝的揽风绳，底端与楼板钢筋拉环固定进行校正）后，应采用斜撑或水平撑进行四周支撑，以确保整体稳定。当高度超过 4m 时，应群体或成列同时支模，并应将支撑连成一体，形成整体框架体系。当需单根支模时，柱宽大于 500mm 应每边在同一标高上设不少于两根的斜撑或水平撑。斜撑与地面的夹角宜为 45°～60°，下端尚应有防滑移的措施，如图 5-180、图 5-181 所示。

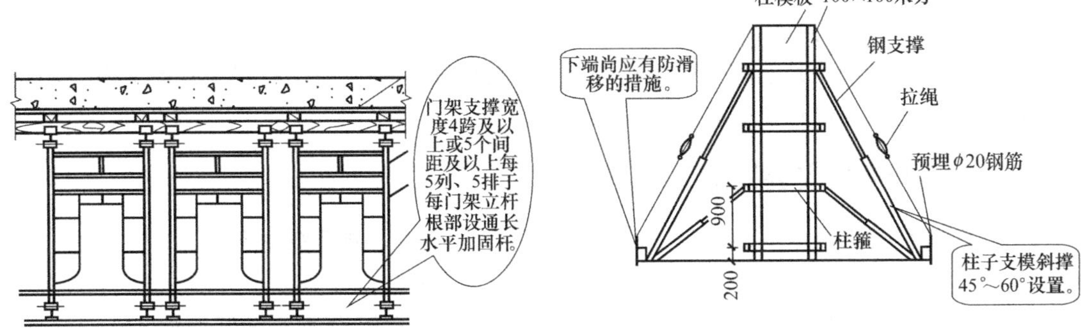
门架支撑宽度4跨及以上或5个间距及以上每5列、5排于每门架立杆根部设通长水平加固杆。
柱模板 100×100木方
下端尚应有防滑移的措施。
钢支撑
拉绳
预埋φ20钢筋
900
柱箍
200
柱子支模斜撑45°~60°设置。

图 5-179 门架支撑加固示意图

图 5-180 柱模板安装示意图（一）

（4）墙模板内外支撑必须坚固、可靠，应确保模板的整体稳定。当墙模板外面无法设置支撑时，应于里面设置能承受拉和压的支撑。多排并列且间距不大的墙模板，当其支撑互成一体时，应有防止灌注混凝土时引起临近模板变形的措施，如图 5-182、图 5-183 所示。

（5）对拉螺栓与墙模板应垂直，松紧应一致，墙厚尺寸应正确。

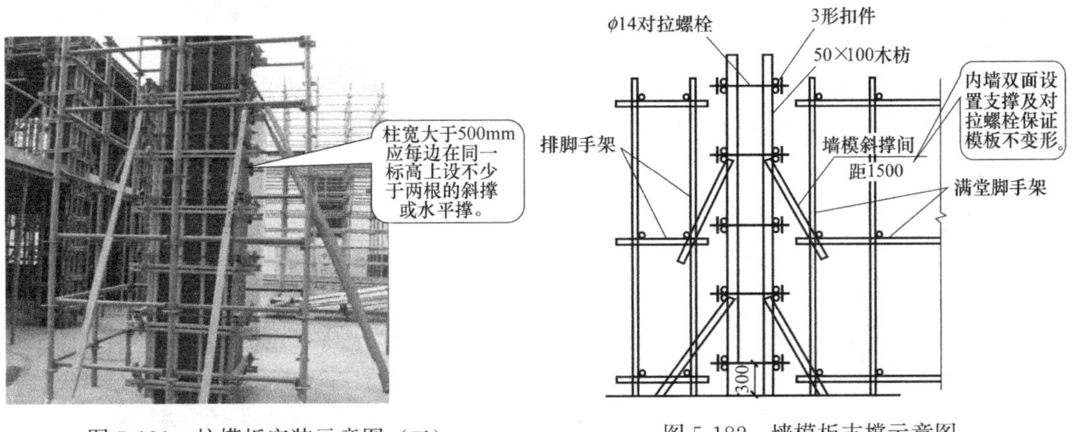
柱宽大于500mm应每边在同一标高上设不少于两根的斜撑或水平撑。
φ14对拉螺栓
3形扣件
50×100木枋
内墙双面设置支撑及对拉螺栓保证模板不变形。
排脚手架
墙模斜撑间距1500
满堂脚手架
300

图 5-181 柱模板安装示意图（二）

图 5-182 墙模板支撑示意图

（6）安装圈梁、阳台、雨篷及挑檐等模板时，其支撑应独立设置，不得支搭在施工脚手架上，如图 5-184 所示。

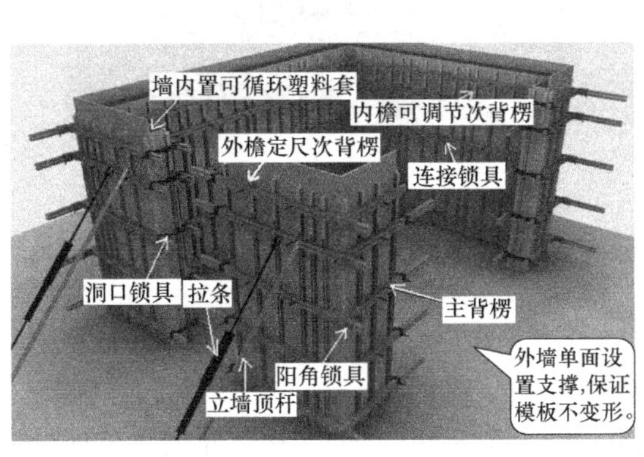
墙内置可循环塑料套
内檐可调节次背楞
外檐定尺次背楞
连接锁具
洞口锁具
拉条
主背楞
外墙单面设置支撑,保证模板不变形。
阳角锁具
立墙顶杆

图 5-183 外墙单面支撑示意图

安装圈梁、阳台、雨篷及挑檐等模板时，其支撑应独立设置。

图 5-184 阳台模板安装示意图

（7）安装悬挑结构模板时，应搭设脚手架或悬挑工作台，并应设置防护栏杆和安全网。作业处的下方不得有人通行或停留。

（8）烟囱、水塔及其他高大构筑物的模板，应编制专项施工设计和安全技术措施，并应详细地向操作人员进行交底后方可安装。

（四）爬升模板安装构造

（1）爬升模板系统中的大模板、爬升支架、爬升设备、脚手架及附件等，应按施工组织设计及有关图纸验收，合格后方可使用。

（2）爬升模板安装时，应统一指挥，设置警戒区与通信设施，做好原始记录，如图5-185所示。

（3）爬升模板的安装顺序应为底座、立柱、爬升设备、大模板、模板外侧吊脚手架。

（4）爬升模板安装时，应统一指挥，设置警戒区与通信设施，做好原始记录。

（5）爬升时，作业人员应站在固定件上，不得站在爬升件上爬升，爬升过程中应防止晃动与扭转。

（6）大模板爬升时，新浇混凝土的强度不应低于1.2N/mm^2。支架爬升时的附墙架穿墙螺栓受力处的新浇混凝土强度应达到10N/mm^{2}以上。

（7）爬模的外附脚手架或悬挂脚手架应满铺脚手板，脚手架外侧应设防护栏杆和安全网。爬架底部亦应满铺脚手板和设置安全网，如图5-186所示。

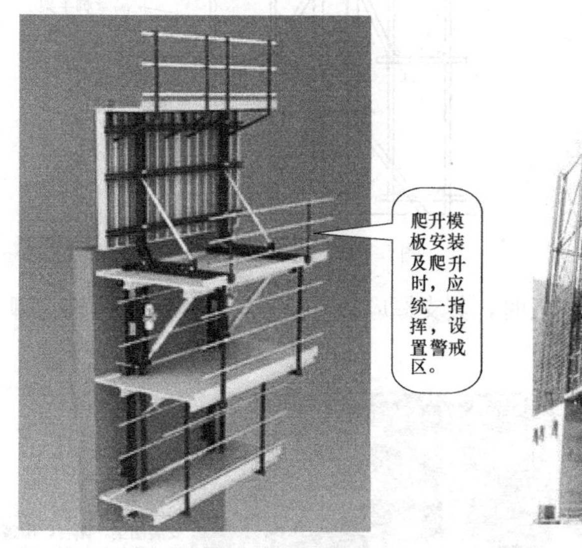
爬升模板安装及爬升时，应统一指挥，设置警戒区。

图5-185 爬模示意图

满铺脚手板，外侧应设防护栏杆和安全网。

图5-186 爬模安全措施示意图

（五）飞模安装构造

（1）安装前应进行一次试压和试吊，检验确认各部件无隐患。

（2）飞模就位后，应立即在外侧设置防护栏，其高度不得小于1.2m，外侧应另加设安全网，同时应设置楼层护栏。并应准确、牢固地搭设好出模操作平台，如图5-187

所示。

（3）飞模出模时，下层应设安全网，且飞模每运转一次后应检查各部件的损坏情况，同时应对所有的连接螺栓重新进行紧固。

（4）飞模起吊时，应在吊离地面 0.5m 后停下，待飞模完全平衡后再起吊。吊装应使用安全卡环，不得使用吊钩，如图 5-188 所示。

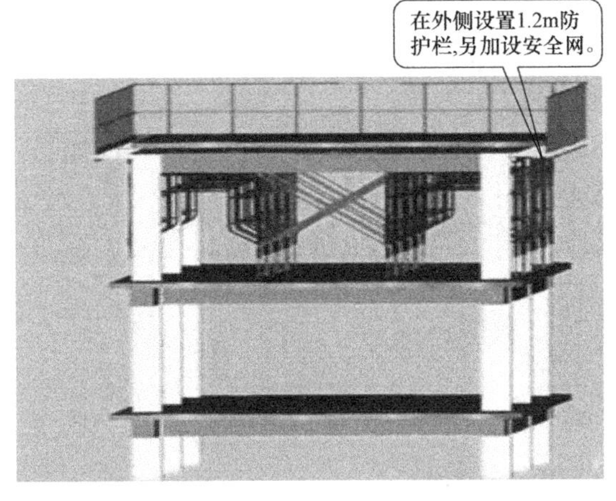
在外侧设置1.2m防
护栏,另加设安全网。

图 5-187　飞模安全措施示意图

飞模起吊时，应在吊离地面0.5m后
停下，待飞模完全平衡后再起吊。

图 5-188　飞模起吊示意图

（六）隧道模安装构造

（1）组装好的半隧道模应按模板编号顺序吊装就位。并应将两个半隧道模顶板边缘的角钢用连接板和螺栓进行连接。

（2）合模后应采用千斤顶升降模板的底沿。

（七）大模板安装构造

大模板由板面系统、支撑系统、操作平台和附件组成，如图 5-189 所示。

1）面板系统。包括面板、横肋、竖肋等。面板是直接与混凝土接触的部分，要求表面平整、拼缝严密、刚度较大、能多次重复使用。竖肋和横肋是面板的骨架，由于固定面板，阻止面板变形，并将混凝土侧压力传给支撑系统。为调整模板安装时的水平标高，一般在面板底部两段各安装一个地脚螺栓。

2）支撑系统。包括支撑架和地脚螺栓。其作用是传递水平荷载，防止模板倾覆。除了必须具备足够的强度外，尚应保证模板的稳定。

每块大模板设 2～4 个支撑架，支撑架上端与大模板竖肋用螺栓连接，下部横杆端部设有地脚螺栓，用以调节模板的垂直度。

3）操作平台。包括平台架、脚手板和防护栏杆。操作平台是施工人员操作的场所和运输的通道，平台架插放在焊于竖肋上的平台套管内，脚手板铺在平台架上。每块大模板还设有铁爬梯，供操作人员上下使用。

4）附件。大模板附件主要包括穿墙螺栓和上口铁卡子等。穿墙螺栓用于连接固定两侧的大模板，承受混凝土的侧压力，保证墙体的厚度。为了能使穿墙螺栓重复使用，防止混凝土粘接穿墙螺栓，并保证墙体厚度，螺栓应套上与墙厚相同的塑料套管。拆模后，将塑料套管剔出周转使用。

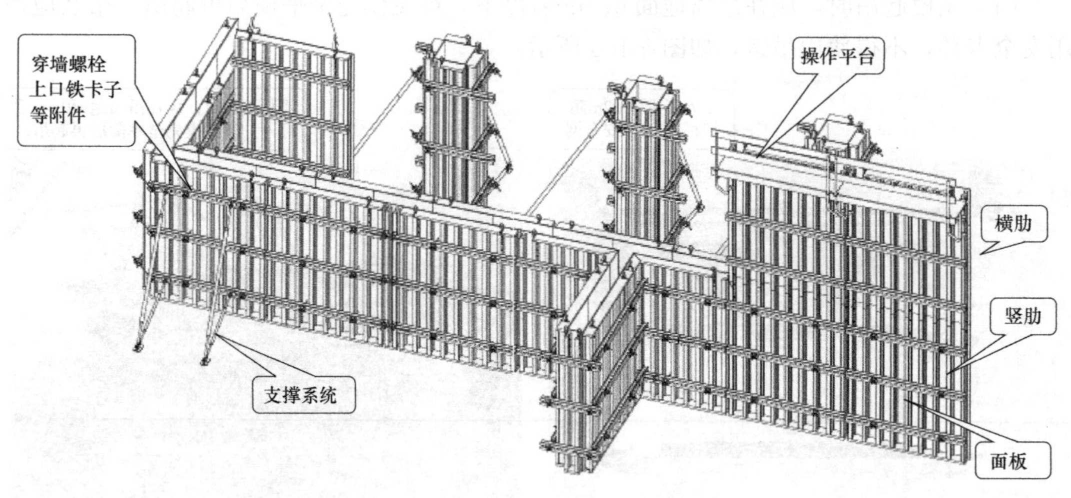
穿墙螺栓
上口铁卡子
等附件
操作平台
横肋
竖肋
支撑系统
面板

图 5-189　大模板安装构造示意图

五、模板拆除

（一）模板拆除要求

（1）模板的拆除措施应经技术主管部门或负责人批准。

（2）对不承重模板的拆除应能保证混凝土表面及棱角不受损伤。对承重模板的拆除要有同条件养护试块的试压报告，≤8m 的梁板结构，强度要≥75％方可拆模；＞8m 的梁板和悬臂结构，强度要达到 100％方可拆模。

（3）后张预应力混凝土结构的侧模宜在施加预应力前拆除，底模应在施加预应力后拆除。设计有规定时，应按规定执行。

（4）拆模的顺序和方法应按模板的设计规定进行。当设计无规定时，可采取先支的后拆、后支的先拆、先拆非承重模板、后拆承重模板，并应从上至下进行拆除。拆下的模板不得抛扔，应按指定地点堆放。

（5）已拆除了模板的结构，若在未达到设计强度以前，需在结构上加置施工荷载时，应另行核算，强度不足时，应加设临时支撑。

（二）支架立柱拆除

（1）当拆除 4～8m 跨度的梁下立柱时，应先从跨中开始，对称地分别向两端拆除。拆除时，严禁采用连梁底板向旁侧一片拉倒的拆除方法，如图 5-190 所示。

（2）当立柱的水平拉杆超出 2 层时，应首先拆除 2 层以上的拉杆。当拆除最后一道水平拉杆时，应和拆除立柱同时进行。

（三）普通模板拆除

（1）柱模拆除应分别采用分散拆和分片拆两种方法。其分散拆除的顺序应为：拆除拉杆或斜撑、自上而下拆除柱箍或横楞、拆除竖楞，自上而下拆除配件及模板、运走分类堆放、清理、拔钉、钢模维修、刷防锈油或隔离剂、入库备用。

（2）分片拆除的顺序应为：拆除全部支撑系统、自上而下拆除柱箍及横楞、拆掉柱角U形卡、分两片或四片拆除模板、原地清理、刷防锈油或隔离剂、分片运至新支模地点备用。

（3）拆除墙模顺序应为：拆除斜撑或斜拉杆、自上而下拆除外楞及对拉螺栓、分层自上而下拆除木楞或钢楞及零配件和模板、运走分类堆放、拔钉清理或清理检修后刷防锈油或隔离剂、入库备用，如图5-191所示。

严禁采用连梁底板向旁侧一片拉倒的拆除方法。
当拆除4～8m跨度的梁下立柱时，应先从跨中开始，对称地分别向两端拆除。
自上而下拆除配件及模板、运走分类堆放。
自上而下拆除柱箍或横楞、拆除竖楞。
拆除拉杆或斜撑。

图5-190 支架拆除示意图　　图5-191 模板拆除示意图

（四）爬升模板拆除

（1）拆除爬模应有拆除方案，且应由技术负责人签署意见，拆除前应向有关人员进行安全技术交底后，方可实施。

（2）拆除时应设专人指挥，严禁交叉作业。拆除顺序应为：悬挂脚手架和模板、爬升设备、爬升支架，如图5-192所示。

（五）飞模拆除

（1）梁、板混凝土强度等级不得小于设计强度的75%时，方准脱模。

（2）飞模拆除必须有专人统一指挥，飞模尾部应绑安全绳，安全绳的另一端应套在坚

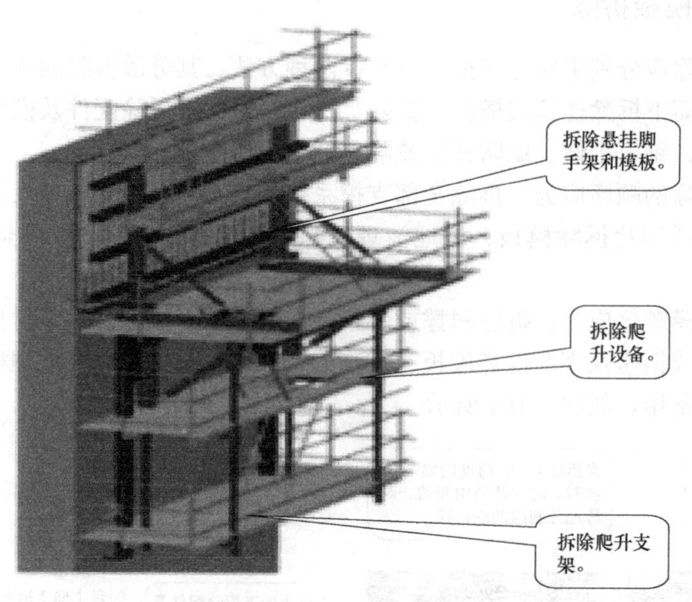
拆除悬挂脚手架和模板。
拆除爬升设备。
拆除爬升支架。

图 5-192　爬模拆除示意图

固的建筑结构上，且在推运时应徐徐放松。

（六）隧道模拆除

（1）拆除前应对作业人员进行安全技术交底和技术培训。

（2）拆除导墙模板应在新浇混凝土强度达到 1.0N/mm² 后，方准拆模。

（七）大模板拆除

大模板拆除工艺流程：

浇筑外墙混凝土时，在外墙外模板内侧，内板上部安装导墙木板。

模板拆除时，结构混凝土强度应符合设计要求或规范规定。侧模以混凝土强度能保证其表面及棱角不因拆模而受损坏时，即可拆除。模板拆模保证墙体混凝土强度不小于 1.2N/mm² 时方可进行此项工作。

结构拆除底模后，其结构上部应严格控制堆放料具及施工荷载。必要时应经过核算或加设临时支撑。悬挑结构均应加临时支撑。

模板拆除时遵循先支后拆，后支先拆的原则，防止模板与硬物碰撞，严禁用撬棍撬和用大锤敲打。

大模板及阴阳角模在每次起吊前，必须严格检查吊环是否焊牢或连接牢固。检查是否有开焊或裂纹。严禁使用有安全隐患的吊环。

起吊大模板时，应将与墙体相连的穿墙螺栓等附件全部取出，使大模板完全脱离墙体，经检查无误后方准起吊，提升模板时速度要缓慢，如图 5-193 所示。

拆下的模板及附件应及时维修保养，清理干净刷油或刷脱模剂，并分类整齐堆放，如图 5-194 所示。

大模板调运时，切
记要把吊钩安装在
两个边角上，这样
利于稳定

图 5-193　大模板起吊示意图

后倾存放，利于安全

支点打开，有
利于稳定

大模板存放，应设置专门存
放地点，并设责任人进行看
护，闲杂人员不得靠近，避
免产生安全隐患

图 5-194　大模板存放示意图

六、安全管理

安全管理措施要点：加强专项施工方案编制，编制人员具有较强的理论基础及施工经验，方案需满足规范要求并符合工程实际。高大支撑体系需经技术、安全、质量等部门会审，并按要求组织有关专家论证。加强模板工程支撑体系的基础处理、搭设材料验收、杆件间距检查、安全防护设施等验收控制。严格控制混凝土浇筑顺序，并加强浇筑时的支撑监测工作。

（1）从事模板作业的人员，应经常组织安全技术培训。从事高处作业人员，应定期体检，不符合要求的不得从事高处作业，操作人员应佩戴安全帽、系安全带、穿防滑鞋。

（2）满堂模板、建筑层高 8m 及以上和梁跨大于或等于 15m 的模板，在安装、拆除作业前，工程技术人员应以书面形式向作业班组进行施工操作的安全技术交底。

（3）施工过程中应经常对下列项目进行检查：立柱底部基土回填夯实的状况；垫木应满足设计要求；底座位置应正确，顶托螺杆伸出长度应符合规定；立杆的规格尺寸和垂直度应符合要求，不得出现偏心荷载；扫地杆、水平拉杆、剪刀撑等的设置应符合规定，固定应可靠；安全网和各种安全设施应符合要求。

（4）脚手架或操作平台上临时堆放的模板不宜超过3层，连接件应放在箱盒或工具袋中，不得散放在脚手板上。

（5）对负荷面积大和高4m以上的支架立柱采用扣件式钢管、门式和碗扣式钢管脚手架时，除应有合格证外，对所用扣件应用扭矩扳手进行抽检。

（6）施工用的临时照明和行灯的电压不得超过36V；若为满堂模板、钢支架及特别潮湿的环境时，不得超过12V。

七、模板施工质量问题及处理措施

（一）蜂窝

《混凝土结构工程施工质量验收规范》（GB 50204—2002）对蜂窝现象的描述是：混凝土表面缺少水泥浆而形成石子外露。

蜂窝产生的原因及预防措施：

1. 产生原因

（1）振捣不实或漏振。

（2）模板缝隙过大导致水泥浆流失。

（3）钢筋较密或石子相应过大。

2. 预防措施

（1）按规定使用和移动振捣器。

（2）中途停歇后再浇捣时，新旧接缝范围要小心振捣。

（3）模板安装前应清理模板表面及模板拼缝处的黏浆，才能使接缝严密；若接缝宽度超过2.5mm应采取措施填封，梁筋过密时应选择相应的石子粒径，如图5-195所示。

（二）麻面

麻面产生的原因及预防措施：

1. 产生原因

（1）模板表面不光滑。

（2）模板湿润不够。

（3）漏涂隔离剂。

2. 预防措施

（1）模板应平整光滑，安装前要把黏浆清除干净，并满涂隔离剂。

（2）浇捣前对模板要浇水湿润，如图5-196所示。

（三）漏筋

《混凝土结构工程施工质量验收规范》（GB 50204—2002）对露筋现象的描述是：构件内钢筋未被混凝土包裹而外露。

墙体蜂
窝现象

图 5-195　剪力墙蜂窝现象

墙体麻面

图 5-196　墙体麻面现象

露筋产生的原因及预防措施：

1. 产生原因

(1) 主筋保护层垫块不足，导致钢筋紧贴模板。

(2) 振捣不实。

2. 预防措施

(1) 钢筋垫块厚度及马凳铁高度要符合设计规定的保护层厚度。

(2) 垫块放置间距适当，钢筋直径较大垫块间距宜密些，使钢筋下重挠度减少。

(3) 使用振捣器必须待混凝土中气泡完全排除后才移动，如图 5-197 所示。

(四) 孔洞

《混凝土结构工程施工质量验收规范》GB 50204—2002 对孔洞现象的描述是：混凝土中孔穴深度和长度均超过保护层厚度。

孔洞产生的原因及预防措施：

1. 产生原因

在钢筋较密的部位，混凝土被卡住或漏振。

2. 预防措施

(1) 对钢筋较密的部位（如梁柱接头）应分次下料，缩小分层振捣的厚度。

(2) 按照规程使用振捣器，如图 5-198 所示。

(五) 缝隙、夹层

缝隙、夹层产生的原因及预防措施：

1. 产生原因

(1) 施工缝或变形缝未经接缝处理、清除表面水泥薄膜和松动石子，未清除松散混凝土面层和充分湿润后就浇筑混凝土。

(2) 施工缝处锯屑、泥土、砖块等杂物未清理干净。

(3) 混凝土浇灌高度过大，未设串筒、溜槽，造成混凝土离析。

墙体漏筋

图 5-197　墙体漏筋现象

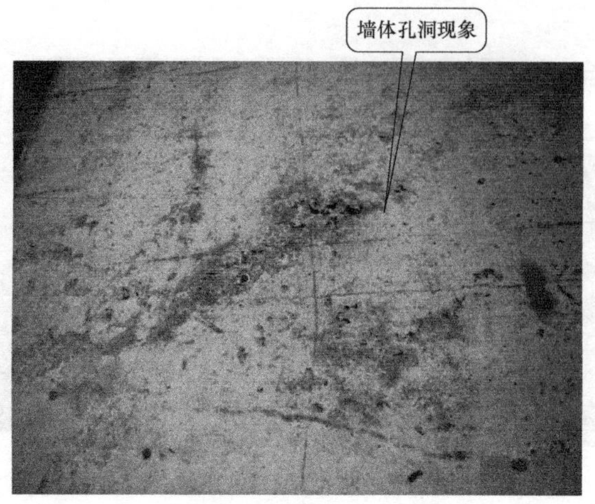
墙体孔洞现象

图 5-198　墙体孔洞现象

2. 预防措施

（1）认真按施工验收规范要求处理施工缝及变形缝表面。

（2）接缝处锯屑、泥土砖块等杂物应清理干净并洗净。

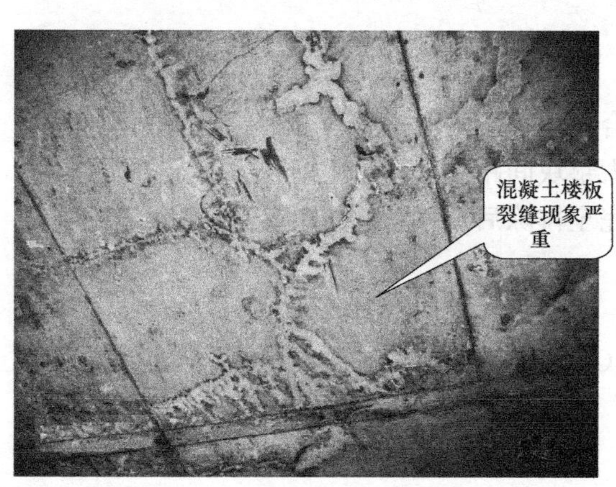
混凝土楼板裂缝现象严重

图 5-199　楼板出现裂缝

（3）混凝土浇灌高度大于 2m 应设置串筒或溜槽，接缝处浇灌前应先浇 50mm 厚原配合比无石子砂浆，以利结合良好，并加强接缝处混凝土的振捣密实。缝隙夹层不深时，可将松散混凝土凿去，洗刷干净后，用 1∶2 水泥砂浆填密实。

（4）缝隙夹层较深时，应清除松散部分和内部夹杂物，用压力水冲洗干净后支模，灌细石混凝土或将表面封闭后进行压浆处理，如图 5-199～图 5-201 所示。

楼板缝隙、夹层现象

图 5-200　楼板缝隙、夹层现象

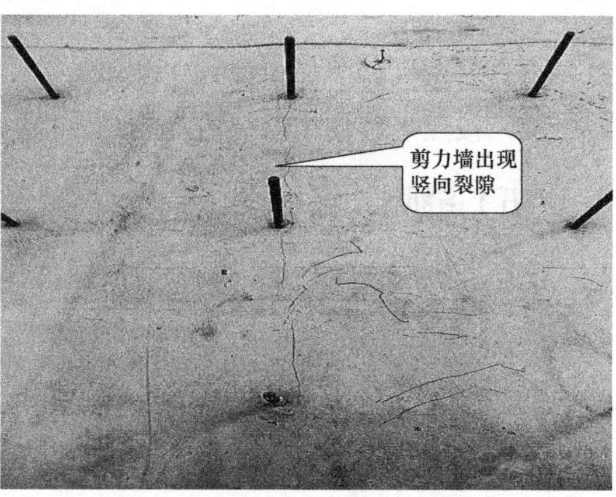
剪力墙出现竖向裂隙

图 5-201　剪力墙竖向裂隙示意图

（六）缺棱掉角

缺棱掉角产生的原因及预防措施：

1. 产生原因

（1）投料不准确，搅拌不均匀，出现局部强度低。

（2）拆模板过早，拆模板方法不当。

2. 预防措施

（1）指定专人监控投料，投料计量准确。

（2）搅拌时间要足够。

（3）拆模应在混凝土强度能保证其表面及棱角不应在拆除模板而受损坏时方能拆除。

（4）拆除时对构件棱角应予以保护，如图 5-202 所示。

（七）墙、柱底部烂根

墙、柱底部烂根产生的原因及预防措施：

1. 产生原因

（1）模板下口缝隙不严密，导致漏水泥浆。

（2）浇筑前没有先浇灌足够 50mm 厚以上同强度等级水泥砂浆。

2. 预防措施

（1）模板缝隙宽度超过 2.5mm 应予以填塞严密，特别要防止侧板吊脚。

（2）浇筑混凝土前先浇足 50mm 厚的同强度等级水泥砂浆，如图 5-203 所示。

柱子缺棱
掉角现象

图 5-202　柱子缺棱掉角现象

柱子烂
根现象

图 5-203　柱子烂根现象

（八）梁柱结点处（接头）断面尺寸偏差过大

梁柱结点处（接头）断面尺寸偏差过大产生的原因及预防措施：

1. 产生原因

（1）柱头模板刚度差，或把安装柱头模板放在楼层模板安装的最后段。

（2）缺乏质量控制和监督。

2. 预防措施

安装梁模板前，先安装梁柱接头模板，并检查其断面尺寸、垂直度、刚度，符合要求才允许接驳梁模板，如图 5-204 所示。

（九）楼板表面平整度差

楼板表面平整度差产生的原因及预防措施：

1. 产生原因

（1）未设现浇板厚度控制点，振捣后没有用拖板、刮尺抹平。

（2）跌级和斜水部位没有符合尺寸的模具定位；混凝土未达终凝就在上面行人和操作，如图 5-205 所示。

2. 预防措施

（1）浇灌混凝土前做好板厚控制点。

（2）浇捣楼面应提倡使用拖板或刮尺抹平。

（3）跌级要使用平直、厚度符合要求的模具定位。

（4）混凝土达到 1.2MPa 后才允许在混凝土面上操作。

柱结点处
(接头)断
面尺寸偏
差过大

图 5-204　柱子偏差过大示意图

楼面不平整

图 5-205　楼面不平整

（十）混凝土表面不规则裂缝

混凝土表面不规则裂缝产生的原因及预防措施：

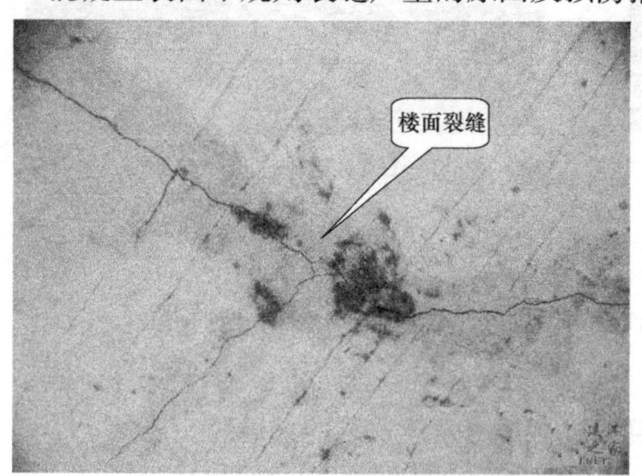
楼面裂缝

图 5-206　楼面裂缝

1. 产生原因

一般是淋水保养不及时，湿润不足，水分蒸发过快或厚大构件温差收缩，没有执行有关规定，如图 5-206 所示。

2. 预防措施

（1）混凝土终凝后立即进行淋水保养。

（2）高温或干燥天气要加麻袋草袋等覆盖，保持构件有较久的湿润时间。

（3）厚大构件参照大体积混凝土施

工的有关规定。

（十一）混凝土后浇带处产生裂缝

混凝土后浇带处产生裂缝产生的原因及预防措施：

1. 产生原因

混凝土后浇带处混凝土结合面处理不到位，混凝土振捣不密实，混凝土养护不到位，以及支撑系统等因素，如图 5-207 所示。

2. 预防措施

为避免混凝土后浇带处产生裂缝，混凝土后浇带应严格按规范规定施工，并应在主体结构混凝土浇筑 60d 后，再浇筑后浇带混凝土，浇筑时应掺用微膨胀剂，如图 5-208 所示。

后浇带出
现裂缝

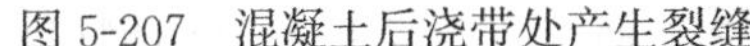
图 5-207 混凝土后浇带处产生裂缝

规范的后
浇带回顶

图 5-208 规范的后浇带回顶示意图

（十二）剪力墙外墙质量缺陷

剪力墙外墙的接槎质量问题在工程施工中经常出现，如控制措施不当，不同程度地出现错槎、漏浆蜂窝麻面现象。

剪力墙外墙质量缺陷产生的原因及预防措施：

1. 产生原因

（1）支模、加固不合理。模板直接落在底板面上，由于底板面无法保证良好的平整度，浇捣混凝土时，混凝土浆体容易从缝隙中流失掉，造成漏浆现象。

（2）剪力墙面板受到混凝土侧压力的影响，由于墙体模板底部受到的混凝土侧压力较大，且螺杆间距较大，因此容易造成板墙底部胀模、跑模，形成错槎质量缺陷。

（3）钢管材质问题。钢管壁薄，用做加固板墙围檩时，刚度无法满足受力要求，也是造成墙体施工质量缺陷的一个原因。

（4）穿墙螺杆螺栓加固不到位，存在鼓模风险。

（5）振捣不实、漏振，如图 5-209 所示。

2. 预防措施

（1）对于底板面不平的板墙根部位置，采用砂浆找平，保证墙体根部的平整。粘贴海绵胶条，防止漏浆。并且令外墙外侧面板高度适当加长，做到加固时外侧面板可以与下层外墙紧密贴合在一块，减少漏浆机率，如图 5-210 所示。

（2）适当调整板墙根部螺栓间距。离地 200mm 左右设置第一道加固钢管围檩。

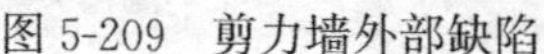

图 5-209　剪力墙外部缺陷

墙模板配模原则：长边包短边，模板尽量采用横配，尺寸必须准确。预防安装误差影响开间尺寸。

图 5-210　剪力墙外部缺陷预防措施

（十三）楼梯踏步尺寸成型不规范、踢板出现胀模现象

在工程施工当中，由于楼梯模板支设加固不到位，在浇捣混凝土时，踢板出现胀模情况。楼梯出现踏步宽度不统一，对后期楼梯装修施工带来不便。楼梯踏步尺寸成型不规范，踢板出现胀模现象产生的原因及预防措施：

1. 产生原因

（1）楼梯踢板加固不合理。传统施工做法是在踢板上通长设置两根木方用钢钉钉在踢板上部，作为一种加固踢板防止胀模的措施。而在浇捣混凝土时，泥工往往为了收面方便，会拆除加固木方。因此在混凝土侧压力影响下踢板出现胀模现象。

（2）施工人员施工措施不当。混凝土一次下料多，振捣力度大，振捣时振动棒触动踢板，踢板易产生胀模，如图 5-211 所示。

楼梯施工缝留
设位置不当，
混凝土不密实。

图 5-211　楼梯质量缺陷示意图

2. 预防措施

在钢管上根据楼梯的宽度、高度用 Φ10 钢筋在钢管上焊接成踏步截面三角形，如图

5-212 所示。底边钢筋略高出踏步面 10mm，有利于泥工进行收面。三角形的立边贴紧踢板背楞木方，加焊水平钢筋卡住梯板背楞上木方。有效防止梯板由于混凝土侧压力产生胀模，做好施工前的技术交底。浇捣混凝土时严禁一次下料过多，采用合理的振捣方式及正确留置施工缝，如图 5-213、图 5-214 所示。

钢管上根据楼梯的宽度、高度用
ϕ10钢筋在钢管上焊接成踏步截面

图 5-212 楼梯踏步支模措施

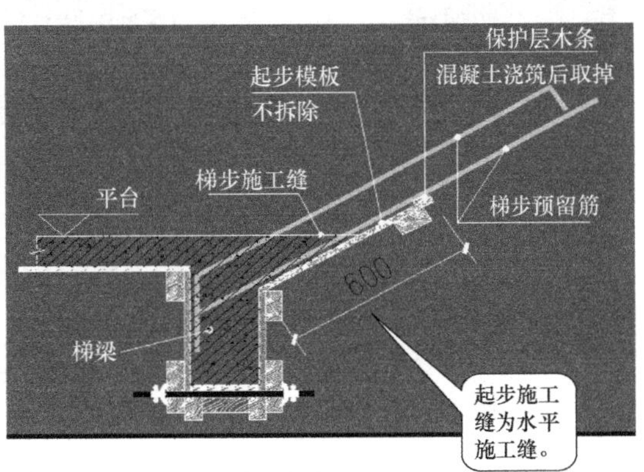
保护层木条
混凝土浇筑后取掉
起步模板
不拆除
梯步施工缝
平台
梯步预留筋
600
梯梁
起步施工
缝为水平
施工缝。

图 5-213 楼梯施工缝留置示意图

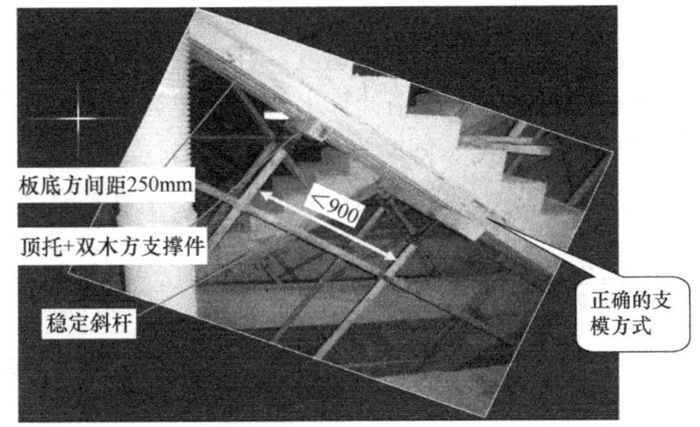
板底方间距250mm
顶托+双木方支撑件
稳定斜杆
<900
正确的支
模方式

图 5-214 楼梯支模示意图

（十四）梁柱出现胀模

梁柱胀模一直是工程建设中一项十分棘手的事情，严重影响混凝土的外形质量，而且也影响混凝土表面下道工序的正常进行，梁柱胀模的产生原因及预防措施见以下内容。

1. 产生原因

1）梁、柱等模板下口极易发生胀模。其主要原因：一是在浇筑混凝土时，混凝土本身对模板下口侧向压力较大；二是现在浇筑混凝土多采用泵送混凝土，泵送混凝土的塌落度及流动性都比较大，而一次浇筑混凝土量又较多较快，造成对模板下口侧压力进一步加大；三是有时振捣人员不能按操作规程振捣，这样极易发生胀模，如图 5-215 所示。

2）梁、柱节点处极易发生胀模，其主要原因是：在节点处极易出现裂缝，而在节点处模板加固质量难以控制，不是模板不到边就是模板相互吃进。此外，在加固模板时螺杆和顶杆也顶不到位，也是造成梁柱节点处胀模的原因，如图 5-216 所示。

3）柱、墙顶二次接槎和模板拼缝极易发生胀模。其主要原因为：在二次接槎处下一层

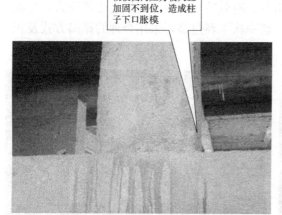

模板侧向压力较大且加固不到位，造成柱子下口胀模

图 5-215　柱子下口胀模示意图

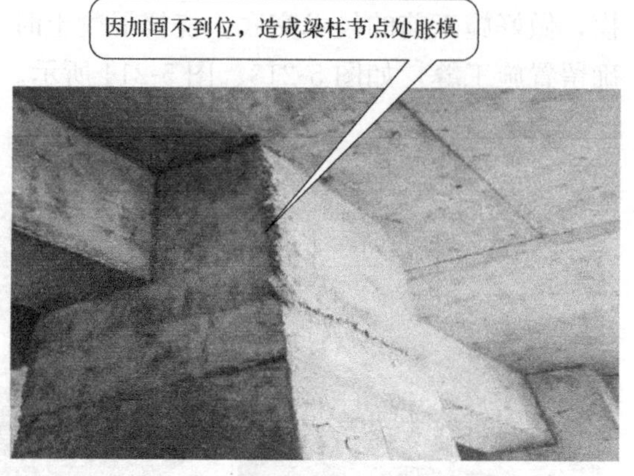
因加固不到位，造成梁柱节点处胀模

图 5-216　梁柱节点处胀模

浇筑混凝土时残浆没有清理干净，致使模板不能与下一层混凝土面进行拼严。另外，接槎处模板不易加固，模板拼缝处上下或左右模板在制作和安装时难加固，如图 5-217 所示。

2. 预防措施

在混凝土浇筑时，应控制浇筑顺序和浇筑速度，它对浇筑混凝土对侧压力影响较大。因此要根据现场混凝土生产和运输能力，严格计算出每小时浇筑多少立方混凝土。另外按照混凝土配合比，严格控制混凝土塌落度，同时在施工过程中，振捣也十分重要，振捣均匀有序，不能漏振或者过振，振捣过多，会造成模板变形，最终导致胀模，如图 5-218 所示。

柱子二次接槎，拼缝处加固不到位，造成胀模。

图 5-217　柱二次接槎处胀模示意图

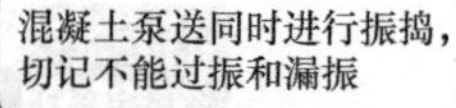
混凝土泵送同时进行振捣，切记不能过振和漏振

图 5-218　混凝土浇捣示意图

八、总结

（一）模架材料必须验收合格

1. 模板、支架、立柱及垫板

安装现浇结构上层模板及支架时，下层楼板应具有承受上层荷载的承载能力，或加设

支架；上、下层支架的立柱应对准，并铺垫板。

2. 涂刷隔离剂

涂刷模板隔离剂不得沾污钢筋和混凝土接槎处。

3. 模板安装

模板安装应满足下列要求：

（1）模板接缝不得漏浆；在浇筑混凝土前，木模板应浇水湿润，但模板内不应有积水。

（2）模板与混凝土的接触面应清理干净并涂刷隔离剂（但不得采用影响结构性能或妨碍装饰工程施工的隔离剂）。

（3）浇筑混凝土前，模板内杂物要清理干净。

（4）对清水混凝土工程及装饰混凝土工程，应使用能达到设计效果的模板。

4. 用做模板的地坪与胎膜

用做模板地坪、胎模等应平整光洁，不得产生影响构件质量的下沉、裂缝、起砂或起鼓。

5. 模板起拱

对跨度不小于 4m 的现浇钢筋混凝土梁、板，其模板应按设计要求起拱；当设计无具体要求时，起拱高度宜为跨度的 1/1000～3/1000。

（二）模架施工前必须有方案有交底

（1）施工前应认真熟悉设计图纸、有关技术资料和构造大样图；进行模板设计，编制施工方案；做好技术交底，确保施工质量，同时必须要对架子工进行安全施工技术交底，交底清晰，明确详细的施工方案。

（2）根据设计图纸和施工方案，做好测量放线工作。准确地标定测量数据，如标高、中心轴线、预埋件的位置。

（3）必须要对架体搭设技术措施安全技术交底，合理的组织人员，搭设安全的施工脚手架；现场搭设脚手架时，应有我项目部管理人员监督，同时防止出现意外情况。

（4）合理地选择模板的安装顺序，保证模板的强度、刚度及稳定性。一般情况下，模板应自下而上安装。在安装过程中，应设置临时支撑使模板完全就位。待校正后方可进行固定。

（5）模板的支柱，应在同一条竖向中心线上。支柱必须坐落在坚实的基土和承载体上。

（6）模板安装应注意解决工序之间的矛盾，并应互相配合、创造施工条件。模板安装应与钢筋组装、各种管线安装密切配合。对预埋管、线和预埋件，应先在模板的相应部位划出位置线，做好标记，然后将预埋的管件按照设计位置进行装配，并应加以固定。

（7）对于跨度等于及大于 4m 的梁应在其模板跨中起拱，起拱值可按设计要求和规范规定，取跨度的 3/1000。

（8）模板设计应便于安装、应用和拆除，卡具要工具化。模板的强度是保证结构安全的关键，所以，对于有梁板结构的模板，其梁模应“帮包底”。这样，能在不拆梁模底板和支柱的情况下，先拆除梁模侧板及平板模板。

（9）模板在安装全过程中应随时进行检查，严格控制垂直度、中心线、标高及各部分尺寸。模板接缝必须紧密。

（10）楼板的模板安装完毕后，要测量标高。梁模测量中央一点及两端点的标高；平板的模板测量支柱上方一点的标高；梁模底板板面标高应符合梁底设计标高；平板模板板面标高应符合平板底面设计标高。如有不符，可打动支柱脚下木楔加以调整。

（11）浇筑混凝土时，要注意观察模板受荷后的情况，发现位移、膨胀、下沉、漏浆、支撑振动等现象，应及时采取有效措施予以处理。

（12）应严格控制隔离剂的应用，特别应限制使用油质类化合物隔离剂，以防止对结构性能和装饰的影响。

（三）模架施工完必须有验收

（1）底模及其支架拆除时的混凝土强度应符合设计要求；当设计无具体要求时，混凝土强度应符合规定。

检查数量：全数检查。

检验方法：检查同条件养护试件强度试验报告。

（2）对后张法预应力混凝土结构构件，侧模宜在预应力张拉前拆除；底模支架的拆除应按施工技术方案执行，当无具体要求时，不应在结构构件建立预应力前拆除。

检查数量：全数检查。

检验方法：观察。

（3）后浇带模板的拆除和支顶应按施工技术方案执行。

检查数量：全数检查。

检验方法：观察。

（4）侧模拆除时的混凝土强度应能保证其表面及棱角不受损伤。

检查数量：全数检查。

检验方法：观察。

（5）模板拆除时，不应对楼层形成冲击荷载。拆除的模板和支架宜分散堆放并及时清运。

检查数量：全数检查。

检验方法：观察。

（四）模架拆除前必须有交底

1. 模板拆除的一般要点

（1）侧模拆除：在混凝土强度能保证其表面及棱角不因拆除模板而受损后，方可拆除。

（2）底模及冬期施工模板的拆除，必须执行《混凝土结构工程施工质量验收规范》（GB 50204—2015）的有关条款。作业班组必须进行拆模申请经技术部门批准后方可拆除。

（3）已拆除模板及支架的结构，在混凝土达到设计强度等级后方允许承受全部使用荷载；当施工荷载所产生的效应比使用荷载的效应更不利时，必须经核算，加设临时支撑。

2. 拆装模板的顺序和方法

（1）应按照配板设计的规定进行。若无设计规定时，应遵循先支后拆，后支先拆；先拆不承重的模板，后拆承重部分的模板；自上而下，支架先拆侧向支撑，后拆竖向支撑等原则。

（2）模板工程作业组织，应遵循支模与拆模统由一个作业班组执行作业。其好处是，支模就考虑拆模的方便与安全，拆模时，人员熟知情况，易找拆模关键点位，对拆模进度、安全、模板及配件的保护都有利。

3. 楼板、梁模板拆除

（1）拆除支架部分水平拉杆和剪刀撑，以便作业。而后拆除梁与楼板模板的连接角模及梁侧模板，以使两相邻模板断连。

（2）下调支柱顶翼托螺杆后，模板与木楞脱开。然后用钢钎轻轻撬动模板，拆下第一块，然后逐块逐段拆除。切不可用钢根或铁锤猛击乱撬。每块模板拆下时，或用人工托扶放于地上，或将支柱顶托螺杆再下调相等高度，在原有木楞上适量搭设脚手板，以托住拆下的模板。严禁使拆下的模板自由坠落于地面。

（3）拆除梁底模板的方法大致与楼板模板相同。但拆除跨度较大的梁底模板时，应从跨中开始下调支柱顶托螺杆，然后向两端逐根下调支柱顶翼托螺杆后，模板与木楞脱开。然后用钢钎轻轻撬动模板，拆下第一块，然后逐块逐段拆除。切不可用钢根或铁锤猛击乱撬。每块模板拆下时，或用人工托扶放于地上，或将支柱顶托螺杆再下调相等高度，在原有木楞上适量搭设脚手板，以托住拆下的模板。严禁使拆下的模板自由坠落于地面。拆除梁底摸支柱时，亦从跨中向两端作业。

4. 柱模拆除要点

（1）拆除柱模时，应自上而下、分层拆除。拆除第一层时，用木锤或带橡皮垫的锤向外侧轻击模板上口，使之松动，脱离柱混凝土。依次拆下一层模板时，要轻击模边肋，切不可用撬根从柱角撬离。拆掉的模板及配件用滑板滑到地面或用绳子绑扎吊下。

（2）拆除柱模板时，要从上口向外侧轻击和轻撬连接角模，使之松动。要适当加设临时支撑或在柱上口留一个松动穿墙螺栓，以防整片柱模倾倒伤人。

5. 应注意的安全质量问题

（1）拆除模板必须经过项目经理、技术负责人同意审批后，方可进行拆除。严禁未经过技术人员批准私自拆除、蛮干。

（2）拆除中必须保证不能缺棱掉角，保证棱角的完整。不得破坏混凝土表面观感，不得硬砸硬撬破坏模板下次再用的利用率。

（3）高度大于 3m 的梁、板应先搭设牢固的操作平台，操作平台板要满铺，探头板不得大于 20cm 和小于 10cm。

（4）洞口临边、楼板、屋面临边、悬挑结构、大跨度结构、基础边坡支护的模板搭、拆前必须有工地技术人员的指导，对拆模可能坠落部位的设备、设施、人员、电源线、道路、通道等都必须认真清场或采取有效的安全防护措施，并做好班前安全活动记录。

（5）洞口临边、楼板、屋面临边、悬挑结构、大跨度结构、基础边坡支护的模板搭、拆，作业人员必须使用安全带，拆除电梯井内或在边沿拆除必须先采用木板防护盖盖严密方可进行拆除，作业前还必须检查临边的安全防护措施，如栏杆、安全网、外墙脚手架步距上铺板等。临边安全设施不完善必须整改合格后才准进行拆除。

（6）拆除模板的操作顺序应按顺序分段进行，严禁猛撬、硬砸或大面积撬落和拉倒，停歇或下班前的拆模作业面不得留下松动和悬挂的模板 。

（7）拆除檐口、阳台等危险部位的模板，底下应有架子、安全网和挂安全带操作，并尽量做到模板少掉到架和安全网上。少量掉落在架、安全网上的模板应及时清理。

（8）拆模前，上下及周围栏或警示标志，重要通道应设专人看护，禁止人员入内。

（9）拆除模板的顺序按自上而下，从里而外，先拆掉支模的水平和斜拉结构，后拆模板支撑，梁应先拆侧模后拆底模，拆模人应站在一侧，不得站在拆模下方，几人同时拆模应检查站立部位承载能力，操作时互相协调并注意相互间安全距离，保证安全操作。

（10）拆模下方不得有他人交叉作业，应避开错开位置操作。

（11）拆除阴暗角落和视线差的应接好照明灯具，当拆除到灯具旁应先移开，以防砸坏灯具和电源线造成漏电危险。

（12）拆除薄腹梁时应随拆随加支撑顶牢，延长混凝土构件下方支撑时间和养护期。

（13）拆下的模板应及时运到指定的地点集中堆放清理归跺，防止钉子扎脚伤人，做好文明施工。

第六章　混凝土工程施工技术与管理

一、总则与术语

（一）总述

为了加强建筑工程质量管理，统一混凝土结构工程施工质量的验收，保证工程质量，特制定《混凝土结构工程施工质量验收规范》。规范适用于建筑工程混凝土结构施工质量的验收，不适用于特种混凝土结构施工质量的验收。

（二）术语

混凝土结构（concrete structure），是以混凝土为主制作的结构。包括素混凝土结构、钢筋混凝土结构和预应力混凝土结构等。

1. 素混凝土

素混凝土是钢筋混凝土结构的重要组成部分，由水泥、砂（细骨料）、石子（粗骨料）、矿物掺合料、外加剂等，按一定比例混合后加一定比例的水拌制而成。普通混凝土干表观密度为1900～2500kg/m^3，是由天然砂、石作骨料制成的。当构件的配筋率小于钢筋混凝土中纵向受力钢筋最小配筋百分率时，应视为素混凝土结构。这种材料具有较高的抗压强度，而抗拉强度却很低，故一般在以受压为主的结构构件中采用，如柱墩、基础墙等。素混凝土浇筑如图6-1所示。

素混凝土主要用于临时地面工程，厂房地面、马路、广场、车库等地槽底清理→泵送混凝土→混凝土振捣→混凝土养护，清理：在基土上清除淤泥和杂物，并应有防水和排水措施，垃圾应清理干净，并浇水润湿。

图6-1　浇筑素混凝土

2. 钢筋混凝土

当在混凝土中配以适量的钢筋，则为钢筋混凝土。钢筋和混凝土这种物理、力学性能很不相同的材料之所以能有效地结合在一起共同工作，主要靠两者之间存在粘结力，受荷后协调变形。再者这两种材料温度线膨胀系数接近，此外钢筋至混凝土边缘之间的混凝土，作为钢筋的保护层，使钢筋不受锈蚀并提高构件的防火性能。钢筋混凝土浇筑如图 6-2 所示。

由于钢筋混凝土结构合理地利用了钢筋和混凝土两者性能特点，可形成强度较高、刚度较大的结构，其耐久性和防火性能好，可模性好，结构造型灵活，以及整体性、延性好，减少自身重量，适用于抗震结构等特点，因而在建筑结构及其他土木工程中得到了广泛应用。

图 6-2　浇筑混凝土

3. 预应力混凝土

预应力混凝土是在混凝土结构构件承受荷载之前，利用张拉配在混凝土中的高强度预应力钢筋而使混凝土受到挤压，所产生的预压应力可以抵消外荷载所引起的大部分或全部拉应力，也就提高了结构构件的抗裂度。这样的预应力混凝土一方面由于不出现裂缝或裂缝宽度较小，所以它比相应的普通钢筋混凝土的截面刚度要大，变形要小；另一方面预应力使构件或结构产生的变形与外荷载产生的变形方向相反（习惯称为“反拱”），因而可抵消后者一部分变形，使之容易满足结构对变形的要求，故预应力混凝土适用于建造大跨度结构。混凝土和预应力钢筋强度越高，可建立的预应力值越大，则构件的抗裂性越好。同时，由于合理有效地利用高强度钢材，从而节约钢材，减轻结构自重。由于抗裂性高，可建造水工、储水和其他不渗漏结构。梁预应力混凝土结构如图 6-3 所示。

预应力混凝土结构需要有资质的公司来做。

混凝土和预应力钢筋强度越高，可建立的预应力值越大，则构件的抗裂性越好。同时，由于合理有效地利用高强度钢材，从而节约钢材，减轻结构自重。由于抗裂性高，可建造水工、储水和其他不渗漏结构。

图 6-3　梁预应力混凝土结构

4. 现浇混凝土结构

现浇混凝土结构优点是：结构的整体性能与刚度较好，适用于抗震设防及整体性要求较高的建筑。建造有管道穿过楼板的房间（如厨房、卫生间等）、形状不规则或房间尺度不符合模数要求的房间也宜使用现浇混凝土结构。尤其大体积、整体性要求高的工程，往往采用现浇混凝土结构。缺点是：必须在现场施工，工序繁多，需要养护，施工工期长，大量使用模板等。现浇混凝土还有一个显著缺点就是易开裂，尤其在混凝土体积大、养护情况不佳的情况下，易导致大面积开裂。现浇混凝土结构如图 6-4 所示。

现浇混凝土结构
现浇混凝土结构指在现场原位支模并整体浇筑而成的混凝土结构。为现场绑扎钢筋笼，现场制作构件模板，然后浇捣混凝土。

图 6-4　现浇混凝土结构

5. 装配式混凝土结构

装配式混凝土结构是以预制构件为主要受力构件经装配、连接而成的混凝土结构。装配式混凝土结构如图 6-5 所示。

装配式混凝土结构
优点：可以节省模板，改善制作时的施工条件，提高劳动生产率，加快施工进度。缺点：整体性、刚度、抗震性能差。

图 6-5　装配式混凝土结构

6. 严重缺陷

严重缺陷是对结构构件的受力性能或安装使用性能有决定性影响的缺陷，如图 6-6 所示。

7. 一般缺陷

一般缺陷是对结构构件的受力性能或安装使用性能无决定性影响的缺陷，如图 6-7 所示。

混凝土严重缺陷
商品混凝土表面不平整现象较严重，而且将来上面没有覆盖层的，必须凿除凸出的商品混凝土，冲刷干净后，用1:2水泥浆或减石商品混凝土抹平压光。对错台大于2cm部分，用风镐或人工扁平凿凿除，并预留0.5～1.0cm的保护层，再用电动砂轮打磨平整，使其与周边商品混凝土保持平顺连接；对错台小于2cm的部位，直接用电动砂轮打磨平整。根据现场施工经验，对错台的处理一般在商品混凝土强度达到70%后进行修补效果最佳。

图 6-6　板下出现混凝土严重缺陷

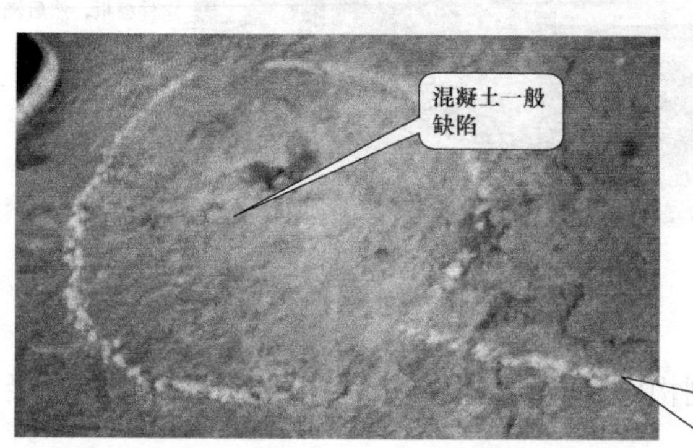
混凝土一般缺陷
选用早期强度较高的硅酸盐或普通硅酸盐水泥；严格控制水灰比，掺入高效减水剂来增加商品混凝土的坍落度和和易性，减少水泥及水的用量；浇筑商品混凝土之前，将基层和模板浇水均匀湿透；及时覆盖塑料薄膜或者潮湿的草垫、麻片等，保持商品混凝土终凝前表面湿润，或者在商品混凝土表面喷洒养护剂等进行养护；在高温和大风天气要设置遮阳和挡风设施，及时养护。

图 6-7　混凝土一般缺陷

8. 施工缝

施工缝（construction joint）指的是在混凝土浇筑过程中，因设计要求或施工需要分段浇筑，而在先、后浇筑的混凝土之间所形成的接缝。施工缝并不是一种真实存在的“缝”，它只是因先浇筑混凝土超过初凝时间，而与后浇筑的混凝土之间存在一个结合面，该结合面就称之为施工缝。

施工缝的位置应设置在结构受剪力较小和便于施工的部位，且应符合下列规定：柱、墙应留水平缝，梁、板的混凝土应一次浇筑，不留施工缝。

（1）施工缝应留置在基础的顶面、梁或吊车梁牛腿的下面、吊车梁的上面、无梁楼板柱帽的下面（图 6-8）。

（2）和楼板连成整体的大断面梁，施工缝应留置在板底面以下 20～30mm 处。当板下有梁托时，留置在梁托下部。

（3）对于单向板，施工缝应留置在平行于板的短边的任何位置（图 6-9）。

（4）有主次梁的楼板，宜顺着次梁方向浇筑，施工缝应留置在次梁跨度中间 1/3 的范围内（图 6-10）。

图 6-8　底板上 300mm 处预留的施工缝

图 6-9　单向板预留的施工缝

(5) 墙上的施工缝应留置在门洞口过梁跨中 1/3 范围内，也可留在纵横墙的交接处（图 6-11）。

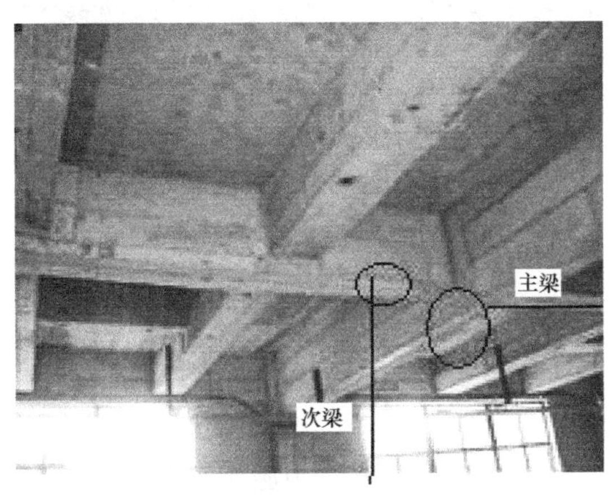
主梁
次梁

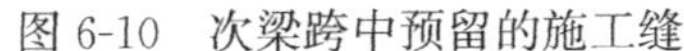

图 6-10　次梁跨中预留的施工缝

图 6-11　洞口预留的施工缝

(6) 楼梯上的施工缝应留在踏步板的 1/3 处（图 6-12）。

施工缝应用钢丝网封堵，防止漏浆，根据钢筋规格和间距调整模板的位置，安排专人负责模板，争取达到重复利用，节省资源。

图 6-12　楼梯踏步 1/3 处预留的施工缝

(7) 水池池壁的施工缝宜留在高出底板表面 200～500mm 的竖壁上（图 6-13）。

（8）双向受力楼板、大体积混凝土、拱、壳、仓、设备基础、多层钢架及其他复杂结构，施工缝位置应按设计要求留设（图 6-14）。

图 6-13　水池壁预留的施工缝

留置施工缝处的混凝土必须振捣密实，但其表面不抹光，并一直保持润养，浇筑施工缝处混凝土前，必须彻底清除缝处残渣及浮浆，并用压力水冲洗干净，充分润湿后，刷高一等级水泥浆一道再进行混凝土浇筑；在施工缝处继续浇筑混凝土时，已浇筑的施工缝处混凝土抗压强度应不低于1.2MPa。
施工缝

图 6-14　板预留的施工缝

9. 结构性能检验

结构性能检验是针对结构构件的承载力、挠度、裂缝控制性能等各项指标所进行的检验，如图 6-15 所示。

二、基本规定

对中柱结构性能检验。

图 6-15　中柱的性能检验

（1）混凝土结构施工项目应有施工组织设计和施工技术方案，并经审查批准。

（2）混凝土结构子分部工程可根据结构的施工方法分为两类：现浇混凝土结构子分部工程和装配式混凝土结构子分部工程，如图 6-16、图 6-17 所示。

（3）根据结构的分类，还可分为钢筋混凝土结构子分部工程和预应力混凝土结构子分部工程等。

（4）混凝土结构子分部工程可划分为模板、钢筋、预应力、混凝土、现浇结构和装配式结构等分项工程。

（5）根据与施工方式相一致且便于控制施工质量的原则，按工作班、楼层结构、施工缝或施工段划分为若干检验批，如图 6-18、图 6-19 所示。

（6）对混凝土结构子分部工程的质量验收，应在钢筋、预应力、混凝土、现浇结构或装配式结构等相关分项工程验收合格的基础上，进行质量控制资料检查及观感质量验收，并应对涉及结构安全的材料、试件、施工工艺和结构的重要部位进行见证检测或实体检验，如图6-20、图 6-21 所示。

现浇混凝土结构子分部工程：可模性好、整体性好、周期长。
从一侧浇筑。先浇筑柱子、梁、板，总体的规则是沿短向一侧向另一次浇筑，在此过程中，浇筑构件的顺序是柱-梁-板。实际浇筑就是梁板柱一起浇筑。

图 6-16　板浇筑混凝土

装配式混凝土结构子分部工程：施工速度快，不受季节影响。

图 6-17　成型后板进行拼装

每层根据后浇带位置划分检验批(流水段)。
后浇带应根据两侧施工面积大致相等原则安置。

图 6-18　楼层后浇带留置

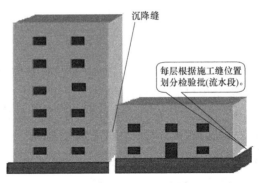

沉降缝

每层根据施工缝位置划分检验批(流水段)。

图 6-19　楼层施工缝留置

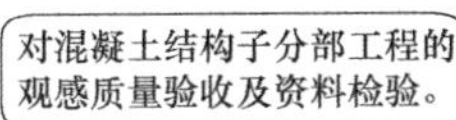
对混凝土结构子分部工程的观感质量验收及资料检验。

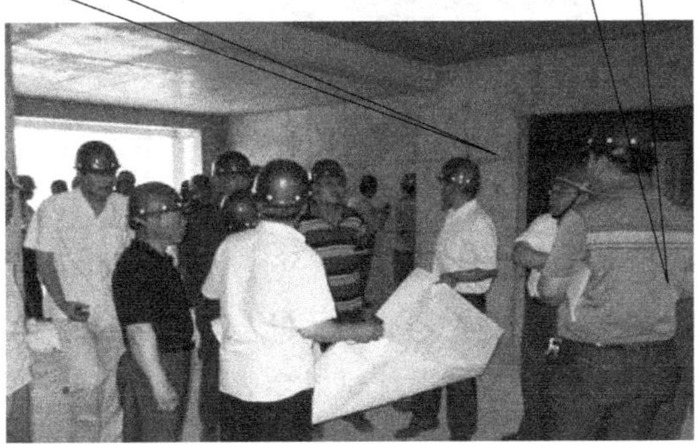
钢筋混凝土工程常规试验检测内容主要包括：水泥技术性质检测、混凝土骨料检测、普通混凝土性能(抗压强度、抗渗等)检测、钢筋常规试验等。

图 6-20　混凝土结构观感质量验收

重要部位见证检测或实体检验。
钢筋混凝土保护层，采用回弹法检测。

图 6-21　混凝土重要部位检测

（7）分项工程的质量验收应在所含检验批验收合格的基础上，进行质量验收记录检查。

（8）检验批的质量验收

1）对原材料、构配件和器具等产品的进场复验，应按进场的批次和产品的抽样检验方案执行，如图 6-22 所示。

对原材料、构配件和器具等产品进场复验按相关规定执行：(1)碳素结构钢：同一厂别、同一炉罐号、同一规格、同一交货状态每≤60t为一验收批。每一验收批取一组试件(拉伸、弯曲各1个)。(2)热轧光圆钢筋、热轧带肋钢筋：在以上四种条件下每≤60t为一验收批。每一验收批取一组试件(拉伸、弯曲各2个)。

图 6-22　原材进场复验

2）见证是指由监理工程师现场监督承包单位某工序全过程完成情况的活动。见证取样则是指对工程项目使用的材料、半成品、构配件的现场取样、工序活动效果的检查实施见证。

① 见证取样的工作程序

A. 工程项目施工开始前，项目监理机构要督促承包单位尽快落实见证取样的送检试验室。

B. 项目监理机构要将选定的试验室到负责本项目的质量监督机构备案并得到认可，同时要将项目监理机构中负责见证取样的监理工程师在该质量监督机构备案。

C. 承包单位在对进场材料、试块、试件、钢筋接头等实施见证取样前要通知负责见证取样的监理工程师，在该监理工程师现场监督下，承包单位按相关规范的要求，完成材料、试块、试件等的取样过程，如图 6-23、图 6-24 所示。

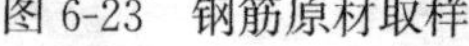

图 6-23　钢筋原材取样

图 6-24　钢筋笼验收

D. 完成取样后，承包单位将送检样品装入木箱，由监理工程师加封，不能装入箱中的试件，如钢筋样品、钢筋接头，则贴上专用加封标志，然后送往试验室。

② 实施见证取样的要求

A. 试验室要具有相应的资质并进行备案、认可。

B. 负责见证取样的监理工程师要具有材料、试验等方面的专业知识，且要取得从事监理工作的上岗资格。

C. 承包单位从事取样的人员一般应是试验室人员，或由专职质检人员担任。

D. 送往试验室的样品，要填写“送验单”，送验单要盖有“见证取样”专用章，并有见证取样监理工程师的签字。

E. 试验室出具的报告一式两份，分别由承包单位和项目监理机构保存，并作为归档材料，是工序产品质量评定的重要依据。

F. 对于见证取样的频率，国家或地方主管部门有规定的，执行相关规定；施工承包合同中如有明确规定的，执行施工承包合同的规定。见证取样的频率和数量，包括在承包单位自检范围内，一般所占比例为30%。

G. 见证取样的试验费用由承包单位支付。

H. 实行见证取样，绝不代替承包单位对材料、构配件进场时必须进行的自检。自检频率和数量要按相关规范要求执行。

对混凝土强度、预制构件结构性能等，应按国家现行有关标准和本规范规定的抽样检验方案执行。

对《混凝土结构工程施工质量验收规范》GB 50204—2015 采用计数检验的项目，应按抽查总点数的合格点率进行检查。

检验批资料检查，包括原材料、构配件和器具等的产品合格证（中文质量合格证明文件、规格、型号及性能检测报告等）及进场复验报告、施工过程中重要工序的自检和交接检验记录、抽样检验报告、见证检测报告、隐蔽工程验收记录等，如图 6-25、图 6-26所示。

检验批资料检查产品合格证及进场复验报告。
热轧带

图 6-25　钢筋合格证

施工过程中重要工序的自检和交接检验记录、抽样检验报告、见证检测报告、隐蔽工程验收记录等。
钢筋的规格、根数是否正确；加筋有无短缺；墙体及板面钢筋的间距是否符合要求；保护层是否满足要求等。

图 6-26　钢筋验收

（9）检验批合格质量应符合下列规定：

1）主控项目的质量经抽样检验合格。

2）一般项目的质量经抽样检验合格，当采用计数检验时，除有专门要求外，一般项目的合格点率应达到80%及以上，且不得有严重缺陷。

3）具有完整的施工操作依据和质量验收记录，见表 6-1、表 6-2 所列。

检验批验收表　　表 6-1

施工质量验收规范的规定				施工单位检查评定记录
主控项目	1	石材强度等级	设计要求 MU	
	2	砂浆强度等级	设计要求 M	
	3	砂浆饱满度	≥80%	
	4	轴线位移	第 7.2.3 条	
	5	垂直度每层	第 7.2.5 条	
一般项目	1	顶面标高	第 7.3.1 条	
	2	砌体厚度	第 7.3.1 条	
	3	表面平整度	第 7.3.1 条	
	4	灰缝平直度	第 7.3.1 条	
	5	组砌形式	第 7.3.2 条	

主控项目必须合格，一般项目80%以上合格。

钢筋绑扎验收表　　表 6-2

项目			允许偏差（mm）	检验方法
绑扎钢筋网	长，宽		±10	钢尺量
	网眼尺寸		±20	钢尺量连续
绑扎钢筋骨架	长		±10	钢尺量
	宽、高		±5	钢尺量
受力钢筋	间距		±10	钢尺量两端中间
	排距		±5	
	保护层厚度	基础	±10	钢尺量
		柱、梁	±5	钢尺量
		板、墙、光	±3	钢尺
绑扎箍筋、横向钢筋间距			±20	钢尺量连续三档
钢筋弯起点位置			20	
预埋件	中心线位置		5	钢尺检查
	水平高差		+3,0	钢尺和塞尺检查

施工操作依据：施工图纸、施工规范、技术规程、专项施工方案等；质量检查记录：进场原材料 抽样试验记录、钢筋连接件抽样试验记录、钢筋制作质量检查记录、钢筋安装质量检查记录、隐蔽工程验收记录等。

（10）检验批、分项工程、混凝土结构子分部工程的质量验收应符合国家标准《建筑工程施工质量验收统一标准》（GB 50300—2013）的规定。

三、混凝土分项工程

（1）混凝土强度，按现行国家标准《混凝土强度检验评定标准》，对采用蒸汽法养护的混凝土结构构件，其混凝土试件应先随同结构构件同条件蒸汽养护，再转入标准条件养护共 28d，当混凝土中掺用矿物掺合料时，确定混凝土强度时的龄期可按现行国家标准《粉煤灰混凝土应用技术规范》等的规定取值，如图 6-27、图 6-28 所示。

（2）检验评定混凝土强度用的混凝土试件的尺寸及强度的尺寸换算系数应按表 6-3 取用，其标准成型方法、标准养护条件及强度试验方法应符合普通混凝土力学。

混凝土强度尺度换算系数　　表 6-3

骨料最大粒径（mm）	试件尺寸（mm）	强度的尺寸换算系数
≤31.5	100×100×100	0.95
≤40	150×150×150	1.00
≤63	200×200×200	1.05

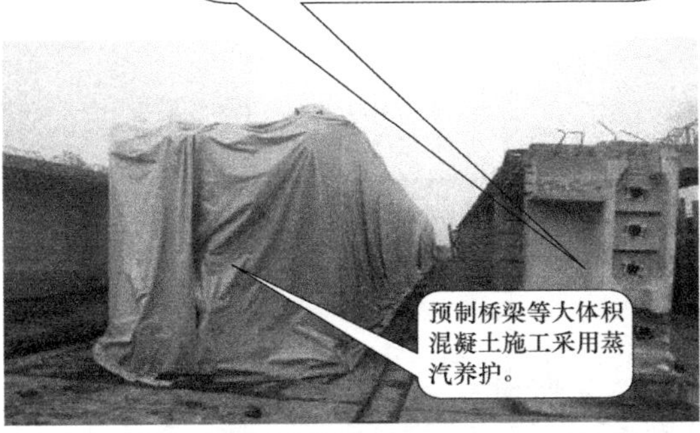
蒸汽养护要点：(1)车子向料斗倾料，应有挡车措施，不得用力过猛和撒把。(2)用井架运输时，小车把不得伸出笼外，车轮前后要挡牢，稳起稳落。(3)浇灌混凝土使用的溜及串筒节间必须连接牢固，操作部位应有护身栏杆，不准直接站在溜槽帮上操作。(4)用输送泵输送混凝土，管道接头、安全阀必须完好，管道的架子必须牢固，输送前必须试送，检修必须卸压。
预制桥梁等大体积混凝土施工采用蒸汽养护。

图 6-27 预制构件养护

蒸汽养护要点：(1)浇灌框架、梁、柱混凝土，应设操作台，不得直接站在模板上或支撑上操作。(2)浇捣拱形结构，应自两边拱角对称同时进行；浇圈梁、雨篷、阳台，应设防护措施；浇捣料仓，下口应先行封闭，并铺设临时脚手架，以防人员下坠。(3)不得在混凝土养护池边上战立和行走，并注意盖板和地沟孔洞，防止失足坠落。(4)使用震动泵应穿胶鞋，湿手不得接触开关，电源线不得有破皮漏电。
混凝土养护池
混凝土试件应先随同结构构件同条件蒸汽养护。

图 6-28 混凝土试件养护（一）

（3）结构构件拆模、出池、出厂、吊装、张拉放张及施工期间临时负荷时的混凝土强度，应根据同条件养护的标准尺寸试件的混凝土强度确定。

（4）当混凝土试件强度评定不合格时，可采用非破损或局部破损的检测方法，按国家现行有关标准的规定对结构构件中的混凝土强度进行推定，并作为处理的依据，如图 6-29、图 6-30 所示。

回弹法是推断性无损检测，优点：方便、快捷，不影响结构；缺点：回弹法测定的强度是推断值，精度不高。
非破损(回弹)检测方法

图 6-29 混凝土试件养护（二）

钻芯法是破坏性有损检测，优点：准确反映钻心部位强度；缺点：效率低，会对原有结构造成一定的破坏。
局部破损的检测方法(钻芯)

图 6-30 混凝土检测

（5）混凝土的冬期施工应符合国家现行标准《建筑工程冬期施工规程》（JGJ/T 104—2011）和施工技术方案的规定。

（6）水泥进场时应对其品种、级别、包装或散装仓号、出厂日期等进行检查，并应对其强度、安定性及其他必要的性能指标进行复验，其质量必须符合现行国家标准《通用硅酸盐水泥》国家标准第 2 号修改单（GB 175—2007/XG 2—2015）等的规定，如图 6-31、图 6-32 所示。

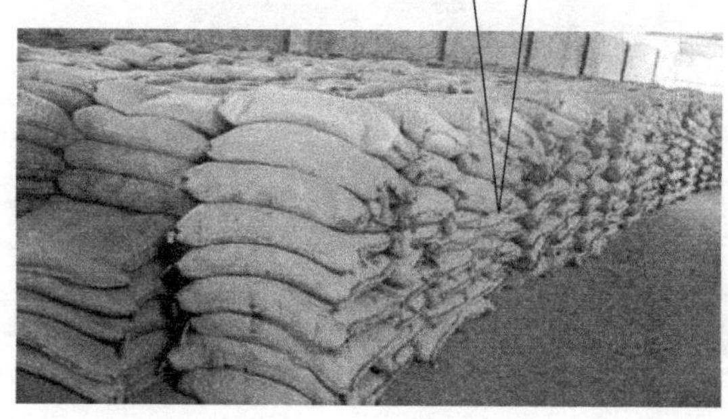
水泥进场对其强度、安定性、凝结时间进行复验，当在使用中对水泥质量有怀疑或水泥出厂超过三个月(快硬硅酸盐水泥超过一个月)时，应进行复验，并按复验结果使用。

图 6-31 水泥复验

袋装不超过200t为一批，散装不超过500t为一批进行抽样复试。

图 6-32 混凝土搅拌站

钢筋混凝土结构、预应力混凝土结构中，严禁使用含氯化物的水泥。检查数量：按同一生产厂家、同一等级、同一品种、同一批号且连续进场的水泥，袋装不超过 200t 为一批，散装不超过 500t 为一批，每批抽样不少于一次。

检验方法：检查产品合格证、出厂检验报告和进场复验报告。

（7）混凝土中掺用外加剂的质量及应用技术应符合现行国家标准《混凝土外加剂》（GB 8076—2008）、《混凝土外加剂应用技术规范》（GB 50019—2013）等和有关环境保护的规定。预应力混凝土结构中，严禁使用含氯化物的外加剂。钢筋混凝土结构中，当使用含氯化物的外加剂时，混凝土中氯化物的总含量应符合现行国家标准《混凝土质量控制标准》（GB 50164—2011）的规定。

（8）混凝土中氯化物和碱的总含量应符合现行国家标准《混凝土结构设计规范》（GB 50010—2010）和设计的要求。

检验方法：检查原材料试验报告和氯化物、碱的总含量计算书，如图 6-33、图 6-34 所示。

水泥中的碱性物质将与空气的二氧化碳加水发生碱骨料反应，降低混凝土的强度、耐久性。

图 6-33 混凝土结构

氯离子会降低混凝土钢筋周围的pH值，破坏了钢筋表面的氧化铁保护膜，使得钢筋在氧和水的条件下发生电化学反应，造成钢筋腐蚀。

图 6-34 预应力混凝土构件

（9）混凝土中掺用矿物掺合料的质量应符合现行国家标准《用于水泥和混凝土中的粉煤灰》（GB 1596—2005）等的规定。矿物掺合料的掺量应通过试验确定，如图 6-35、图 6-36 所示。

检查数量：按进场的批次和产品的抽样检验方案确定。

检验方法：检查出厂合格证和进场复验报告。

混凝土中掺用矿物掺合料的质量应符合现行国家标准。

图 6-35　混凝土振捣

矿物掺合料的加入对混凝土物理力学性能及微结构有较大的改善作用，能显著提高混凝土的耐久性能，可克服纯硅酸盐水泥早期水化热高、混凝土坍落度损失大等缺陷。

图 6-36　混凝土洒水养护

（10）普通混凝土所用的粗、细骨料的质量，应符合国家现行标准《普通混凝土用砂、石质量及检验方法标准》（JGJ 52—2006）的规定。

检查数量：按进场的批次和产品的抽样检验方案确定。

检验方法：检查进场复验报告，如图 6-37 所示。

（11）拌制混凝土宜采用饮用水，当采用其他水源时，水质应符合国家现行标准《混凝土用水标准》（JGJ 63—2006）的规定。

检查数量：同一水源检查不应少于一次。

检验方法：检查水质试验报告。

（12）混凝土应按国家现行标准《普通混凝土配合比设计规程》（JGJ 55—2011）的有关规定，根据混凝土强度等级、耐久性和工作性等要求进行配合比设计。

对有特殊要求的混凝土，其配合比设计尚应符合国家现行有关标准的专门规定。

检验方法：检查配合比设计资料。

（13）首次使用的混凝土配合比应进行开盘鉴定，其工作性应满足设计配合比的要求。开始生产时应至少留置一组标准养护试件，作为验证配合

普通混凝土所用的粗、细骨料。

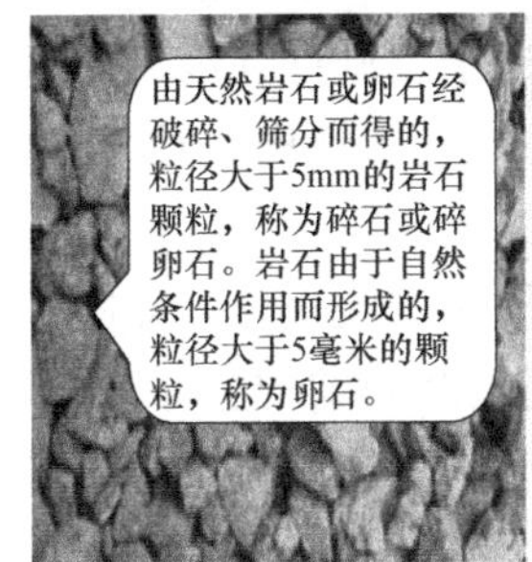
由天然岩石或卵石经破碎、筛分而得的，粒径大于5mm的岩石颗粒，称为碎石或碎卵石。岩石由于自然条件作用而形成的，粒径大于5毫米的颗粒，称为卵石。

检查进场复验报告

图 6-37　水泥、砂、石子复验

比的依据。

检验方法：检查开盘鉴定资料和试件强度试验报告，如图 6-38、图 6-39 所示。

首次使用的混凝土配合比应进行开盘鉴定，由施工单位组织建设、监理单位参加，由建设单位技术负责人、监理工程师、施工单位技术负责人、混凝土搅拌站质检负责人参加。

图 6-38　混凝土配合比试验（一）

检查开盘鉴定资料和试件强度试验报告。

图 6-39　混凝土配合比试验（二）

（14）混凝土拌制前，应测定砂、石含水率，并根据测试结果调整材料用量，提出施工配合比。

检查数量：每工作班检查一次。

检验方法：检查含水率测试结果和施工配合比通知单。

（15）结构混凝土的强度等级必须符合设计要求。用于检查结构构件混凝土强度的试件，应在混凝土的浇筑地点随机抽取。取样与试件留置应符合下列规定：

1）每拌制 100 盘且不超过 100m^3 的同配合比的混凝土，取样不得少于一次。

2）每工作班拌制的同一配合比的混凝土不足 100 盘时，取样不得少于一次。

3）当一次连续浇筑超过 1000m^3 时，同一配合比的混凝土每 200m^3，取样不得少于一次。

4）每一楼层、同一配合比的混凝土，取样不得少于一次。

5）每次取样应至少留置一组标准养护试件，同条件养护试件的留置组数应根据实际需要确定。

检验方法：检查施工记录及试件强度试验报告，如图 6-40、图 6-41 所示。

（16）对有抗渗要求的混凝土结构，其混凝土试件应在浇筑地点随机取样。同一工程、同一配合比的混凝土，取样不应少于一次，留置组数可根据实际需要确定。

检验方法：检查试件抗渗试验报告，如图 6-42、图 6-43 所示。

（17）混凝土运输、浇筑及间歇的全部时间不应超过混凝土的初凝时间。同一施工段的混凝土应连续浇筑，并应在底层混凝土初凝之前将上一层混凝土浇筑完毕。当底层混凝土初凝后浇筑上一层混凝土时，应按施工技术方案中对施工缝的要求进行处理。

检查数量：全数检查。

放置于现场，用笼子保护试块不受损坏和丢失。
同条件
砼试块

图 6-40　试块放置

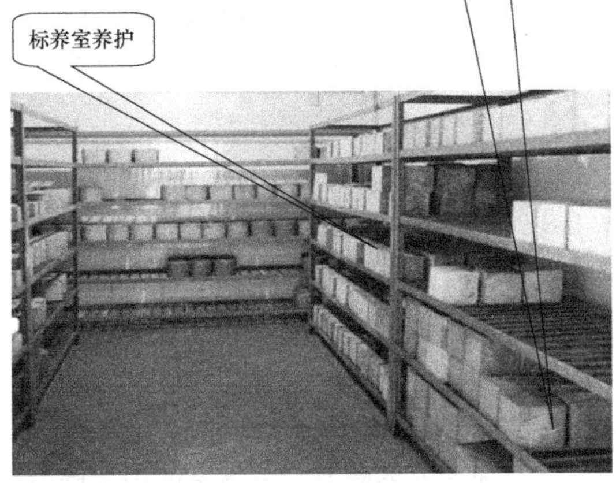
(1)同条件养护试件所对应的结构构件或结构部位应由监理(建设) 施工等各方共同选定；(2)对混凝土结构工程中的各混凝土强度等级均应留置同条件养护试件；(3)同一强度等级的同条件养护试件其留置的数量，应根据混凝土工程量和重要性确定，不宜少于10 组，且不应少于3 组； 试件拆模后，应放置在靠近相应结构构件或结构部位的适当位置，并应采取相同的养护方法。
标养室养护

图 6-41　试块放置标养室养护

检验方法：观察，检查施工记录，如图 6-44、图 6-45 所示。

(18) 施工缝的位置应在混凝土浇筑前按设计要求和施工技术方案确定。施工缝的处理应按施工技术方案执行。

检查数量：全数检查。

检验方法：观察，检查施工记录。

抗渗试块

图 6-42　抗渗试块制作

抗渗试块试模一组六块。

图 6-43　抗渗试块数量

(19) 后浇带的留置位置应按设计要求和施工技术方案确定。后浇带混凝土浇筑应按施工技术方案进行。

检查数量：全数检查。

检验方法：观察，检查施工记录。

超前止水加强带优缺点：

1) 后浇带处采用混凝土导墙超前止水，导墙外侧与地下室外墙模板一体施工，构造明确，施工简便，导墙内侧模板采用快易收口网，施工缝处理一次成型，保证后浇混凝土

混凝土浇筑
前确定施工
缝位置

图 6-44　施工缝留置

施工缝的处理
最重要的一步
是凿毛，在混
凝土初凝前开
始凿毛。

图 6-45　施工缝凿毛

的施工质量。

2）导墙中采用留设聚苯泡沫填充伸缩缝及中埋式橡胶止水带，在达到导墙超前止水效果的同时亦保证了后浇带处一定的收缩变形能力。

3）地下室外墙混凝土浇筑前于导墙内预埋螺栓以作单侧模板拉结用，保证后浇混凝土室内部分与先浇墙面平整一致。

4）地下室外墙防水层、保护层及室外回填可一体化施工，避免受到外墙后浇带干扰，保证了整体施工质量，同时地下室内砌筑装饰工程可同步进行，加快了工程施工进度，如图 6-46～图 6-48 所示。

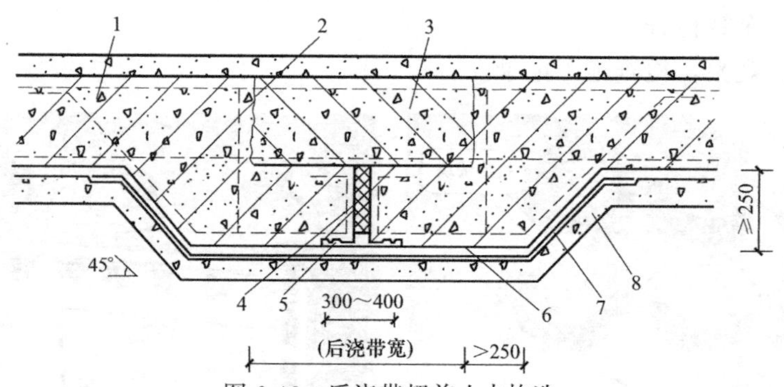
1
2
3
≥250
45°
8
4
5
300～400
6
7
(后浇带宽)
>250

图 6-46　后浇带超前止水构造

1—混凝土结构；2—钢丝网片；3—后浇带；4—填缝材料；5—外贴式止水带；
6—细石混凝土保护层；7—卷材防水层；8—垫层混凝土

后浇带按设计要求
的位置留置。

图 6-47　后浇带留置

后浇带混凝土浇筑应按
施工技术方案进行。

图 6-48　后浇带浇筑混凝土

（20）混凝土浇筑完毕后应按施工技术方案及时采取有效的养护措施，并应符合下列规定：

1）浇筑完毕后的 12h 内，对混凝土加以覆盖，并保湿养护。

2）混凝土浇水养护的时间：对采用硅酸盐水泥、普通硅酸盐水泥或矿渣硅酸盐水泥拌制的混凝土，不得少于 7d；对掺用缓凝型外加剂或有抗渗要求的混凝土，不得少于 14d，如图 6-49 所示。

浇筑完毕后的12h内，对混凝土加以覆盖，并保湿养护，测量放线必须掀开保温材料(5℃以上)时，放完线要立即覆盖；在新浇筑混凝土表面先铺一层塑料薄膜，再严密加盖阻燃毡帘被。对墙、柱上口保温最薄弱部位先覆盖一层塑料布，再加盖两层小块毡帘被压紧填实、周圈封好。拆模后混凝土采用刷养护液养护。混凝土初期养护温度，不得低于−15℃，不能满足该温度条件时，必须立即增加覆盖毡帘被保温。拆模后混凝土表面温度与外界温差大于15℃时，在混凝土表面，必须继续覆盖毡帘被；在边角等薄弱部位，必须加盖毡帘。

图 6-49 覆盖草垫子保温

采用塑料布覆盖养护的混凝土，其敞露的全部表面应覆盖严密，并应保持塑料布内有凝结水。

图 6-50 塑料布养护

3）采用塑料布覆盖养护的混凝土，其敞露的全部表面应覆盖严密，并应保持塑料布内有凝结水，如图 6-50 所示。

4）浇水次数应能保持混凝土处于湿润状态，混凝土养护用水应与拌制用水相同，如图 6-51 所示。

5）混凝土强度达到 1.2N/mm^2 前，不得在其上踩踏或安装模板及支架，如图 6-52 所示。

浇水次数应能保持混凝土处于湿润状态。

图 6-51 洒水养护

终凝是指混凝土失去塑性并开始有机械强度的状态，这个情况下就是1.2MPa的强度，基本上不会有踩处脚印的现象。
混凝土强度未达到1.2N/mm^{2}时，不得在其上踩踏或安装模板及支架。

图 6-52 混凝土达到强度后，才能安装模板

注：当日平均气温低于5℃时不得浇水；当采用其他品种水泥时，混凝土的养护时间应根据所采用水泥的技术性能确定；混凝土表面不便浇水或使用塑料布时，宜涂刷养护剂；对大体积混凝土的养护，应根据气候条件按施工技术方案采取控温措施。

检查数量：全数检查。

检验方法：观察，检查施工记录。

四、现浇结构与装配式结构分项工程

（1）现浇结构的外观质量缺陷，应由监理（建设）单位、施工单位等各方根据其对结构性能和使用功能影响的严重程度，按表6-4确定。

现浇结构外观质量缺陷 **表6-4**

名称	现象	严重缺陷	一般缺陷
露筋	构件内钢筋未被混凝土包裹而外露	纵向受力钢筋有露筋	其他钢筋有少量露筋
蜂窝	混凝土表面缺少水泥砂浆而形成石子外露	构件主要受力部位有蜂窝	其他部位有少量蜂窝
孔洞	混凝土中孔穴深度和长度均超过保护层厚度	构件主要受力部位有孔洞	其他部位有少量孔洞
夹渣	混凝土中夹有杂物且深度超过保护层厚度	构件主要受力部位有夹渣	其他部位有少量夹渣
疏松	混凝土中局部不密实	构件主要受力部位有疏松	其他部位有少量疏松
裂缝	缝隙从混凝土表面延伸至混凝土内部	构件主要受力部位有影响结构性能或使用功能的裂缝	其他部位有少量不影响结构性能或使用功能的裂缝
连接部位缺陷	构件连接处混凝土缺陷及连接钢筋、连接件松动	连接部位有影响结构传力性能的缺陷	连接部位有基本不影响结构传力性能的缺陷
外形缺陷	缺棱掉角、棱角不直、翘曲不平、飞边凸肋等	清水混凝土构件有影响使用功能或装饰效果的外形缺陷	其他混凝土构件有不影响使用功能的外形缺陷
外表缺陷	构件表面麻面、掉皮、起砂、沾污等	具有重要装饰效果的清水混凝土构件有外表缺陷	其他混凝土构件有不影响使用功能的外表缺陷

现浇结构的外观质量缺陷如图6-53、图6-54所示。

漏筋，纵向受力钢筋漏筋属严重缺陷。

用风镐或人工剔凿露筋部位的浮浆，露出石子颗粒，用同等编号的细石混凝土修补，振捣密实，然后用粉煤灰水泥或腻子修补构件表面。

图6-53　混凝土中漏筋现象

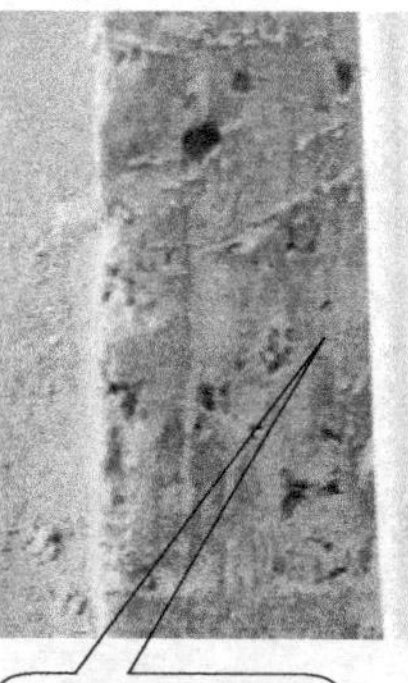

构件主要受力部位有蜂窝属严重缺陷。

(1)凿除蜂窝部位的混凝土。(2)此部位清扫干净，并用水湿润。(3)支模板，用比原混凝土高一强度等级的微膨胀混凝土浇筑(如果蜂窝部位面积很小的话，也可以用108胶兑水泥，按1:1比例制成聚合物砂浆抹面)。(4)养护、拆模。

图6-54　混凝土中蜂窝现象

（2）现浇结构拆模后，应由监理（建设）单位、施工单位对外观质量和尺寸偏差进行检查，做出记录，并应及时按施工技术方案对缺陷进行处理。

（3）现浇结构的外观质量不应有严重缺陷。对已经出现的严重缺陷，应由施工单位提出技术处理方案，并经监理（建设）单位认可后进行处理，对经处理的部位，应重新检查验收。

检查数量：全数检查。

检验方法：观察，检查技术处理方案。

（4）现浇结构的外观质量不宜有一般缺陷。对已经出现的一般缺陷，应由施工单位按技术处理方案进行处理，并重新检查验收。

检查数量：全数检查。

检验方法：观察，检查技术处理方案。

（5）现浇结构不应有影响结构性能和使用功能的尺寸偏差。混凝土设备基础不应有影响结构性能和设备安装的尺寸偏差。

对超过尺寸允许偏差且影响结构性能和安装、使用功能的部位，应由施工单位提出技术处理方案，并经监理（建设）单位认可后进行处理，对经处理的部位，应重新检查验收。

检查数量：全数检查。

检验方法：量测，检查技术处理方案。

柱、梁、墙轴线
允许偏差为8mm。

图 6-55　柱、梁、墙检查（一）

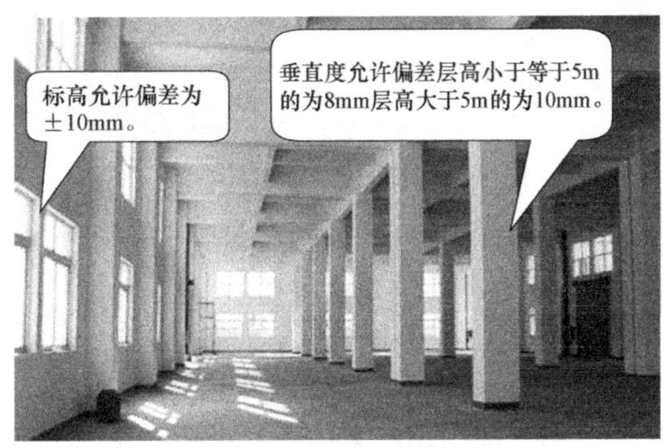
标高允许偏差为
±10mm。
垂直度允许偏差层高小于等于5m
的为8mm层高大于5m的为10mm。

图 6-56　柱、梁、墙检查（二）

（6）现浇结构和混凝土设备基础拆模后的尺寸偏差应符合规定。

检查数量：同一检验批内，梁、柱和独立基础，抽查构件数量的 10%，且不少于 3 件；墙和板，按有代表性的自然间抽查 10%，且不少于 3 间；大空间结构，墙按相邻轴线间高度 5m 左右划分检查面，板按纵、横轴线划分检查面，抽查 10%，且均不少于 3 面；对电梯井应全数检查；对设备基础应全数检查。如图 6-55、图 6-56 所示。

（7）预制构件应进行结构性能检验，结构性能检验不合格的预制构件不得用于混凝土结构。叠合结构中预制构件的叠合面应符合设计要求。装配式结构外观质量、尺寸偏差的验收及对缺陷的处理应按本规范相应规定执行，如图 6-57、图 6-58 所示。

（8）预制构件应在明显部位标明生产单位、构件型号、生产日期和质量验收标志。构件上的预埋件、插筋和预留孔洞的规格、位置和数量应符合标准图或设计的要求，如图 6-59、图 6-60 所示。

预制构件应进行结构性能检验，包括承载力、挠度、裂缝宽度等。

图 6-57　预制构件的检验（一）

装配式结构外观质量、尺寸偏差应符合规范要求。

图 6-58　预制构件的检验（二）

检查数量：全数检查。

检验方法：观察。

预制构件应在明显部位标明生产单位、构件型号、生产日期和质量验收标志。

图 6-59　预制构件的检验（三）

构件上的预埋件、插筋和预留孔洞的规格、位置和数量应符合标准图或设计的要求。

图 6-60　预制构件的检验（四）

（9）预制构件的外观质量不应有严重缺陷，对已经出现的严重缺陷，应按技术处理方案进行处理，并重新检查验收。

检查数量：全数检查。

检验方法：观察，检查技术处理方案。

（10）预制构件不应有影响结构性能和安装、使用功能的尺寸偏差。对超过尺寸允许偏差且影响结构性能和安装、使用功能的部位，应按技术处理方案进行处理，并重新检查验收。

检查数量：全数检查。

检验方法：量测，检查技术处理方案。

（11）预制构件应按标准图或设计要求的试验参数及检验指标进行结构性能检验。检验内容：钢筋混凝土构件和允许出现裂缝的预应力混凝土构件进行承载力、挠度和裂缝宽度检验；不允许出现裂缝的预应力混凝土构件进行承载力、挠度和抗裂检验；预应力混凝土构件中的非预应力杆件按钢筋混凝土构件的要求进行检验。对设计成熟、生产数量较少的大型构件，当采取加强材料和制作质量检验的措施时，可仅做挠度、抗裂或裂缝宽度检验，当采取上述措施并有可靠的实践经验时，可不做结构性能检验。

检查数量：对成批生产的构件，应按同一工艺正常生产不超过 1000 件且不超过 3 个月的同类产品为一批。当连续检验 10 批且每批的结构性能检验结果均符合《混凝土结构工程施工质量验收规范》GB 50204—2015 规定的要求时。对同一工艺正常生产的构件，可改为不超过 2000 件且不超过 3 个月的同类型产品为一批，在每批中应随机抽取一个构件，作为试件进行检验。

检验方法：检验方法采用短期静力加载检验。

注：加强“材料和制作质量检验的措施”包括下列内容：

1）钢筋进场检验合格后，在使用前再对用做构件受力主筋的同批钢筋按不超过 5t 抽取一组试件，并经检验合格，对经逐盘检验的预应力钢丝可不再抽样检查。

2）受力主筋焊接接头的力学性能，应按国家现行标准《钢筋焊接及验收规程》（JGJ 18—2012）检验合格后，再抽取一组试件，并经检验合格。

3）混凝土按 $5m^3$ 且不超过半个工作班生产的相同配合比的混凝土，留置一组试件，并经检验合格。

4）受力主筋焊接接头的外观质量、入模后的主筋保护层厚度、张拉预应力总值和构件的截面尺寸等应逐件检验合格。

5）“同类型产品”是指同一钢种、同一混凝土强度等级、同一生产工艺和同一结构形式的构件。对同类型产品进行抽样检验时，试件宜从设计荷载最大受力、最不利或生产数量最多的构件中抽取。对同类型的其他产品，也应定期进行抽样检验。

（12）进入现场的预制构件其外观质量尺寸偏差及结构性能应符合标准图或设计的要求。

检查数量：按批检查。

检验方法：检查构件合格证。

（13）预制构件与结构之间的连接应符合设计要求，连接处钢筋或埋件采用焊接或机械连接时接头质量应符合国家现行标准《钢筋焊接及验收规程》（JGJ 18—2012）《钢筋机械连接技术规程》（JGJ 107—2010）的要求。

检查数量：全数检查。

检验方法：观察，检查施工记录。

（14）承受内力的接头和拼缝，当其混凝土强度未达到设计要求时，不得吊装上一层结构构件，当设计无具体要求时，应在混凝土强度不小于 $10N/mm^2$ 或具有足够的支承时方可吊装上一层结构构件，已安装完毕的装配式结构应在混凝土强度到达设计要求后，方可承受全部设计荷载。

检查数量：全数检查。

检验方法：检查施工记录及试件强度试验报告。

（15）预制构件吊装前应按设计要求，在构件和相应的支承结构上标志中心线、标高等，控制尺寸按标准图或设计文件校核预埋件及连接钢筋等并做出标志。预制构件应按标准图或设计的要求吊装，起吊时绳索与构件水平面的夹角不宜小于 45°，否则应采用吊架或经验算确定。

检查数量：全数检查。

检验方法：观察检查，如图 6-61、图 6-62 所示。

（16）装配式结构中的接头和拼缝，应符合设计要求，当设计无具体要求时，应符合下列规定：

预制构件吊装前应按设计要求，在构件和相应的支承结构上标志中心线、标高。

图 6-61　预制构件的吊装

起吊时绳索与构件水平面的夹角不宜小于45°。

图 6-62　预制构件的组装

1）对承受内力的接头和拼缝，应采用混凝土浇筑，其强度等级应比构件混凝土强度等级提高一级，如图 6-63 所示。

2）对不承受内力的接头和拼缝，应采用混凝土或砂浆浇筑，其强度等级不应低于 C15 或 M15，如图 6-64 所示。

3）用于接头和拼缝的混凝土或砂浆，宜采取微膨胀措施和快硬措施，在浇筑过程中应振捣密实，并应采取必要的养护措施。

检查数量：全数检查。

检验方法：检查施工记录及试件强度试验报告。

对承受内力的接头和拼缝，应采用混凝土浇筑，其强度等级应比构件混凝土强度等级提高一级。

图 6-63　提高装配式混凝土强度

不承受内力的接头和拼缝，应采用混凝土或砂浆浇筑，其强度等级不应低于C15 或M15。

图 6-64　装配式结构可以采用混凝土或砂浆接头

五、混凝土结构子分部工程

(1) 对涉及混凝土结构安全的重要部位，应进行结构实体检验，结构实体检验应在监理工程师（建设单位项目专业技术负责人）见证下，由施工项目技术负责人组织，实体检验的试验室应具有相应资质。结构实体检验内容应包括混凝土强度、钢筋保护层厚度以及工程合同约定的项目，必要时可检验其他项目，如图 6-65 所示。

结构实体检验应在监理工程师(建设单位项目专业技术负责人)见证下，由施工项目技术负责人组织，实体检验的试验室应具有相应资质，《混凝土结构工程施工质量验收规范》中规定：对涉及混凝土结构安全的重要部位应进行结构实体检验，检验内容包括混凝土强度、钢筋保护层和合同约定的其他项目。因为这些项目必须在混凝土结构子分部工程验收时提供，所以必须在混凝土结构子分部工程验收之前完成检验工作。

结构实体检验内容应包括混凝土强度、钢筋保护层厚度以及工程合同约定的项目。

图 6-65　结构实体检测

（2）对混凝土强度的检验，应以在混凝土浇筑地点制备，并与结构实体同条件养护的试件强度为依据，用同条件养护试件的留置养护和强度代表值应符合《混凝土结构工程施工质量验收规范》GB 50204—2015 附录 D 的规定，对混凝土强度的检验也可根据合同的约定，采用非破损或局部破损的检测方法，按国家现行有关标准的规定进行。

（3）当同条件养护试件强度的检验结果符合现行国家标准《混凝土强度检验评定标准》（GB/T 50107—2010）的有关规定时，混凝土强度应判为合格。

（4）对钢筋保护层厚度的检验，抽样数量、检验方法、允许偏差和合格条件应符合规定。当未能取得同条件养护试件强度，同条件养护试件强度被判为不合格或钢筋保护层厚度不满足要求时，应委托具有相应资质等级的检测机构，按国家有关标准的规定进行检测。

（5）混凝土结构子分部工程施工质量验收时应提供下列文件和记录：

1）设计变更文件；

2）原材料出厂合格证和进场复验报告；

3）钢筋接头的试验报告；

4）混凝土工程施工记录；

5）混凝土试件的性能试验报告；

6）装配式结构预制构件的合格证和安装验收记录；

7）预应力筋用锚具、连接器的合格证和进场复验报告；

8）预应力筋安装、张拉及灌浆记录；

9）隐蔽工程验收记录；

10）分项工程验收记录；

11）混凝土结构实体检验记录；

12）工程的重大质量问题的处理方案和验收记录。

（6）混凝土结构子分部工程施工质量验收合格符合下列规定：

1）有关分项工程施工质量验收合格。

2）应有完整的质量控制资料。

3）观感质量验收合格。

4）结构实体检验结果满足《混凝土结构工程质量验收规范》GB 50204—2015 的要求。

（7）当混凝土结构施工质量不符合要求时应按下列规定进行处理：

1）经返工返修或更换构件部件的检验批，应重新进行验收。

2）经有资质的检测单位检测鉴定，达到设计要求的检验批，应予以验收。

3）经有资质的检测单位检测鉴定，达不到设计要求，但经原设计单位核算，并确认仍可满足结构安全和使用功能的检验批，可予以验收。

4）经返修或加固处理，能够满足结构安全使用要求的分项工程，可根据技术处理方案和协商文件进行验收。

（8）纵向受力钢筋的最小搭接长度

1）当纵向受拉钢筋的绑扎搭接接头面积百分率不大于 25％时，其最小搭接长度应符合表 6-5 的规定。两根直径不同的钢筋搭接长度，以较细钢筋的直径计算（图 6-66）。

纵向受力钢筋的最小搭接长度 **表 6-5**

钢筋类型		混凝土强度等级			
		C15	C20～C25	C30～C35	≥C40
光圆钢筋	HPB235 级	45*d*	35*d*	30*d*	25*d*
带肋钢筋	HRB335 级	55*d*	45*d*	35*d*	30*d*
	HRB400 级、RRB400 级	—	55*d*	40*d*	35*d*

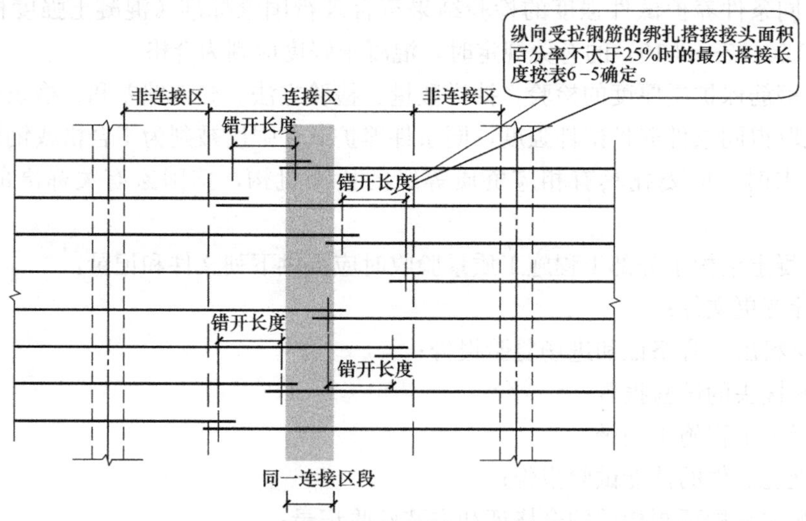
纵向受拉钢筋的绑扎搭接接头面积百分率不大于25%时的最小搭接长度按表6－5确定。
非连接区
连接区
非连接区
错开长度
错开长度
错开长度
错开长度
同一连接区段

图 6-66　纵向受力钢筋的最小搭接长度

（8 根钢筋有 2 根在同一连接区段）

2）当纵向受拉钢筋搭接接头面积百分率大于 25%，但不大于 50%时，其最小搭接长度应按表 6-5 中的数值乘以系数 1.2 取用，当接头面积百分率大于 50%时，应按表 6-5 中的数值乘以系数 1.35 取用。

3）当符合下列条件时，纵向受拉钢筋的最小搭接长度，应根据《混凝土结构工程质量验收规范》GB 50204—2015 附录 B.0.1 条至 B.0.2 条确定后，按图6-67 所示规定进行修正。

当带肋钢筋的直径大于 25mm 时，其最小搭接长度应按相应数值乘以系数 1.1 取用。

对环氧树脂涂层的带肋钢筋，其最小搭接长度应按相应数值乘以系数 1.25 取用。

当在混凝土凝固过程中受力钢筋易受扰动时（如滑模施工），其最小搭接长度应按相应数值乘以系数 1.1 取用。

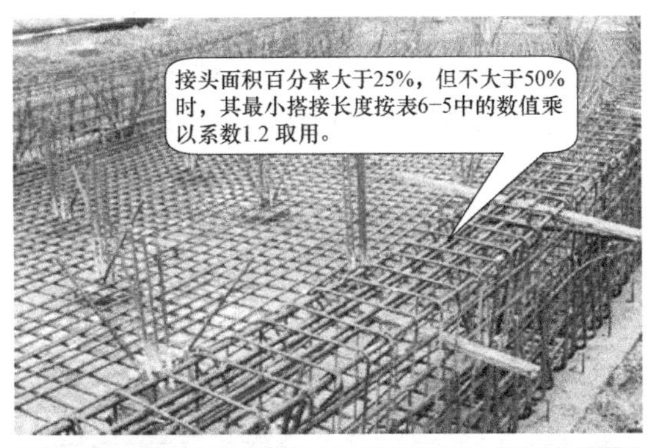
接头面积百分率大于25%，但不大于50%时，其最小搭接长度按表6-5中的数值乘以系数1.2 取用。

接头面积百分率大于50%时，应按表6-5中的数值乘以系数1.35 取用。

图 6-67　钢筋接头面积不同，系数不同

对末端采用机械锚固措施的带肋钢筋，其最小搭接长度可按相应数值乘以系数 0.7 取用。

当带肋钢筋的混凝土保护层厚度大于搭接钢筋直径的 3 倍，且配有箍筋时，其最小搭接长度可按相应数值乘以系数 0.8 取用，如图 6-68、图 6-69 所示。

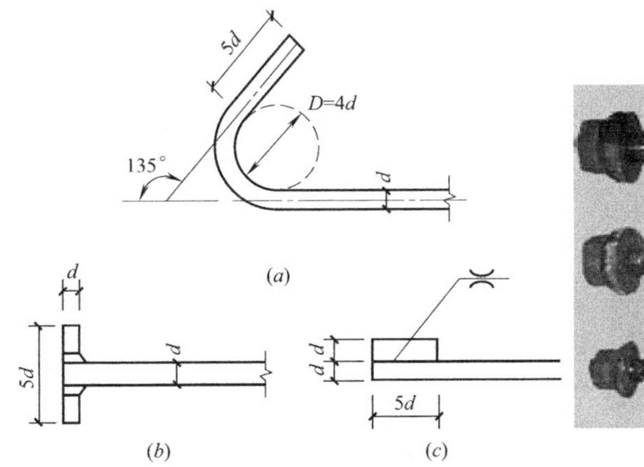
5d
D=4d
135°
d
(a)
d
5d
d
(b)
d d
5d
(c)

图 6-68　钢筋对末端采用机械锚固措施的带肋钢筋

（a）末端带 135°弯钩；（b）末端与钢板穿孔塞焊；（c）末端与短钢筋双面贴焊

ϕ40

ϕ32

ϕ25

其最小搭接长度可按相应数值乘以系数0.7取用。

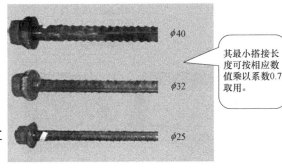

图 6-69　钢筋对末端采用机械锚固最小长度

对有抗震设防要求的结构构件，其受力钢筋的最小搭接长度对一、二级抗震等级应按相应数值乘以系数 1.15 采用，对三级抗震等级应按相应数值乘以系数 1.05 采用，在任何情况下受拉钢筋的搭接长度不应小于 300mm，如图 6-70、图 6-71 所示。

受力钢筋的最小搭接长度对一、二级抗震等级应按相应数值乘以系数1.15采用，对三级抗震等级应按相应数值乘以系数1.05采用。

图 6-70　钢筋搭接长度根据抗震需求乘以系数

任何情况下受拉(压)钢筋的搭接长度不应小于300(200)mm。

图 6-71　钢筋最小搭接长度

4）纵向受压钢筋搭接时，其最小搭接长度应根据《混凝土结构工程质量验收规范》GB 50204—2015 附录 B.0.1 条至 B.0.3 条的规定确定相应数值后乘以系数 0.7 取用，在任何情况下受压钢筋的搭接长度不应小于 200mm。

（9）预制构件结构性能检验方法

1）预制构件结构性能试验条件应满足下列要求：

构件应在 0℃以上的温度中进行试验；蒸汽养护后的构件应在冷却至常温后进行试验；构件在试验前应量测其实际尺寸，并检查构件表面所有的缺陷和裂缝，应在构件上标出；试验用的加荷设备及量测仪表应预先进行标定或校准，如图 6-72 所示。

构件在试验前应量测其实际尺寸，并检查构件表面所有的缺陷和裂缝。

构件应在0℃以上的温度中进行试验；蒸汽养护后的构件应在冷却至常温后进行试验。

图 6-72　构件检查

2）试验构件的支承方式应符合下列规定：

板梁和桁架等简支构件试验时，应一端采用铰支承，另一端采用滚动支承，铰支承可采用角钢半圆形钢或焊于钢板上的圆钢，滚动支承可采用圆钢；四边简支或四角简支的双向板，其支承方式应保证支承处构件能自由转动，支承面可以相对水平移动，如图 6-73、图 6-74 所示。

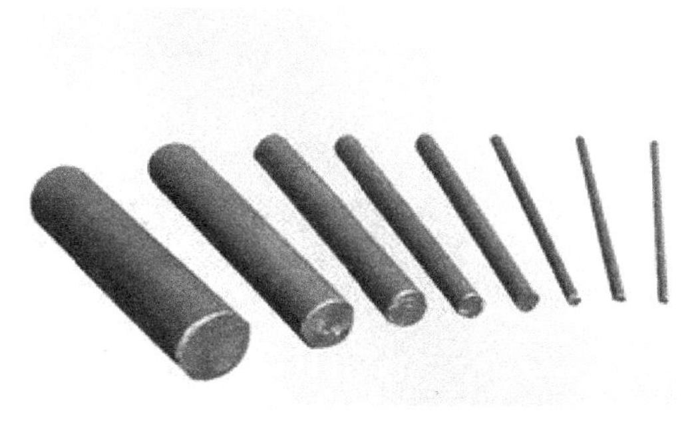

图 6-73 滚动支承可采用圆钢

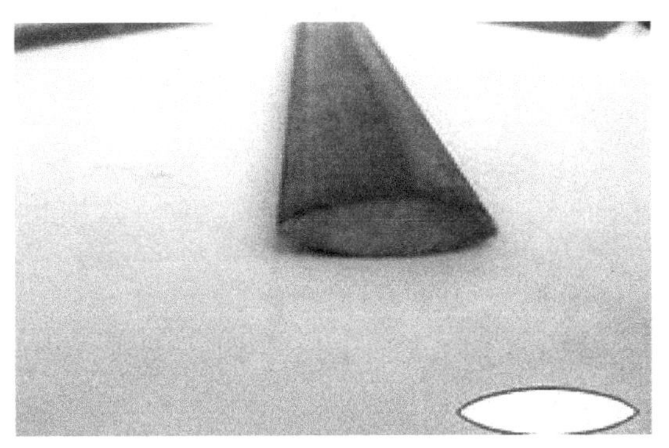

图 6-74 铰支承可采用角钢半圆形钢或焊于钢板上的圆钢

当试验的构件承受较大集中力或支座反力时，应对支承部分进行局部受压承载力验算；构件与支承面应紧密接触，钢垫板与构件钢垫板与支墩间宜铺砂浆垫平；构件支承的中心线位置应符合标准图或设计的要求。当试验的构件承受较大集中力或支座反力时，应对支承部分进行局部受压承载力验算；构件与支承面应紧密接触，钢垫板、构件钢垫板与支墩间宜铺砂浆垫平；构件支承的中心线位置应符合标准图或设计的要求。

3）加载方法应根据标准图或设计的加载要求、构件类型及设备条件等进行选择，当按不同形式荷载组合进行加载试验（包括均布荷载、集中荷载、水平荷载和竖向荷载等）时各种荷载应按比例增加，如图 6-75 所示。

加载方法应根据标准图或设计的加载要求、构件类型及设备条件等进行选择。

按不同形式荷载组合进行加载试验(包括均布荷载、集中荷载、水平荷载和竖向荷载等)时各种荷载应按比例增加。

图 6-75 加载试验

4）加载方法应根据标准图或设计的加载要求、构件类型及设备条件等选择，当按不同形式荷载组合进行加载试验（包括均布荷载、集中荷载、水平荷载和竖向荷载等）时各种荷载应按比例增加。每级加载完成后应持续 10～15min，在荷载标准值作用下应持续 30min，在持续时间内，应观察裂缝的出现和开展，以及钢筋有无滑移等，在持续时间结束时，应观察并记录各项读数，如图 6-76、图 6-77 所示。

每级加载完成后应持续10～15min。
在荷载标准值作用下应持续30min。

图 6-76　加载试验时间

图 6-77　观察裂缝的出现和开展并记录

5）对构件进行承载力检验时，应加载至构件出现所列承载能力极限状态的检验标志。当在规定的荷载持续时间内，出现上述检验标志之一时，应取本级荷载值与前一级荷载值的平均值作为其承载力检验荷载实测值。当在规定的荷载持续时间结束后，出现上述检验标志之一时，应取本级荷载值作为其承载力检验荷载实测值。

6）构件挠度可用百分表、位移传感器、水平仪等进行观测，接近破坏阶段的挠度可用水平仪或拉线钢尺等测量。试验时，应量测构件跨中位移和支座沉陷。对宽度较大的构件应在每一量测截面的两边或两肋布置测点，并取其量测结果的平均值作为该处的位移，如图 6-78、图 6-79 所示。

图 6-78　构件挠度可用百分表、位移传感器、水平仪等进行观测

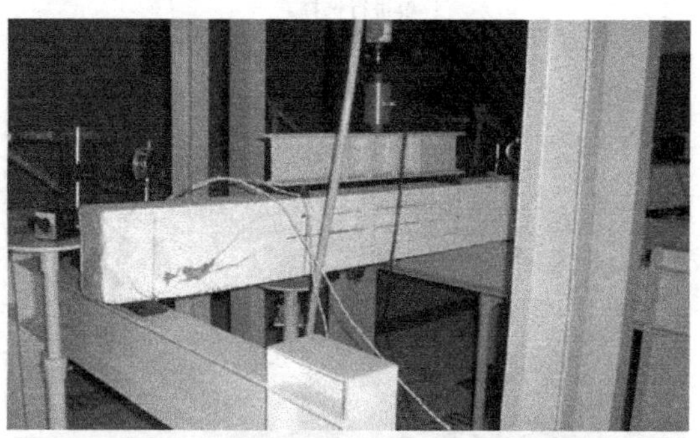

图 6-79　试验时应量测构件跨中位移和支座沉陷

7）试验时必须注意下列安全事项：试验的加荷设备支架、支墩等应有足够的承载力安全储备；对屋架等大型构件进行加载试验时，必须根据设计要求设置侧向支承，以防止

构件受力后产生侧向弯曲和倾倒，侧向支承应不妨碍构件在其平面内的位移；试验过程中应注意人身和仪表安全，为了防止构件破坏时，试验设备及构件坍落，应采取安全措施，如图 6-80、图 6-81 所示。

试验的加荷设备支架、支墩等应有足够的承载力安全储备。
设置侧向支承。

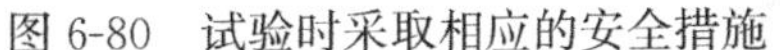

图 6-80　试验时采取相应的安全措施

图 6-81　试验过程中应注意人身和仪表安全

8）构件试验报告应符合下列要求：

试验报告应包括试验背景、试验方案、试验记录、检验结论等内容，不得漏项缺检；试验报告中的原始数据和观察记录必须真实准确，不得任意涂抹篡改；试验报告宜在试验现场完成，及时审核签字盖章并登记归档。同一强度等级同条件养护试件留置数量，根据混凝土工程量和重要性确定，不应少于 3 组；同条件养护试件拆模后，应放置在靠近相应结构构件或结构部位的适当位置，并应采取相同的养护方法。同条件养护试件应在达到等效养护龄期时，进行强度试验；等效养护龄期应根据同条件养护试件强度与在标准养护条件下 28d 龄期试件强度相等的原则确定，如图 6-82、图 6-83 所示。

同条件养护试件拆模后，应放置在靠近相应结构构件或结构部位的适当位置。

图 6-82　同条件试件放置图

同条件养护试件应在达到等效养护龄期时，进行强度试验。

图 6-83　同条件试件的养护要达到龄期

9）同条件自然养护试件的等效养护龄期及相应的试件强度代表值，宜根据当地的气温和养护条件按下列规定确定：

等效养护龄期可取按日平均温度逐日累计达到 600d 时所对应的龄期，0℃及以下的龄期不计入，等效养护龄期不应小于 14d，也不宜大于 60d。

10）同条件养护试件的强度代表值，应根据强度试验结果按现行国家标准《混凝土强度检验评定标准》（GB/T 50107—2010）的规定确定后乘折算系数取用，折算系数宜取为1.10，也可根据当地的试验统计结果作适当调整。冬期施工人工加热养护的结构构件，其同条件养护试件的等效养护龄期可按结构构件的实际养护条件由监理（建设）施工等各方根据规定共同确定。

（10）结构实体钢筋保护层厚度检验

1）钢筋保护层厚度检验的结构部位和构件数量应符合下列要求：检验的结构部位，应由监理（建设）施工等各方根据结构构件的重要性共同选定；对梁类、板类构件应各抽取构件数量的2%，且不少于5个构件进行检验，当有悬挑构件时，抽取的构件中悬挑梁类、板类构件所占比例均不宜小于50%，如图6-84所示。

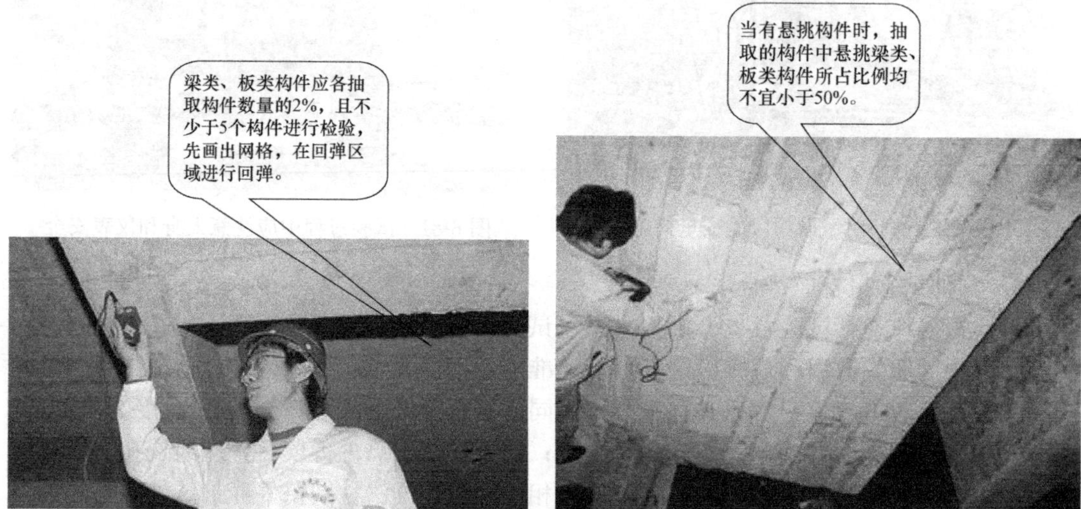
梁类、板类构件应各抽取构件数量的2%，且不少于5个构件进行检验，先画出网格，在回弹区域进行回弹。
当有悬挑构件时，抽取的构件中悬挑梁类、板类构件所占比例均不宜小于50%。

图6-84　结构实体钢筋保护层厚度检验频率

2）对选定的梁类构件，应对全部纵向受力钢筋的保护层厚度进行检验，对选定的板类构件应抽取不少于6根纵向受力钢筋的保护层厚度进行检验，对每根钢筋应在有代表性的部位测量1点。

3）钢筋保护层厚度的检验，可采用非破损或局部破损的方法；也可采用非破损方法，并用局部破损方法进行校准；当采用非破损方法检验时，所使用的检测仪器应经过计量检验，检测操作应符合相应规程的规定，钢筋保护层厚度检验的检测误差不应大于1mm，如图6-85所示。

4）钢筋保护层厚度检验时，纵向受力钢筋保护层厚度的允许偏差对梁类构件为+10mm，−7mm，对板类构件为+8mm，−5mm。

对梁类、板类构件纵向受力钢筋的保护层厚度，应分别进行验收，结构实体钢筋保护层厚度验收合格应符合下列规定：

当全部钢筋保护层厚度检验的合格点率为90%及以上时，检验结果判为合格；当全部钢筋保护层厚度检验的合格点率小于90%，但不小于80%，可再抽取相同数量的构件进行检验；当按两次抽样总和计算的合格点率为90%及以上时，钢筋保护层厚度的检验结果仍应判为合格；每次抽样检验结果中不合格点的最大偏差均不应大于规定允许偏差的1.5倍。

钢筋保护层厚度的检验，可采用非破损或局部破损的方法。
当采用非破损方法检验时，所使用的检测仪器应经过计量检验。

图 6-85　结构实体钢筋保护层厚度检验方法

六、混凝土工程施工工艺流程控制程序

（1）混凝土施工用机械设备

“工欲善其事必先利其器”，故浇筑混凝土设备选择非常重要，要根据工期和施工场地选择汽车泵或者地泵进行浇筑，如图 6-86～图 6-89 所示。

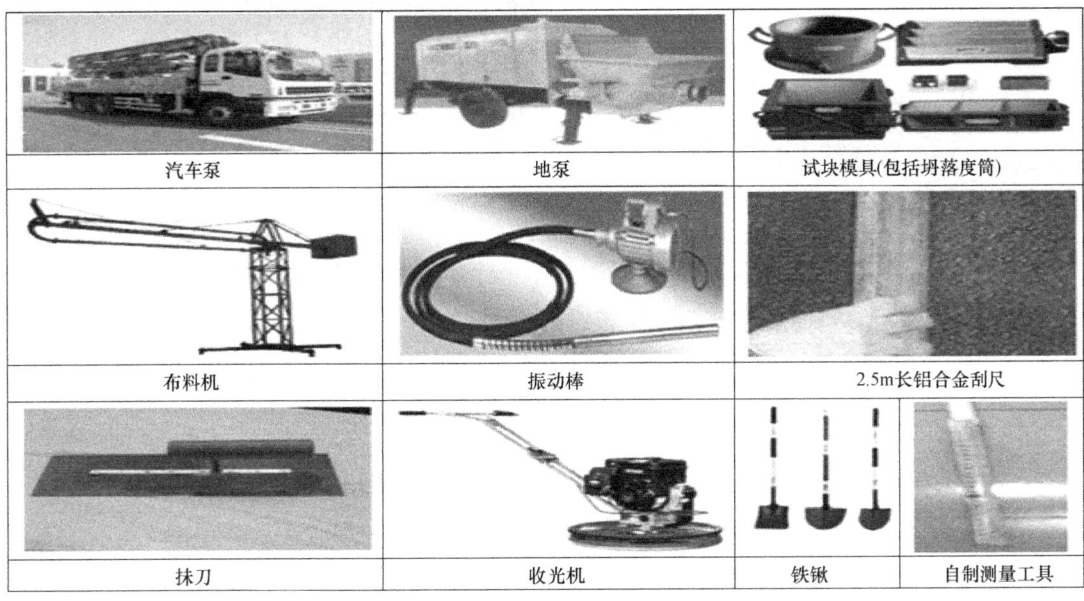
汽车泵
地泵
试块模具(包括坍落度筒)
布料机
振动棒
2.5m长铝合金刮尺
抹刀
收光机
铁锹
自制测量工具

图 6-86　混凝土施工用机械设备

受场地限制，泵车臂架越长，需场地越大；高度有所限制，费用高。
布料方便，泵送量大，施工速度快。

布料不方便，施工中拆管接管麻烦，施工速度慢，宜堵管。
优点是不受场地限制，可运用到汽车泵施工不到的地方。

图 6-87　混凝土浇筑时天泵和地泵

采用混凝土搅拌运输车运输混凝土时，在运输途中及等候卸料时，应保持搅拌运输车罐体正常转速，不得停转。
卸料前，搅拌运输车罐体宜快速旋转搅拌20s以上后再卸料。
当坍落度损失较大不能满足施工要求时，可在运输车罐内加入适量的与原配合比相同成分的减水剂。减水剂加入量应事先由试验确定，并应做出记录。加入减水剂后(禁止加水)，混凝土罐车应快速旋转搅拌均匀。

图 6-88　混凝土浇筑用罐车

随机抽查预拌混凝土的坍落度。
混凝土到场时，供方应提供混凝土配合比通知单、混凝土抗压强度报告、混凝土质量合格证和混凝土运输单；当需要其他资料时，供需双方应在合同中明确约定。预拌混凝土质量控制资料的保存期限，应满足工程质量要求。

图 6-89　现场实测混凝土坍落度

（2）混凝土浇筑前应完成下列工作：

1）隐蔽工程验收和技术复核（钢筋的验收、模架的验收）。

2）对操作人员进行技术交底（混凝土浇筑现场交底）。

3）根据施工方案中的技术要求，检查并确认施工现场具备实施条件。

4）施工单位应填报浇筑申请单，并经监理单位签认。

七、混凝土施工质量控制要点

1. 垫层

垫层标高控制如图 6-90 所示。

2. 钎探位置

地基钎探点布置如图 6-91 所示。

可以利用钢筋废料作为标高控制，以钢筋直径细为好，如Φ8，用水平仪控制先打好小木桩或者竹片。大概2～3m一个。要是觉得少可再多打几个。要是做防水的细石混凝土垫层，那就要做灰饼。边打混凝土边做，或者提前用砂浆做好。都是水平仪控制标高。

垫层施工前做好标高控制措施。

图 6-90　垫层标高控制

钎探点需在砖上标注。
若要观感好需砖码放方向一致，并成一条直线。

图 6-91　地基钎探点布置

3. 混凝土浇筑前

混凝土浇筑前的施工质量控制要点如图 6-92、图 6-93 所示。

混凝土浇筑前检查钢筋和预埋件的位置、数量和保护层厚度，并将检查结果填入隐蔽工程记录表中。

图 6-92　钢筋验收

清除模板内的杂物和钢筋的油污；对模板的缝隙和孔洞应堵严；对木模板应用清水湿润，但不得有积水。

图 6-93　模板验收

4. 混凝土浇筑前

混凝土浇筑后的施工质量控制要点，如图 6-94、图 6-95 所示。

混凝土浇筑前，底层垃圾、材料归堆，清扫干净。

图 6-94 清理基层（一）

5. 楼板标高控制

楼板标高控制如图 6-96 所示。

浇筑完成后用水将落地的水泥浆、混凝土冲洗干净。

图 6-95 清理基层（二）

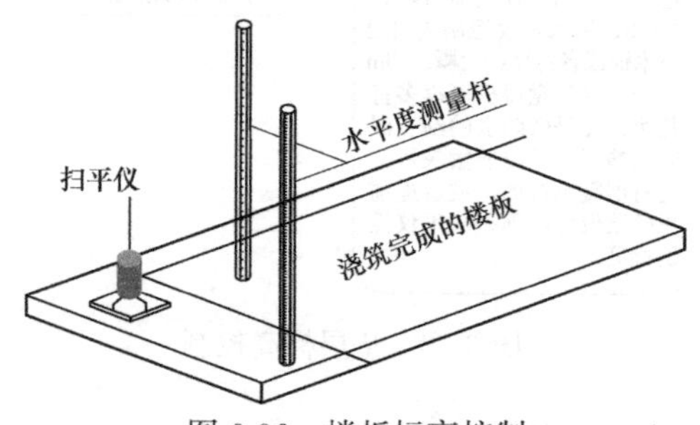
水平度测量杆
扫平仪
浇筑完成的楼板

图 6-96 楼板标高控制

6. 保护层

墙体插筋保护层控制如图 6-97 所示。

漏筋后需将混凝土剔凿入钢筋位置内5cm，重新摆正钢筋位置后浇筑高一等级混凝土。
墙体插筋处混凝土标高需控制到位，防止漏筋。

图 6-97 墙体插筋保护层控制

后浇带处钢筋保护层及主筋位置控制：垫块及垫木必须垫好。
上下铁间距必须由马镫控制好，严格检查质量。

图 6-98 后浇带控制

7. 后浇带

后浇带控制如图 6-98 所示。

8. 楼梯梁

楼梯梁的保护层控制如图 6-99 所示。

楼梯梁施工缝总宽度至少500mm，且为休息平台宽度的1/3。
当后浇混凝土时，应先将施工缝处的浮浆剔凿干净，然后浇水湿润，再用同配合比砂浆进行接缝处理，施工缝处应重点振捣，保证新老混凝土结合良好。

图 6-99　楼梯梁的保护层控制

9. 楼梯施工缝

楼梯处施工缝留置如图 6-100 所示。

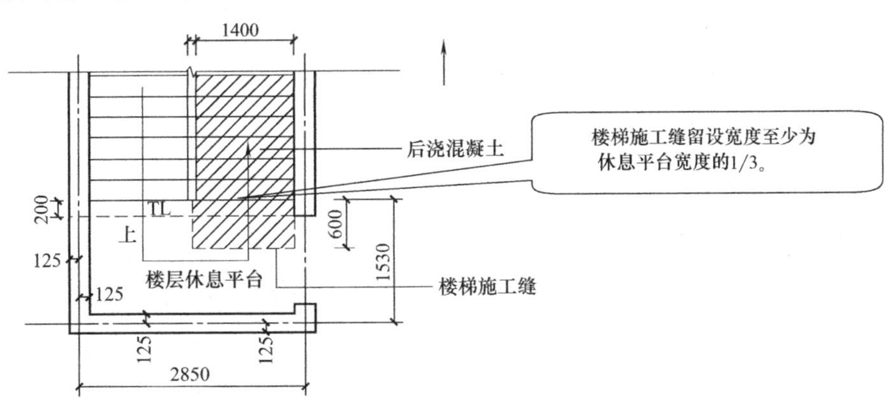

1400
后浇混凝土
楼梯施工缝留设宽度至少为休息平台宽度的1/3。
200
TL
上
600
1530
125
楼层休息平台
楼梯施工缝
125
125
125
2850

图 6-100　楼梯处施工缝留置

10. 楼梯模板

定型模板的作用如图 6-101 所示。

11. 楼梯休息平台

楼梯休息平台标高控制如图 6-102、图 6-103 所示。

12. 降板

降板处混凝土标高控制如图 6-104 所示。

提倡使用定型模板，
施工速度快，可周转。

图 6-101　定型模板的作用

休息平台处标高必须控制到位，
避免造成后期剔凿。

图 6-102　楼梯休息平台标高控制（一）

图 6-103　楼梯休息平台标高控制（二）

在高混凝土处设置挡板阻
挡，在低混凝土处设置统
一标高来控制。

图 6-104　降板处混凝土标高宜低不宜高

13. 柱子混凝土浇筑

柱子混凝土浇筑如图 6-105、图 6-106 所示。

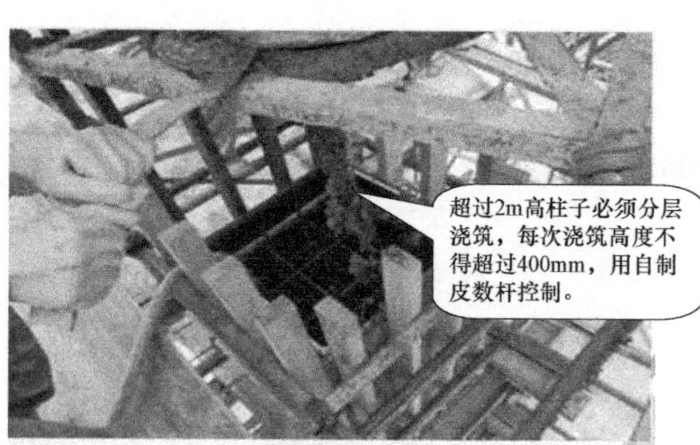
超过2m高柱子必须分层
浇筑，每次浇筑高度不
得超过400mm，用自制
皮数杆控制。

图 6-105　柱子分层浇筑

皮数杆

图 6-106　浇筑柱子混凝土控制要点

14. 砂浆排放

砂浆排放如图 6-107 所示。

15. 墙柱收边

墙柱收边如图 6-108 所示。

图 6-107　设置专用湿润泵管砂浆及水排泄管

墙柱边150mm范围混凝土收面抹平压光标高、平整度控制在3mm以内。

图 6-108　墙柱收边要点

16. 楼板拉毛

楼板拉毛如图 6-109 所示。

17. 楼板上人时间控制

楼板上人时间控制如图 6-110 所示。

面层采用收面机，收面机无法操作位置人工铁板收面地面有二次装修时，做拉毛处理，不得采用扫帚扫毛；装修材料为胶粘贴平整度≤3mm，装修材料为砂浆粘贴平整度≤5mm。

图 6-109　楼板拉毛

混凝土浇筑完成后，楼板达到1.2MPa后才允许上人(12h左右，行走不留脚印)，每平方米荷载不超过150kg。

图 6-110　楼板达到强度后才允许上人

18. 布料机

布料机的用途如图 6-111 所示。

19. 板后浇带

板后浇带的控制及成型效果如图 6-112、图 6-113 所示。

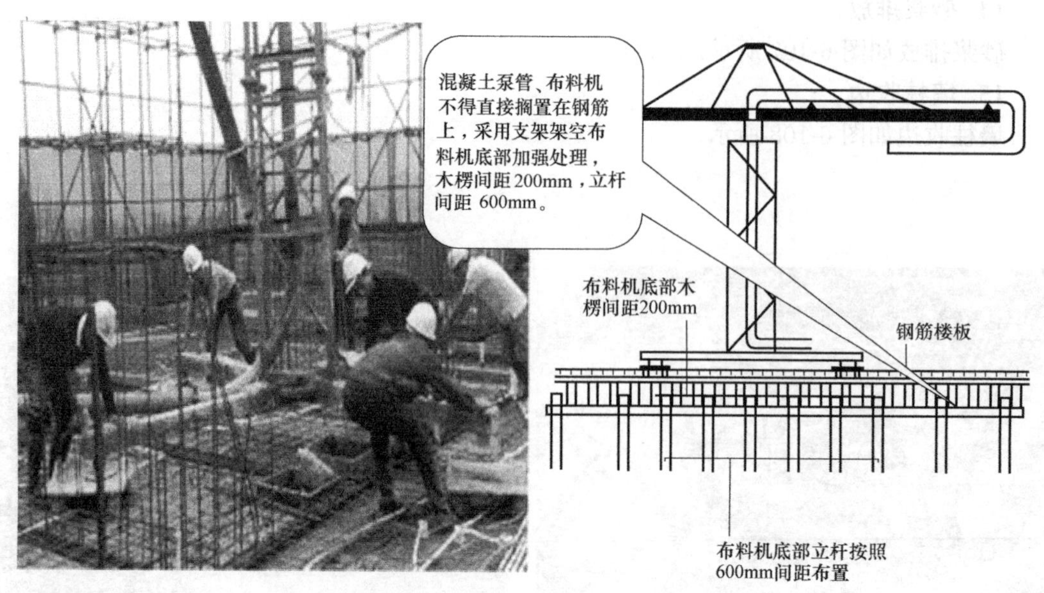
混凝土泵管、布料机不得直接搁置在钢筋上，采用支架架空布料机底部加强处理，木楞间距200mm，立杆间距 600mm。
布料机底部木楞间距200mm
钢筋楼板
布料机底部立杆按照600mm间距布置

图 6-111　布料机的用途

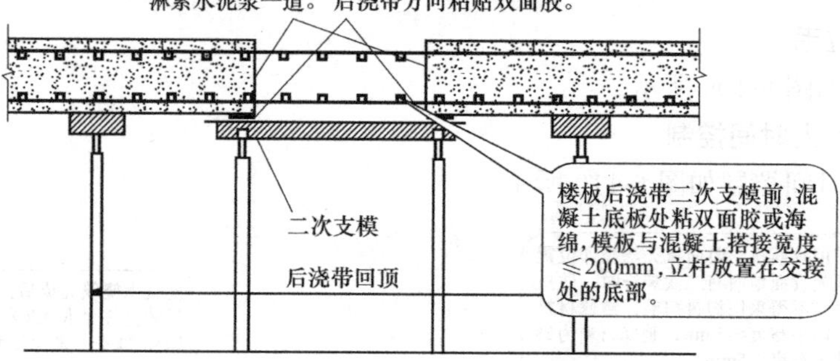
浇筑前施工缝处淋素水泥浆一道。
施工缝凿干净后模板支设前沿后浇带方向粘贴双面胶。
二次支模
后浇带回顶
楼板后浇带二次支模前，混凝土底板处粘双面胶或海绵，模板与混凝土搭接宽度≤200mm，立杆放置在交接处的底部。

图 6-112　后浇带的控制（一）

混凝土浇筑时要用比两侧高强度混凝土，使用自密实混凝土。

图 6-113　后浇带的成型效果

楼板后浇带采用模板做锯齿形(支撑条控制小于500mm)。

图 6-114　后浇带的控制（二）

20. 楼板后浇带

楼板后浇带的控制如图 6-114 所示。

21. 墙后浇带

墙后浇带的控制如图 6-115 所示。

22. 防水预留槽

防水预留槽的控制如图 6-116 所示。

底板、墙后浇带采用快易收口网
的做法，钢筋支撑间距500mm。

图 6-115　后浇带的控制（三）

外墙、屋面防水收口
处做法，可以使用砖
砌，不能使用混凝土。

图 6-116　防水预留槽的控制

23. 竖向施工缝留置

竖向施工缝留置如图 6-117、图 6-118 所示。

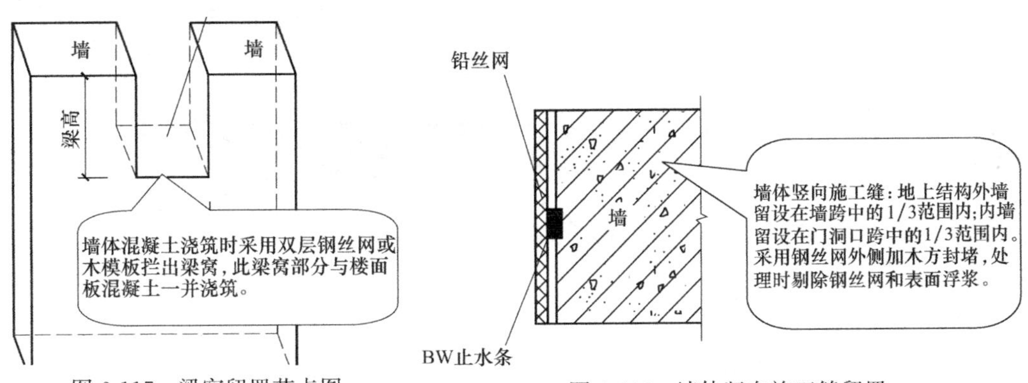
墙
墙
梁高
墙体混凝土浇筑时采用双层钢丝网或
木模板拦出梁窝，此梁窝部分与楼面
板混凝土一并浇筑。
铅丝网
墙
BW止水条
墙体竖向施工缝：地上结构外墙
留设在墙跨中的1/3范围内；内墙
留设在门洞口跨中的1/3范围内。
采用钢丝网外侧加木方封堵，处
理时剔除钢丝网和表面浮浆。

图 6-117　梁窝留置节点图

图 6-118　墙体竖向施工缝留置

24. 地下室外墙施工缝留置

地下室外墙施工缝留置如图 6-119、图 6-120 所示。

25. 柱子施工缝留置

柱子施工缝留置如图 6-121 所示。

26. 施工缝处理

施工缝处理如图 6-122 所示。

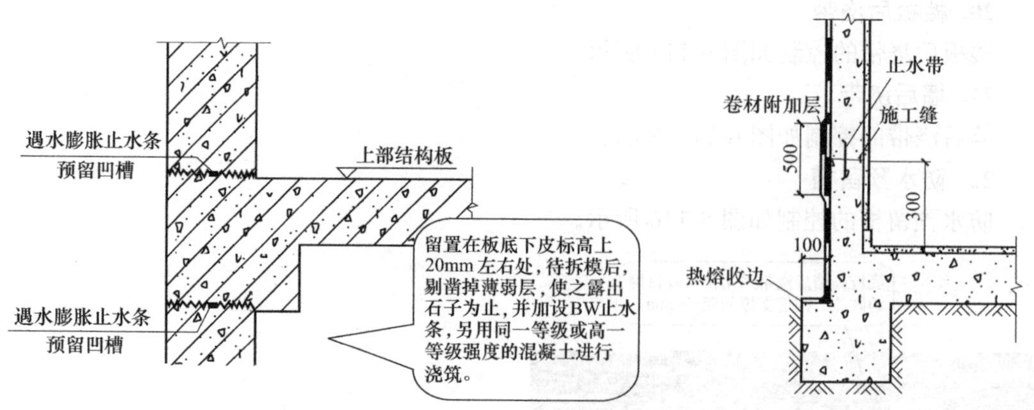
遇水膨胀止水条
预留凹槽
上部结构板
遇水膨胀止水条
预留凹槽
留置在板底下皮标高上20mm左右处，待拆模后，剔凿掉薄弱层，使之露出石子为止，并加设BW止水条，另用同一等级或高一等级强度的混凝土进行浇筑。
止水带
卷材附加层
施工缝
500
300
100
热熔收边

图 6-119　地下室外墙与顶板间施工缝留置

图 6-120　地下室底板外墙施工缝留置

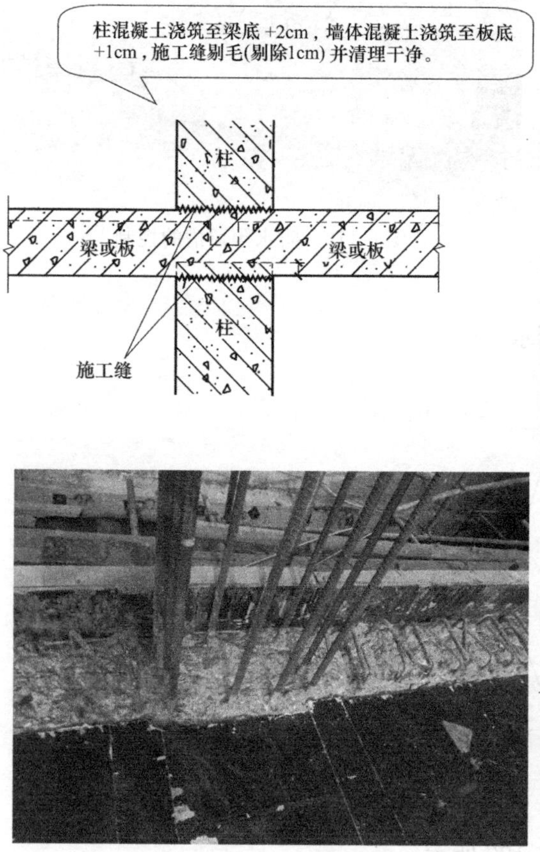

柱混凝土浇筑至梁底 +2cm，墙体混凝土浇筑至板底 +1cm，施工缝剔毛(剔除1cm)并清理干净。

柱

梁或板

梁或板

柱

施工缝

清除水泥薄膜和松动石子以及软弱混凝土层，并加以充分湿润和冲洗干净，且不得积水。即要做到：去掉乳皮，微露粗砂，表面粗糙。

图 6-121　柱子施工缝留置

图 6-122　施工缝处理

27. 柱混凝土养护

柱混凝土养护如图 6-123、图 6-124 所示。

包裹塑料膜养护至少养护7d，必须保持塑料膜内有水珠。

图 6-123　柱混凝土养护（一）

在浇筑好的混凝土表面包裹或者覆盖上塑料薄膜，主要起到保持混凝土里面水分的作用。

图 6-124　柱混凝土养护（二）

28. 板混凝土养护

板混凝土养护如图 6-125 所示。

覆膜保湿养护

喷涂养生液养护

图 6-125　板混凝土养护

混凝土拆模后打磨处理，清除表面浮浆。

图 6-126　拆模后打磨

29. 拆模后打磨

拆模后打磨如图 6-126 所示。

30. 实测实量

实测实量如图 6-127 所示。

31. 混凝土成型记录

混凝土成型记录如图 6-128 所示。

32. 拆模后处理

拆模后处理如图 6-129 所示。

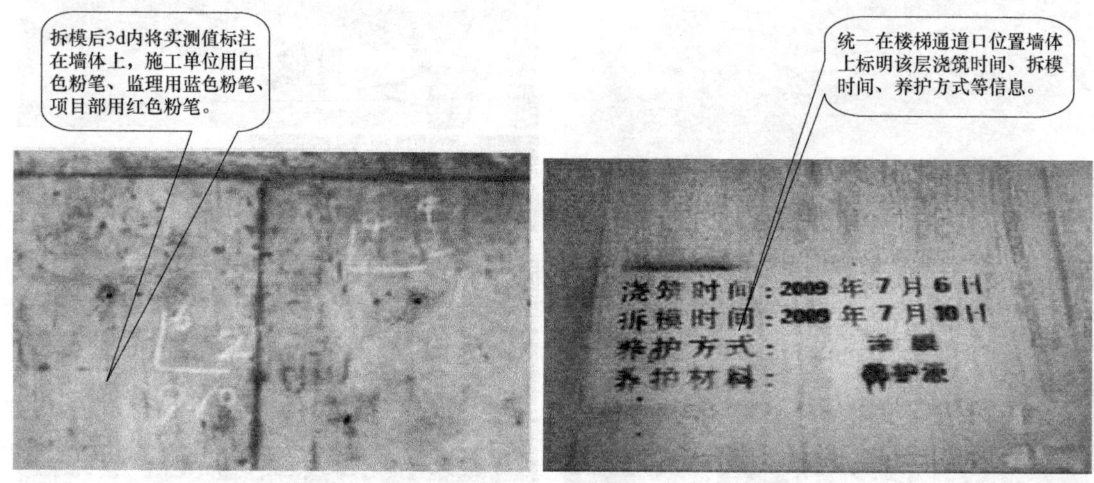
拆模后3d内将实测值标注在墙体上，施工单位用白色粉笔、监理用蓝色粉笔、项目部用红色粉笔。
统一在楼梯通道口位置墙体上标明该层浇筑时间、拆模时间、养护方式等信息。
浇筑时间：2009 年 7 月 6 日
拆模时间：2009 年 7 月 10 日
养护方式：
养护材料：

图 6-127　拆模后做相应记录

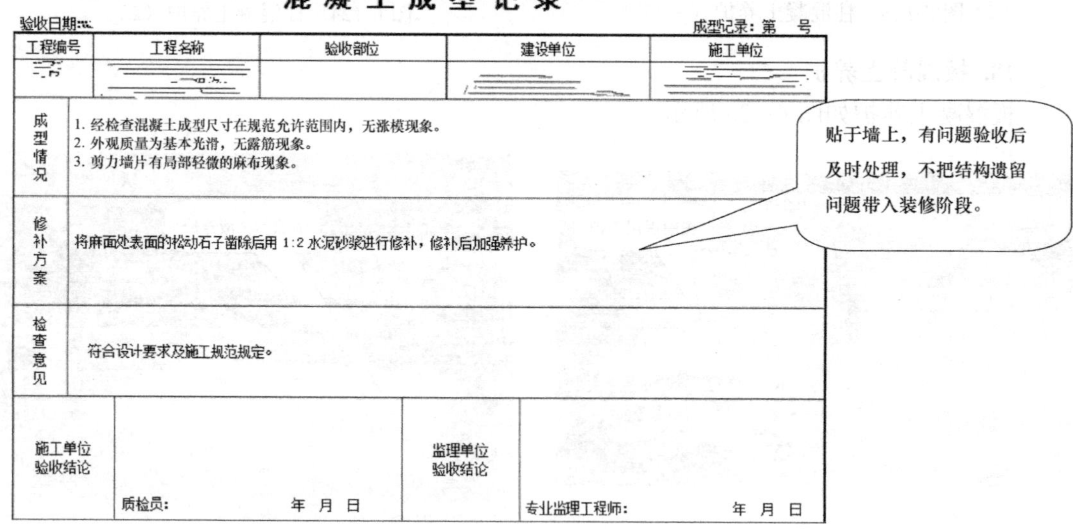
贴于墙上，有问题验收后及时处理，不把结构遗留问题带入装修阶段。

混 凝 土 成 型 记 录

验收日期：　　　　　　　　　　成型记录：第　号

工程编号	工程名称	验收部位	建设单位	施工单位
成型情况	1. 经检查混凝土成型尺寸在规范允许范围内，无涨模现象。 2. 外观质量为基本光滑，无露筋现象。 3. 剪力墙片有局部轻微的麻布现象。			
修补方案	将麻面处表面的松动石子凿除后用 1∶2 水泥砂浆进行修补，修补后加强养护。			
检查意见	符合设计要求及施工规范规定。			
施工单位验收结论	质检员：　　　　年　月　日	监理单位验收结论	专业监理工程师：　　　　年　月　日	

图 6-128　混凝土成型记录

泵管清理干净堆放在指定位置(不得堆放在外架、楼梯口、通道口、洞口、电梯井架体等危险位置)。
模板拆除后楼层清理干净，管线位置采用木盒保护。

图 6-129　拆模后处理

八、混凝土施工质量问题及处理措施

混凝土施工质量及处理措施如图 6-130～图 6-138 所示。

截面尺寸不足(500mm×485mm<500mm×500mm)

图 6-130　混凝土处理（一）

柱根部缩颈采取措施：(1)在楼地面施工时墙柱根部尽量用刮杠刮平，然后用木抹搓毛。搓毛过程中，轴线检查误差不大于3mm为最佳。(2)在模板支设前，应检查楼面平整度，必要时加压海绵条，海绵条放置时，一定按墨线位置放置正确，确保海绵条不准进入混凝土，模板拆除后立即撕掉，立模板时，必须一次上到位，否则在立模板时海绵条位置移动，影响施工质量。这种方法在施工时具有一定难度，尽量不要采用。(3)在模板支设好后检查模板底口，墙柱都应仔细检查，有下口不严的应用砂浆封堵。用此种方法时，必须提前至少4h进行，否则在浇筑混凝土时，砂浆强度过低达不到封堵的目的。外墙配有专用“吊梆模”，在施工过程中，必须采用，否则外墙底口出现缝隙时难以封堵，产生烂根现象。

图 6-131　混凝土处理（二）

胀模

图 6-132　混凝土处理（三）

剔凿漏筋

图 6-133　混凝土处理（四）

剔除松散石子并剔凿平整，特别是钢板止水带处的松散层，露出坚实层，充分浇水浸润；然后在接口处喷刷一层水泥浆，再浇筑比旧混凝土高1级的混凝土。
后浇带处混凝土疏松，容易造成渗漏。

图 6-134　混凝土处理（五）

在后浇带处预留截面为350mm×350mm，深度比基础底标高低250mm的小积水坑，以便用潜水泵及时把积水及泥浆抽出。绑扎钢筋时要预留人工清理孔的位置，便于杂物及时清理。
后浇带清理不干净。

图 6-135　混凝土处理（六）

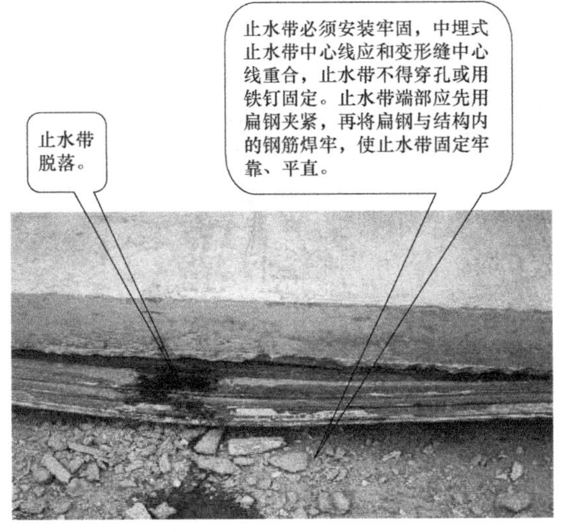
止水带脱落。
止水带必须安装牢固，中埋式止水带中心线应和变形缝中心线重合，止水带不得穿孔或用铁钉固定。止水带端部应先用扁钢夹紧，再将扁钢与结构内的钢筋焊牢，使止水带固定牢靠、平直。

图 6-136　混凝土处理（七）

拉螺栓的止水片面积较小。
应在对拉螺栓中部设置钢板止水片；止水片焊接应建立专项检查制度，确保焊接密实。

图 6-137　止水片处理

施工缝处理：混凝土接槎面（墙柱外边线内）所有浮浆、松散混凝土、石子彻底剔除到露石子；接槎面未清净不绑（±0.000 以下做隐检，±0.000 以上做预检），如图6-139、图 6-140 所示。

所有临边柱墙模板轴线必须进行双控：以吊控为主，平面控制为辅。当吊控与平面控制误差大于5mm时应查找原因。

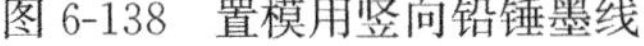

图 6-138　置模用竖向铅锤墨线

图 6-139　施工缝处理（一）

污筋：所有钢筋上污染的水泥未清干净不绑，如图 6-141、图 6-142 所示。

查偏：所有立筋未检查其保护层大小是否偏位不绑，如图 6-143～图 6-145 所示。

纠偏：所有立筋保护层大小超标的、立筋未按 1∶6 调整到正确位置的不绑。

待板混凝土
浇筑前清理
施工缝。
图 6-140　施工缝处理（二）

有防污
染措施。
图 6-141　钢筋污染处理（一）

图 6-142　钢筋污染处理（二）

按控制线检
查偏位情况。
图 6-143　钢筋纠偏处理（一）

使用吊环进行拉伸钢筋，
且绑扎时钢筋向里。
图 6-144　钢筋纠偏处理（二）

图 6-145　钢筋纠偏处理（三）

甩头：所有受力筋甩头长度（包括接头百分比、抗震系数）、错开距离、第一个接头位置、锚固长度（包括抗震系数）不合格不绑，如图 6-146、图 6-147 所示。

图 6-146　钢筋甩头处理（一）

图 6-147　钢筋甩头处理（二）

接头：所有接头质量（包括绑扎、焊接、机械连接）有一个不合格，不绑，如图 6-148～图 6-169 所示。

图 6-148　钢筋接头处理

走桥上必须满铺脚手板，不得留有空隙和探头板，加踢脚板，所有铺板应用钢丝绑扎牢固。

图 6-149　脚手架搭设注意要素（一）

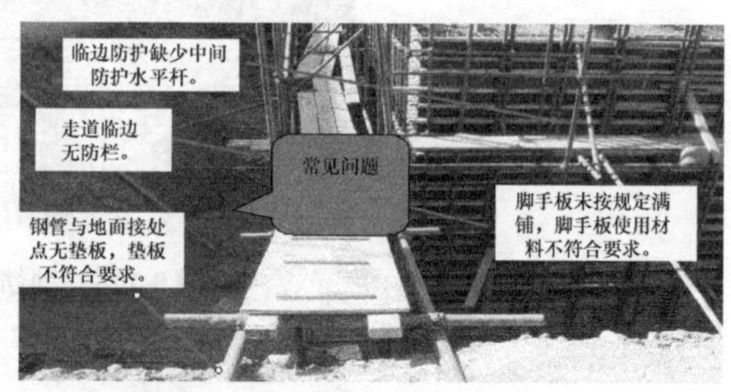

临边防护缺少中间防护水平杆。
走道临边无防栏。
常见问题
钢管与地面接处点无垫板，垫板不符合要求。
脚手板未按规定满铺，脚手板使用材料不符合要求。

图 6-150　脚手板搭设注意要素（二）

作业层脚手板未满铺。
脚手架未能与构筑物(塔)连接。
无防护栏杆。
垂直爬梯未搭设到作业层。

图 6-151　脚手板搭设注意要素（三）

未设内水平杆。
脚手板下缺小横杆。
主节点处缺小横杆。
水平杆没有设在立竿里边。

图 6-152　脚手板搭设注意要素（四）

作业层无防护栏杆。
无纵、横剪刀撑。
脚手板未满铺。

图 6-153　脚手板搭设注意要素（五）

纵向水平杆应在小横杆下面。
小横杆的间距不得大于立距的1/2。
没有按规定设置纵横向扫地杆。

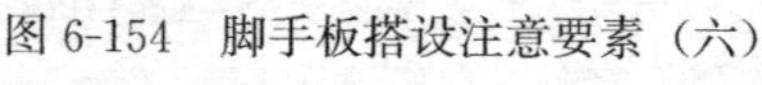

图 6-154　脚手板搭设注意要素（六）

外架部分立杆搭在雨棚上。

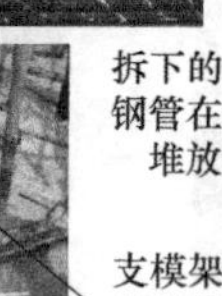

拆下的脚手架钢管在外架上堆放过重。
支模架搭设无扫地杆、垫板。

图 6-155　脚手板搭设注意要素（七）

钢管脚手架的立柱，应置于坚实的地基上，立柱钢管加垫座，用混凝土块或用坚实的厚木块垫好。

脚手架的立柱要求垂直，其中转角立柱的垂直误差不得超过0.5%，其中立柱不得超过1%，八层建筑的外脚手架立柱间距不得大于2m，纵向的水平钢管的垂直间距不大于1.8m,并要用构件连接,拧紧螺栓,承重的纵向水平杆,必须支承于横杆之上,禁用不合格材料。

图 6-156　脚手架搭设注意要素（一）

剪刀撑斜杆应与立杆和伸出的小横杆进行连
接，底部斜杆的下端应置于垫板上(剪刀
撑底脚的设置不规范在现场常见)。

图 6-157　脚手架搭设注意要素（二）

剪刀撑
未挨地。

图 6-158　脚手架搭设注意要素（三）

连接：必须按规定设剪刀撑和
支撑，必须与建筑物连接牢固。

图 6-159　脚手架搭设注意要素（四）

图 6-160　脚手架搭设注意要素（五）

无安
全带。

图 6-161　脚手架搭设注意要素（六）

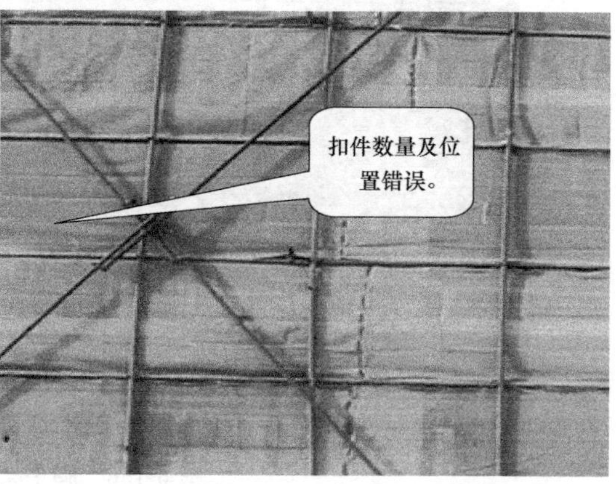
扣件数量及位
置错误。

图 6-162　脚手架搭设注意要素（七）

无卸料平台。
卸料平台采用型钢制作，各个节点应采用焊接连接，制作成刚性框架结构。

图 6-163　脚手架搭设注意要素（八）

无限载牌。

图 6-164　脚手架搭设注意要素（九）

脚手板采用满铺方式，设挡脚板。

图 6-166　脚手架搭设注意要素（十一）

作业层必须满铺脚手板。

图 6-165　脚手架搭设注意要素（十）

立杆悬空。

图 6-167　脚手架搭设注意要素（十二）

无垫板无扫地杆。
无扫地杆可以造成脚手架坍塌、不稳固，支撑强度不够，发生危险。

图 6-168　脚手架搭设注意要素（十三）

卸料平台，以槽钢作主次梁，焊接成平面受力框架，一端搁置在楼板上，一端用钢丝绳吊挂。悬挑式卸料平台分别在两个大区域阶段使用，裙房施工阶段和主楼施工阶段，裙楼与主楼施工阶段均从三层开始每层均设置悬挑式卸料平台，如图 6-170 所示。

脚手架上严禁堆放
材料，产生集中荷
载，使脚手架坍塌。

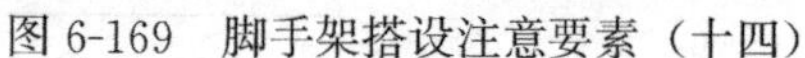
图 6-169　脚手架搭设注意要素（十四）

图 6-170　施工现场卸料平台示意图

卸料平台一般设计为：平台宽 3m，长 5.2m，锚入建筑物 1m，最大容许荷载 1t。采用 18a 槽钢作主梁，14、12 槽钢作次梁，间距 1000mm，6×19＋1 钢丝绳（ϕ21.5mm），外侧钢丝绳距主梁端头 500mm，两道钢丝绳间距 1m。14、12 槽钢次梁两端头焊接 ϕ25 短钢筋，上面插 ϕ48×3.5 钢管作防护栏杆。防护栏杆高 1.2m，栏杆内侧挂密目安全网一道，下口设 180mm 高挡脚板。楼板内预埋 ϕ22 钢筋锚环，固定 18a 槽钢主梁。卸料平台剖面图如图 6-171 所示。

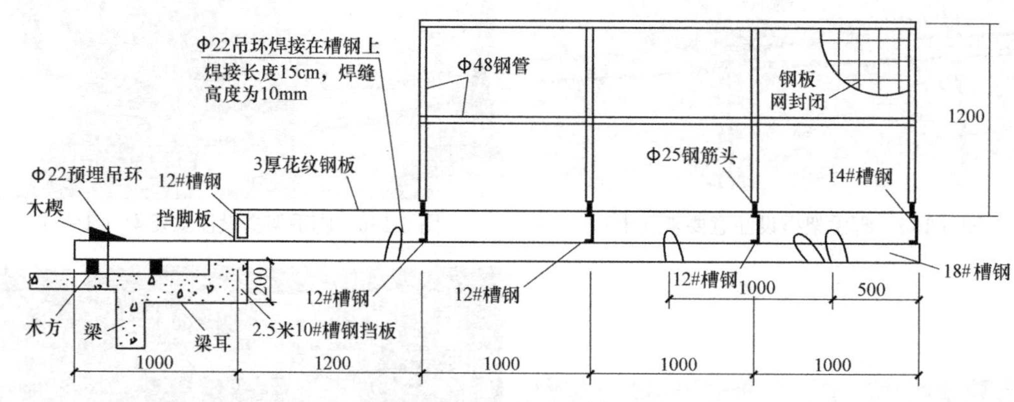
Φ22吊环焊接在槽钢上
焊接长度15cm，焊缝
高度为10mm
Φ48钢管
钢板
网封闭
1200
Φ22预埋吊环
12#槽钢
3厚花纹钢板
Φ25钢筋头
14#槽钢
木楔
挡脚板
200
18#槽钢
12#槽钢
12#槽钢
12#槽钢
1000
500
木方
梁
梁耳
2.5米10#槽钢挡板
1000
1200
1000
1000
1000

图 6-171　卸料平台剖面图

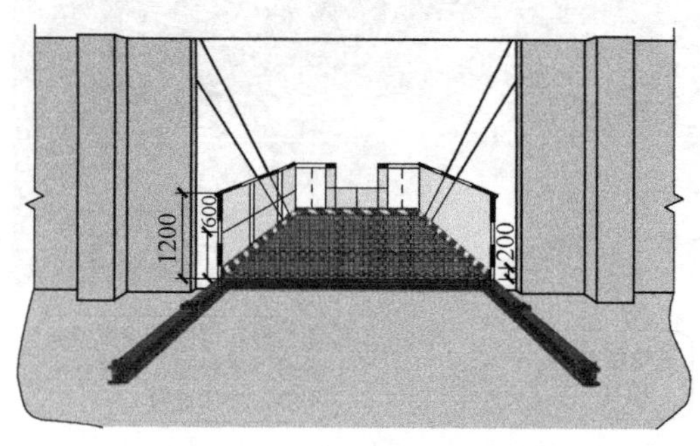
1200
600
1200

图 6-172　卸料平台平视图

悬挑式卸料平台在就位安装完成后，在投入使用前，项目质检部门必须对悬挑式卸料平台安装情况进行检查，凡是未按技术要求进行安装的，一律重新安装，直至满足技术要求为止。对卸料平台的安装检查主要从以下几方面进行：

（1）卸料平台后锚检查，锚固每侧主梁的压环钢筋必须为 2 根，且必须用木楔楔入压环钢筋与主梁间隙，保证主梁锚固牢靠，如图 6-172所示。

（2）卸料平台斜拉检查，斜拉钢丝绳每侧主梁各 2 根，钢丝绳必须处于绷紧受力状态，花篮螺栓必须预留 5cm 左右的活动丝量，防止花篮螺栓滑丝，如图 6-173 所示。

（3）卸料平台挡板检查，挡板必须紧贴结构梁板。

（4）卸料平台安全防护检查。

（5）卸料平台脚手板铺设检查，脚手板铺设安全牢靠，如图 6-174 所示。

（6）卸料平台限载标识检查，标识必须悬挂在显眼的位置且悬挂要牢靠，如图 6-175 所示。

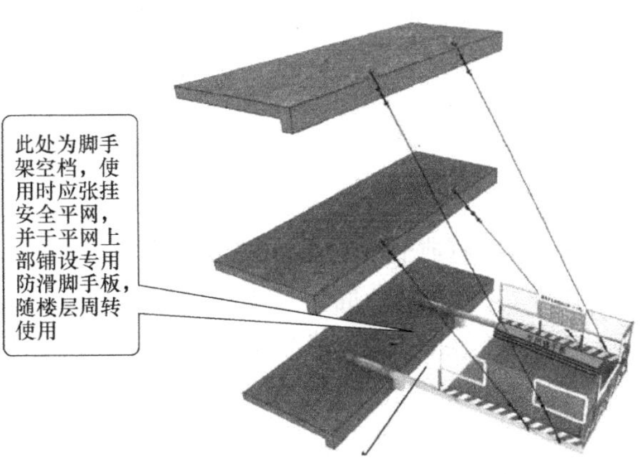
此处为脚手架空档，使用时应张挂安全平网，并于平网上部铺设专用防滑脚手板，随楼层周转使用

图 6-173　卸料平台三维立体图

图 6-174　卸料平台脚手板铺设

卸料平台限载标识牌（××吨）

6m 钢管	xx 根	模板木枋	xx m^3
4m 钢管	xx 根	吊　斗	xx kg
1.5m钢管	xx 根	扣　件	xxx套

图 6-175　卸料平台限载牌

卸料平台设计要求为工具式的，安装移位拆除方便，周转率高。卸料平台的安装、移位、拆除均采用塔吊或者吊机并辅以人工配合。为方便吊装并保证高空作业的安全，事先在工具式悬挑卸料平台两侧 20 号槽钢主梁边焊接平台吊装环。安装前必须准确预埋 U 形压环钢筋，安装时确保主梁准确插入预埋压环钢筋，并及时采用木楔楔紧卸料平台，以确保卸料平台定位，紧接着安装好斜拉绳，斜拉绳安装必须保证其处于绷紧状态，待斜拉绳安装完毕后，方可解除塔吊吊装钢丝绳。卸料平台移位操作时，首先要清除干净卸料平台上所有可能坠落的杂物，然后在平台吊装环上系紧塔吊吊装绳，在确保塔吊吊装绳处于绷紧状态后，拆除斜拉绳并松开木楔，塔吊吊装过程中采用施工绳控制卸料平台，防止其旋转与外架碰撞。卸料平台安装、移位、拆除施工时最好选择白天工人下班期间操作，确保安全，如图 6-176 所示。

卸料平台拆除时，下部严禁站人，吊装起运过程中，运转半径内应派专人控制，严禁闲杂人等靠近。

图 6-176　卸料平台安全起吊示意图

第一次使用时应做静载实验，在确认料台不变形，焊缝无开裂，锚环处混凝土无裂缝等现象，且经过有关部门和负责人的签字认可后，方可投入使用。

九、总结

1. 施工缝或后浇带处浇筑混凝土

（1）混凝土结合面应采用粗糙面；结合面应清除浮浆、疏松石子、软弱混凝土层。

（2）结合面清理干净处应采用洒水方法进行充分湿润，并不得有积水。

（3）施工缝处已浇筑混凝土的强度不应小于 1.2MPa。

（4）柱、墙水平施工缝水泥砂浆接浆层厚度不应大于 30mm，接浆层水泥砂浆应与混凝土浆液同成分。

2. 混凝土养护

（1）混凝土浇筑后应及时进行保湿养护，保湿养护可采用洒水、覆盖、喷涂养护剂等方式。选择养护方式应考虑现场条件、环境温湿度、构件特点、技术要求、施工操作等因素。

（2）采用硅酸盐水泥、普通硅酸盐水泥或矿渣硅酸盐水泥配制的混凝土，不应少于 7d；采用缓凝型外加剂、大掺量矿物掺合料配制的混凝土，不应少于 14d。抗渗混凝土、强度等级为 C60 及以上的混凝土，不应少于 14d。后浇带混凝土的养护时间不应少于 14d。

3. 混凝土施工缝及后浇带

（1）施工缝和后浇带的留设位置应在混凝土浇筑之前确定。宜留设在结构受剪力较小且便于施工的位置。受力复杂的结构构件或有防水抗渗要求的结构构件，施工缝留设位置应经设计单位认可。

（2）基础底板外墙施工缝，导墙顶部距底板上边面不应小于 300mm，并增设止水钢板或橡胶膨胀止水条。柱、墙顶部施工缝，宜留在板底标高上返 30mm 位置，剔除 20mm 软弱层。

4. 质量检查与缺陷修整

（1）混凝土结构施工质量检查可分为过程控制检查和拆模后的实体质量检查。过程控制检查应在混凝土施工全过程中，按施工段划分和工序安排及时进行；拆模后的实体质量检查应在混凝土表面未做处理和装饰前进行。

（2）混凝土结构质量的检查：施工单位应对完成施工的部位或成果的质量进行自检，自检应全数检查。混凝土结构质量检查应做出记录。对于返工和修补的构件，应有返工修补前后的记录，并应有图像资料。

5. 模板检查内容

（1）模板与模板支架的安全性；

（2）模板位置、尺寸；

（3）模板的刚度和密封性；

（4）模板涂刷隔离剂及必要的表面湿润；

（5）模板内杂物清理。

6. 钢筋及预埋件检查内容

(1) 钢筋的规格、数量；

(2) 钢筋的位置；

(3) 钢筋的保护层厚度；

(4) 预埋件（预埋管线、箱盒、预留孔洞）规格、数量、位置及固定。

7. 混凝土浇筑施工过程检查内容

(1) 混凝土输送、浇筑、振捣等；

(2) 混凝土浇筑时模板的变形、漏浆等；

(3) 混凝土浇筑时钢筋和预埋件（预埋管线、预留孔洞）位置；

(4) 混凝土试件制作；

(5) 混凝土养护；

(6) 施工载荷加载后，模板与模板支架的安全性。

8. 混凝土拆模后实体质量检查内容

(1) 构件的轴线位置、标高、截面尺寸、表面平整度、垂直度（构件垂直度、单层垂直度和全高垂直度）；

(2) 预埋件的数量、位置；

(3) 构件的外观缺陷（漏振、露筋、蜂窝、胀模等）。

9. 混凝土外观质量及内部质量检查要素

混凝土外观质量主要检查表面平整度（有表面平整要求的部位）、麻面、蜂窝、空洞、露筋、碰损掉角、表面裂缝等。重要工程还要检查内部质量缺陷，如用回弹仪检查混凝土表面强度、用超声仪检查裂缝、钻孔取芯检查各项力学指标等。

(1) 混凝土表面麻面

1) 现象：混凝土表面局部缺浆粗糙或有许多小凹坑，如图 6-177 所示。

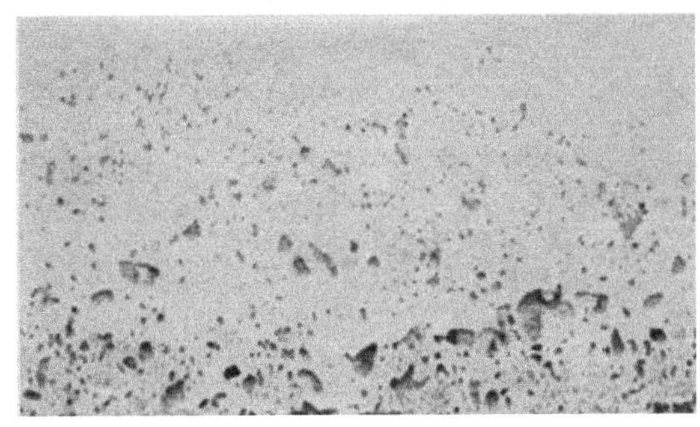

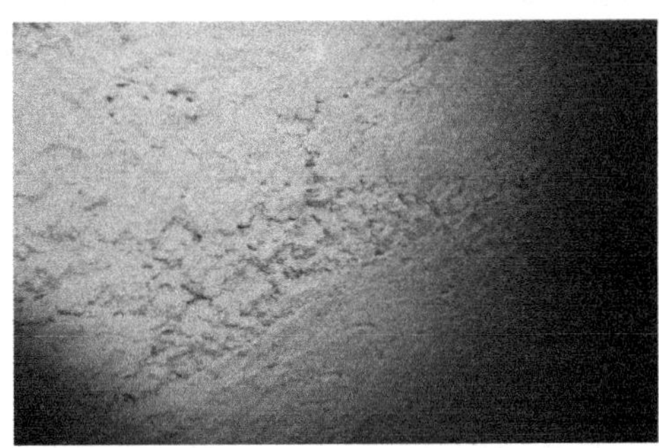

图 6-177 混凝土麻面

2) 原因分析

① 模板表面粗糙或清理不干净，粘有干硬砂浆等杂物，拆模时混凝土表面被粘损，出现麻面。

② 木模板在浇筑混凝土前没有浇水湿润或湿润不够，浇筑混凝土时，与模板接触部分的混凝土水分被模板吸收致使混凝土表面失水过多，引起麻面。

③ 钢模板隔离剂涂刷不均匀或漏刷，拆模时混凝土表面粘结模板，引起麻面。

④ 模板接缝拼装不严密，浇筑混凝土时缝隙漏浆，混凝土表面沿模板缝隙位置出现麻面。

⑤ 混凝土捣固不密实，混凝土中气泡未排出，一部分气泡停留在模板表面形成麻点。

图 6-178　混凝土实体缺棱掉角

3）处理措施

① 模板清理干净，不得粘有干硬水泥砂浆等杂物。

② 木模板在浇筑混凝土前，应用清水充分湿润，清洗干净，不留积水，使模板缝隙拼装严密，如有缝隙应用油毡条、塑料条、纤维板或水泥砂浆等堵严，防止漏浆。

③ 钢模板隔离剂要涂刷均匀，不得漏刷。

④ 混凝土必须按操作规程分层均匀振捣密实，严防漏振，每层混凝土均匀振捣至气泡排出为止。

⑤ 将麻面部位用清水冲刷，充分湿润后用水泥素浆或 1∶2 的水泥砂浆找平。

（2）混凝土实体缺棱掉角

1）现象：梁、柱、板、墙和洞口直角处，混凝土局部掉落，不规整，棱角有缺陷，如图 6-178 所示。

2）原因分析

① 木模板在浇筑混凝土前未湿润或湿润不够，浇筑后混凝土养护不好，棱角处混凝土养护不好，水分被木模板大量吸收，致使混凝土水化不好，强度降低，拆模时棱角被粘掉。

② 常温施工时，过早拆除侧面非承重模板。

③ 拆除时受外力作用或重物撞击，或保护不好，棱角被碰掉。

3）处理措施

① 木模板在浇筑混凝土前应充分湿润，混凝土浇筑后应注意浇水养护。

② 拆除钢筋混凝土结构侧面非承重模板时，混凝土应具有足够的强度。

③ 拆模时不得用力过猛、过急，注意保护棱角，吊运时严禁模板撞击棱角。

④ 加强成品保护，对于处在人多、运料等通道处的混凝土阳角，拆模后要用角钢等阳角保护好，以免撞击。

图 6-179　混凝土漏筋

(3) 露筋

1) 现象：钢筋混凝土内的主筋、副筋、箍筋没有被混凝土包裹而外露，如图 6-179 所示。

2) 原因分析

① 混凝土浇筑振捣时，钢筋垫块移位或垫块太小甚至漏放，钢筋紧贴模板，致使拆模后露筋。

② 钢筋混凝土结构断面较小，钢筋过密，如遇大石子卡在钢筋上，混凝土水泥浆不能充满钢筋周围，使钢筋密集处造成露筋。

③ 因配合比不当，混凝土产生离析，浇筑部位缺浆或模板严重漏浆，造成露筋。

④ 混凝土振捣时，振捣棒撞击钢筋，使钢筋移位，造成露筋。

⑤ 混凝土保护层振捣不密实，或木模板湿润不够，混凝土表面失水过多，或拆模过早等，拆模时混凝土缺棱掉角，造成漏浆。

3) 预防措施

① 浇筑混凝土前，应检查钢筋位置和保护层的厚度是否准确，发现问题及时修整。

② 为保证混凝土保护层的厚度，要注意按间距要求固定好垫块。

③ 为了防止钢筋移位，严禁振捣棒撞击钢筋。

④ 混凝土倾落高度超过 2m 时，要用串筒或流槽等进行下料。

⑤ 拆模时间要根据试块试验结果正确掌握，防止过早拆模。

⑥ 操作时不得踩踏钢筋，如钢筋有踩弯或脱扣者，应及时调直和绑好。

(4) 混凝土外加剂使用不当

1) 现象

① 混凝土浇筑后，局部或大部范围内长时间不能凝结。

② 已浇筑完的混凝土结构物表面鼓包，俗称表面“开花”，如图 6-180 所示。

图 6-180 混凝土外加剂使用不当

2) 原因分析

① 缓凝型减水剂掺入量过多。

② 以干粉状掺入混凝土中的外加剂，含有未碾成粉状的颗粒，遇水膨胀，造成混凝土表面“开花”。

3) 预防措施

① 应熟悉外加剂的品种和特性，合理利用，并应制定使用管理规定。

② 不同品种、用途的外加剂应分别堆放。

③ 粉状外加剂应保持干燥状态，防止受潮结块。

④ 外加剂的使用量按配合比要求严格按计量添加，并正确使用。

4) 治理方法

① 因缓凝型减水剂使用量不当造成混凝土凝固硬化时间推迟，可延长其养护时间，推迟拆模，后期混凝土强度一般不受影响。

② 已经“开花”的混凝土结构物表面应剔除因外加剂颗粒造成的鼓包后，再进行修补。

图 6-181　混凝土塑性裂缝

(5) 混凝土塑性裂缝

1) 现象

裂缝结构表面出现形状不规则且长短不一、互不连贯、类似干燥的泥浆面，大多混凝土在浇筑初期（一般在浇筑后 4h 左右）。当混凝土表面本身与外界气温相差悬殊，或本身温度长时间过高（40℃以上）时，在气候很干燥的情况下出现。塑性裂缝又称龟裂，如图 6-181 所示。

2) 原因分析

① 混凝土浇筑后，表面没有及时覆盖，受风吹日晒，表面游离水分蒸发过快，产生急剧的体积收缩，而此时混凝土强度低，不能抵抗这种变形应力而导致的开裂。

② 使用收缩率较大的水泥，水泥用量过高或使用过量的粉砂。

③ 混凝土水灰比过大，模板过于干燥，也是导致这类裂缝出现的因素。

3) 预防措施

① 配制混凝土时应严格控制水灰比和水泥用量，选择级配良好的石子，减小空隙率和砂率，同时要捣固密实，以减少收缩量。

② 浇筑混凝土前将基层和模板浇水湿透。

③ 混凝土浇筑后对裸露表面应使用潮湿材料覆盖，认真养护。

④ 在气温高、湿度低或风速大的天气施工，混凝土浇筑后应及时进行喷水养护，使其保持湿润；大面积混凝土宜浇完一段，养护一段，此时要加强表面的抹压和养护工作。

⑤ 混凝土养护时可采用覆盖湿草袋、塑料薄膜等方法，当表面出现裂缝时，应及时抹压一次，再覆盖养护。

(6) 模板施工缺陷

1) 现象：炸模，倾斜变形，如图 6-182 所示。

图 6-182　拼装后模板平整度差

2) 原因分析

① 没有采用对拉螺栓来承受混凝土对模板的侧压力或支撑不够，致使浇捣时炸模。

② 有的模板变形，相邻模板拼接不严、不平，造成拼装后的模板平整度不合标准

要求。

3）预防措施

① 采用对拉螺栓、水平支撑、斜支撑等措施，保证模板不能炸模。

② 对变形不能使用的模板进行更换，以保证拼装后的模板符合要求。

③ 每层混凝土浇筑厚度控制在 30cm 左右。

④ 提倡采用定型大面积模板或整体拼装式模板。

（7）混凝土构筑物表面蜂窝

1）现象：混凝土局部疏松，砂浆少，石子多，石子之间出现空隙，形成蜂窝状的孔洞，如图 6-183 所示。

图 6-183　混凝土构筑物表面蜂窝

2）原因分析

① 混凝土配合比不准确或砂、石、水泥材料计量错误或加水量不准，造成砂浆少，石子多。

② 混凝土搅拌时间短，没有拌合均匀，混凝土和易性差，振捣不密实。

③ 未按操作规程浇筑混凝土，下料不当，使石子集中，振不出水泥浆，造成混凝土离析。

④ 混凝土一次下料过多，没有分段分层浇筑，振捣不实或下料与振捣配合不好，未及振捣完全又继续下料，因漏振而造成蜂窝。

⑤ 模板空隙未堵好，或模板支设不牢固，振捣混凝土时模板位移，造成严重漏浆，形成蜂窝。

3）预防措施

① 混凝土搅拌时严格控制配合比，经常检查，保证材料计量准确。

② 混凝土应拌合均匀，颜色一致，按规定控制延续搅拌最短时间。

③ 混凝土自由倾落高度一般不得超过 2m，如超过上述高度，要采用串筒、溜槽等措施下料。

④ 下料要分层，每层厚度控制在 30cm，并分层捣固。

⑤ 振捣混凝土拌合物时，插入式振捣器移动间距不应大于其作用半径的 1.5 倍，振捣器与相邻两段之间应搭接振捣 3～5cm。

⑥ 混凝土振捣时，必须掌握好每点的振捣时间，振捣时间与混凝土坍落度有关，一般每点的时间控制在 15～30s，合适的振捣时间也可由下列现象来判定：混凝土不再显著下沉，不再出现气泡，表面出浆呈水平状态，并将模板边角填满充实。

⑦ 浇筑混凝土时，应经常观察模板、支架、堵缝等情况，如发现异常，应立即停止浇筑，并应在混凝土凝结前休整完好。

4）治理方法

混凝土有小蜂窝，可先用水冲洗干净，然后用 1∶2 或 1∶2.5 水泥砂浆修补，尽量剔成喇叭口，外边大些，然后用清水冲洗干净湿透，再用高一强度等级的砾石混凝土捣实，加强养护。

（8）混凝土施工缝处理措施

施工缝的位置应在混凝土浇筑之前确定，宜留置在结构受剪力和弯矩较小且便于施工的部位，并应按下列要求进行处理：

1）应凿除处理层混凝土表面的水泥砂浆和松弱层，但凿除时，处理层混凝土须达到下列强度：

① 用水冲洗凿毛时，须达到 0.5MPa；

② 用人工凿除时，须达到 2.5MPa；

③ 用风动机凿毛时，须达到 10MPa。

图 6-184　混凝土施工缝处理

2）经凿毛处理的混凝土面，应用水冲洗干净，在浇筑次层混凝土前，对垂直施工缝宜刷一层水泥净浆，对水平缝宜铺一层厚为 10～20mm 的配合比为 1∶2 的水泥砂浆。

3）重要部位及有防震要求的混凝土结构或钢筋稀疏的钢筋混凝土结构，应在施工缝处补插锚固钢筋或石榫，有抗渗要求的施工缝宜做成凹形、凸形或设置止水带。

4）施工缝为斜面时应浇筑成或凿成台阶状。

5）施工缝处理后，须待处理层达到一定强度后才能继续浇筑混凝土，需要达到的强度一般最低为 1.2MPa，当结构物为钢筋混凝土时，不得低于 2.5MPa，如图 6-184 所示。

第七章　防水工程施工技术与管理

一、防水施工技术

（一）防水层合理使用年限

Ⅰ级：特别重要或对防水有特殊要求的建筑，设计使用年限 25 年，三道或三道以上防水设防，宜选用合成高分子防水卷材、高聚物改性沥青防水卷材、金属板材、合成高分子防水涂料、细石防水混凝土等材料。Ⅱ级：重要的建筑和高层建筑，设计使用年限 15 年，二道防水设防。宜选用高聚物改性沥青防水卷材、合成高分子防水卷材、金属板材、合成高分子防水涂料、高聚物改性沥青防水涂料、细石防水混凝土、平瓦、油毡瓦等材料对于屋面防水等级为二级，防水设防要求二道。

1. 屋面防水工程做法

（1）现浇钢筋混凝土板

（2）1∶6 水泥炉渣找坡 2%，最低处 30mm 厚；

（3）20mm 厚 1∶3 水泥砂浆找平；

（4）2mm 厚聚氨酯防水材料；

（5）1.5mm 厚三元乙丙防水卷材；

（6）30mm 厚聚苯泡沫挤塑保温隔热板；

（7）3mm 厚麻刀灰隔离层；

（8）彩色水泥砖用 25mm 厚 1∶3 水泥砂浆铺贴，缝宽 3mm，填砂扫净。

2. 屋面防水工程施工方法及技术措施

（1）工艺流程

基层处理→涂刷基层处理剂→涂布 2mm 厚聚氨酯防水涂料→附加层法施工→三元乙丙卷材与基层涂专用胶→晾胶→卷材铺贴收头粘结→卷材接头密封→蓄水试验→防水层验收→做保护层。

（2）基层处理

找坡施工前，应先事先清理屋面上垃圾，预埋落水口、出水口，完成伸出屋面的所有管道，管边根部用细石混凝土分两次灌密实，以保证不发生漏水，如图 7-1 所示。

图 7-1　清理基层

（3）涂布聚氨酯防水涂料

1）基层应干燥，含水率以小于

9%为宜。2）涂膜施工工艺施工顺序：基层处理→落水口、管根增强处涂刷底层涂料→涂布第一道涂膜防水层。3）涂布顺序应先垂直面后水平面，先阴阳角及管根，细部后大面，每层涂布方向应顺直。聚氨酯防水施工，如图7-2所示。

基面清理，阴阳角、施工缝处做加强处理，再开始涂刷聚氨酯。

图7-2　聚氨酯防水施工

（4）三元乙丙防水卷材施工方法及技术要点

1）卷材在大面积铺贴前，排气槽屋面拐角、天沟、落水口、屋脊等易渗漏薄弱环节应加铺一道附加层。

2）防水卷材铺贴方向，卷材应平行于屋脊方向从檐口处往上铺贴，双向流水坡度卷材搭接应顺流水方向。

3）卷材从流水坡度的下坡开始，按卷材规格弹出基准线铺贴。并使卷材的长向与流水坡向垂直，注意卷材的配置应减少阴阳角处的接头。

4）铺贴平面与立面相连接的卷材，应由下向上进行，使卷材紧贴阴阳角，铺展时对卷材不可拉的过紧。且不得有皱折、空鼓等现象。

5）阴角处上翻250mm，卷材收头采用金属压条钉压，最大钉距不应小于900mm，然后用密封材料将接缝和压条顶缝嵌填密实。

6）管道四周防水层收头处，应采用金属箍筋箍紧，并用密封材料嵌填密实。

（5）排气、压实

1）排气：每当铺完一卷卷材后，应立即用干净松软的长把滚刷从卷材的一端开始，朝卷材的横向顺序用力滚压一遍，以排除卷材间及粘结层间的空气。

2）压实：排除空气后，平面部位可用外包橡胶的长300mm、重30kg的铁辊辊压，使卷材与基层粘结牢固，垂直部位用手持压辊辊压。

3）卷材末端收头及封边嵌固：为了防止卷材末端剥落，造成渗水，卷材末端收头也可采用聚氨酯嵌缝膏或其他密封材料封闭，当密封材料固化后，表面再涂刷一层聚氨酯防水涂料，然后压水泥砂浆压缝封闭。

（6）卷材的接头粘贴

高分子卷材（三元乙丙）搭接缝用丁基胶粘剂A、B两个组分，按1∶1的比例配合搅拌均匀，用油漆刷均匀涂刷在翻开的卷材接头的两个粘结面上，静置干燥20min，即可从一端开始粘合，操作时用手从里向外一边压合，一边排除空气，并用手持小铁压辊压实边缘，用聚氨酯嵌缝膏密闭。

（7）防水层蓄水试验

屋面三元乙丙防水层施工完毕后，经隐蔽工程验收，甲方、监理确认做法符合设计要求，符合施工规范，如图 7-3 所示。

做24h蓄水试验，
经检查确认不渗
漏水，方可进行
下道工序防水保
护层的施工。

图 7-3　蓄水试验

（8）成品保护

1）屋面防水层工程完毕后，应加强管理和保护，严禁在防水层上进行其他作业，造成破坏。

2）严禁在防水层上凿孔找洞，重物冲击，堆放杂物。

（二）分格缝

分格缝是在屋面找平层、刚性防水层、刚性保护层上预先留设的缝，分格缝应设置在装配式结构屋面板的支承端、屋面转折处、与立墙的交接处。分格缝的纵横间距不宜大于 6m。屋脊处应设一纵向分格缝；横向分格缝每开间设一道，并与装配式屋面板的板缝对齐；沿女儿墙四周也应设分隔缝。其他突出屋面的结构物四周均应设置分格缝。若既要满足使用功能又要美观整齐，分隔缝位置需提前进行排版设计，如图 7-4 所示。

分格缝
在混凝土终凝后，用
火枪将分格缝内的上
半部分泡沫板烧掉，
留20mm左右，由于烧
的深度不能完全控制，
所以嵌油膏的深度也
是大概的。如果将泡
沫板全部烧掉，可以
重新填入泡沫板或泡
沫棒，再嵌油膏。

图 7-4　分格缝

（三）合成高分子防水卷材

以合成橡胶、合成树脂或它们两者的共混体为基料，加入适量的化学助剂和填充料等，经不同工序加工而成可卷曲的片状防水材料，或把上述材料与合成纤维等复合形成两层或两层以上可卷曲的片状防水材料，如图 7-5、图 7-6 所示。

特点：匀质性好，拉伸强度高，断裂伸长率高，抗撕裂强度高，耐热性能好，低温柔性好，耐腐蚀能力强。

图 7-5　高分子防水卷材（一）

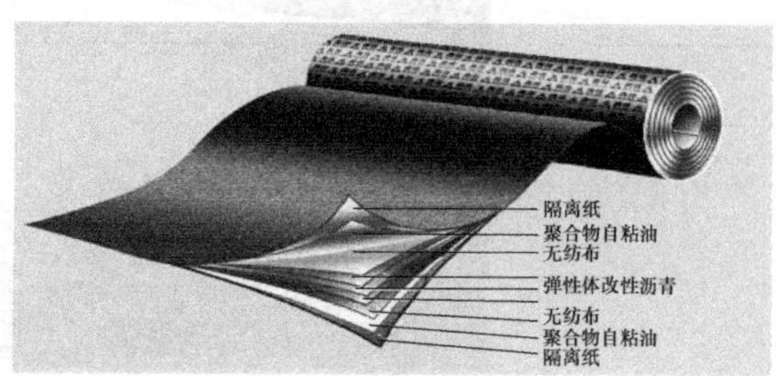
隔离纸
聚合物自粘油
无纺布
弹性体改性沥青
无纺布
聚合物自粘油
隔离纸

图 7-6　高分子防水卷材（二）

（四）弹性体改性沥青防水卷材

弹性体改性沥青防水卷材（简称 SBS 防水卷材）是以聚酯毡、玻纤毡、玻纤增加聚酯毡为胎基，以苯乙烯（SBS）热塑性弹性体作石油沥青改性剂，两面覆以隔热材料所制成的防水卷材。进场检验：卷材材料进场后要对其按规定取样复试，工程中不得使用不合格的材料，同一品种、牌号和规格的卷材，抽验数量为：大于 1000 卷抽取 5 卷；500～1000 卷抽取 4 卷；100～499 卷抽取 3 卷；小于 100 卷抽取 2 卷。将抽验的卷材开卷进行规格和外观质量检验，全部指标达到标准规定时，即为合格。其中如有一项指标达不到要求，应在受检产品中加倍取样复验，全部达到标准规定为合格。复验时有一项指标不合格，则判定该产品外观质量不合格，如图 7-7、图 7-8 所示。

贮存与运输时，不同类型、规格的产品应分别堆放，不应混杂。避免日晒雨淋，注意通风。储存温度不应高于50℃，立放贮存，高度不超过两层。

图 7-7　SBS 防水卷材（一）

图 7-8　SBS 防水卷材（二）

（五）塑性体改性沥青防水卷材

塑性体改性沥青防水卷材（简称 APP 防水卷材）是以聚酯毡、玻纤毡、玻纤增强聚酯毡为胎基，以无规聚丙烯（APP）或聚烯烃类聚合物（APAO、APO等）作石油改性剂，两面覆以隔离材料所制成的防水卷材，如图7-9所示。

优点：

（1）既具有独特的耐高温性能，同时又有良好的低温柔性。

（2）耐水性好，耐磨蚀能力强，适用范围广。

（3）弹性好，延伸率大，适应基层变形能力强。

（4）既可用热熔法施工，也可用冷粘法施工。

(1)热熔施工时，涂刷在基层上的处理剂必须干燥4h（以不粘脚为宜）以上方可进行卷材铺贴作业，以免发生火灾，施工现场亦应配置适量的灭火器材。(2)屋面施工作业时，施工人员不允许穿戴钉鞋进入现场，必须佩戴安全带，四周应有防护设施。(3)注意成品保护，非施工人员严禁进入施工现场，且需在规定时间内将其隐蔽。

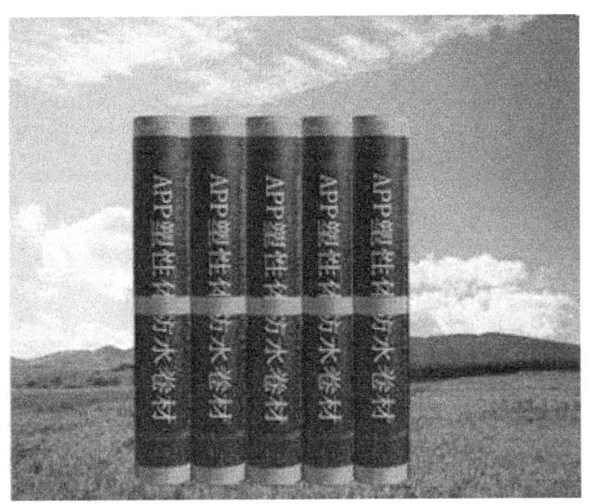
APP塑性
防水卷材

图7-9　塑性体改性沥青防水卷材

（六）满粘法

铺贴防水卷材时，卷材与基层采用全部粘结的施工方法。

1. 工艺流程

基层表面清理→涂刷基层处理剂→特殊部位加铺→定位弹线→满涂基层胶→卷材收头处理→接缝粘合、封口处理→涂刷接缝胶→铺贴卷材→防水层表面清理检查→涂刷表面涂料→验收。

2. 满粘法施工控制要点

（1）将卷材打开，平摊在干净、平整的基层上，以松弛卷材应力；将卷材从一端提起对折于另一端；在基层上满涂基层胶，同时将基层胶满涂在卷材表面，接缝部位应留出100mm不涂胶，刷胶厚度要均匀，不得有漏底或凝胶块存在。常温晾置5～10min左右，达到指干时（手感不粘）即可贴合。

（2）复杂部位可用漆刷均匀涂刷，达到指干时，开始铺贴卷材。

（3）将卷材按已弹好的标示线从一端依次顺序边对线边铺贴，但注意不得拉伸卷材，

图 7-10　侧墙防水卷材施工

并防止出现皱折。

（4）铺贴平面与立墙相连接的卷材，应由下向上进行，接缝留在平面上；卷材在阴阳角接缝应距阴阳角 200mm 以上，两幅卷材短向接缝应错开 500mm 以上，长边搭接不小于 80mm，如图 7-10 所示。

（七）空铺法

空铺法是铺贴防水卷材时，卷材与基层在周边一定宽度内粘结，其余部分不粘结的施工方法。

防水层采用满粘法施工时，找平层的分隔缝处宜空铺，空铺的宽度宜为 100mm，如图 7-11～图 7-13 所示。

防水层采用满粘法施工时，
找平层分隔缝处适宜空铺，
并宜减少短边搭接。

图 7-11　底板防水卷材施工

图 7-12　顶板防水卷材施工

（八）点粘法及条粘法

铺贴防水卷材时，卷材或打孔卷材与基层采用点状粘结和条状粘结的施工方法。

（九）冷粘法

冷粘法是在常温下采用胶粘剂等材料进行卷材与基层、卷材与卷材间粘结的施工方法。

分格缝

图 7-13　分隔缝防水卷材施工

（1）根据胶粘剂的性能，应控制胶粘剂涂刷与卷材铺贴的间隔时间。

（2）铺贴卷材时应该排除卷材下面的空气，并碾压粘贴牢固。

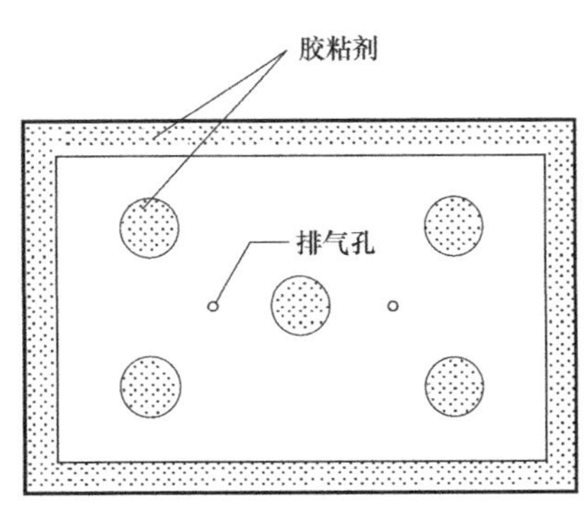
胶粘剂
排气孔

图 7-14　点粘法

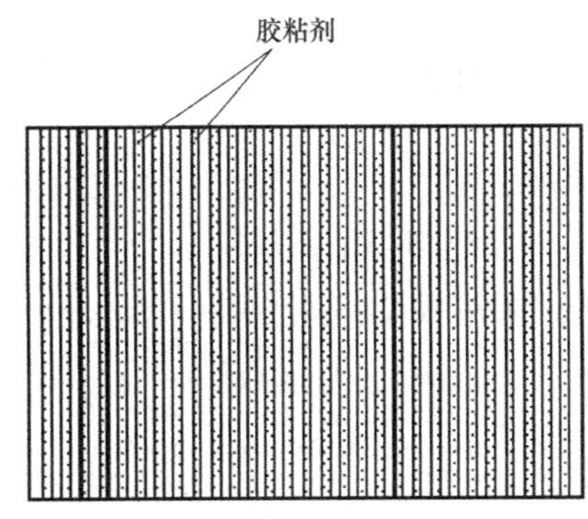
胶粘剂

图 7-15　条粘法

防水卷材冷粘法施工要点：

（1）基层检查、清扫。冷粘法铺贴时，要求基层必须干净、干燥，含水率符合设计要求，否则易造成粘贴不牢和起鼓。因此进行施工前，应将基层表面的突出物等铲除，并将尘土杂物等彻底清除干净。

（2）节点密封处理。待基层处理剂干燥后，可先对排水口、管子根部等容易发生渗漏的薄弱部位，在半径 200mm 范围内，均匀涂刷一层胶粘剂，涂刷厚度以 1mm 左右为宜。涂胶后随即粘贴一层聚酯纤维无纺布，并在无纺布上再涂刷 1 道 1mm 厚左右的胶粘剂。干燥后即可形成一层密封层。

（3）铺贴卷材防水层。冷粘法施工的搭接缝是薄弱部位，为确保接缝防水质量，每幅卷材铺贴时均必须弹标准线，即铺贴第 1 幅卷材前，在基层上弹好标准线，沿线铺贴，继续铺贴时，在已铺好的卷材上量取要求的搭接宽度再弹好线，作为继续铺贴卷材的标准线。铺贴时要求胶粘剂或沥青胶涂刷均匀、不露底、不堆积，并需待溶剂部分发挥后才可辊压排气。搭接缝粘合后缝口溢出胶粘剂，应随即刮平封口。在低温时，宜采用热风加热措施。

（4）保护层施工。为了屏蔽或反射太阳的辐射，延长卷材防水层使用寿命，在防水层铺设完毕并检查合格后，应在卷材防水层的表面上涂刷胶粘剂，边铺撒膨胀硅石粉保护层，或均匀涂刷银色或绿色涂料做保护层，如图 7-16、图 7-17 所示。

涂刷基层处理剂。为增强卷材与基层的粘结，应在基层上涂刷基层处理剂（一般刷2道冷底子油），涂刷时要均匀一致，切勿反复涂刷。

图 7-16　卷材与基层施工（一）

图 7-17　卷材与卷材施工（二）

（十）热熔法

热熔法是采用火焰加热器熔化热熔型防水卷材底层的热熔胶进行粘结的施工方法。热熔法施工加热均匀是保证防水层质量的关键，如图 7-18、图 7-19 所示。

要有一名技术熟练、责任性强的操作工负责，手持加热器，或用液化气多头火焰喷枪、汽油喷灯等，点燃后将火焰调到呈蓝色，将加热器火焰喷头对准卷材与基层的交界面，使火焰与卷材保持最佳距离、最佳角度，一般以离开300～400mm为宜；太近，容易烧坏卷材；太远，则加热效果不好。
持加热器的火焰喷头沿卷材横向缓缓移动，往返烘烤，保持卷材受热度均匀；使基层与卷材同时烤热，当卷材底面的热熔胶呈热熔状态，并现黑色光泽为好，不要过分烘烤，不得烧穿卷材。对卷材边缘要充分热熔，确保搭接处的粘结质量。

图 7-18　卷材与卷材施工（一）

加热器不能直接烘烤卷材，与地面粘牢。

图 7-19　卷材与卷材施工（二）

（十一）自粘法

自粘法是采用带有自粘胶的防水卷材进行粘结的施工方法。

自粘法铺贴卷材应符合下列规定：

（1）基层处理剂干燥后，即可铺贴加强层，铺贴时应将自粘胶底面的隔离纸完全撕净，宜采用热风焊枪加热，加热后随即粘贴牢固，溢出的自粘胶随即刮平封口。

（2）铺贴大面积卷材时，应先仔细剥开卷材一端背面隔离纸约 500mm，将卷材头对准标准线轻轻摆铺，位置准确后再压实。

（3）端头粘牢后即可将卷材反向放在已铺好的卷材上，从纸芯中穿进一根 500mm 长钢管，由两人各持一端徐徐往前沿标准线摊铺，摊铺时切忌拉紧，但也不能有皱折和扭曲。

（4）铺完一层卷材，即用长把压辊从卷材中间向两边顺次来回滚压，彻底排除卷材下面空气，为粘结牢固，应用大压辊再一次压实。

（5）搭接缝处，为提高可靠性，可采用热风焊枪加热，加热后随即粘贴牢固，溢出的自粘胶随即刮平封口，最后接缝口用密封材料封严，宽度不小于 10mm。

（6）铺贴立面、大坡面卷材时，应用热风焊枪加热后粘贴牢固如图 7-20、图 7-21 所示。

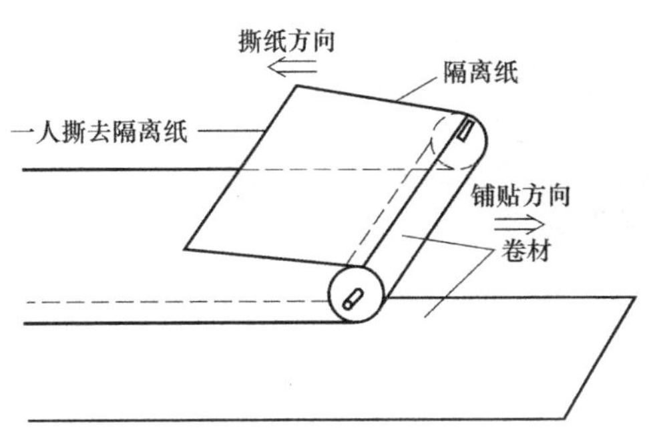
撕纸方向
隔离纸
一人撕去隔离纸
铺贴方向
卷材

图 7-20　卷材自粘法施工（一）

在摊铺卷材过程中，另一人手拉隔离纸缓缓掀剥，必须将自粘胶底面的隔离纸完全撕净。

图 7-21　卷材自粘法施工（二）

（十二）热风焊接法

热风焊接法是采用热空气焊枪进行防水卷材搭接粘合的施工方法。

热风焊接方法铺贴防水卷材施工的注意事项：

（1）施工前认真检查材料品质，卷材应完好、无破损，焊条应干净、干燥、不得沾有污物和水。

（2）施工机具性能应完好，控制度量正确。焊接操作人员必须熟悉焊机的使用性能并经实际操作预练、掌握操作技能、适应施工环境。

（3）施焊时要严密控制热风加热温度和时间，保证焊接面受热均匀且控制在有少量熔浆出现，焊接处不得有漏焊、跳焊、焊焦或焊接不牢现象；焊接时不得损害非焊接部位的卷材。

（4）焊接完成，认真检查焊缝质量。对设计指定的重要结构、焊接完工的焊缝应用真空泵和真空盒进行严密性检查，发现焊缝质量问题或漏焊点，及时采取补救措施。

（5）热风焊接铺贴的防水卷材大面并未粘结在基层上（相当于空铺），周边卷材的收头处理好坏就成为防水效果的关键因素之一。

固定就是将卷材端头收头并用钉、膨胀螺栓、射钉及压条可靠地固定在预留的锚固凹槽内。密封就是用塑料密封膏、聚氨酯密封材料或设计指定的材料和方式将收头口封严密并用相应材料填实凹槽。覆盖就是按设计，用与大面卷材保护层一样的做法，做好收头位置的保护层。

（6）施工中随时注意防水卷材的保护。未施焊或施焊后尚未完成检查的卷材必须及时遮盖，禁止随意踩踏和硬物碰、压。已经完成铺设和检查的部位应随即完成保护层施工。

（7）避免在负温下或高温下施工，雨、雪、大风环境不得进行热风焊接施工，如图7-22、图7-23所示。

无论平面还是立面，卷材端头必须遵循“先固定、再密封、后覆盖”的做法。

图 7-22 卷材自搭接粘合施工（一）

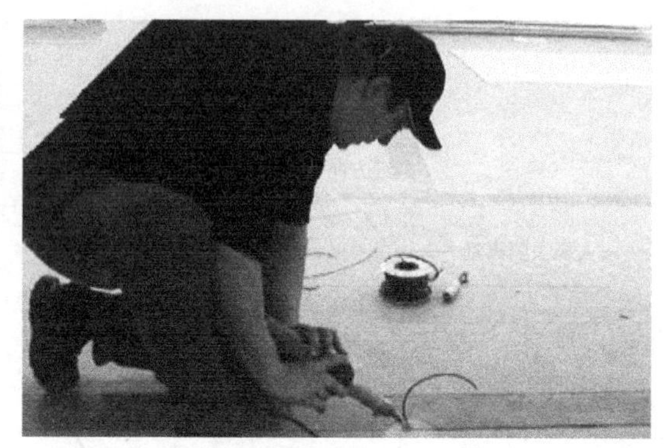

图 7-23 卷材自搭接粘合施工（二）

（十三）倒置式屋面

保温层设置在防水层上面，这种做法又称为“倒置式保温屋面”，其构造层次为保温层、防水层、结构层。这种屋面对采用的保温材料有特殊的要求，应当使用具有吸湿性低，而气候性强的憎水材料作为保温层（如聚苯乙烯泡沫塑料板或聚氯酯泡沫塑料板），并在保温层上加设钢筋混凝土、卵石、砖等较重的覆盖层。将保温层设置在防水层上的屋面。

1. 屋面类型

（1）采用发泡聚苯乙烯水泥隔热砖用水泥砂浆直接粘贴于防水层上。优点是构造简单，造价低，在上海万里住宅小区已试用，效果很好。缺点是使用过程中会有自然损坏，维修时需要凿开，且易损坏防水层。发泡聚苯乙烯虽然密度、导热系数和吸水率均较小，且价格便宜，但使用寿命相对有限，不能与建筑物寿命同步，所以在这次吴淞路工程项目中没有推荐使用。

（2）采用挤塑聚苯乙烯保温隔热板（以下简称保温板）直接铺设于防水层上，上做配筋细石混凝土，如需美观，还可再做水泥砂浆粉光、粘贴缸砖或广场砖等。这种做法适用于上人屋面，经久耐用。

2. 施工要点

（1）排气道应纵横贯通，不得堵塞，并应与大气连通的排气孔相连。排气道间距宜为6m纵横设置，屋面面积每36m^{2}宜设置1个排气孔。在保温层中预留槽作排气道时，其宽度一般为 20～40mm；在保温层中埋置打孔细管（塑料管或镀锌钢管）作排气道时，管径为 25mm。排气道应与找平层分格缝相重合。

（2）为避免排气孔与基层接触处发生渗漏，应做防水处理。

1）在防水层粘贴前，应在排水立管四周粘贴卷材防水附加层，附加层高度不低于 250mm。

2）在粘贴屋面卷材防水层前，应将基层表面均匀涂刷基层处理剂，干燥后及时铺贴卷材。

3）刚性防水层施工时，应在屋面板的支撑端沿排气道位置设置，分格缝纵横间距不大于 6mm。

4）在混凝土浇筑前应用 20mm×40mm 的木条将分格缝进行分格。

5）待混凝土达到一定强度后，及时将分格缝内的嵌条取出，取出后立即采用防水油膏进行嵌填密实。

（3）排气屋面防水层施工前，应检查排气道是否被堵塞，并加以清扫。然后宜在排气道上粘贴一层隔离纸或塑料薄膜，宽约 200mm，在排气道上对中贴好，完成后才可铺贴防水卷材（或涂刷防水涂料）。防水层施工时不得刺破隔离纸，以免胶粘剂（或涂料）流入排气道，造成堵塞或排气不畅。

3. 排气孔细部处理

（1）在 ϕ75UPVC 管与刚性混凝土防水层之间采用防水油膏嵌填密实。

（2）由于卷材防水层反贴在排气孔上 250mm，影响美观，所以 ϕ75UPVC 管的外壁再套一根 300mm 高的 ϕ110UPVC 管材，使 ϕ75 的管外壁与 ϕ110 的内壁四周距离相同，然后在两者之间采用防水油膏嵌填密实，填后比 ϕ110UPVC 管口低 10mm。

（3）分格缝采用防水卷材盖缝，卷材宽度为 250mm，在排气管位置加工成圆形卷材，卷材内圆直径为 75mm，外圆直径为 325mm，使其与刚性防水层充分粘结。

（4）在排气管底部与卷材交接处和 ϕ110 与 ϕ75 交接处，采用耐候胶进行封闭。

倒置式屋面的基本构造层次如图 7-24 所示，其保温层及其保护层的常见做法如图 7-25所示。

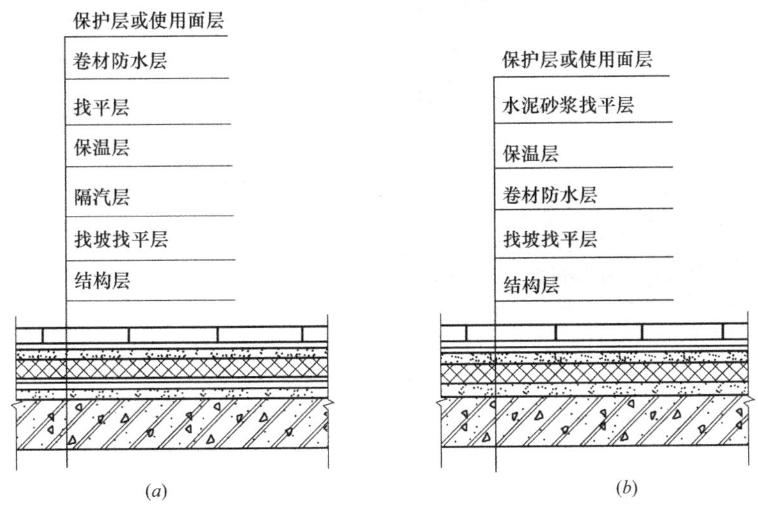
保护层或使用面层
卷材防水层
找平层
保温层
隔汽层
找坡找平层
结构层
(a)
保护层或使用面层
水泥砂浆找平层
保温层
卷材防水层
找坡找平层
结构层
(b)

图 7-24　倒置式屋面的基本构造层次

采用保温板直接铺设于防水层，再敷设纤维织物一层，上铺卵石或天然石块或预制混凝土块。优点是施工简便，经久耐用，方便维修。

图 7-25　倒置屋面施工

（十四）架空屋面

架空屋面是在屋面防水层上采用薄型制品架设一定高度的空间，起到隔热作用的屋面。架空隔热屋面的防水层做法同前述，施工架空层前，应将屋面清扫干净，根据架空板尺寸弹出砖垛支座中心线。架空屋面的坡度不宜大于 5%，为防止架空层砖垛下的防水层造成损伤，应加强其底面的卷材或涂膜防水层，在砖垛下铺贴附加层。架空隔热层的砖垛宜用 M5 水泥砂浆砌筑，铺设架空板时，应将砂浆刮平，随时扫净屋面防水层上的落灰和杂物，保证架空隔热层气流畅通。架空板应铺设平整、稳固，缝隙宜用水泥砂浆或水泥混合砂浆嵌填，并按设计要求留变形缝。

架空隔热屋面所用材料及制品的质量必须符合设计要求。非上人屋面架空砖垛所使用砖的强度等级不小于 MU10；架空板如采用混凝土预制板时，其强度等级不应小于 C20，且板内宜放双向钢筋网片，严禁有断裂和露筋缺陷，如图 7-26、图 7-27 所示。

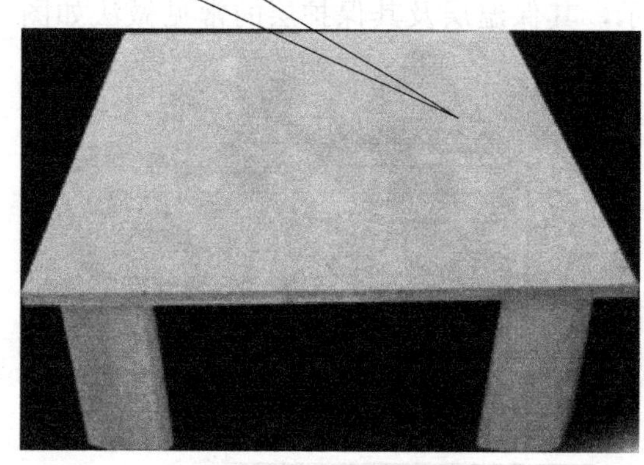
架空隔热屋面是在屋面增设架空层，利用空气流通进行隔热。

图 7-26　隔热屋面

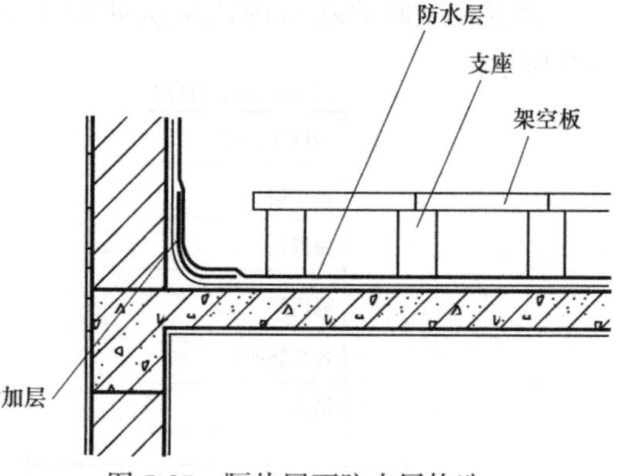
防水层
支座
架空板
附加层

图 7-27　隔热屋面防水层构造

二、防水施工质量过程控制

防水工程按其构造做法分为结构自防水和柔性防水两大类。结构自防水，主要是依靠结构构件材料自身的密实性及其某些构造措施（坡度、埋设止水带等），使结构构件起到防水作用。

柔性防水，是在结构主体的迎水面或背水面以及接缝处，附加防水材料做成防水层，以起到防水作用，如卷材防水、涂料防水、刚性材料防水层防水等。

（1）地下防水工程的防水层，严禁在雨天、雪天和五级风及其以上时施工。

雨天施工会使基层含水率增大，导致防水层粘结不牢；气温过低时铺贴卷材，易出现开卷时卷材发硬、脆裂，严重影响防水层质量；低温涂刷涂料，涂层易受冻且不成膜；五级风以上进行防水层施工操作，难以确保防水层质量和人身安全。

卷材分为合成高分子卷材、高聚物改性沥青卷材、沥青卷材。合成高分子卷材耐高、低温性能均很好，开卷不存在问题，不同的施工方法对气温条件有不同的要求。冷粘法主要考虑高低温对胶粘剂的影响，高分子卷材的胶粘剂分溶剂挥发型、双组分反应固化型和热熔型三种，前两种在低温时挥发或反应速度过慢，因此要求在5℃以上条件施工，而热熔胶粘剂在－10℃施工完全可以。焊接法施工的高分子卷材，因为只对卷材搭接部位加热后焊接，在－10℃气温条件下亦可以施工。自粘型卷材低温性能均较好，开卷后在负温下作业，虽然粘结力减弱，如铺贴在平面上，当气温回升后黏度增大，在使用过程中可产生再粘结过程，而在立面和搭接缝部位，在温度较低时可采用热风加热方法在搭接、立面部位进行施工，所以亦允许在－10℃以上气温条件下作业。

高聚物改性沥青低温施工时会碰到两个问题，一是开卷困难，除了低温柔性达到－18℃的弹性体改性沥青卷材；二是难以粘结，热熔法施工时，加热卷材底面热熔胶同时也加热基层，所以可以在低温－10℃以上条件下作业，但能耗较大。

沥青卷材由于受开卷温度的限制，应在5℃以上气温环境条件下施工。高温环境，规定为35℃以下气温条件作业，主要是考虑到施工工人的作业条件要求，过高气温对工人的人身会造成伤害，所以在35℃以下环境条件下允许作业。根据上述要求，《屋面工程质量验收规范》GB 50207—2012 规定了卷材施工的环境气温条件，见表7-1所列，如图7-28、图7-29所示。

卷材施工在不同环境气温条件下施工　　**表7-1**

序号	项目		施工环境气温
1	沥青防水卷材		不低于5℃，不高于35℃
2	高聚物改性沥青卷材	热熔法	不低于－10℃，不高于35℃
		冷粘法	不低于5℃，不高于35℃
3	合成高分子卷材冷粘工艺		不低于5℃，不高于35℃
4	全成高分子卷材焊接工艺		不低于－10℃，不高于35℃
5	自粘卷材		不低于－10℃，不高于35℃

（2）防水混凝土的变形缝、施工缝、后浇带、穿墙管道、埋设件等设置和构造，均需符合设计要求，严禁有渗漏，如图7-30～图7-33所示。

含水率检查方法：将1m²卷材平坦地干铺在基层上，静置3～4h掀开检查，覆盖部位与卷材上未见水印即可铺设防水层。

图 7-28　雨天施工会导致卷材粘接不牢

图 7-29　气温过低，卷材质量下降

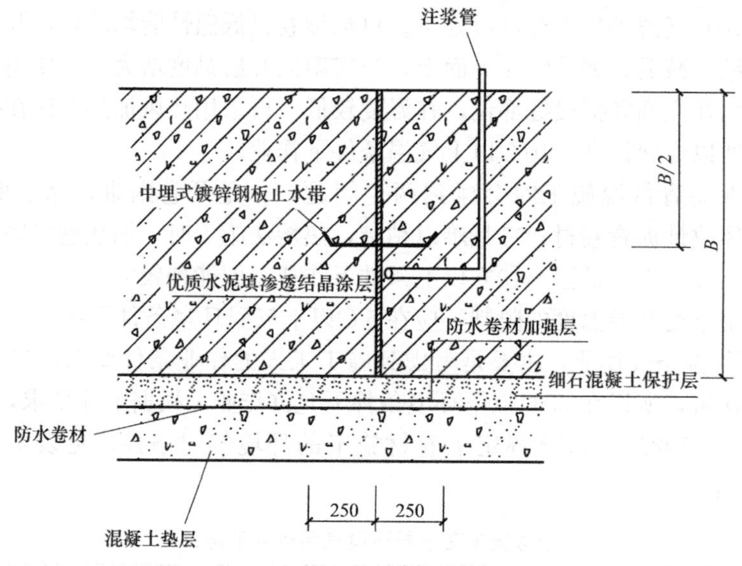
注浆管
中埋式镀锌钢板止水带
优质水泥填渗透结晶涂层
防水卷材加强层
细石混凝土保护层
防水卷材
混凝土垫层
B/2
B
250
250

图 7-30　施工缝节点图

图 7-31　施工缝处细部构造处理

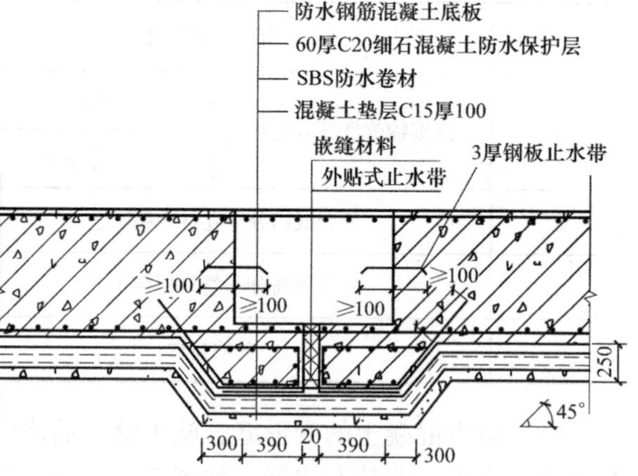
防水钢筋混凝土底板
60厚C20细石混凝土防水保护层
SBS防水卷材
混凝土垫层C15厚100
嵌缝材料
外贴式止水带
3厚钢板止水带
≥100
≥100
≥100
≥100
250
45°
300
390
20
390
300

图 7-32　变形缝节点图

(3) 混凝土在浇筑地点的坍落度，每工作班至少检查两次，如图 7-34 所示。

(4) 连续浇筑混凝土每 500m³ 应留一组抗渗试件（一组为 6 个抗渗试件），且每项工程不得少于两组。采用预拌混凝土的抗渗试件，留置组数应视结构规模和要求而定，如图 7-35、图 7-36 所示。

(5) 水泥砂浆防水层表面应密实、平整，不得有裂纹、起砂、麻面等缺陷；阴阳角应做成圆弧形，如图 7-37～图 7-39 所示。

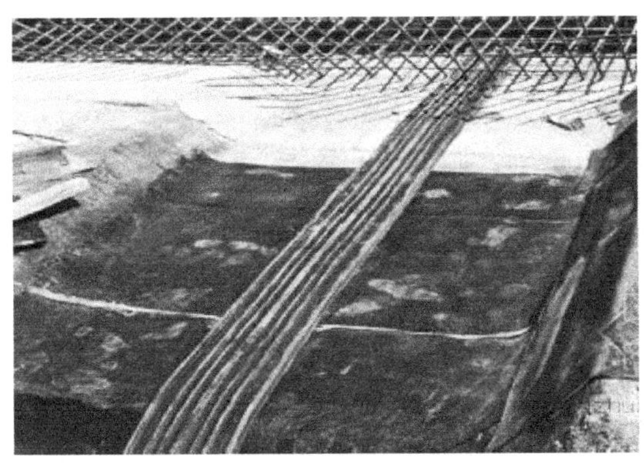

图 7-33　变形缝处细部构造处理

在罐车来到现场出料前提前20s，在出料1/4测坍落度，开始取样。

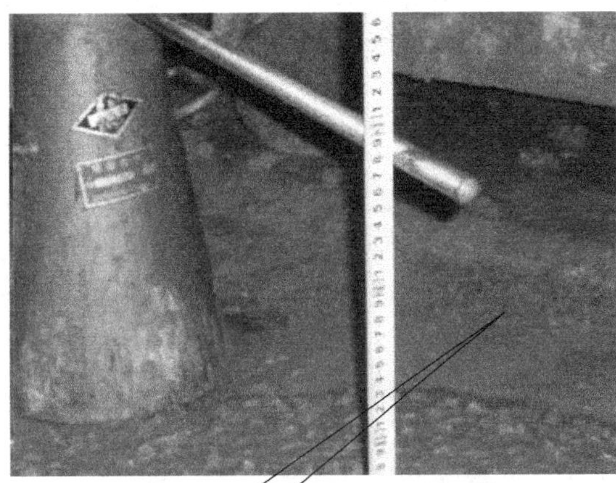
抗渗混凝土根据抗渗等级的要求，按照《普通混凝土长期性能和耐久性能试验方法标准》进行检验合格就可以了，而抗渗等级的选择要根据设计和《地下防水工程质量验收规范》等的要求进行。

图 7-34　混凝土坍落度检查

标明工程名称(楼号)、部位、制作日期、强度等级(包括抗渗P、抗冻F)。

图 7-35　抗渗混凝土试块制作

模具的一级保养指的是在生产中操作人员对模具进行的日常保养，主要内容为清擦、润滑和检查。

图 7-36　抗渗混凝土试块模具

用水泥砂浆
做成135°的
钝角。

图 7-37 地漏处防水处理

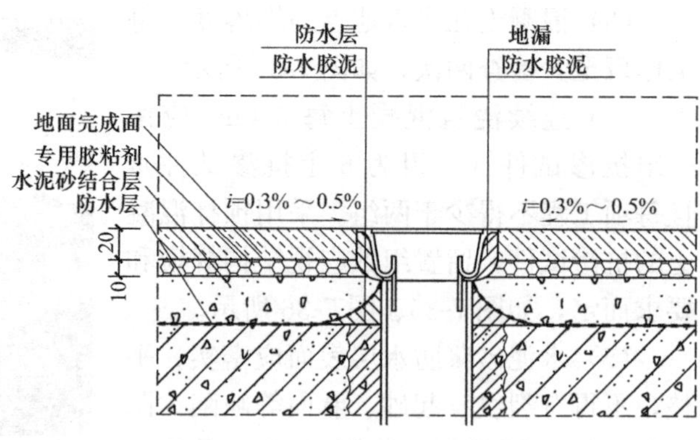
防水层
防水胶泥
地漏
防水胶泥
地面完成面
专用胶粘剂
水泥砂结合层
防水层
i=0.3%～0.5%
i=0.3%～0.5%
20
10

图 7-38 防水地漏节点图

（6）防水混凝土结构的变形缝、施工缝、后浇带等细部构造，应采用止水带、遇水膨胀橡胶腻子止水条等高分子防水材料和接缝密封材料，如图 7-40、图 7-41 所示。

用水泥砂浆
做成90°的
直角,两边为
45°。

图 7-39 防水阴阳角处理

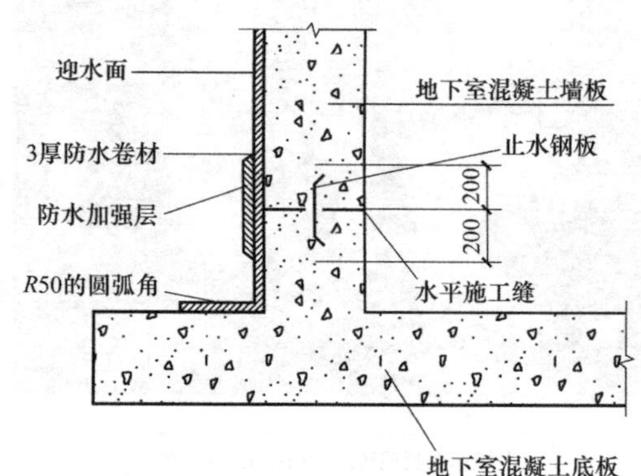
迎水面
地下室混凝土墙板
3厚防水卷材
止水钢板
200
200
防水加强层
R50的圆弧角
水平施工缝
地下室混凝土底板

图 7-40 施工缝细部构造处理（一）

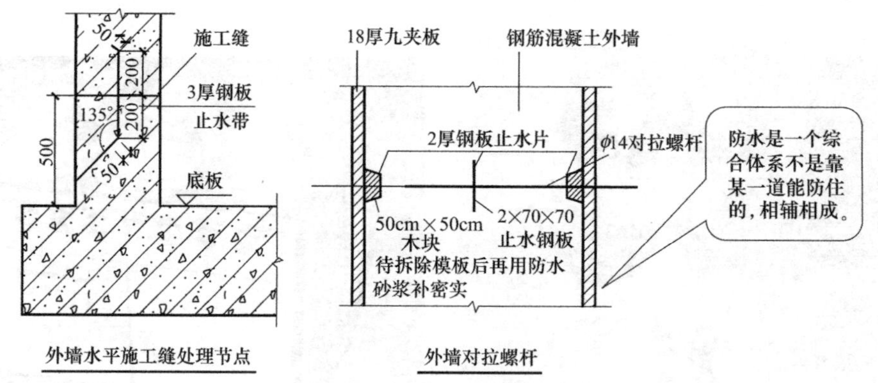
施工缝
3厚钢板
止水带
135°
200
200
50
500
底板
外墙水平施工缝处理节点
18厚九夹板
钢筋混凝土外墙
2厚钢板止水片
ϕ14对拉螺杆
50cm×50cm
木块
2×70×70
止水钢板
待拆除模板后再用防水
砂浆补密实
外墙对拉螺杆
防水是一个综
合体系不是靠
某一道能防住
的,相辅相成。

图 7-41 施工缝细部构造处理（二）

（7）变形缝是伸缩缝、沉降缝和防震缝的总称。根据建筑物在外界因素作用下常会产生变形，导致开裂甚至破坏。变形缝是针对这种情况而预留的构造缝，如图 7-42～图7-45 所示。

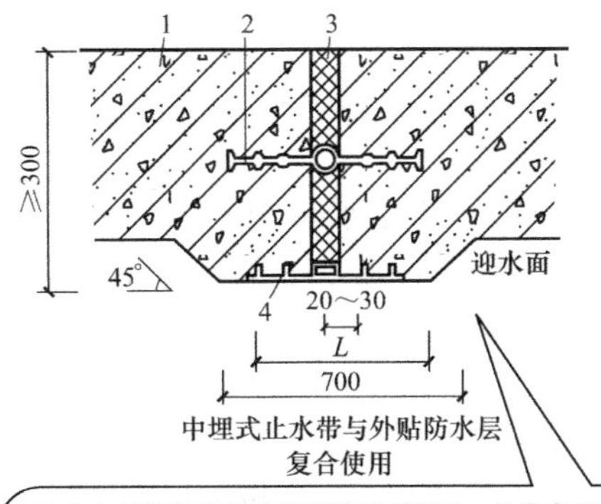
1
2
3
≥300
45°
迎水面
4
20～30
L
700
中埋式止水带与外贴防水层
复合使用
(1)止水带两接头橡胶梗用壁纸刀削平，长度在30cm之间（搭接区）。(2)将接头用补胎挫磨粗，并用汽油擦掉表面油污，晾至表面干燥。(3)在表面干燥的两头上薄薄地满涂一层橡胶专用胶，晾至干燥，满涂第2遍胶，晾至仅有触黏性时将两头按预定位置粘合，加压放置半小时，接头部位边角无翘曲，即可安装。

图 7-42　变形缝细部构造处理（一）

贴式止水带 L≥300；外贴防水卷材 L≥400；外涂防水涂层 L≥400

1—混凝土结构；2—中埋式止水带；3—填缝材料；4—外贴防水层

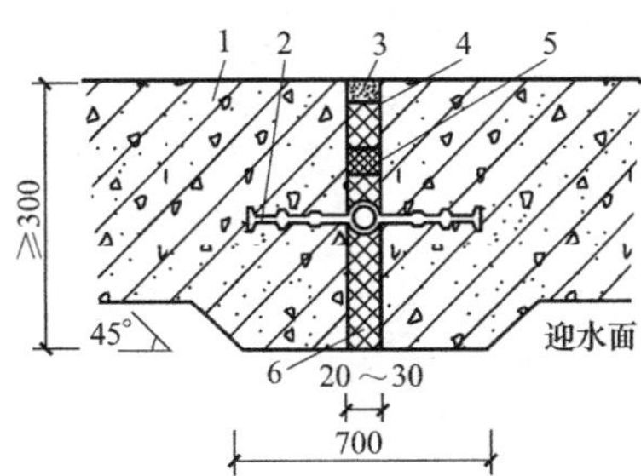
1
2
3
4
5
≥300
45°
迎水面
6
20～30
700
中埋式止水带与遇水膨胀橡胶条，嵌缝材料复合使用

图 7-43　变形缝细部构造处理（二）

1—混凝土结构；2—中埋式止水带；3—嵌缝材料；4—背衬衬料；5—遇水膨胀橡胶条；6—填缝材料

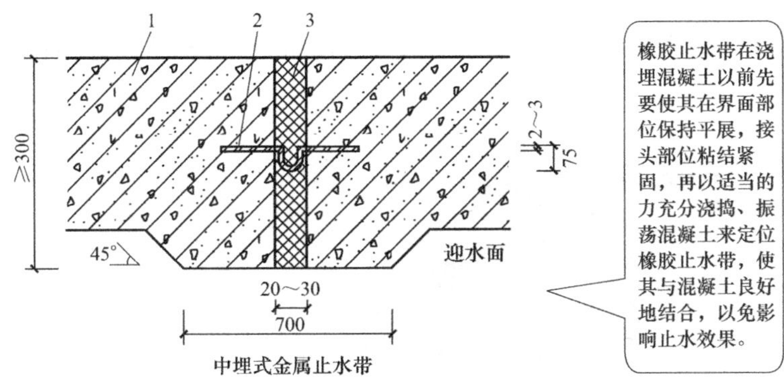
1
2
3
≥300
2～3
75
45°
迎水面
20～30
700
中埋式金属止水带
橡胶止水带在浇埋混凝土以前先要使其在界面部位保持平展，接头部位粘结紧固，再以适当的力充分浇捣、振荡混凝土来定位橡胶止水带，使其与混凝土良好地结合，以免影响止水效果。

图 7-44　变形缝细部构造处理（三）

1—混凝土结构；2—金属止水带；3—填缝材料

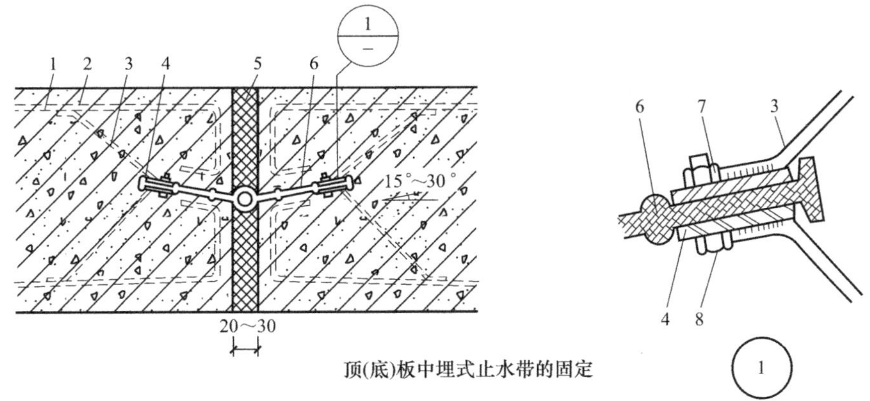
1
—
1
2
3
4
5
6
15°～30°
20～30
顶(底)板中埋式止水带的固定
6
7
3
4
8
1

图 7-45　变形缝细部构造处理（四）

1—结构主筋；2—混凝土结构；3—固定用钢筋；4—固定止水带用扁钢；5—填缝材料；6—中埋式止水带；7—螺母；8—双头螺杆

（8）变形缝构造要求

1）止水带宽度和材质的物理性能均应符合设计要求，且无裂缝和气泡；接头应采用热接，不得叠接，接缝平整、牢固，不得有裂口和脱胶现象。

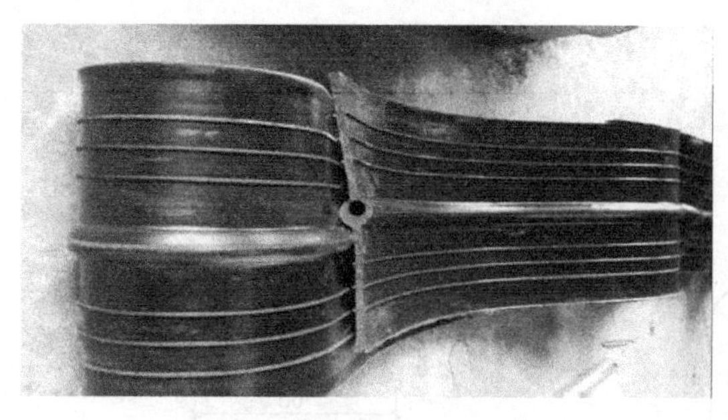

图 7-46　变形缝中埋式止水带

2）中埋式止水带中心线应和变形缝中心线重合，止水带不得穿孔或用铁钉固定，如图 7-46 所示。

3）变形缝设置中埋式止水带时，混凝土浇筑前应校正止水带位置，表面清理干净，止水带损坏处应修补；顶、底板止水带的下侧混凝土应振捣密实，边墙止水外侧混凝土应均匀，保持止水带位置正确、平整无卷曲。

4）水平施工缝浇筑混凝土前，应将其表面浮浆和杂物清除，铺水泥砂浆或涂刷混凝土界面处理剂并及时浇筑混凝土。

5）垂直施工缝浇筑混凝土前，应将其表面清理干净，涂刷混凝土界面处理剂并及时浇筑混凝土。

6）施工缝采用遇水膨胀橡胶腻子止水条时，应将止水条牢固地安装在缝表面预留槽内；如图 7-47 所示。

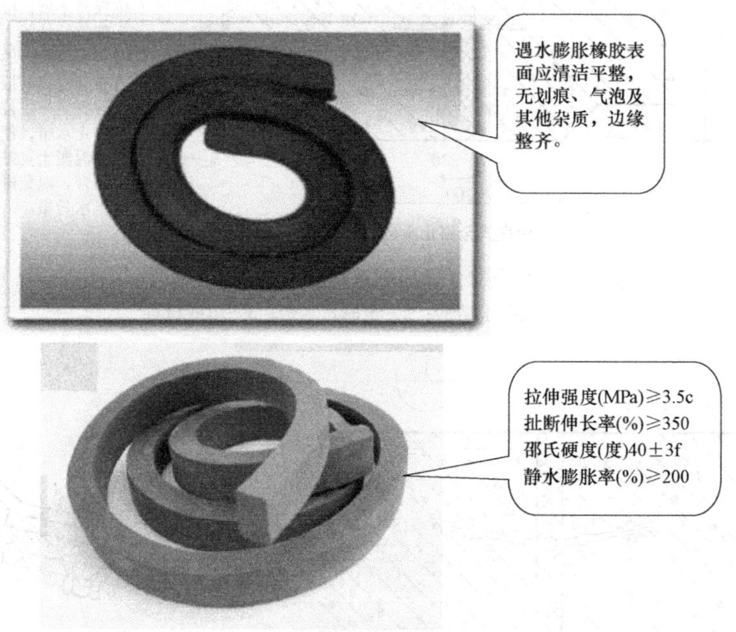
遇水膨胀橡胶表面应清洁平整，无划痕、气泡及其他杂质，边缘整齐。
拉伸强度(MPa)≥3.5c
扯断伸长率(%)≥350
邵氏硬度(度)40±3f
静水膨胀率(%)≥200

图 7-47　变形缝止水条

遇水膨胀止水条安装：

① 安装有预留槽式的止水条，在先浇混凝土中需预留上止水条安放槽（可在模板中钉木条预留）。拆除先浇混凝土模板后，清除表面，使缝面无水、干净、无杂物。

② 将止水条嵌入预留槽内。如不预留槽，对垂直缝可加用胶粘剂全长粘贴，或用水

泥钉加木条固定止水条；对水平缝可直接粘贴于混凝土表面。止水条粘贴以后应尽快浇筑混凝土。在安装粘贴过程中，应防止遇水膨胀止水条受污染和受水的作用膨胀，以免影响使用效果。

③ 该产品预置于混凝土施工缝、后浇缝的界面上，二次浇筑混凝土后（即被混凝土包裹的状态下）遇水膨胀能彻底堵塞、阻隔渗漏水源。膨胀倍率高，移动补充性强。置于施工缝，后浇缝的该止水条具有较强的平衡自愈功能，可自行封堵因沉降而出现的新的微小裂隙。

④ 对于已完工的工程，如果缝隙渗漏水，可用该止水条重新堵漏。防水、抗渗效果优于传统的钢板、橡胶及塑料止水带，且施工方法简便易行，省工省时。主体材料为无机矿物原料，具有耐老化、抗腐蚀、无污染等特性。

(9) 墙体留置施工缝时，一般应留在受剪力或弯矩较小处，水平施工缝应高出底板300mm处；拱（板）墙结合的水平施工缝，宜留在拱（板）墙接缝线以下150～300mm处。

施工缝处采用遇水膨胀橡胶腻子止水条时，一是应采取表面涂缓膨胀剂措施，防止由于降雨或施工用水等使止水条过早膨胀；二是应将止水条牢固地安装在有缝表面预留槽内，如图7-48、图7-49所示。

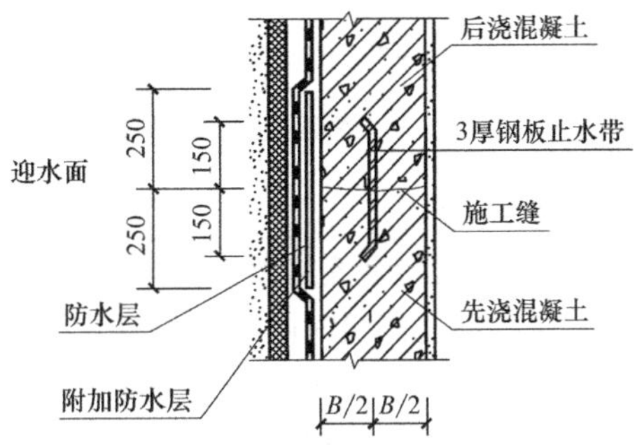
后浇混凝土
3厚钢板止水带
施工缝
先浇混凝土
迎水面
防水层
附加防水层
250
250
150
150
B/2
B/2

图7-48　地下室外墙施工缝

混凝土终凝后，挡板拆除，用斩斧或钢杆将表面凿毛，清理松动石子，此时混凝土强度很低，20～30mm较容易，待二次浇筑混凝土时，提前用压力水将缝面冲洗干净，边浇边刷素水泥浆一道，以增强咬合力。

图7-49　墙体施工缝留置

(10) 防水后浇带施工

1) 后浇带应在其两侧混凝土龄期达到42d后再施工。

2) 后浇带应采用补偿收缩混凝土，其强度等级不得低于两侧混凝土。

3) 后浇带混凝土养护时间不得少于28d，如图7-50所示。

(11) 后浇带施工优缺点

1) 留于基础底部结构的后浇带，将历经整个结构施工过程，直至结构封顶，对于高层建筑需要几个月甚至几年的时间，在这段时间内，后浇带中将不可避免地落进各种各样的垃圾杂物，由于底部结构钢筋较粗较密，使得清理工作非常艰难。另外，后浇带钢筋长期的裸露容易产生锈蚀，后期的除锈也将耗费很多人力。

2) 后浇带贯穿整个地下、地上结构，所到之处遇梁断梁，遇板断板，给施工带来很多不便，影响施工进度。

用水将接槎处的灰尘杂物清理干净，并且将松动的石子敲掉，然后先用同强度等级的砂浆浇筑在接槎处，然后再用混凝土浇筑。

图 7-50　后浇带施工

3）在后浇带灌充混凝土前，需将两侧混凝土凿毛，施工非常困难，而有些结构混凝土与后浇带混凝土浇筑时间间隔数月，新老混凝土的粘结强度很难保证，又由于浇筑时间差，造成这些结构的混凝土的干缩大部分已于后浇带灌充前完成。因此，后浇带混凝土的干缩极易在新老混凝土的连接处产生裂缝。设置施工后浇带的初衷是防止混凝土裂缝的产生，而后浇带处理不好却人为地在每条后浇带处造成两条贯穿裂缝，引起漏水，如图7-51所示。

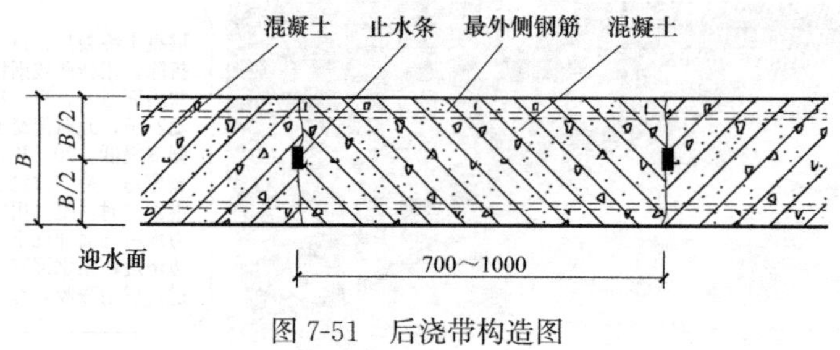
混凝土
止水条
最外侧钢筋
混凝土
B
B/2
B/2
迎水面
700～1000

图 7-51　后浇带构造图

（12）超前止水加强带优缺点

1）后浇带处采用混凝土导墙超前止水，导墙外侧与地下室外墙模板一体施工，构造明确，施工简便，导墙内侧模板采用快易收口网，施工缝处理一次成型，保证后浇混凝土的施工质量。

2）导墙中采用留设聚苯泡沫填充伸缩缝及中埋式橡胶止水带，在达到导墙超前止水效果的同时亦保证了后浇带处一定的收缩变形能力。

3）地下室外墙混凝土浇筑前于导墙内预埋螺栓以作单侧模板拉结用，保证后浇混凝土室内部分与先浇墙面平整一致。

4）地下室外墙防水层、保护层及室外回填可一体化施工，避免受到外墙后浇带干扰，保证水整体施工质量，同时地下室内砌筑装饰工程可同步进行，加快了工程施工进度，如图 7-52 所示。

（13）穿墙管道的防水施工

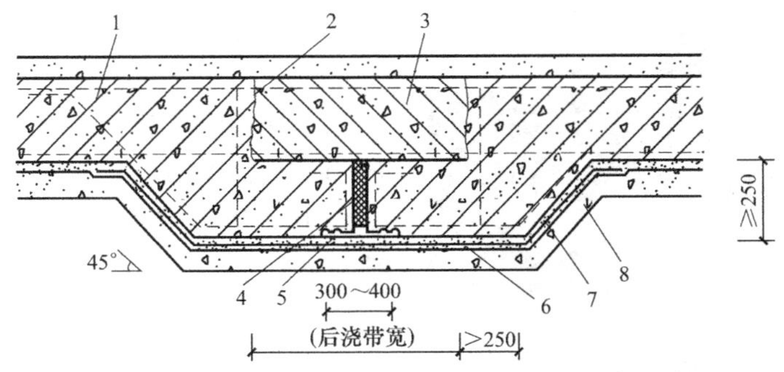
1
2
3
45°
≥250
4
5
300～400
(后浇带宽)
>250
6
7
8

图 7-52　后浇带超前止水构造

1—混凝土结构；2—钢丝网片；3—后浇带；4—填缝材料；
5—外贴式止水带；6—细石混凝土保护层；7—卷材防水层；8—垫层混凝土

1）穿墙管止水环与主管或翼环与套管应连续满焊，并做好防腐处理。

2）穿墙管处防水层施工前，应将套管内表面清理干净。

3）套管内的管道安装完毕后，应在两管间嵌入内衬填料，端部用密封材料填缝。柔性穿墙时，穿墙内侧应用法兰压紧，如图 7-53 所示。

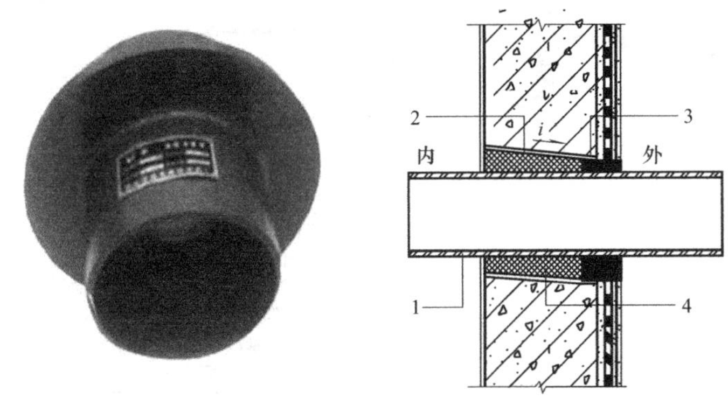
2
3
i
内
外
1
4

图 7-53　穿墙管防水施工

1—穿墙管道；2—套管；3—密封材料；4—聚合物砂浆

（14）埋设件的防水施工

1）埋设件端部或预留孔（槽）底部的混凝土厚度不得小于 200mm；当厚度小于 250mm 时，必须局部加厚或采取其他防水措施。

2）预留地坑、孔洞、沟槽内的防水层，应与孔（槽）外的结构防水层保持连续。

3）固定模板用的螺栓必须穿过混凝土结构时，螺栓或套管应满焊止水环或翼环；采用工具式螺栓或螺栓加堵头做法，折模后应采用加强防水措施将留下的凹槽封堵密实。

（15）套管安装

1）套管穿墙处之墙壁，如遇非混凝土墙壁时应改用混凝土墙壁，其浇筑混凝土范围，Ⅱ型套管应比翼环直径（*D*4）大 200mm，而且必须将套管一次浇固于墙内。套管内的填料应紧密捣实。

2）防水套管处的混凝土墙厚，应不小于 200mm ，否则应使墙壁一边或两边加厚，

防水套管

图 7-54　防水套管

加厚部分的直径，最小应比翼环直径（*D*4）大 200mm。

3）刚性防水套管多用油麻、石棉水泥填充，填充后紧密捣实，如图 7-54、图7-55所示。

（16）地下室顶板在室外地坪之下，如图 7-56 所示。

（17）防水卷材搭接宽度见表 7-2 所列。

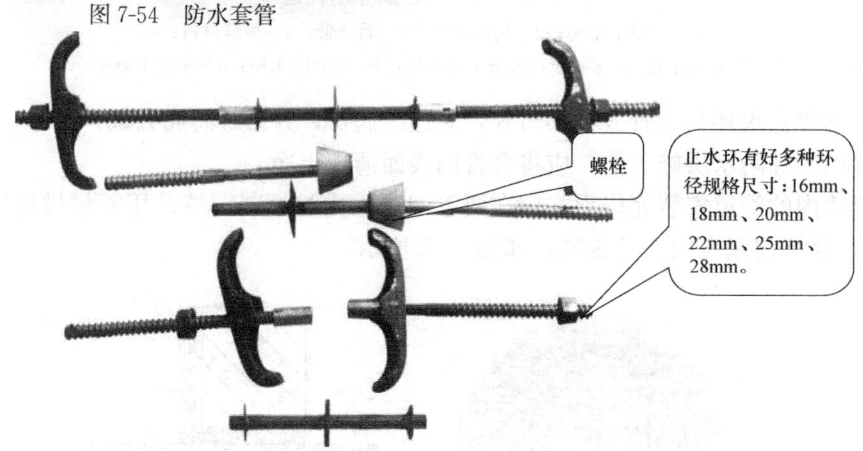
螺栓
止水环有好多种环径规格尺寸：16mm、18mm、20mm、22mm、25mm、28mm。

图 7-55　预埋件防水施工

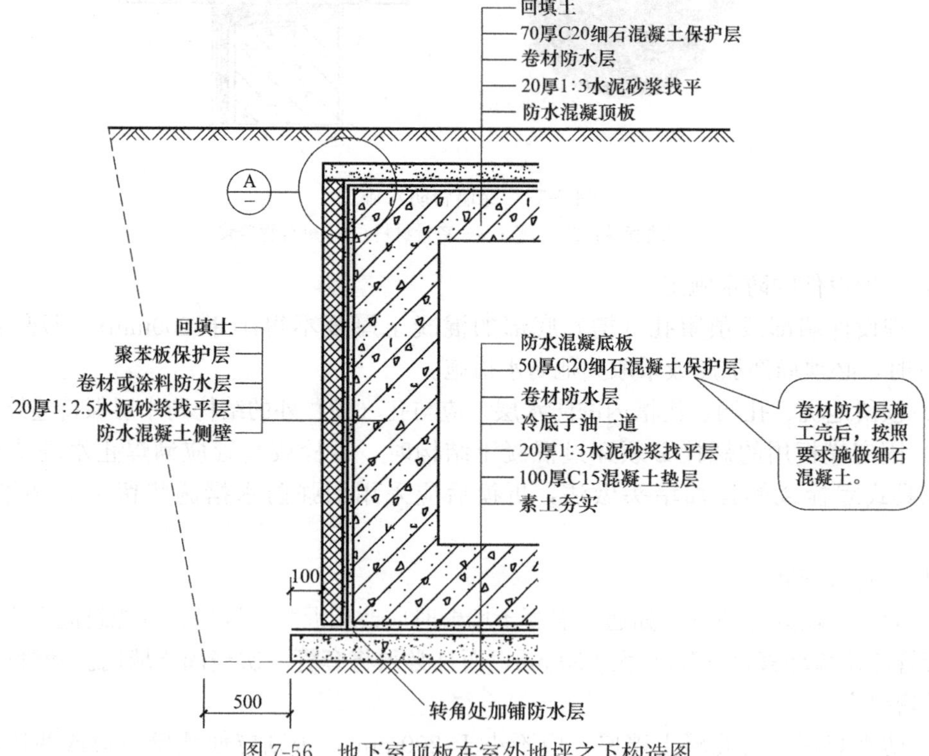
回填土
70厚C20细石混凝土保护层
卷材防水层
20厚1:3水泥砂浆找平
防水混凝顶板
A
回填土
聚苯板保护层
卷材或涂料防水层
20厚1:2.5水泥砂浆找平层
防水混凝土侧壁
防水混凝底板
50厚C20细石混凝土保护层
卷材防水层
冷底子油一道
20厚1:3水泥砂浆找平层
100厚C15混凝土垫层
素土夯实
卷材防水层施工完后，按照要求施做细石混凝土。
100
500
转角处加铺防水层

图 7-56　地下室顶板在室外地坪之下构造图

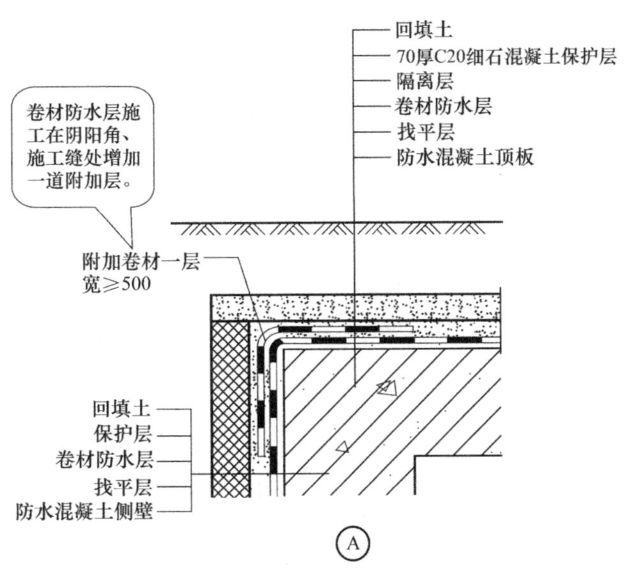
回填土
70厚C20细石混凝土保护层
隔离层
卷材防水层
找平层
防水混凝土顶板
卷材防水层施工在阴阳角、施工缝处增加一道附加层。
附加卷材一层
宽≥500
回填土
保护层
卷材防水层
找平层
防水混凝土侧壁
A

图 7-56　地下室顶板在室外地坪之下构造图（续）

防水卷材搭接宽度　　**表 7-2**

卷材品种	搭接宽度(mm)
弹性体改性沥青防水卷材	100
改性沥青聚乙烯胎防水卷材	100
自粘聚合物改性沥青防水卷材	80
三元乙丙橡胶防水卷材	100/60(胶粘剂/胶粘带)
聚氯乙烯防水卷材	60/80(单焊缝/双焊缝)
	100(胶粘剂)
聚乙烯丙纶复合防水卷材	100(粘结料)
高分子自粘胶膜防水卷材	70/80(自粘胶/胶粘带)

(18) 基层阴阳角应做成圆弧或 45°坡角，其尺寸应根据卷材品种确定；在转角处、变形缝、施工缝、穿墙管等部位应铺贴卷材加强层，加强层宽度宜为 300～500mm，如图 7-57、图 7-58 所示。

图 7-57　阴阳角需做附加层（一）

检查时用手拍一下卷材面，查看是否有声音，清脆声音没有满铺，反之。

图 7-58　阴阳角需做附加层（二）

（19）卷材接缝

铺贴双层卷材时，上下两层和相邻两幅卷材的接缝应错开 1/3～1/2 幅宽，且两层卷材不得相互垂直铺贴（单层卷材铺贴时相邻两幅卷材的接缝也应错开 1/3～1/2 幅宽），如图 7-59、图 7-60 所示。

两侧卷材
搭接至少
10cm左右。

图 7-59　卷材接缝处理（一）

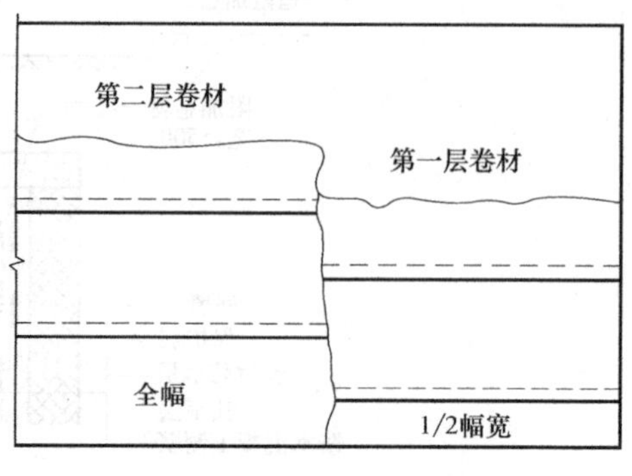
第二层卷材
第一层卷材
全幅
1/2幅宽

图 7-60　卷材接缝处理（二）

（20）建筑屋面防水构造

1）卷材防水——改性沥青卷材、高分子化合物卷材。

2）刚性材料防水——防水砂浆和防水细石混凝土。

3）涂膜防水 ——水泥基涂料、合成高分子涂料、高聚物改性沥青防水涂料、沥青基防水涂料等。

（21）卷材防水屋面女儿墙檐口构造，如图 7-61 所示。

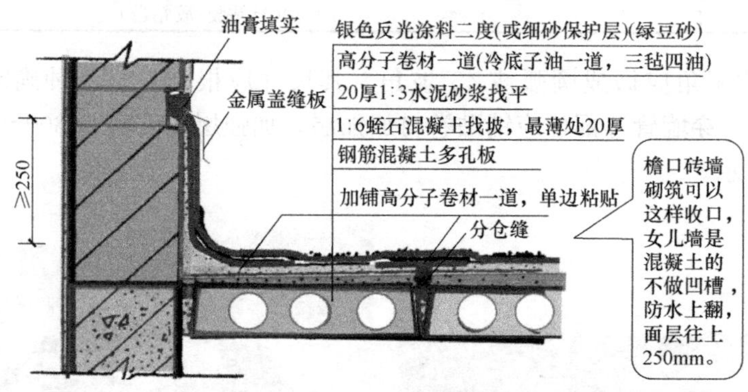
油膏填实
银色反光涂料二度(或细砂保护层)(绿豆砂)
高分子卷材一道(冷底子油一道，三毡四油)
金属盖缝板
20厚1:3水泥砂浆找平
1:6蛭石混凝土找坡，最薄处20厚
钢筋混凝土多孔板
≥250
加铺高分子卷材一道，单边粘贴
分仓缝
檐口砖墙
砌筑可以
这样收口，
女儿墙是
混凝土的
不做凹槽，
防水上翻，
面层往上
250mm。

图 7-61　卷材防水屋面女儿墙檐口构造图

（22）分仓缝作用及构造

用来找坡和找平的轻混凝土和水泥砂浆都是刚性材料，在变形应力的作用下，如果不经处理，不可避免地都会出现裂缝，尤其会出现在变形的敏感部位。这样容易造成粘贴在上面的防水卷材的破裂。所以应当在屋面板的支座处、板缝间和屋面檐口附近这些变形敏感的部位，预先将用刚性材料所做的构造层次做人为的分割，即预留分仓缝。即便屋面的构成为现浇整体式的钢筋混凝土，也应在距离檐口 500mm 的范围内，以及屋面纵横不超过 6000mm×6000mm 的间距内，做预留分仓缝的处理。分仓缝宽约 10～30mm，中间应用柔性材料及建筑密封膏嵌缝，如图 7-62 所示。

（23）防水卷材收头做法，如图 7-63 所示。

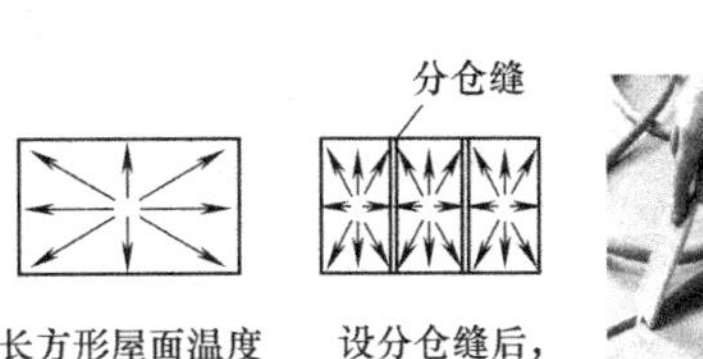
分仓缝
长方形屋面温度引起内应力变形大(对角线最大)
设分仓缝后，内应力变形变小

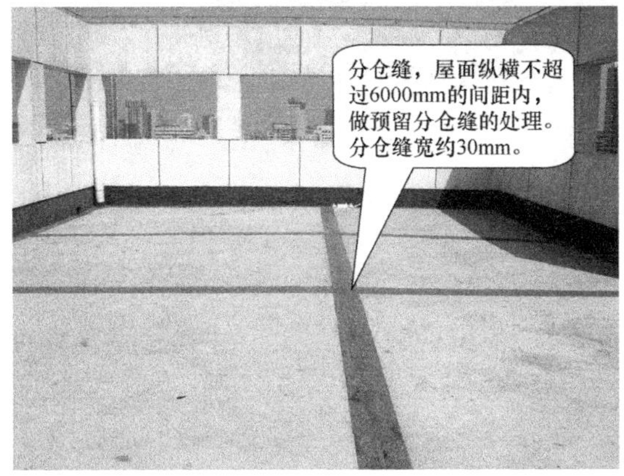
分仓缝，屋面纵横不超过6000mm的间距内，做预留分仓缝的处理。分仓缝宽约30mm。

图 7-62　分仓缝构造图

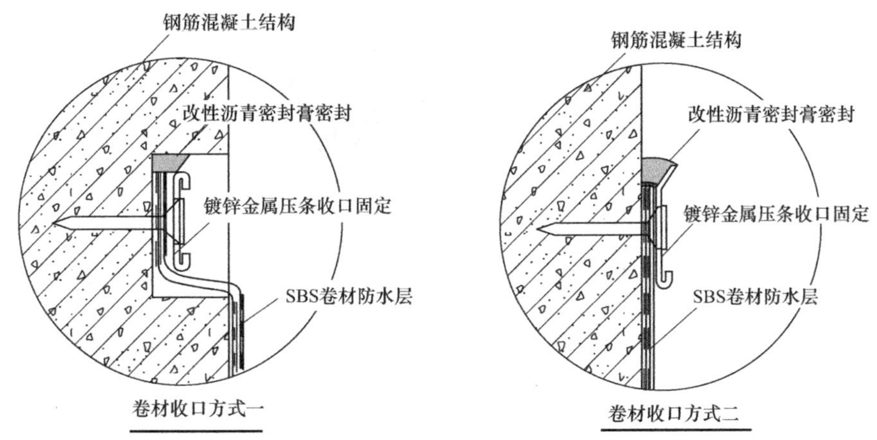
钢筋混凝土结构
改性沥青密封膏密封
镀锌金属压条收口固定
SBS卷材防水层
卷材收口方式一
钢筋混凝土结构
改性沥青密封膏密封
镀锌金属压条收口固定
SBS卷材防水层
卷材收口方式二

图 7-63　卷材收头做法构造图

（24）卷材收口做法

1）将屋面的卷材继续铺至垂直墙面上，形成卷材防水，泛水高度不小于 250mm。

2）在屋面与垂直女儿墙面的交接缝处，砂浆找平层应抹成圆弧形或 45°斜面，上刷卷材胶粘剂，使卷材胶粘密实，避免卷材架空或折断，并加铺一层卷材。

3）做好泛水上口的卷材收头固定，防止卷材在垂直墙面上下滑，如图 7-64 所示。

（25）屋面有突出物处防水做法，如图 7-65 所示。

（26）刚性防水屋面挑檐檐口节点，如图 7-66 所示。

（27）种植屋面

在屋面防水层上覆土或铺设锯末、蛭石等松散材料，并种植植物，以起到隔热的作用。在建筑屋面和地下工程顶板的防水层上铺以种植土，并种植植物，使其起到防水、保温、隔热和生态环保作用的屋面称为种植屋面。

其优点为：

1）改善城市环境面貌，提高市民生活和工作环境质量。

避免防水层渗水、
或是屋顶雨水漫流。

图 7-64 卷材收口做法构造图

根部和收口处做了加强层处理，避免雨水流入，影响防水质量。

图 7-65 屋面有突出物处防水做法

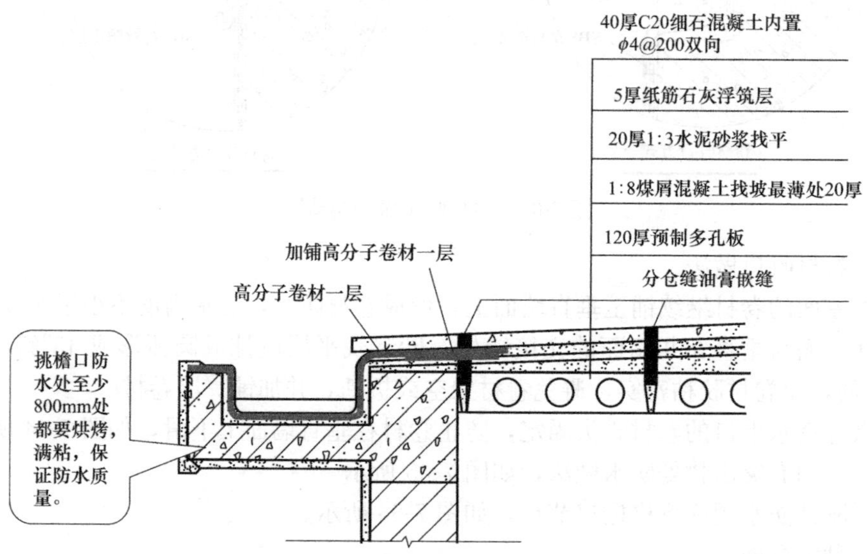
40厚C20细石混凝土内置
ϕ4@200双向
5厚纸筋石灰浮筑层
20厚1:3水泥砂浆找平
1:8煤屑混凝土找坡最薄处20厚
120厚预制多孔板
分仓缝油膏嵌缝
加铺高分子卷材一层
高分子卷材一层
挑檐口防水处至少800mm处都要烘烤，满粘，保证防水质量。

图 7-66 刚性防水屋面挑檐檐口节点构造图

2）改善城市热岛效应。

3）降低城市排水负荷。

4）保护建筑物顶部，延长屋顶建材使用寿命。

5）提高建筑保温效果，降低能耗。

6）削弱城市噪声，缓解大气浮尘，净化空气。

7）提高国土资源利用率。

种植屋面做法如图 7-67～图 7-69 所示。

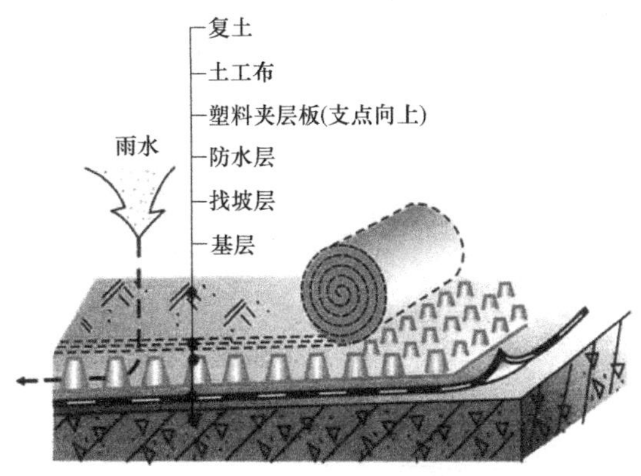
复土
土工布
塑料夹层板(支点向上)
雨水
防水层
找坡层
基层

图 7-67　种植屋面做法构造图（一）

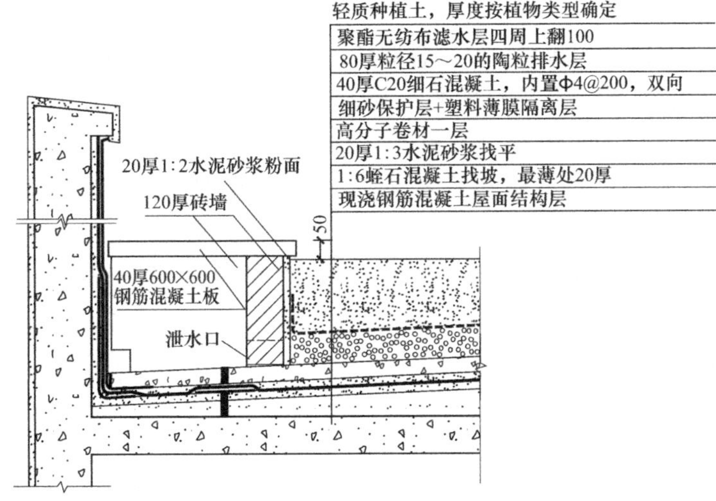
轻质种植土，厚度按植物类型确定
聚酯无纺布滤水层四周上翻100
80厚粒径15～20的陶粒排水层
40厚C20细石混凝土，内置Φ4@200，双向
细砂保护层+塑料薄膜隔离层
高分子卷材一层
20厚1:3水泥砂浆找平
1:6蛭石混凝土找坡，最薄处20厚
现浇钢筋混凝土屋面结构层
20厚1:2水泥砂浆粉面
120厚砖墙
50
40厚600×600
钢筋混凝土板
泄水口

图 7-68　种植屋面做法构造图（二）

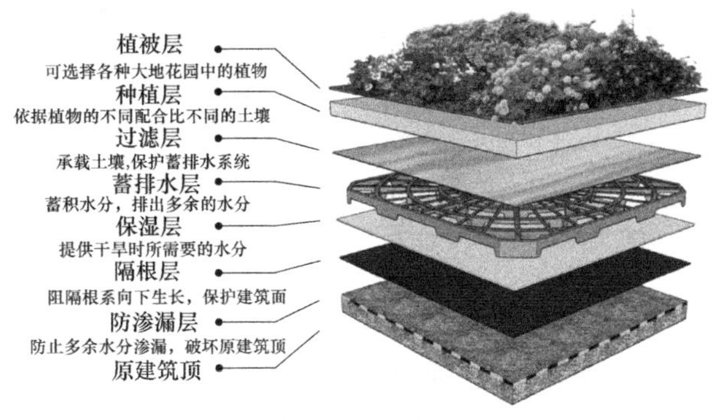
植被层
可选择各种大地花园中的植物
种植层
依据植物的不同配合比不同的土壤
过滤层
承载土壤,保护蓄排水系统
蓄排水层
蓄积水分，排出多余的水分
保湿层
提供干旱时所需要的水分
隔根层
阻隔根系向下生长，保护建筑面
防渗漏层
防止多余水分渗漏，破坏原建筑顶
原建筑顶

图 7-69　种植屋面

三、防水施工安全

（1）防水卷材采用热熔粘结，使用明火（如喷灯）操作时，应申请办理用火证，并设专人看火。配有灭火器材，周围 30m 以内不准有易燃物。如图 7-70 所示。

明火施工时
必须配备灭火器

图 7-70　防水卷材施工时安全文明施工示意图

（2）患有皮肤病、眼病、刺激过敏者，不得参加防水作业。施工过程中发生恶心、头晕、过敏情况等，应停止作业。

（3）用热玛蹄脂粘铺卷材时，浇油和铺毡人员，应保持一定距离，浇油时，檐口下方不得有人行走或停留。

（4）使用液化气喷枪及汽油喷灯，点火时，火嘴不准对人。汽油喷灯加油不得过满，打气不能过足。如图 7-71 所示。

（5）装卸溶剂（如苯、汽油等）的容器，必须配软垫，不准猛推猛撞。使用容器后，其容器盖必须及时盖严。

（6）连接石油液化汽瓶与喷灯的燃气胶管长度要适当，一般取 20m 左右。点火前，应先关闭喷枪开关，然后旋开燃气瓶开关，检查各连接部位是否有漏气，确认无误后才可点燃喷枪。点火时，必须做到“火等气”，即使用时将火源送至排气口处再打开气阀。

（7）石油液化汽瓶放置要平稳。夏天高温天气要有防晒措施。如图 7-72 所示。

喷枪火嘴向下与作业
人员保持一定距离

图 7-71　液化气喷枪使用示意图

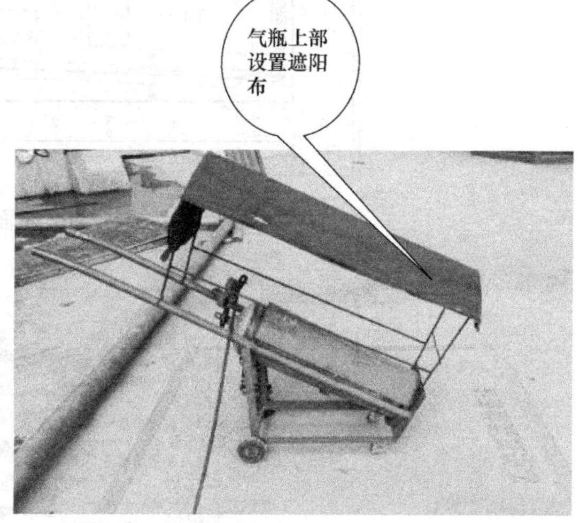
气瓶上部
设置遮阳
布

图 7-72　施工作业时气瓶规范放置示意图

（8）不能卧放、倒放石油气瓶。如瓶中液化气体不多、压力下降、喷枪火力不足时，必须送去专门的换气站换气，不能私自倾倒残液和自行倒气过罐。切忌用喷枪火焰加热，以防爆炸。

(9) 因喷枪火焰温度极高，在使用过程中持枪人要小心谨慎，专心细致，严禁火焰头朝人，以免烧伤别人或自己，特别在夏天强烈的阳光下，难以看清火头，在整个施工过程中要牢记这点。

(10) 使用时，人员不能离开，做到“枪不离手”，施工中途休息或临时不用时要关闭喷枪和钢瓶开关，并把喷枪放置在专用的架子上，以免火被吹灭后发生漏气事故或烧坏施工用品。每次使用后，必须关闭气瓶放回专门仓库妥善保管。如图 7-73所示。

图 7-73　气瓶存放处